《信息化与工业化两化融合研究与应用》编委会

信息化与工业化两化融合研究与应用

间歇过程统计监测与质量分析

赵春晖　陆宁云　著

科学出版社

北　京

内 容 简 介

本书第1章首先介绍了间歇生产的重要背景和地位，然后从分析间歇过程特点与数据特征出发，引出其多时段特性，揭示多时段分析的重要性。第2章综述了过程监测技术的基础，重点阐述以主成分分析、偏最小二乘等为核心的多元统计分析方法。第3章介绍了应用于间歇过程的传统多元统计分析技术，分析了其发展现状及未来发展趋势。第4～9章主要介绍了针对间歇过程多时段特性的分析与划分方法，以及基于时段的过程监测与故障诊断算法。这一部分包含了作者近几年的一系列研究成果，即对多时段间歇过程中的实际具体问题的分析与解决方法。第10～12章主要介绍了基于多时段分析的质量预测与控制算法，具体涉及基于时段的在线质量预测、离线质量分析与在线质量控制等，书中主要基于偏最小二乘模型对该问题进行了研究。

本书可作为自动控制或信息科学等相关专业研究生的教学参考书，同时对从事自动化系统研究、设计、开发和应用的广大工程技术人员也具有一定的参考价值。

图书在版编目(CIP)数据

间歇过程统计监测与质量分析/赵春晖，陆宁云著．—北京：科学出版社，2014.10

(信息化与工业化两化融合研究与应用)

ISBN 978-7-03-042027-5

Ⅰ.①间…　Ⅱ.①赵…　②陆…　Ⅲ.①过程工业-过程统计-监测　②过程工业-过程统计-质量分析　Ⅳ.①T

中国版本图书馆CIP数据核字(2014)第224604号

责任编辑：姚庆爽／责任校对：张凤琴

责任印制：肖　兴／封面设计：黄华斌

科学出版社出版

北京东黄城根北街16号

邮政编码：100717

http://www.sciencep.com

新科印刷有限公司印刷

科学出版社发行　各地新华书店经销

*

2014年10月第　一　版　开本：720×1000 1/16

2014年10月第一次印刷　印张：20 1/2

字数：400 000

定价：108.00元

(如有印装质量问题，我社负责调换)

《信息化与工业化两化融合研究与应用》序

传统的工业化道路，在发展生产力的同时付出了过量消耗资源的代价：产业革命200多年以来，占全球人口不到15%的英国、德国、美国等40多个国家相继完成了工业化，在此进程中消耗了全球已探明能源的70%和其他矿产资源的60%。

发达国家是在完成工业化以后实行信息化的，而我国则是在工业化过程中就出现了信息化问题。回顾我国工业化和信息化的发展历程，从中国共产党的十五大提出"改造和提高传统产业，发展新兴产业和高技术产业，推进国民经济信息化"，到党的十六大提出"以信息化带动工业化，以工业化促进信息化"，再到党的十七大明确提出"坚持走中国特色新型工业化道路，大力推进信息化与工业化融合"，充分体现了我国对信息化与工业化关系的认识在不断深化。

工业信息化是"两化融合"的主要内容，它主要包括生产设备、过程、装置、企业的信息化，产品的信息化和产品设计、制造、管理、销售等过程的信息化。其目的是建立起资源节约型产业技术和生产体系，大幅度降低资源消耗；在保持经济高速增长和社会发展过程中，有效地解决发展与生态环境之间的矛盾，积极发展循环经济。这对我国科学技术的发展提出了十分迫切的战略需求，特别是对控制科学与工程学科提出了十分急需的殷切期望。

"两化融合"将是今后一个历史时期里，实现经济发展方式转变和产业结构优化升级的必由之路，也是中国特色新型工业化道路的一个基本特征。为此，中国自动化学会与科学出版社共同策划出版《信息化与工业化两化融合研究与应用》，旨在展示两化融合领域的最新研究成果，促进多学科多领域的交叉融合，推动国际间的学术交流与合作，提升控制科学与工程学科的学术水平。丛书内容既可以是新的研究方向，也可以是至今仍然活跃的传统方向；既注意横向的共性技术的应用研究，又注意纵向的行业技术的应用研究；既重视"两化融合"的软件技术，也关注相关的硬件技术；特别强调那些有助于将科学技术转化为生产力以及对国民经济建设有重大作用和应用前景的著作。

我们相信，有广大专家、学者的积极参与和大力支持，以及编委的共同努力，本丛书将为繁荣我国“两化融合”的科学技术事业、增强自主创新能力、建设创新型国家做出应有的贡献。

最后，衷心感谢所有关心本丛书并为丛书出版提供帮助的专家，感谢科学出版社及有关学术机构的大力支持和资助，感谢广大读者对本丛书的厚爱。

中国工程院院士

2010 年 11 月

前　言

作为工业生产中一种重要的生产方式，间歇工业过程与现代人的生活息息相关，被广泛应用于精细化工、生物制药、食品、聚合物反应、金属加工等领域，具有举足轻重的地位和作用。近年来，现代社会瞬息万变的市场对多品种、多规格和高质量产品提出了更迫切的需求，使得现代过程工业更加倚重于生产小批量、高附加值产品的间歇过程。因此，间歇过程生产的安全可靠运行以及产品的高质量追求已成为人们关注的焦点。

目前被业界广泛认可的间歇生产过程是指在有限的时间内、按照预先设计好的工序流程将原材料加工生产成符合质量要求的产品。与连续工业生产过程相比，间歇生产的过程特性更为复杂。同一批次运行周期内又分成多个时段，过程变量的运行轨迹随着时间不断变化，在不同的时段中呈现出不同的过程相关特性。因此，针对间歇生产过程的监控更为困难。鉴于间歇生产过程本身反应的复杂性、产品生命周期的有限性以及成本投入的经济效益，过程工程师难以在很短的产品研发周期内，依靠有限的资金投入，建立精确可靠的机理模型或基于知识推理的专家模型。因此，基于机理模型或知识模型的过程监测、故障诊断和质量预测方法难以在间歇工业中广泛地推广应用。另一方面，随着电子技术和计算机应用技术的飞速发展，现代工业过程大都具有完备、甚至冗余的传感测量装置，可以在线获得大量的过程数据，如压力、温度、流量等测量值。显然，这些过程数据中蕴含了有关过程生产状况的丰富信息以及可用于预测最终产品质量的有用信息。基于实际限制、成本优化、技术商机等因素的考量，如何利用这些海量数据来满足日益提高的系统可靠性要求已成为亟待解决的问题，其中基于数据驱动的多元统计分析与过程监测技术是一个重要的方面。不分析实际过程的机理，而是根据从实际得到的与过程有关的数据进行数理统计分析、按误差最小原则，归纳出该过程各参数和变量之间的数学关系式，用这种方法所得到的数学表达式称为经验模型。经验模型只考虑输入与输出而与过程机理无关，所以又称为黑箱模型。

如何从浩瀚的数据海洋中提取出高质量信息并加以充分分析利用进而指导生产，吸引了科研人员的注意与兴趣。以主成分分析(PCA)、偏最小二乘回归(PLS)等为核心的多元统计分析技术，因其只需要正常工况下的过程数据来建立模型，同时它们在处理高维、高度耦合数据时具有独特的优势，所以越来越受到研究人员和现场工程师的青睐。20 世纪 90 年代中期 Nomikos 和 MacGregor 提出的多向主成分分析和多向偏最小二乘首次将多元统计分析方法成功应用到间歇过程中，引发了之后基于多向(Multiway)统计分析的一系列研究热潮，揭开了基于数据的间歇过程统计建模、在线监测、故障诊断及质量预测控制的新篇章。一系列完善可行的间歇过程建模、监测、诊断和质量改进算法必将推动整个间歇工业过程的长足进步和繁荣发展，为社会提供高质量产品的同时，还可排除安全隐患、节约资源、保护环境，提供更加重要的无形的社会财富。

本书作者长期从事面向间歇工业过程的过程监测与故障诊断的理论方法的研究工作，其中重点针对间歇过程的多时段特性进行了深入分析。不仅仅关注过程整体的运行状况，挖掘其与产品质量的因果关系，更深入分析了每一个子时段的潜在过程相关特性，揭示各个子时段对质量不同的影响作用。近年来，本书作者面向多时段间歇过程进行了相应的卓有成效的研究工作，也陆续提出并发展了一系列基于时段的统计建模策略，基于时段的间歇过程统计建模思想已陆续得到了研究人员的重视，极大地促进了该领域的进一步发展。本书将从分析间歇过程的具体过程特性出发，基于多元统计分析技术，介绍基本的过程监测与质量分析技术以及作者在这些领域的最新研究成果。

本书第 1 章首先介绍了间歇生产的重要背景和地位，然后从分析间歇过程特点与数据特征出发，引出其多时段特性，揭示多时段分析的重要性。第 2 章综述了过程监测技术的基础，重点阐述以主成分分析、偏最小二乘等为核心的多元统计分析方法。第 3 章介绍了应用于间歇过程的传统多元统计分析技术，分析了其发展现状及未来发展趋势。第 4～9 章主要介绍了针对间歇过程多时段特性的分析与划分方法，以及基于时段的过程监测与故障诊断算法。这一部分包含了作者近几年的一系列研究成果，即对多时段间歇过程中的实际具体问题的分析与解决方法。第 10～12 章主要介绍了基于多时段分析的质量预测与控制算法，具体涉及基于时段的在线质量预测、离线质量分析与在线质量控制等，书中主要基于偏最小二乘模型对该问题进行了研究。

本书涉及的研究成果得到了众多科研机构的支持。其中特别感谢教育部新世纪优秀人才支持计划(NCET-12-0492)、国家自然科学基金委员会面上项目(No. 61273166，No. 61422306)、浙江省杰出青年科学基金项目(LR13F030001)。本书的作者赵春晖同志在博士求学期间以及博士后研究阶段，在东北大学王福利教授、香港科技大学高福荣教授指导下针对间歇过程监测进行了许多研究工作，受益匪浅。陆宁云教授负责撰写了第 4 章部分内容与第 12 章部分内容，研究生秦岩、喻成侠、李文卿等做了很多文献翻译、书稿校对等方面的工作。本书责任编辑等为提高本书质量也付出了辛勤劳动。在本书正式出版之际，谨向他们表示衷心的感谢。

由于理论水平有限，以及所做研究工作的局限性，书中难免存在不妥之处，恳请广大读者批评指正。

作　者

2013年12月于浙江大学

目　录

第 1 章　间歇过程概述

目前被业界广泛认可的间歇生产是指在有限的时间内、按照预先设计好的工序流程将原材料加工生产成符合质量要求的一个(或一批)产品,并通过过程重复获得更多同种产品的加工过程。作为现代制造业中一种重要的生产方式,间歇工业过程与现代人的生活息息相关,被广泛应用于精细化工、生物制药、食品、聚合物反应、金属加工等领域,具有举足轻重的地位和作用。间歇过程生产的安全可靠运行以及产品的高质量追求已成为人们关注的焦点。本章将对间歇过程生产方式进行重点介绍,分析其潜在过程特性,探讨其中隐含的科学问题。

1.1 引　　言

按生产的连续程度划分,连续生产与间歇生产是制造业的两种重要生产类型。上道工序生产出一单位的中间品即向下转移的生产方式,称为连续生产[1],在制造业中称为流水作业,而在化工生产中称为连续生产。在连续生产类型中,单一产品的生产永不停止,机器设备一直运转。连续生产的产品一般是企业内部其他工厂的原材料。产品基本没有客户化。此类产品主要有石化产品、钢铁、初始纸制品。连续生产可以大幅提高生产效率,降低生产成本,但一旦其中一道工序出现故障,将导致整个流程的停产。与之不同的是,间歇生产中出现某一工序故障情况时,对整个流程的影响有一定弹性。20 世纪 90 年代以来,为适应经济全球化和信息化发展要求,小批量、定制化的间歇过程现已成为现代制造业中一种重要的生产方式。目前被业界广泛认可的间歇生产过程是指在有限的时间内、按照预先设计好的工序流程将原材料加工生产成符合质量要求的一个(或一批)产品,并通过过程重复获得更多同种产品的加工过程。

随着生产力的发展和生产工具的演进,制造业中的两种主要生产方式也一直在发生演变。19 世纪 30 年代以前,生产方式以手工小批量生产为主。1830 年随着大规模工业生产的兴起,自动化连续生产占主导地位。这种生产方式以机械化、装配流水线的生产过程大规模地制造标准化产品。随着大规模、标准化的产品市场趋于饱和,生产者面临的是消费者日益挑剔的、不断变化的需求市场。为了满足消费者多样化、个性化、高品质的市场需求,从 20 世纪 70 年代中期起,全球的生产组织开始发生重大转变,具体表现为小批量生产多样化、高质量的产品,通过有效地控制和协调减少对时间和资源的浪费。

间歇过程作为制造业的重要生产方式之一，与现代人的生活息息相关，被广泛应用于精细化工、生物制药、食品、聚合物反应、金属加工等领域。如图 1.1 所示，目前，间歇过程在制造业生产中占了很大的比例。例如，在医药生产中占了高达 80%的比例。近年来，现代社会瞬息万变的市场对多品种、多规格和高质量产品提出了更迫切的需求，使得现代过程工业更加倚重于生产小批量、高附加值产品的间歇过程。如图 1.2 所示，对间歇过程在各领域中未来发展前景进行了预测。预计到 2015 年，间歇生产过程在精细化工领域中的产值将达到 1.6 万亿元，在医药领域的产品产值将达到世界第一或第二。

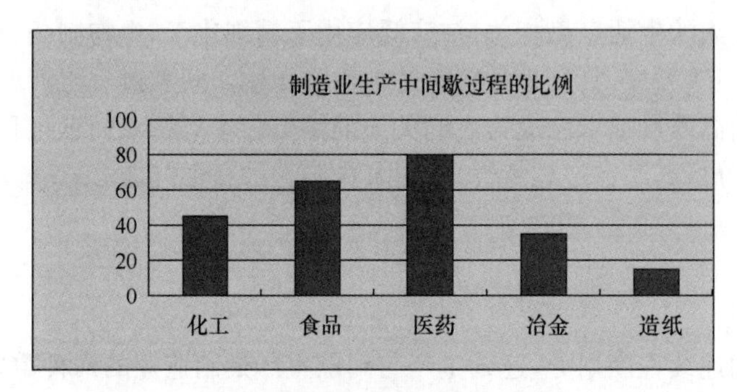

图 1.1　间歇过程在制造业生产中的地位

	2008年状况	2015年产值预测
精细化工	8000亿元 发达国家的精细化工产值率为65%，我国仅为28%	1.6万亿元
医药	8666亿元 比2005年增长一倍	世界第一或第二
食品	4万亿元 比1978年增长89倍，实现了平均每年近20%的增长	10 万亿元，年均增长15%以上

图 1.2　间歇过程在各领域中未来发展前景预测

《国家中长期科学和技术发展规划纲要(2006—2020 年)》指出，必须积极发展形成高效、节能、环保和可循环的新型制造工艺。间歇过程作为制造业的重要生产方式之一，其高效运行是推进制造业整体实力、维持经济可持续发展的优先主题。在追求个性、多变的现代社会，市场竞争日趋激烈，新产品从设计到供货的时间越来越短，这对生产过程的高效性提出了很高的要求。高效，即生产要在更短的时间内消耗更少的资源更好地完成。生产过程的高效运行与其自动化程度密不可分。自动控制技术是保证生产过程高效运行的基本手段。间歇过程控制的研究起步较晚，远远落后于连续过程控制。目前，大多间歇生产过程都直接借用连续过程的成熟控制方法，并没有较好地分析和利用间歇过程自身的特性，因此无法保证高性能控制，其运行效率也较低。相比于连续过程，间歇过程具有多阶段、重复运行、产品变化频繁等特性，为保证间歇生产能够快速、精准、高效的运行，有必要紧紧围绕这些过程特性进行针对性的自动控制技术研究，从而用于保障生产过程的安全可靠运行以及获得连续稳定的产品质量。因此，间歇过程建模、在线监测、故障诊断及质量控制已成为科研人员一个迫切且必要的研究课题。一系列完善可行的间歇过程建模、监测、诊断和质量改进算法必将推动整个间歇工业过程的长足进步和繁荣发展，为社会提供高质量产品的同时，还可排除安全隐患、保障生命和财产安全、节约资源、保护环境，提供更加重要的无形的社会财富。

1.2　间歇过程特性

间歇生产过程的生产环境及其动态特性与连续过程有明显的区别，频繁地改变生产的产品和工艺操作条件是间歇生产过程的正常活动方式[2]。连续过程中原料连续地加入，产品连续地输出，物料流是连续的；间歇过程一般先将原料以离散的批量方式加入，而后生产过程中按预先设定的轨迹或方案对相关生产参数进行控制最终产品成批地输出。与连续生产过程通常运行在稳定工作状态下不同，间歇生产过程无稳态工作点，往往从一个稳定状态转为另一个稳定状态，或者根本没有稳定状态，因而可能存在多种状态的组合。间歇过程呈现强非线性、时变特性，其操作复杂度远远大于连续过程，产品质量更容易受到如原材料、设备状况、环境条件等不确定性因素的影响。为了提高工业生产过程与控制系统的可维护性和安全性，并同时提高产品的质量，迫切地需要建立过程监控系统对生产过程进行在线监测、故障诊断及质量控制。

与连续工业生产过程相比，间歇生产的过程特性更为复杂。多操作阶段是许多间歇过程的一个固有特征[3-8]。同一批次运行周期内又分成多个时段，过程变量的运行轨迹随着时间不断变化，在不同的时段中呈现出不同的过程相关特性。例如，注塑过程可以划分为注射、保压和冷却三个主要的操作阶段[9]；发酵过程按细菌的生长周期也可大致分为停滞期、指数生长期、静止期等阶段[10]。显然，为了获得理想的产品质量，每个操作阶段都有其特定的控制目标和控制方案，有不同的主导操作变量，运行轨迹具有不同的动态特征。

举例来说，注塑过程是一个典型的多时段间歇过程[5,6]。注射段、保压段和冷却段是决定制件品质的最重要的三个时段。在注射段,液压系统推动螺杆将塑料黏流体注入模腔中,直至模腔被流体充满。过程处于保压段时,仍有少量的黏流体被高压挤进模腔中,以补偿塑料黏流体在冷却和塑化时造成的体积收缩。保压段一直持续到模腔的浇口冻结,过程进入冷却时段。在冷却时段模腔内流体固化的同时,机桶中的塑料颗粒变成塑料黏流态。当螺杆头部熔料逐渐增多,达到一定的注射量后,螺杆停止后退和转动,这段时间的过程状态也称为塑化段。随着模腔中熔体的继续冷却,塑件完全固化,模具打开,塑件被顶出,从而完成一个工作循环。其中,注射与保压时段均与注塑产品重量有密切关系。在注射时段,影响最终产品重量变动的主导变量是注射速度和机桶温度。总体看来,机桶温度越高,产品重量越低;注射速度上升的越快则熔体注入量越多,产品重量越大。在保压子时段,注塑制品重量主要决定于喷嘴压力、油缸压力和模腔压力,压力越大重量越大;模腔温度与机桶温度两个温度变量也影响制品的重量,温度越低重量越大。此外,对注塑制品的溅射质量来说,在注射时段,压力变量(如喷嘴压力、油缸压力)、螺杆行程、注射速度以及机桶温度均与其成正相关关系,即注射子时段中注射速度越快、压力越大、温度越高的间歇操作越容易出现制品溅射现象。

因此,对多操作阶段间歇过程的有效监控不仅仅要分析过程的整体运行状况是否正常,更应该深入分析过程的每一个操作阶段是否正常,不同操作阶段之间的过渡是否正常,以及各操作阶段和最终产品质量具有什么样的内部关联。

1.3　间歇过程的数据特征

间歇过程单个运行周期有限而工作循环往复进行从而获得批量产品,这决定了其测量数据是按照三维数据形式构建的,这是与连续过程最明显的区别。考虑一个具有 J 个测量变量的间歇过程,它在一次间歇操作周期内,对每个过程变量采集 K 个测量数据。这样,一次间歇操作的数据可以组成一个二维数据阵 $\boldsymbol{X}(K\times J)$,即每一行由某个采样时刻的所有过程变量测量值组成,而每一列则是某个过程变量在一次间歇操作内不同采样时刻的运行轨迹,这也是连续过程中测量数据单元的构建形式。假定有 I 次正常的间歇操作,则得到了 I 个二维矩阵 $\boldsymbol{X}_i(K\times J)(i=1,\cdots,I)$。如图 1.3 所示,所有这些数据组成了间歇过程典型的三维数组表示形式——$\underline{\boldsymbol{X}}(I\times J\times K)$,其三个维数分别表示间歇操作周期($i=1,\cdots,I$)、过程变量个数($j=1,\cdots,J$)以及每一次间歇操作中测量点的个数($k=1,\cdots,K$)。相比之下,间歇过程的产品质量通常是在一次间歇操作结束后离线测定。假定有 J_y 个产品质量指标,一次间歇操作得到的质量数据可以组成一个列向量 $\boldsymbol{y}=[y_1,y_2,\cdots,y_{J_y}]^{\mathrm{T}}$,$I$ 次正常批次最后得到了一个二维的质量数据阵 $\boldsymbol{Y}(I\times J_y)$。因此,间歇过程测量数据的典型形式是一个三维的过程变量数组 $\underline{\boldsymbol{X}}(I\times J\times K)$和一个二维的质量变量矩阵$\boldsymbol{Y}(I\times J_y)$。

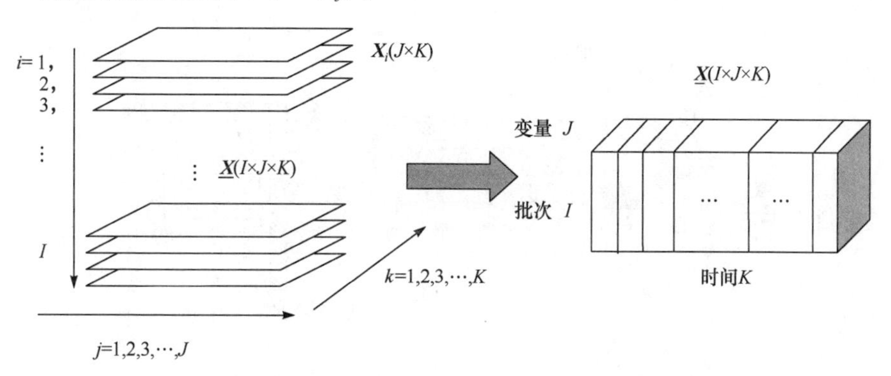

图 1.3　间歇过程的三维数据表示

鉴于间歇生产过程本身反应的复杂性，除了测量数据单元具有三维结构形式外，变量之间的耦合相关特性也更为错综复杂，同时也蕴含了内容更为丰富的统计特性与规律。如何有效发掘和利用这一座座高维、高度耦合的数据信息"金矿"，成为间歇过程监测、故障诊断与质量控制成功实施的关键所在。

1.4　间歇过程的典型例子——注塑成型工艺过程

塑料工业是国民经济中的一个非常重要的行业。由于塑料的机械性能和加工性能优良，而且具有质量轻、耐腐蚀、电绝缘、性能好、强度高等优点，引起了人们的关注，获得了迅速的发展，在汽车、家电、仪器仪表、建筑装饰等领域得到了广泛的应用，并有以塑代钢、以塑代木的趋势[9]。

注塑成型是根据金属压铸成型原理发展而来的塑料制品的主要加工方法，是一种注射兼模塑的成型方法。注塑成型的优点是可以经济地制造数量无限多却只需做少量或完全无需修整的成型件[11]。注塑机是实现注塑加工成型的设备。一台通用的注塑机主要由注射系统、锁模系统、液压系统和电气控制系统组成。注射系统的主要作用是将料筒里的高分子粒料或粉料经塑化后熔融为机筒前部的高分子熔体，然后在高压和高速下将熔体注入模腔，并在随后的保压阶段提供保持压力，使聚合物继续进入模腔以填补由于冷却而造成的收缩。锁模系统的作用是通过动模板做启闭模运动从而开启或锁紧模具。液压系统是注塑机的油路供应和循环系统，为注塑机的各执行机构提供压力和速度回路。电气控制系统负责注塑机的各种程序，主要对注塑机的各种动作，以及注塑过程的各种过程变量进行控制，包括时间、位置、压力、速度和转速等。

图 1.4 为一台往复螺杆式注塑机的简化结构示意图及其主要的过程变量测

量点[12]。

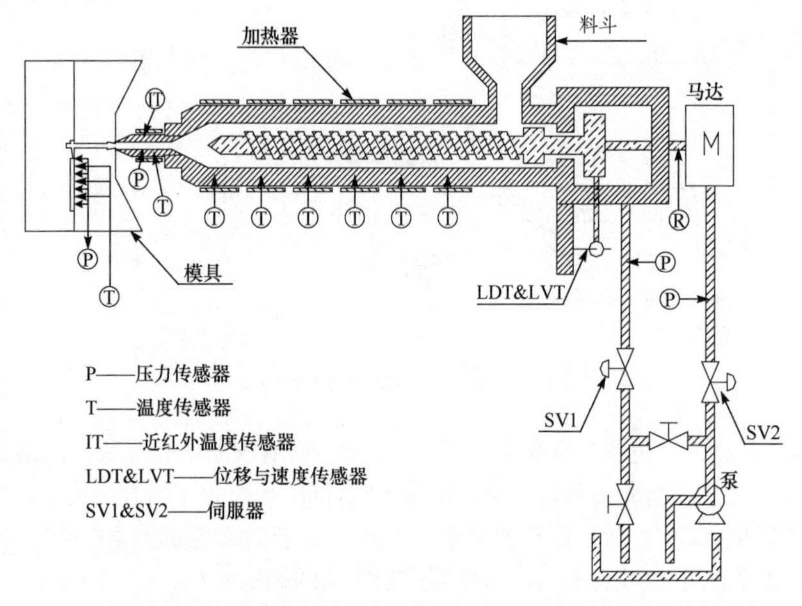

图 1.4 往复螺杆式注塑机的结构示意图以及其主要的过程变量测量点

注塑过程是一个典型的多操作时段间歇过程。一个完整的注塑过程主要由闭模、注射座前进、注射、保压、塑化、冷却、开模、制件顶出等程序组成，而注射时段、保压时段和冷却时段是决定制件品质的最重要的三个操作时段。

下面简单地介绍一下各时段的过程工艺特性[13]。

1）注射时段工艺特性

在注射段，模具闭合，熔体在压力的驱动下注入模腔。注射时间、熔体温度、流动速率是影响最终制品质量的重要因素。注射时间直接影响到注射压力，注射时间短，熔体需要以较高的体积流率流入型腔，则注射压力就大。而当注射时间过长时，由于熔体在冷模壁的作用下温度降低，黏度增大，使流动阻力变大，则注射压力又变大。熔体温度对最终制品的质量特性也有重要的影响，熔体温度影响着熔体的黏度，决定了熔体的流动阻力。温度低，黏度就高，则熔体流动性就差，充模困难。反之，温度升高会降低熔体的黏度，使充模容易。充填速率决定着制品充入模腔的速度及速度沿厚度方向的曲线分布。速度曲线对剪切速率、分子取向有重要的影响，从而影响制品质量和性能。

2）保压时段工艺特性

当模具被完全充满后，螺杆在原位置保持一定的时间，使得熔体继续充入型腔，这个时间就称为保压时间，在这个时段，额外的熔体注入型腔以弥补冷却引起的收缩。随着冷却的进行，尺寸较小的浇口凝固，此时，模具内的熔体仍然保持很高的压力，当熔体继续冷却和固化，压力逐渐降低。在冷却和固化时段，型腔内的压力必须足够高以避免冷却引起的缩痕（又叫沉降斑），但过高的压力又会使熔体从型腔向外倒流。因此，保压时间和保压压力是保压段的两个重要的工艺参数。

3）塑化时段工艺特性

保压时段结束后，系统进入塑化时段。油压马达拖动螺杆进行旋转，物料在摩擦力的作用下沿螺槽方向向前输送。同时，物料在剪切力和机筒加热圈的作用下开始塑化熔融，转变为黏性流体储存于螺杆前部的存储室处。由于熔体不断积累，造成存储室压力升高，推动螺杆向后移动，直到螺杆退到预先设定的位置时停止螺杆旋转，塑化程序结束。

4）冷却时段工艺特性

冷却时段，主要为了更好地实现制品的固化。由于浇口凝固，型腔补料结束，型腔内部与外界没有了物质传递，但型腔内部熔体还没有完全固化，由于模具结构的差异和温度的差异，熔体在型腔内部的固化和收缩不同，仍然会存在少量熔体的流动，此时，型腔内部冷却效果在起决定性作用。熔体由壁面向型腔中心逐渐冷却固化，直到满足脱模要求。通常，冷却段的模具温度、熔体温度、材料的热传导率决定制品的冷却速率，从而会影响内部结晶，同时，型腔内的温度分布不均会引起热残余应力。

当机筒内的物料发生塑化时，模具仍保持闭合，模腔内的聚合物不断冷却，直到完全固化，此时制品不会在顶出时受损。然后打开模具，接通顶出装置使制品脱落。

注塑成型是一个多变量的复杂非线性过程，在注塑成型过程中，影响制品质量的因素可以分为四类：设备变量、材料特性、过程变量和扰动。其中，机器参数同注塑机直接相关，用以表征机器的机械特征，包括料筒温度、喷嘴温度、背压、螺杆旋转速度、模具温度及注塑机和模具的几何特征等。材料特性为注塑材料的一些典型特征，一般由材料供应商提供，包括材料的流变性能、热物理性能（包括密度、分子组成、相对分子质量、比热容和热传导率等）。过程变量反映了成型过程中的运行状态，受机器参数、材料参数的影响，注塑成型过程中的典型过程变量有型腔中的熔体温度、压力分布，熔体注入量、模腔压力等。当然，这些参数虽然被划分为不同的范围，但是相互之间有着密切关系，互相作用、相互影响，决定了最终制品的质量，如图 1.5 所示。

与一般的过程变量不同，注塑制品的质量不是一个可以单一表征的量，它包含很多方面，并随着用户的要求而改变。概括地讲，注塑制品的质量包括两个方面：性能质量和表观质量[14]。性能质量又称内部质量，是指与制品内部结构、力学性质、形状、重量等相关的各种质量指标。而制品的表观质量，又称表面质量或外部质量，是直接展现在用户眼中的制品质量，包括各种表面缺陷。对塑料制品而言，

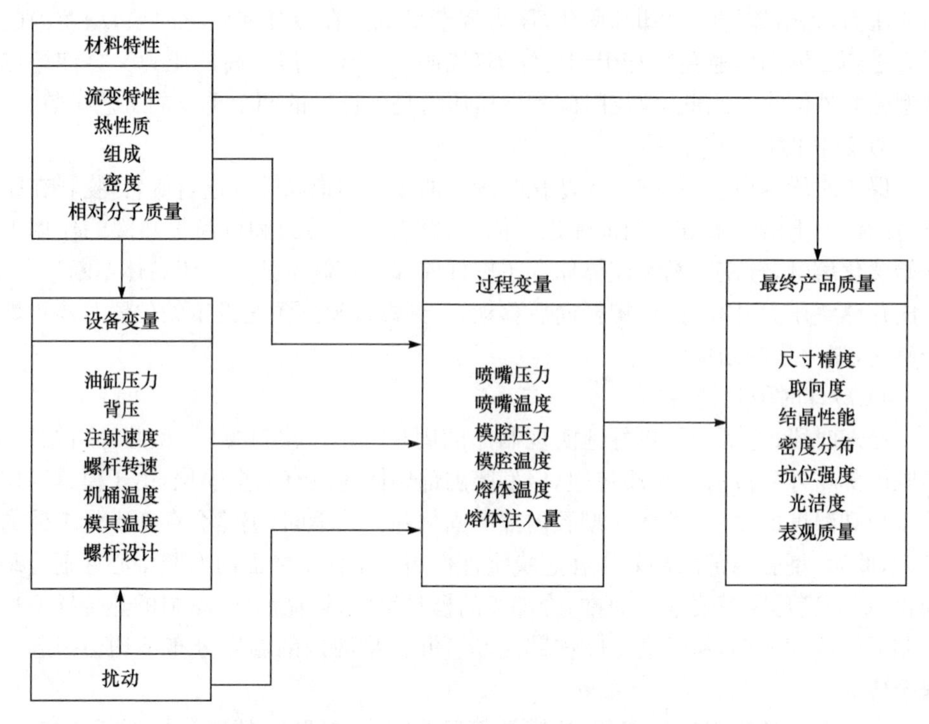

图 1.5　注塑成型过程中的多变量耦合关系示意图

其外部质量和内部质量有着十分密切的内在联系，塑料制品的表观质量是内部质量的必然反映。制品的性能质量和表观质量的不同还在于它们的表征方式不同。性能质量大都是可量化的，有着明确的物理意义，可以通过各种各样的方法进行测量。而表观质量往往是一种主观的判断，难以测量，不同的人还可能得到不同的结论。对表观质量最常用的表征方法是采用模糊变量，将测量者的结论分为“好”、“一般”、“差”等，然后将其模糊化为 0～1 的变量。性能质量，按照需求又可以分为三类。第一类是希望其值越大越好的，如力学性质；第二类是希望其值越小越好的，如收缩量、翘曲度等；第三类是有范围约束的，如重量、内应力分布等。

注塑成型是复杂的多变量、非线性且具有周期性的非稳态过程。随着注塑制品在各个领域的广泛应用，对注塑件的尺寸、重量、表观质量和机械性能的要求也越来越高，理想的注塑控制方法是对制品质量的直接控制[15,16]。但是在实际生产应用中，注塑的质量控制并没有真正实现[17-25]，主要原因是很难建立产品质量控制的反馈回路：首先，质量很难用合适的变量来表征，在线测量质量更存在困难；其次，缺乏对被控变量与控制变量之间关系的了解。因此，在实际工程应用中注塑过程的控制还停留在可测变量的控制时段[26-39]。

1.5 全书概况

本书专题介绍数据驱动的间歇过程故障检测、诊断与质量控制方法,重点放在基于数据驱动的多元统计分析方法。其中第 2 章综述了过程监测技术的基础,重点阐述以主成分分析、偏最小二乘等为核心的多元统计分析方法。第 3 章介绍了应用于间歇过程的传统多元统计分析技术,分析了其发展现状及未来发展趋势。第 4～9 章主要介绍了针对间歇过程多时段特性的分析与划分方法,以及基于时段的过程监测与故障诊断算法。这一部分包含了作者近几年的一系列研究成果,即对多时段间歇过程中的实际具体问题的分析与解决方法。第 10～12 章主要介绍了基于多时段分析的质量预测与控制算法,具体涉及基于时段的在线质量预测、离线质量分析与在线质量控制等,书中主要基于偏最小二乘模型对该问题进行了研究。

第 2 章重点介绍了以主成分分析(PCA)、偏最小二乘(PLS)为代表的传统过程控制监测理论方法以及基于 PCA/PLS 的统计过程监测方法中所涉及的若干问题[40-44]。其中详细阐述了 PCA 建模的目标和原理,利用 PCA 将高维的相关变量投影到一个低维的主元子空间和残差子空间,然后在这两个子空间中分别计算相关的监测统计量,并分别介绍了进行过程监测的控制限的计算方法。此外,介绍了基于贡献图的故障诊断方法以及 PCA 和 PLS 的衍生方法。

第 3 章概述了面向间歇过程的统计监测理论与方法。首先介绍了间歇过程的数据展开以及标准化处理方式;在此基础上,基于批次展开的预处理方式,简略介绍多向主成分分析(MPCA)、多向偏最小二乘回归(MPLS)为代表的面向间歇过程的传统监测理论方法[45-57]的主要原理、它们应用于间歇过程的本质依据以及所涉及的若干问题;进而对间歇过程的多时段特性进行了分析,简要介绍了现有的多时段划分方法以及基于多时段的统计建模思想[5-8,58-67]。相较于传统的多向统计分析方法,基于时段的统计分析策略有助于更好地体现间歇过程运行中的局部特性,增强了人们对间歇过程的理解,并为之后的过程监测与质量分析研究工作奠定了基础。

第 4 章研究了几种针对间歇过程特性变化进行分析的自动时段划分方法,以及基于时段的统计建模和在线监测方法[5-8,58-67]。该子时段划分与建模方法根据过程变量相关性的变化,将过程划分成具有不同变量相关性的子操作时段,并在每个子操作时段内建立二维的 PCA 模型。基于二维 PCA 模型的在线监测算法不需要预先估计未来测量值,并且能够快速准确地检测出过程中出现的异常工况。另外,将不同子操作时段的故障特征结合起来更有利于基于 PCA 方法的故障识别和诊断。本章所提出的方法在三水箱实验过程和注塑工业过程中做了详细的实验研究。实验结果表明，基于子时段 PCA 模型的过程监测算法的故障灵敏度比MPCA模型好，堪比于 Rännar 的自适应过程监测算法，但相比之下其模型复杂程度和计算量要比自适应算法更有优势。本算法在注塑过程中的成功应用证明了该方法的可行性和有效性，完全可以推广应用于其他复杂的间歇工业过程。

第 5 章针对那些反应周期长、运作代价昂贵的“数据难获取过程”，基于有限建模批次，利用独立主成分分析(ICA)算法完整地实现了统计建模、在线监测及自适应更新[68]。针对少量批次的特点，本书引入泛化滑动窗口进行数据标准化预处理；采用多时段独立主成分分析(MPICA)算法自动识别过程运行中的局部时段；建立基于时段的初始 ICA 模型用于过程监测；利用简单的更新算法，不断包容正常的批次间波动信息，完善初始监测系统，以便更精确地实现间歇过程的在线监测和故障诊断。仿真实验亦验证了本书提出的基于有限批次的建模方法的有效性。考虑到复杂的生化反应过程中“数据难获取”问题的普遍性，基于有限批次进行统计分析、探索相应的建模方案具有潜在的研究价值和重要意义。本书所提出的算法作了一次有意义的尝试，并预示了继续研究的必要性。

第 6 章针对间歇过程不等长问题[69,70]进行了深入研究。一方面，针对一般的不等长问题提出了一种改进的时段划分方法，以及基于时段的统计建模和在线监测方法。该方法建立了两个 PCA 模型，一个用于进行时段划分，另一个用于进行过程监测。另一方面，考虑到具有严重不等长问题的间歇过程在各时刻会出现严重的运行模式不匹配问题，即不等长批次间过程特性的不同，进行了批次组划分，并对批次组间过程相关关系进行了分析；在线应用时不仅确定了运行批次所属的批次组和时段，而且可以准确判断其运行状态。这两种算法均在注塑过程中得到了成功应用，证明了方法的可行性和有效性，完全可以推广应用于其他复杂的间歇工业过程。

第 7 章针对多时段间歇过程中的时段过渡现象，提出了一种基于过渡的软时段划分、统计建模和在线监测策略[8]，克服了传统硬时段划分算法误分类的缺陷。其基本思想是通过分析潜在过程特性在时间方向上的发展变化趋势，从中获取时段间过渡的相关信息；借助两个半径参数的定义，引入模糊隶属度的概念，将过程划分成不同的子时段及时段间的平滑过渡区域；针对各子时段与过渡区域分别建立了不同的监测模型，表征了其潜在过程特性的内在联系与动态的发展变化，从而增强了我们对过程的多时段特性及其过渡行为的理解。本算法在三水箱实验系统中得到了很好的证明，完全可以推广应用到其他具有时段过渡行为的复杂间歇工业过程中。我们有理由相信，针对时段过渡动态行为进行研究、确保时段间的平稳过渡对间歇过程生产安全与质量改进具有重要意义。

第 8 章提出了一种多模态协同时段划分以及模态间相对变化分析的建模算法用于对多模态多时段间歇过程进行监测[71]。通过自动的协同时段划分算法，可以针对所有模态得到一个统一的时段划分结果，该结果反映了运行模式在时间上的连续性且确保了各时段内所有模态的过程特性都没有发生显著变化。基于协同时段划分结果，在同一时段内，通过定义不同的衡量指标分析模态间相对变化，将不同类型的过程波动进行分解并用于在线监测。该方法的有效性和适用性通过一个典型的多时段多模态间歇过程得以证明。实验结果表明，本书所提出的方法不仅能有效检测故障，并且加深了对多模态过程的理解。

第9章针对故障诊断问题，从有限故障批次入手，利用故障重构算法完整地实现了时段特性分析、关键故障特征提取与建模以及在线故障模型更新与诊断[72]。在每种故障工况中，针对少量故障批次的特点，本章首先引入泛化时间片进行数据标准化预处理；采用协同时段划分算法协同分析各工况时变的过程特性，从而同时自动识别了不同工况下的统一时段边界；在不同时段内，采用相对分析思想，揭示了从正常工况到每种故障工况的相对波动变化，从而有效提取了显著故障影响，建立了基于时段的初始重构模型用于故障诊断。案例研究证明了该算法可以基于有限故障批次有效分析时段特性并建立故障模型，确保了在线故障诊断的可靠性。考虑到故障工况下有限批次问题的普遍性，基于有限批次进行故障特征分析、探索相应的故障建模方案具有潜在的研究价值和重要意义。

第10章针对多时段间歇过程“时段型质量指标”进行了深入分析与研究[58,65,73]。一方面，建立了基本的子时段划分、建模及质量预测算法，可以有效实现在线质量预测。另一方面，考虑到子时段内部的累积作用，基于时段划分结果，针对质量相关的时段行为进行了深入分析。不仅通过关键时段识别、关键变量选择等预处理手段，有效地精简了模型结构；而且分别针对各采样时刻的过程行为与各子时段的过程平均运行水平，建立了不同层面的质量预测模型，详细分析了它们各自与质量指标的相关性以及对质量预测的作用。本章提出的基于子时段的PLS建模方法不仅模型结构简单实用，而且精度可靠，并成功应用到注塑过程中，相应的实验分析结果符合实际，有效地增强了对过程的分析与理解并改进了质量预测性能。

第11章以多时段间歇过程为背景，针对过程型质量指标进行了质量相关的统计分析与回归建模[74]。该方法将各时段对于质量指标的作用分为“局部”与“累积”两类，它强调了这样一种理念：在多时段间歇过程中，每个时段仅仅解释了质量波动的一部分，最终的产品质量是由间歇操作过程中所有时段的运行状态共同决定的。为此，本章对过程波动信息与质量波动信息都进行了详细的分解，提取出二者协变部分作为回归建模平台，并对各个时段在质量解释中所扮演的角色作了详细的定量分析，而不是苛求各时段对质量预测的精度。此外，将各个时段的局部作用累积起来便很容易提炼出整个过程对于质量完整的预测与解释能力。相比于之前传统的PLS质量预测算法，本章所提出的算法可以更好地理解与把握间歇过程各时段对于质量解释与预测的具体作用效果与影响力。仿真实验亦证明了分别从时段局部与累积作用两个不同角度进行分析的意义，并暗示了进一步研究探讨的必要性。

第12章通过整合基于时段PLS模型的在线批次调节算法和质量相关分析方法，给出了一种基于时段的间歇过程在线质量控制策略[75]。在提出的质量控制策略中，质量预测器和质量控制器都是基于时段的。时段PLS模型可以作为一种软测量器用以获得在线质量预测结果。质量控制器通过在关键时段调节操作变量用来确保批次结束时的产品质量维持在目标值附近。此外，本章工作也给出了选择操作变量和设定不控制区域的指导准则。在注射成型过程上的实验结果证明了所提出方法的高可行性。

参考文献

[1] 百度百科. 连续生产. http://baike.baidu.com/view/4800246.htm. 2014-7-1
[2] 刘世成. 面向间歇发酵过程的多元统计监测方法研究，杭州：浙江大学博士学位论文，2008
[3] Dong D, McAvoy T J. Multistage batch process monitoring. The Proceedings of American control conference, 1995: 1857-1861
[4] Ündey C, Çinar A. Statistical monitoring of multistage, multiphase batch processes. IEEE Control Systems Magazine, 2002, 22(55): 40-52
[5] 赵春晖. 多时段间歇过程统计建模、在线监测及质量预报，沈阳：东北大学博士学位论文，2011
[6] 陆宁云. 间歇工业过程的统计建模、在线监测和质量预测，沈阳：东北大学博士学位论文，2006
[7] Lu N Y, Gao F R, Wang F L. A sub-PCA modeling and on-line monitoring strategy for batch processes. AIChE Journal, 2004, 50(1): 255-259
[8] Zhao C H, Wang F L, Lu N Y, Jia M X. Stage-based soft-transition multiple PCA modeling and on-line monitoring strategy for batch processes. Journal of Process Control, 2007, 17(9): 728-741
[9] Rubin I I. Injection molding theory and practice. New York: Wiley, 1972
[10] 储炬，李友荣. 现代工业发酵调控学，北京：化学工业出版社，2002
[11] D. V. 罗萨托. 现代模塑成型手册. 王以华，等编译. 上海：上海交通大学出版社，1993
[12] Yang Y. Injection molding: From process to quality control. Hong Kong: The Hong Kong University of Science & Technology, 2004
[13] 王利霞. 基于数值模拟的注塑成型工艺优化及制品质量控制研究，郑州：郑州大学博士学位论文，2004
[14] 郭小萍. 注塑过程质量预测研究，沈阳：东北大学博士学位论文，2006
[15] David K, Philip B. Multi-cavity pressure control in the filling and packing stage of the injection molding process. Polymer Engineering and Science, 1997, 37(11): 1865-1879
[16] David K, Philip B. The process capability of multi-cavity pressure control for injection

molding process. Polymer Engineering and Science, 1997, 37(11): 1880-1895

[17] Xia Z, Mallick P K. Control of dimensional variability in injection molded plastic parts. The Proceedings of Annual Technical Conference, 1997: 472-479

[18] Oliver S, Walter M. Neural networks for quality prediction and closed-loop quality control in automotive industry. The Proceedings of Annual Technical Conference, 1998: 660-664

[19] Oliver S, Walter M. Automating online quality control by the use of new neural nework algorithms and neuro-fuzzy systems. The Proceedings of Annual Technical Conference, 1999: 820-824

[20] Tatiana P, David K. Develop of a hybrid neural network for quality control of injection molding. The Proceedings of Annual Technical Conference, 1998: 655-659

[21] Jonanes W, Mahmud A. Model based approaches for closed-loop quality control in injection molding, London: Springer, 2002

[22] Min B H. A study on quality monitoring of injection molded parts. The Proceedings of Annual Technical Conference, 1998: 665-669

[23] Woll S L B, Cooper D J, Soudexv B V. Online pattern based part quality monitoring of the Injection Molding Process. Polymer Engineering & Science, 1996, 33(11): 1477-1488

[24] Woll S L, Cooper D J. Pattern-based closed-loop quality control for the injection molding process. Polymer Engineering & Science, 1997, 37(5): 801-812

[25] Seaman C M, Desrochers A A, List G F. A multi objective optimization approach to quality control with application to plastic injection molding. IEEE Transaction on Systems, Man, and Cybernetics, 1993, 23(2): 414-421

[26] Gao F, Patterson W L, Kamal M R. Cavity pressure dynamics and self-tuning control for filling and packing phases of thermoplastics injection molding. Polymer Engineering & Science, 1996, 36(9): 1272-1285

[27] Gao F. Cavity pressure control during the cooling stage in thermoplastic injection molding. Polymer Engineering & Science, 1996, 36(19): 2467-2475

[28] Gao F. The control of cavity pressure throughout the injection molding cycle. Montreal: McGill University, 1993

[29] Yang Y, Gao F. Cycle-to-cycle and within-cycle adaptive control of nozzle pressure during packing-holding for thermoplastic injection molding. Polymer Engineering & Science, 1999, 39(10): 2042-2063

[30] Yang Y, Gao F. Adaptive control of nozzle melts packing pressure. The Proceedings of Annual Technical Conference, 1998: 472-479

[31] 陈曦. 基于质量的注塑过程建模方法研究. 杭州: 浙江大学博士学位论文, 2002

[32] 王兴天. 注塑成型技术. 北京: 化学工业出版社, 1999

[33] Ricketson R C, Wang K K. Injection molding process control based on empirical models. SPE Technical Papers, 1987, 33: 231-234

[34] Wang K K, Shah L. Adaptive on-line process control of injection molding using an empirical

model. Proceeding of RETEC,1987: 49-51

[35] James C M,Jon J R. Prediction of Injection molded part quality by neural networks. The Proceedings of Annual Technical Conference,1998: 651-654

[36] Prasad K D,Yarlagadda V. Development of a hybrid neural network system for prediction of process parameters in injection molding. Journal of Materials Processing Technology, 2001,118(1-3): 110-116

[37] Sadeghi B H M. A BP-neural network predictor model for plastic injection molding process. Journal of Materials Processing Technology,2000,103(3): 411-416

[38] Wang P J,Lin J Y. A novel process control for injection molding based upon online CAE systems. CAE and Intelligent Processing of polymeric Materials Symposium,ASME 1997, 265-280

[39] Lau H C,Wang T T,Pun K F. Neural-fuzzy modeling of plastic injection molding machine for intelligent control. Expert Systems with Applications,1999,17(1): 33-43

[40] Dunteman G H. Principal component analysis. London: SAGE publication LTD,1989

[41] Jackson J E. A user's guide to principal components. New York: Wiley,1991

[42] Geladi P and Kowalshi B R. partial least squares regression: A tutorial. Analytica Chimica Acta,1986,185 (1): 1-17

[43] Hoskuldsson A. PLS regression methods. Journal of Chemometrics,1988,2(3): 211-228

[44] 王惠文. 偏最小二乘回归方法及其应用. 北京: 国防工业出版社,1999

[45] Nomikos P,MacGregor J F. Monitoring batch processes using multiway principal component analysis. AIChE Journal,1994,40(8): 1361-1375

[46] Nomikos P,MacGregor J F. Multi-way partial least squares in monitoring batch processes. Chemometrics and Intelligent Laboratory Systems,1995,30(1): 97-108

[47] Nomikos P,MacGregor J F. Multivariate SPC charts for monitoring batch processes. Technometrics,1995,37(1): 41-59

[48] Wold S,Kettaneh N,Friden H,et al. Modelling and diagnostics of batch processes and analogous kinetic experiments. Chemometrics and Intelligent Laboratory Systems,1998,44(1-2): 331-340

[49] Wold S. Multi-way principal components-and PLS-analysis. Journal of Chemometrics, 1987,1(1): 41-56

[50] Zheng L L,McAvoy T J,Huang Y,et al. Application of multivariate statistical analysis in batch processes. Industrial & Engineering Chemistry Research,2001,40(7): 1641-1649

[51] Ündey C,Tatara,E,Çinar A. Intelligent real-time performance monitoring and quality prediction for batch/fed-batch cultivations. Journal of Biotechnology,2004,108(1): 61-77

[52] Ündey C,Ertunc S,Çinar A. Online batch/fed-batch process performance monitoring,quality prediction, and variable-contribution analysis for diagnosis. Industrial & Engineering Chemistry Research,2003,42(20): 4645-4658

[53] Zamprogna E,Barolo M,Seborg D E. Optimal selection of soft sensor inputs for batch dis-

tillation columns using principal component analysis. Journal of Process Control, 2005, 15(1): 39-51

[54] Zamprogna E, Barolo M, Seborg D E. Development of a soft sensor for a batch distillation column using linear and nonlinear PLS regression techniques. Control Engineering Practice, 2004, 12(7): 917-929

[55] Kourti T, Nomikos P, MacGregor J F. Analysis, monitoring and fault diagnosis of batch processes using multiblock and multiway PLS. Journal of Process control, 1995, 5(4): 277-284

[56] Martin E B, Morris A J. An overview of multivariate statistical process control in continuous and batch process performance monitoring. Transactions of the Institute of Measurement and Control, 1996, 18(1): 51-60

[57] Lane S, Martin E B, Kooijmans R, et al. Performance monitoring of a multi-product semi-batch process. Journal of Process Control, 2001, 11(1): 1-11

[58] Zhao C H, Wang F L, Mao Z H, et al. Improved knowledge extraction and phase-based quality prediction for batch processes. Industrial & Engineering Chemistry Research, 2008, 47(3): 825-834

[59] Camacho J, Picó J. Online monitoring of batch processes using multi-phase principal component analysis. Journal of Process Control, 2006, 16(10): 1021-1035

[60] Camacho J, Picó J. Multi-phase principal component analysis for batch processes modeling. Chemometrics and Intelligent Laboratory Systems, 2006, 81(2): 127-136

[61] Zhao C H, Wang F L, Mao Z H, et al. Improved batch process monitoring and quality prediction based on multi-phase statistical analysis. Industrial & Engineering Chemistry Research, 2008, 47(3): 835-849

[62] Zhao C H, Sun Y X. Step-wise sequential phase partition (SSPP) algorithm based statistical modeling and online process monitoring. Chemometrics and Intelligent Laboratory Systems, 2013, 125: 109-120

[63] Zhao C H. A quality-relevant sequential phase partition approach for regression modeling and quality prediction analysis in manufacturing processes. IEEE Transactions on Automation Science and Engineering. DOI: 10.1109/TASE.20162287347

[64] Zhao C H. An iterative within-phase relative analysis algorithm for relative sub-phase modeling and process monitoring. Chemometrics and Intelligent Laboratory Systems, 2014, 134(15): 67-78

[65] Lu N Y, Gao F R. Stage-based process analysis and quality prediction for batch processes. Industrial & Engineering Chemistry Research, 2005, 44(10): 3547-3555

[66] Lu N Y, Gao F R. Stage-based online quality control for batch processes. Industrial & Engineering Chemistry Research, 2006, 45(7): 2272-2280

[67] Doan X T, Srinivasan R, Bapat P M, et al. Detection of phase shifts in batch fermentation via statistical analysis of the online measurements: A case study with rifamycin B fermenta-

tion. Journal of Biotechnology,2007,132(2):156-166

[68] Zhao C H,Wang F L,Mao Z H,et al. Adaptive monitoring based on independent component analysis for multiphase batch processes with limited modeling data. Industrial & Engineering Chemistry Research,2008,47(9):3104-3113

[69] Lu N Y,Gao F R,Yang Y,et al. PCA-based modeling and on-line monitoring strategy for uneven-length batch processes. Industrial & Engineering Chemistry Research, 2004, 43 (13):3343-3352

[70] Zhao C H,Mo S Y,Gao F G,et al. Statistical Analysis and Online Monitoring for Handling Multiphase Batch Processes with Varying Durations. Journal of Process Control,2011,21 (6):817-829

[71] Zhao C H. Concurrent phase partition and between-mode statistical analysis for multimode and multiphase batch process monitoring. AIChE Journal, 2014,60(2):559-573

[72] Zhao C H,Zhang W D. Reconstruction based fault diagnosis using concurrent phase partition and analysis of relative changes for multiphase batch processes withlimited fault batches. Chemometrics and Intelligent Laboratory Systems,2014,130:135-150

[73] Zhao C H,Wang F L,Mao Z H,et al. Quality prediction based on phase-specific average trajectory for batch processes. AIChE Journal,2008,54(3):693-705

[74] Zhao C H,Wang F L,Gao F G. Improved calibration investigation using phase-wise local and cumulative quality interpretation and prediction. Chemometrics and Intelligent Laboratory Systems,2009,95(2),107-121

[75] Lu N Y,Gao F R. Stage-based online quality control for batch processes. Industrial & Engineering Chemistry Research,2006,45(7):2272-2280

第 2 章　过程监测的基础理论与方法

统计过程监测的主要目标是快速准确地检测到生产过程中出现的异常工况，即过程偏离理想工作状态时的工况，偏离的幅值以及这种异常状态发生并延续的时间。基于统计方法的故障诊断则是在监测程序发现过程异常状态时，根据过程测量值偏离正常状态的变化幅值和变化了的变量相关性，给出导致这一异常工况的主导过程变量。对生产过程的在线监测和诊断不仅可以为过程工程师提供有关过程运行状态的实时信息、排除安全隐患、保证产品质量；而且可以为生产过程的优化和产品质量的改进提供必要的指导和辅助。统计过程监测及故障诊断方法所依托的主要理论是以主成分分析(PCA)及偏最小二乘(PLS)为核心的多变量统计投影方法。本章将简略介绍 PCA 和 PLS 的主要原理以及基于 PCA/PLS 的统计过程监测方法中所涉及的若干问题。

2.1　引　　言

随着电子技术和计算机应用技术的飞速发展，现代工业过程大都具有完备、甚至冗余的传感测量装置，可以在线获得大量的过程数据，如压力、温度、流量等测量值。显然，这些过程数据中含有关于生产过程运行状态以及可用于预测最终产品质量的有用信息。基于过程数据的统计监测方法[1]吸引了科研人员的广泛关注，如传统的休哈特(Shewhart)控制图[2]，以及衍生而来的累积和控制图(CUSUM)[3,4]和指数加权滑动平均控制图(EWMA)等[5]。然而，由于缺乏有效的数据处理和信息提取的方法，传统的统计监测方法并没有广泛应用于多变量工业过程，尤其是间歇工业过程。工业过程中那些大量的、随手可得的测量数据，是一座座富含信息的金矿，却没有得到有效的发掘和利用。其中的主要难点有以下几个。

(1) **数据维数高**。现代工业过程一般拥有几十至上百个测量变量，而且数据采集系统的采样速度以及工业计算机的运行速度也日新月异的增长。这就意味着每一个间歇操作周期内，生产过程将产生成千上万的过程数据。高维的过程数据使得传统的基于数据的建模方法受到严峻的挑战，在提取有用信息的同时尽可能地降低数据的维数已成为现代工业过程基于数据的建模方法的一个迫切要求。

(2) **测量变量之间的相关性**。过程变量的外部特征决定于过程的内部运行机制。在自然界，事物总是相生相克、此消彼长、变化无穷。工业过程亦是如此，过程变量之间并非独立无关，而是遵从一定的运行机理体现出复杂的耦合关系。例如，注塑过程的保压段中，压力、速度和时间存在固定的关系——压力越大，加压速度越慢而保压时间则越长。过程变量之间这种复杂的耦合关系同样也给传统的过程监测方法带来极大的困扰。

(3) **变量测量值中的时序依存关系**。和连续过程不同，间歇过程的一个显著特点就是过程时变性。这一特点亦决定了间歇过程的变量测量值中存在显著的自相关关系。这种自相关关系是多变量过程建模方法中需要考虑的因素。

(4) **测量噪声、3i 数据问题**。电子传感装置的输出信号容易受到外界噪声源的污染，如交流电磁场、音波干扰等。基于数据的建模方法需要合适的信号提炼，突出测量数据中的系统性信息，屏蔽掉测量噪声的影响，这样才有可能建立准确的过程模型。另外，实际工业过程的测量数据通常存在 3i 问题，即不完整(incomplete)、不连续(inconsistent)和不准确(inaccurate)，3i 数据问题已经成为多变量工业过程的数据校正和数据协调领域一个关注焦点。

上述问题困扰着基于测量数据的统计过程分析和建模方法，这种迟滞不前的状况一直持续到 20 世纪 80 年代末，以主成分分析(Principal Component Analysis，PCA)[6,7]和偏最小二乘法(Partial Least Squares，PLS)[8-10]等多变量投影技术为核心的多变量统计建模方法揭开了基于过程数据的统计过程监测、故障诊断及质量控制的新篇章。因为 PCA 和 PLS 只需要正常工况下的历史数据来建立模型而不需要过程的机理知识，同时 PCA 和 PLS 能够有效地剔除过程数据中的冗余信息、极大地降低数据维数，甚至可以将过程运行状态直接显示于二维的主成分监视图中，这类方法越来越受到研究人员和现场工程师的青睐。目前，基于这类多变量统计模型的过程监测、故障诊断、控制器设计、质量控制等算法层出不穷[11-62]，并且已成功地应用到多个连续生产过程中[63-76]。

2.2 多变量统计过程监测及故障诊断

将过程监测技术应用到生产中，可以大大降低故障的发生率，减少不合格产品的出现，达到降低生产成本的目的。过程监测是以过程异变检测与系统故障检测与诊断技术为基础发展起来的一个边缘性学科，其目的是监督系统的运行状态，不断检测生产过程的变化和故障信息，并对故障系统的异变幅度作出定量分析，如故障类型、发生时间、幅度大小、具体表现形式、影响程度、作用方式等，使系统操作员和维护人员不断了解过程的运行状态，帮助这些人员做出适当的补救措施，以消除过程的不正常行为，防止灾难性事故的发生，减少产品质量的波动等。

广义的统计过程监测包括三个阶段的工作，如图 2.1 所示。第一阶段的具体工作有数据采集、筛选、滤波、矩阵表示以及数据标准化等；第二阶段要先确定建模数据，即选择正常操作条件(NOC)下的过程数据，然后根据数据的特点进行统计建模并确定统计控制限；最后是统计模型的应用阶段，如在线过程监测、故障诊断、过程改进、质量预测等。

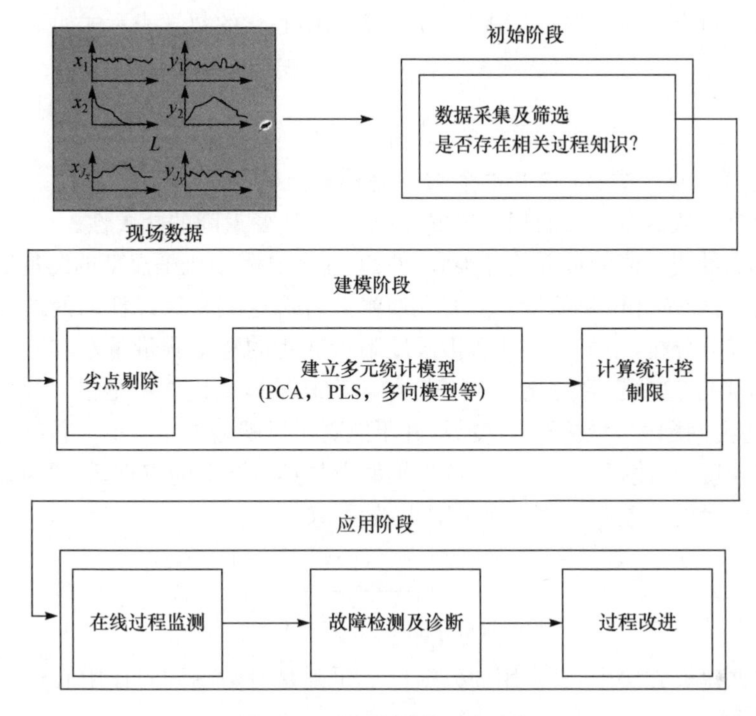

图 2.1　过程监测的三个阶段

统计过程监测的主要目标是快速准确地检测到生产过程中出现的异常工况，即过程偏离理想工作状态时的工况，偏离的幅值以及这种异常状态发生并延续的时间。基于统计方法的故障诊断则是在监测程序发现过程异常状态时，根据过程测量值偏离正常状态的变化幅值和变化了的变量相关性，给出导致这一异常工况的主导过程变量。对生产过程的在线监测和诊断不仅可以为过程工程师提供有关过程运行状态的实时信息、排除安全隐患、保证产品质量；而且可以为生产过程的优化和产品质量的改进提供必要的指导和辅助。统计过程监测及故障诊断方法所依托的主要理论是以主成分分析(PCA)及偏最小二乘(PLS)为核心的多变量统计投影方法。下面将简略介绍 PCA 和 PLS 的主要原理以及基于 PCA/PLS 的统计过程监测方法中所涉及的若干问题。

2.2.1　数据的标准化处理

数据标准化是基于过程数据的建模方法的一个重要环节。一个好的标准化方法可以很大程度上突出过程变量之间的相关关系、去除过程中存在的一些非线性特性、剔除不同测量量纲对模型的影响、简化数据模型的结构。数据标准化通常包含两个步骤[10]：数据的中心化处理和无量纲化处理。

数据的中心化处理是指将数据进行平移变换，使得新坐标系下的数据和样本集合的重心重合。对于数据阵 $\boldsymbol{X}(n\times m)$，数据中心化的数学表示式如下：

$$\widetilde{x}_{i,j} = x_{i,j} - \overline{x}_j \quad (i = 1,\cdots,n;j = 1,\cdots,m)$$

$$\overline{x}_j = \frac{1}{n}\sum_i x_{i,j} \tag{2-1}$$

其中，n 是样本点个数；m 是变量个数；i 是样本点索引；j 是变量索引。中心化处理既不会改变数据点之间的相互位置，也不会改变变量间的相关性。

过程变量测量值的量程差异很大，例如，注塑过程中机桶温度的测量值往往在几百摄氏度，而螺杆位移的量程只有几厘米。若对这些未经过任何处理的测量数据进行主成分分析，很显然在几百摄氏度附近变化的温度测量量左右着主成分的方向，而实际上这些温度变化了 3～5℃相对于其量程来说并不是很大的变化。在工程上，这类问题称为数据的假变异，并不能真正反映数据本身的方差结构。为了消除假变异现象，使每一个变量在数据模型中都具有同等的权重，数据预处理时常常将不同变量的方差归一实现无量纲化，如下式：

$$\widetilde{x}_{i,j} = x_{i,j}/s_j \quad (i = 1,\cdots,I;j = 1,\cdots,J)$$

$$s_j = \sqrt{\frac{1}{I-1}\,(x_{i,j} - \overline{x}_j)^2} \tag{2-2}$$

在数据建模方法中，最常用的数据标准化则是对数据同时作中心化和方差归一化处理，即

$$\widetilde{x}_{i,j} = \frac{x_{i,j} - \overline{x}_j}{s_j} \quad (i=1,\cdots,I;j=1,\cdots,J) \tag{2-3}$$

本书中所有二维建模数据，在未有特殊说明时，均经过式(2-3)的标准化方法预处理。

2.2.2 主成分分析(PCA)

主成分分析是一种多变量统计方法，其主要思想是通过线性空间变换求取主成分变量，将高维数据空间投影到低维主成分空间。由于低维主成分空间可以保留原始数据空间的大部分方差信息，并且主成分变量之间具有正交性，可以去除原数据空间的冗余信息，主成分分析逐渐成为一种有效的数据压缩和信息提取方法，已在数据处理、模式识别、过程监测等领域得到了越来越广泛的应用。

主成分分析的工作对象是一个二维数据阵 $\boldsymbol{X}(n\times m)$，$n$ 为数据样本的个数，m 为过程变量的个数。经过主成分分析，矩阵 $\boldsymbol{X}$ 被分解为 m 个子空间的外积和，即

$$\boldsymbol{X} = \boldsymbol{T}\boldsymbol{P}^{\mathrm{T}} = \sum_{j=1}^{m}\boldsymbol{t}_j\boldsymbol{p}_j^{\mathrm{T}} = \boldsymbol{t}_1\boldsymbol{p}_1^{\mathrm{T}} + \boldsymbol{t}_2\boldsymbol{p}_2^{\mathrm{T}} + \cdots + \boldsymbol{t}_m\boldsymbol{p}_m^{\mathrm{T}} \tag{2-4}$$

其中，$\boldsymbol{t}_j$ 是$(n\times1)$维得分(score)向量，也称为主成分向量；$\boldsymbol{P}_j$ 为$(m\times1)$维负载(loading)向量，亦是主成分的投影方向；$\boldsymbol{T}$ 和 $\boldsymbol{P}$ 则分别是主成分得分矩阵和负载矩阵。主成分得分向量之间是正交的，即对任何 i 和 j，当 $i\neq j$ 时满足 $\boldsymbol{t}_i^{\mathrm{T}}\boldsymbol{t}_j=0$。负载向量之间也是正交的，并且为了保证计算出来的主成分向量具有唯一性，每个负载向量的长度都被归一化，即 $i\neq j$ 时 $\boldsymbol{p}_i^{\mathrm{T}}\boldsymbol{p}_j=0$，$i=j$ 时 $\boldsymbol{p}_i^{\mathrm{T}}\boldsymbol{p}_j=1$。

公式(2-4)通常被称为矩阵 $\boldsymbol{X}$ 的主成分分解，$\boldsymbol{t}_j\boldsymbol{p}_j^{\mathrm{T}}(j=1,\cdots,m)$实际上是 m 个直交的主成分子空间，这些子空间的直和构成了原来的数据空间 X，如图 2.2 所示。若将式(2-4)等号两侧同时右乘 $\boldsymbol{p}_j$，可以得到下式(2-5)，称为主成分变换，也称作主成分投影：

$$\begin{aligned}\boldsymbol{t}_j&=\boldsymbol{X}\boldsymbol{p}_j\\ \boldsymbol{T}&=\boldsymbol{X}\boldsymbol{P}\end{aligned}\tag{2-5}$$

即每一个主成分得分向量 $\boldsymbol{t}_j$ 实际上是矩阵 $\boldsymbol{X}$ 在负载向量 $\boldsymbol{p}_j$ 方向上的投影。

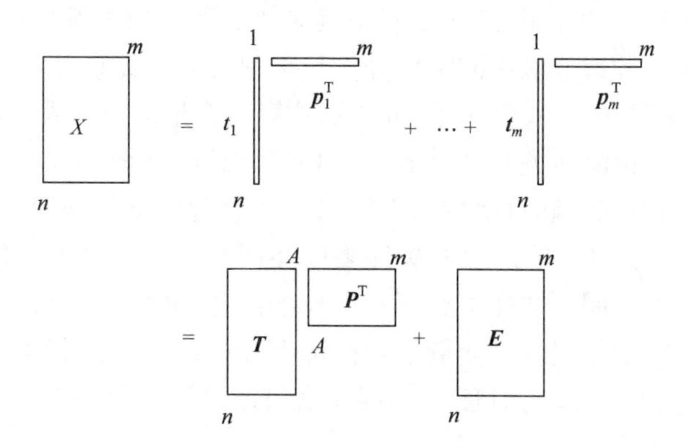

图 2.2　主成分分解示意图

在求取主成分的过程中，主成分得分向量 $\boldsymbol{t}_j$ 的内积，$\|\boldsymbol{t}_j\|$，实际上对应着 X 的协方差矩阵 $\boldsymbol{\Sigma}=\boldsymbol{X}^{\mathrm{T}}\boldsymbol{X}$ 的特征值 λ_j；而负载向量 $\boldsymbol{p}_j$ 是 λ_j 对应的特征向量。由于主成分得分需要满足长度递减约束，$\|\boldsymbol{t}_j\|>\cdots>\|\boldsymbol{t}_m\|$，即 $\lambda_1>\cdots>\lambda_m$，这个约束使得每个主成分具有独特的统计意义。第一主成分提取了 $\boldsymbol{X}$ 最多的方差信息，第一负载向量 $\boldsymbol{p}_1$ 则是矩阵 $\boldsymbol{X}$ 的最大方差变异方向；第二主成分提取了残差空间 $\boldsymbol{E}$ 中最多的方差信息，其中 $\boldsymbol{E}=\boldsymbol{X}-\boldsymbol{t}_1\boldsymbol{p}_1^{\mathrm{T}}$，第二负载向量 $\boldsymbol{p}_2$ 则是 $\boldsymbol{X}$ 中方差变异第二大方向，依此类推。当矩阵 $\boldsymbol{X}$ 中的变量存在一定程度的线性相关时，$\boldsymbol{X}$ 的方差信息实际上集中在前面几个主成分中；而最后的几个主成分的方差通常是由测量噪声引起的，完全可以忽略不计。因此，主成分分析具有了保留最大方差信息的同时显著降低数据维数的功能。

广泛应用于过程监测领域的主成分分析模型如下式所示：

$$\boldsymbol{T}=\boldsymbol{X}\boldsymbol{P}$$

$$\hat{\boldsymbol{X}} = \boldsymbol{T}\boldsymbol{P}^{\mathrm{T}} = \sum_{j=1}^{A} \boldsymbol{t}_j \boldsymbol{p}_j^{\mathrm{T}}$$
$$\boldsymbol{E} = \boldsymbol{X} - \hat{\boldsymbol{X}} \tag{2-6}$$

其中,$\boldsymbol{T}$ 和 $\boldsymbol{P}$ 的维数分别为($n\times A$)和($m\times A$);A 代表主成分模型中所保留的主成分个数;$\hat{\boldsymbol{X}}$ 由主成分得分和负载向量重构得到,可以说 $\hat{\boldsymbol{X}}$ 是由主成分模型反推得到的原始数据 $\boldsymbol{X}$ 的系统性信息;$\boldsymbol{E}$ 则为主成分模型的残差信息。

有很多方法可以确定合适的主成分个数,其中主成分累积贡献率法和交叉检验法最为常用,详见相关参考文献[7,77]。另外,求取主成分负载向量的两种常见方法,一是数值方法——奇异值分解(SVD);另一种迭代运算方法——NIPALS 算法,受篇幅限制本书也不作介绍,敬请参阅相关文献[7]。

2.2.3　偏最小二乘(PLS)

在对产品进行质量控制时,往往需要建立描述产品质量及生产过程的关系模型。回归分析是一种普遍应用的统计分析与预测技术。我们用大量的观测数据拟合"原因"与"结果"之间的线性关系,分析这些影响变量的作用程度,进而用可测的过程变量来解释和预测所关心结果的变化趋势。总的来说,回归分析就是采用量化分析的方法,研究和明确自变量与因变量之间相随变动的规律性统计关系。偏最小二乘(PLS)算法可以较好地解决许多以往回归方法解决不了的问题,如自变量之间的多重相关性问题和样本点不宜太少的问题,并增强了自变量与因变量之间的相关联度。特别是当各因变量集合内部存在较高程度的相关性时,用偏最小二乘回归进行建模分析,比对逐个因变量作多元回归更加有效,其结论也更加可靠。

偏最小二乘的工作对象是两个数据阵 $\boldsymbol{X}(n\times m_x)$ 和 $\boldsymbol{Y}(n\times m_y)$,如工业过程中的过程变量和质量变量测量值,其中 n 是样本个数,m_x 是过程变量个数,m_y 是质量指标个数。与成分提取方法不同,PCA 是针对一个数据表进行分析提取出其中的主要成分信息,而 PLS 所追溯的是两张数据表相互之间的因果关系,从中揭示现象与结果之间的隐含规律。

偏最小二乘的出现是为了解决传统的多变量回归方法在以下两个方面的不足。

(1) 数据共线性问题。在 2.1 节中曾提到,现代工业过程的测量变量之间存在一定程度的相关性,即变量和变量之间存在耦合关系。变量间的这种相关关系会导致预测矩阵的协方差矩阵 $\boldsymbol{\Sigma}=\boldsymbol{X}^{\mathrm{T}}\boldsymbol{X}$ 是一个病态矩阵,这将降低最小二乘回归方法中回归参数 $\hat{\boldsymbol{\Theta}}=(\boldsymbol{X}^{\mathrm{T}}\boldsymbol{X})^{-1}\boldsymbol{X}^{\mathrm{T}}\boldsymbol{Y}$ 的估计精度,从而造成回归模型的不稳定[8-10,78]。

(2) 小样本数据的回归建模,尤其是样本个数少于变量个数的情况[9,10]。一般统计参考书上介绍，普通回归建模方法要求样本点数目是变量个数的两倍以上，而对于样本点个数小于变量个数的情况则无能为力。

偏最小二乘相当于多变量回归、主成分分析和典型相关分析三者的有机结合，它能够有效解决上面提到的两个问题，同时可以实现回归建模、数据结构简化和两组变量间的相关分析，给多变量数据分析带来极大的便利[9]。

PLS 模型包括外部关系(类似于对矩阵 $\boldsymbol{X}$ 和 $\boldsymbol{Y}$ 分别进行主元分解)和内部关系(类似于 $\boldsymbol{X}$ 和 $\boldsymbol{Y}$ 的潜变量之间实现最小二乘回归建模)。

外部关系：

$$\boldsymbol{X} = \boldsymbol{T}\boldsymbol{P}^{\mathrm{T}} + \boldsymbol{E} = \sum_{a=1}^{A} \boldsymbol{t}_a \boldsymbol{p}_a^{\mathrm{T}} + \boldsymbol{E}$$

$$\boldsymbol{Y} = \boldsymbol{U}\boldsymbol{Q}^{\mathrm{T}} + \boldsymbol{F} = \sum_{a=1}^{A} \boldsymbol{u}_a \boldsymbol{q}_a^{\mathrm{T}} + \boldsymbol{F} \tag{2-7}$$

内部关系：

$$\hat{\boldsymbol{u}}_a = b_a \boldsymbol{t}_a \tag{2-8}$$

其中，$b_a = \boldsymbol{t}_a^{\mathrm{T}}\boldsymbol{u}_a / (\boldsymbol{t}_a^{\mathrm{T}}\boldsymbol{t}_a)$ 是 $\boldsymbol{X}$ 空间潜变量 $\boldsymbol{t}$ 和 $\boldsymbol{Y}$ 空间潜变量 $\boldsymbol{u}$ 的内部回归系数。

需要指出的是：在 PLS 算法中，偏最小二乘并不等于“对 $\boldsymbol{X}$ 和 $\boldsymbol{Y}$ 分别进行主成分分析，然后建立 $\boldsymbol{t}$ 和 $\boldsymbol{u}$ 之间的最小方差回归关系”，为了回归分析的需要，它按照下列两个要求进行：

(1) $\boldsymbol{t}$ 和 $\boldsymbol{u}$ 应尽可能大地携带它们各自数据表中的变异信息；

(2) $\boldsymbol{t}$ 和 $\boldsymbol{u}$ 的相关程度应尽可能大。

这两个要求表明，$\boldsymbol{t}$ 和 $\boldsymbol{u}$ 应尽可能充分地代表数据表 $\boldsymbol{X}$ 和 $\boldsymbol{Y}$，同时，自变量的成分 $\boldsymbol{t}$ 对因变量的成分 $\boldsymbol{u}$ 又有很强的解释能力。因此，PLS 算法中，向量 $\boldsymbol{t}$ 和 $\boldsymbol{u}$ 通常被称为潜变量，而不是主元。

在实际应用过程中，针对遇到的各种问题和情况，分别在原始的 PLS 算法基础上做了相应的发展改进。例如，针对样本数远大于过程变量数的情况及其相反情况，发展了 kernel PLS 算法[79-82]，从而极大地提高了运算效率。PLS 的具体运算方法(奇异值分解，NIPALS 和 kernel PLS 算法等)以及常用的确定潜变量个数的方法详见相关文献[8-10,30,79-82]。

2.2.4　基于 PCA 的多变量统计过程监测

经过主成分分析，原始数据空间被分解为两个直交的子空间——由向量 $[\boldsymbol{p}_1, \boldsymbol{p}_2, \cdots, \boldsymbol{p}_A]$ 张成的主成分子空间和由 $[\boldsymbol{p}_{A+1}, \cdots, \boldsymbol{p}_m]$ 张成的残差子空间。用式(2-6)所得到的 PCA 模型在线监测过程的运行状态时，新测量数据，$\boldsymbol{x} = [x_1, \cdots, x_m]^{\mathrm{T}}$，将被投影到主成分子空间，其主成分得分和残差量由下式可得：

$$\boldsymbol{t}^{\mathrm{T}} = \boldsymbol{x}^{\mathrm{T}}\boldsymbol{P}$$

$$\hat{\boldsymbol{x}}^{\mathrm{T}}=\boldsymbol{t}^{\mathrm{T}}\boldsymbol{P}^{\mathrm{T}}=\boldsymbol{x}^{\mathrm{T}}\boldsymbol{P}\boldsymbol{P}^{\mathrm{T}}$$

$$\boldsymbol{e}^{\mathrm{T}}=\boldsymbol{x}^{\mathrm{T}}-\hat{\boldsymbol{x}}^{\mathrm{T}}=\boldsymbol{x}^{\mathrm{T}}(\boldsymbol{I}-\boldsymbol{P}\boldsymbol{P}^{\mathrm{T}}) \tag{2-9}$$

基于 PCA 的多变量过程监测实际上是通过监视两个多元统计量，主成分子空间的 Hotelling-T^2 和残差子空间的 Q 统计量，以获取整个生产过程运行状况的实时信息[56]。T^2 统计量定义如下：

$$T^2=\boldsymbol{t}^{\mathrm{T}}\boldsymbol{S}^{-1}\boldsymbol{t}=\sum_{a=1}^{A}\frac{\boldsymbol{t}_a^2}{\boldsymbol{\lambda}_a} \tag{2-10}$$

其中，$\boldsymbol{t}=[t_1,\cdots,t_A]^{\mathrm{T}}$ 为式(2-9)计算得到的主成分得分向量；对角矩阵 $\boldsymbol{S}=\mathrm{diag}(\lambda_1,\cdots,\lambda_A)$由建模数据集 $\boldsymbol{X}$ 的协方差矩阵 $\boldsymbol{\Sigma}=\boldsymbol{X}^{\mathrm{T}}\boldsymbol{X}$ 的前 A 个特征值所构成。

显然，T^2 统计量是由 A 个主成分得分共同构成的一个多变量指标；通过监视 T^2 控制图可以实现对多个主成分同时进行监控，进而可以判断整个过程的运行状态。

Q 统计量，也称之为预测误差平方和指标(Squared Prediction Error，SPE)，是测量值偏离主成分模型的距离，定义如下：

$$\mathrm{SPE}=\boldsymbol{e}^{\mathrm{T}}\boldsymbol{e}=\sum_{j=1}^{m}(\boldsymbol{x}_j-\hat{\boldsymbol{x}}_j)^2 \tag{2-11}$$

当生产过程处于被控状态(in-control)时，由正常工况下采集的过程数据建立的 PCA 模型能够很好地解释当前的过程变量测量值之间的相关关系，并能够得到受控的 T^2 和 SPE 指标。反之，当过程出现扰动、误操作或故障而偏离正常操作工况时，即过程处于失控状态(out-of-control)时，过程变量之间的相关性也将偏离正常的相关结构，导致异常增大的 T^2 和/或 SPE 指标。为了客观地判断过程是否出现异常，即当前 T^2 和 SPE 统计量是否不再满足正常操作条件下的两个统计量的统计分布，我们需要用建模数据来确定过程正常运行状态下的统计控制限。

T^2 统计量的控制限可以利用 F 分布按下式计算[7,56]，

$$T_\alpha^2\sim\frac{A(n-1)}{n-A}F_{A,n-A,\alpha} \tag{2-12}$$

其中，n 为建模数据的样本个数；A 为主成分模型中保留的主成分个数；α 为显著性水平。在自由度为 A，$n-A$ 条件下的 F 分布临界值可由统计表中查到。

残差空间中 Q 统计量的控制限可由下式计算[7,56,83]：

$$Q_\alpha=\theta_1\left[\frac{C_\alpha\sqrt{2\theta_2h_0^2}}{\theta_1}+1+\frac{\theta_2h_0(h_0-1)}{\theta_1^2}\right]^{\frac{1}{h_0}} \tag{2-13}$$

$$\theta_i=\sum_{j=A+1}^{m}\lambda_j^i\quad(i=1,2,3)$$

$$h_0=1-\frac{2\theta_1\theta_3}{3\theta_2^2} \tag{2-14}$$

其中，C_α 是正态分布在显著性水平 α 下的临界值；λ_j 为协方差矩阵 $\boldsymbol{\Sigma}=\boldsymbol{X}^{\mathrm{T}}\boldsymbol{X}$ 较小的几个特征根。

基于 PCA 的过程建模及在线监测的步骤总结如下：

(1) 采集正常操作工况下过程数据 $\boldsymbol{X}(n\times m)$，并将之标准化成变量均值为 0 方差为 1；

(2) 对 $\boldsymbol{X}$ 进行主成分分解，并确定模型中保留的主成分个数 A，得到主成分模型(2-6)；

(3) 计算建模数据 $\boldsymbol{X}$ 中每个样本的主成分和残差，估计 T^2 和 SPE 统计量的控制限；

(4) 对于在线采集的过程数据，由模型(2-9)计算其主成分和残差；

(5) 计算新数据的 T^2 和 SPE 指标；

(6) 若任一指标超出正常操作区域的控制限，监测程序告警提示异常工况的出现。

2.2.5　基于变量贡献图的故障诊断

当多元统计指标 T^2 和 SPE 超出了正常的控制限，监测程序可以给出警告，提示过程出现了异常操作状况，但是却不能提供发生异常状况的原因。贡献图(Contribution plot)[84]，作为一种故障诊断的辅助工具，能够从异常的 T^2 和 SPE 统计量中找到那些导致过程异常的过程变量，实现简单的故障隔离和故障原因诊断的功能。

针对主成分和残差子空间的两个统计量，有两种贡献图可用于故障诊断——T^2 贡献图和 SPE 贡献图。T^2 的定义式(2-10)可展开如下：

$$T^2=\frac{t_1^2}{\lambda_1}+\frac{t_2^2}{\lambda_2}+\cdots+\frac{t_A^2}{\lambda_A} \tag{2-15}$$

第 a 个主成分 t_a 对 T^2 的贡献可简单地定义为

$$C_{t_a}=\frac{\dfrac{t_a^2}{\lambda_a}}{T^2}\quad (a=1,\cdots,A) \tag{2-16}$$

而过程变量 x_j 对第 a 个主成分的贡献可由主成分得分的定义式反推，即

$$\boldsymbol{t}_a=\boldsymbol{x}^{\mathrm{T}}\boldsymbol{p}_a=[x_1,\cdots,x_m]\cdot\begin{bmatrix}p_{1,a}\\ \vdots\\ p_{m,a}\end{bmatrix}=\sum_{j=1}^{m}x_j p_{j,a} \tag{2-17}$$

因此，x_j 对 t_a 的贡献率定义为

$$C_{t_a,x_j}=\frac{x_j p_{j,a}}{\boldsymbol{t}_a}\quad (a=1,\cdots,A;j=1,\cdots,m) \tag{2-18}$$

SPE 贡献图要比 T^2 贡献图更简单直观，根据 SPE 统计量的定义(2-11)，每个过程变量对 SPE 的贡献为

$$C_{\mathrm{SPE},x_j}=\mathrm{sign}(x_j-\hat{x}_j)\cdot\frac{(x_j-\hat{x}_j)^2}{\mathrm{SPE}} \tag{2-19}$$

其中，$\mathrm{sign}(x_j-\hat{x}_j)$用来提取残差的正负信息。

实际应用贡献图时，可以将式(2-18)和式(2-19)得到的变量贡献率向量标准化为模长为 1 的向量，然后用柱形图画出每个主成分对 T^2 的贡献以及每个变量对每个主成分的贡献，或者每个变量对 SPE 的贡献。对异常的 T^2 和 SPE 统计量贡献较大的那些过程变量受过程异常工况的影响比较显著，根据这些信息再辅佐以过程知识，可获取有价值的故障信息。

2.2.6 PCA 和 PLS 的衍生方法及其应用

前面小节中介绍了 PCA/PLS 的基本原理以及在过程监测中的应用，在这里需要强调一下 PCA/PLS 对建模数据的要求，即要求二维结构的数据矩阵且测量值的均值和方差不随时间变化。这个要求使得基于 PCA/PLS 的统计过程监测算法在连续稳定过程中得到广泛的应用，但是对于动态过程、非线性过程等却不是非常成功。因此，过程监测领域的研究人员针对不同的过程特性提出了若干基于 PCA/PLS 的衍生算法，如动态 PCA/PLS[16,27]、非线性 PCA/PLS[14,19,47]、多模块 PCA/PLS[17,21,34]，以及各种基于 PCA/PLS 模型的故障隔离和诊断算法[25,28,40,42,45,46,51]等。因为这些衍生算法和本书的研究重点不甚相关，这里不作介绍，敬请参阅相关文献。

2.3 结 束 语

本章重点介绍了以 PCA/PLS 为代表的传统过程控制监测理论方法以及基于 PCA/PLS 的统计过程监测方法中所涉及的若干问题。其中详细阐述了 PCA 建模的目标和原理，利用 PCA 将高维的相关变量投影到一个低维的主元子空间和残差子空间，然后在这两个子空间中分别计算相关的监测统计量，并分别介绍了进行过程监测的控制限的计算方法。在此基础上，介绍了基于贡献图的故障诊断方法以及 PCA 和 PLS 的衍生方法。

参 考 文 献

[1] Montgomery D C. Introduction to statistical quality control. New York: Wiley, 1991
[2] Shewhart W A. Statistical method from the viewpoint of quality control. New York: Dover, 1986

[3] Page E S. Continuous inspection schemes. Biometrika，1954，41(1-2)：100-114
[4] Page E S. Cumulative sum control charts. Technometrics，1961，3：1-9
[5] Roberts S W. Control chart tests based on geometric moving average. Technometrics，1959，1：239-250
[6] Dunteman G H. Principal component analysis. London：SAGE publication LTD，1989
[7] Jackson J E. A user's guide to principal components. New York：Wiley，1991
[8] Geladi P and Kowalshi B R. Partial least squares regression：A tutorial. Analytica Chimica Acta，1986，185 (1)：1-17
[9] Hoskuldsson A. PLS regression methods. Journal of Chemometrics，1988，2(3)：211-228
[10] 王惠文. 偏最小二乘回归方法及其应用. 北京：国防工业出版社，1999
[11] Wise B M，Richer N L，Veltkamp D F，et al. A theoretical basis for the use of principal component models for modeling multivariate process. Process control and quality，1990，1：41-51
[12] Weil S A V，Tucker W T，Faltin R W，et al. Algorithmic statistical process control：concepts and an application. Technometrics，1992，34 (3)：286-297
[13] Kaspar M H，Ray W H. Chemometric methods for process monitoring and high-performance controller design. AIChE Journal，1992，38(10)：1593-1607
[14] Qin S J，McAvoy T J. Nonlinear PLS modeling using neural networks. Computers & Chemical Engineering，1992，16(4)：379-391
[15] Holcomb T R，Morari M. PLS/Neural networks. Computers & Chemical Engineering，1992，16(4)：393-411
[16] Kaspar M H，Ray W H. Dynamic PLS modeling for process control. Chemical Engineering Science，1993，48(20)：3447-3461
[17] MacGregor J F，Jackle C. Process monitoring and diagnosis by multiblock PLS methods. AIChE Journal，1994，40(5)：826-838
[18] Kourti T，MacGregor J F. Process analysis，monitoring and diagnosis，using multivariate projection methods. Chemometrics and Intelligent Systems Laboratory，1995，28(19)：3-21
[19] Dong D，McAvoy T J. Nonlinear Principal component analysis-based on principal component curves and neural networks. Computers & Chemical Engineering，1996，20(1)：65-78
[20] Raich A，Çinar A. Statistical process monitoring and disturbance diagnosis in multivariable continuous process. AIChE Journal，1996，42(4)：995-1009
[21] Wold S，Kettaneh N，Tjessem K. Hierarchical multiblock PLS and PC models for easier model interpretation and as an alternative to variable selection. Journal of Chemometrics，1996，10(5-6)：463-482
[22] Wise B M，Gallagher N B. The process Chemometrics approach to process monitoring and fault detection. Journal of process control，1996，6(6)：329-348
[23] Martin E B，Morris A J，Zhang J. Process performance monitoring using multivariate statistical process control，Control Theory and Applications，IEE Proceedings，1996，143(2)：

132-144

[24] Chen G, McAvoy T J. Process control utilizing data based multivariate statistical models. The Canadian Journal of Chemcial Engineering, 1996, 74: 1010-1024

[25] Dunia R, Qin S J, Edgar T F. Identification of faulty sensors using principal component analysis. AIChE Journal, 1996, 42: 2797-2812

[26] Nelson P R C, Taylor P A, MacGregor J F. Missing data methods in PCA and PLS: Score calculations with incomplete observations. Chemometrics and Intelligent laboratory systems, 1996, 35(1): 45-65

[27] Lakshminarayanan S, Shah S L, Nandakumar K. Modeling and control of multivariable processes: Dynamic PLS approach. AIChE Journal, 1997, 43(9): 2307-2322

[28] Raich A, Çinar A. Diagnosis of process disturbances by statistical distance and angle measures. Computers & Chemical Engineering, 1997, 21(6): 661-673

[29] Zhang J, Martin E B, Morris A J. Process monitoring using non-linear statistical techniques. Chemical Engineering Journal, 1997, 67(3): 181-189

[30] Dayal B S, MacGregor J F. Improved PLS algorithms. Journal of Chemometrics, 1997, 11 (1): 73-85

[31] Dayal B S, MacGregor J F. Recursive exponentially weighted PLS and its applications to adaptivecontrol and prediction. Journal of Process Control, 1997, 7(3): 169-179

[32] Faltin F W, Mastrangelo C M, Runger G C, et al. Considerations in the monitoring of autocorrelated and independent data. Journal of Quality Technology, 1997, 29(2): 131-139

[33] Kosanovich K A, Piovoso M J. PCA of wavelet Transformed Process data for monitoring. Intelligent Data analysis, 1997, 1(1-4): 85-99

[34] Westerhuis J A, Kourti T, MacGregor J F. Analysis of multiblock and hierarchical PCA and PLS models. Journal of Chemometrics, 1998, 12(5): 301-321

[35] Qin S J. Recursive PLS algorithms for adaptive data modeling. Computers & Chemical Engineering, 1998, 22(4-5): 503-514

[36] Hwang D H, Han C H. Real-time monitoring for a process with multiple operating modes. Control Engineering Practice, 1999, 7(7): 891-902

[37] Chen J, Liu J. Mixture Principal component analysis models for process monitoring. Industrial Engineering and Chemical Research, 1999, 38(4): 1478-1488

[38] Yang T, Wang S. Robust algorithms for principal component analysis. Pattern recognition letters, 1999, 20(9): 927-933

[39] Qin S J, Li W H, Yue H H. Recursive PCA for adaptive process monitoring. Proceedings of 14th world congress of IFAC, 1999: 85-90

[40] Gertler J, Li W H, Huang Y B, et al. Isolation Enhanced Principal Component analysis. AIChE Journal, 1999, 45(2): 323-334

[41] Wachs A, Lewin D R. Improved PCA methods for process disturbance and failure identification. AIChE Journal, 1999, 45(8): 1688-1700

[42] Huang Y B, McAvoy T J, Gertler J. Fault isolation in nonlinear systems with structured partial principal component analysis and clustering analysis. Canadian Journal of chemical Engineering, 2000, 78(3): 569-577

[43] Jia F, Martin E B, Morris A J. Non-linear principal components analysis with application to process fault detection. International Journal of systems science, 2000, 31(11): 1473-1487

[44] Norvilas A, Negiz A, DeCicco J, et al. Intelligent process monitoring by interfacing knowledge-based systems and multivariate statistical monitoring. Journal of Process Control, 2000, 10(4): 341-350

[45] Huang Y B, Gertler J, McAvoy T J. Sensor and actuator fault isolation by structured partial PCA with nonlinear extensions. Journal of Process Control, 2000, 10(5): 459-469

[46] Yoon S, MacGregor J F. Statistical and causal model-based approaches to fault detection and isolation. AIChE Journal, 2000, 46(9): 1813-1824

[47] Lin W L, Qian Y, Li X X. Nonlinear dynamic principal component analysis for on-line process monitoring and diagnosis. Computers and Chemical Engineering, 2000, 24(2-7): 423-429

[48] Kano M, Hasebe S, Hashimoto I, et al. A new multivariate statistical process monitoring method using principal component analysis. Computers and Chemical Engineering, 2001, 25(7-8): 1103-1113

[49] Misra M, Yue H H, Qin S J, et al. Multivariate process monitoring and fault diagnosis by multi-scale PCA. Computers and Chemical Engineering, 2002, 26(9): 1281-1293

[50] Singhal A, Seborg D E. Pattern matching in historical data using PCA. IEEE Control system magazine, 2002, 22(5): 53-63

[51] Lu N, Wang F, Gao F. Combination method of principal component and wavelet analysis for multivariate process monitoring and fault diagnosis. Industrial & Engineering Chemistry Research, 2003, 42(18): 4198-4207

[52] Lu N, Yang Y, Gao F, et al. Multirate dynamic inferential modeling for multivariable processes. Chemical Engineering Science, 2004, 59(4): 855-864

[53] Zhao C H, Sun Y X. Comprehensive subspace decomposition and isolation of principal reconstruction directions for online fault diagnosis. Journal of Process Control. 2013, 23(10): 1515-1527

[54] 王松，夏绍玮. 基于误差模型的自适应鲁棒主成分分析. 自动化学报，1999，25(4): 528-531

[55] 赵春晖，王福利，姚远，等. 基于时段的间歇过程统计建模、在线监测及质量预报. 自动化学报，2010，36(3): 366-374

[56] 张杰，阳宪惠. 多变量统计过程控制，北京：化学工业出版社，2000

[57] 陈耀，王文海，孙优贤. 基于动态主元分析的统计过程监测. 化工学报，2000，51(5): 666-670

[58] 黄敏杰，叶昊，王桂增. 基于投影的回归分析方法综述. 控制理论与应用，2001，18: 1-6

[59] Zhao C H, Sun Y X. Subspace decomposition approach of fault deviations and its application to fault reconstruction. Control Engineering Practice. 2013, 21(10), 1396-1409

[60] Zhao C H, Yao Y, Gao F R, et al. Statistical analysis and online monitoring for multimode processes with between-mode transitions. Chemical Engineering Science, 2010, 65(22): 5961-5975

[61] 赵春晖,王福利,贾明兴. 基于主元空间数据分布比较的统计过程监测. 仪器仪表学报, 2008, 29(8): 1598-1604

[62] Zhao C H, Sun Y X, Gao F R. A Multiple-Time-Region (MTR)-based fault subspace decomposition and reconstruction modeling strategy for online fault diagnosis. Industrial & Engineering Chemistry Research, 2012, 51(34): 11207-11217

[63] Skagerberg B, MacGregor J F, Kiparissides C. Multivariate data analysis applied to low-density polyethylene reactors. Chemometrics and intelligent laboratory systems, 1992, 14(1-3): 341-356

[64] Piovoso M J, Kosanovich K A. Applications of multivariate statistical methods to process monitoring and controller design. International Journal of Control, 1994, 59 (3): 743-765

[65] de Veaux R D, Ungar L H, Vinson J M. Statistical approaches to fault analysis in multivariate process control. The Proceedings of the American Control Conference, 1994: 1274-1278

[66] Kourti T, Lee J, MacGregor J F. Experience with industrial applications of projection methods for multivariate statistical process control. Computers & Chemical Engineering, 1996, 20(supplement 1): 745-750

[67] MacGregor J F. Using On-line process data to improve quality: Challenges for statisticians. International statistical review, 1997, 65(3): 309-323

[68] Teppola P, Mujunen S P, Minkkinen P, et al. Principal component analysis, contribution plots and feature weights in the monitoring of sequential process data from a paper machine's wet end. Chemometrics and Intelligent Laboratory systems, 1998, 44(1-2): 307-317

[69] Wilson D J H, Irwin G W. PLS modeling and fault detection on the Tennessee Eastman Benchmark. International Journal of systems science, 2000, 31 (19): 1449-457

[70] Rotem Y, Wachs A, Lewin D R. Ethylenecompressor monitoring using model-based PCA. AIChE Journal, 2000, 46 (9): 1825-1836

[71] Kano M, Nagao K, Hasebe S, et al. Comparison of statistical process monitoring methods: Application to the Eastman challenge problem. Computers and chemical Engineering, 2000, 24: 175-181

[72] Shouchaiya N, Kano M, Hasebe S, et al. Improvement of distillation composition control by using predictive inferential control technique. Journal of Chemical Engineering of Japan, 2001, 34 (8): 1026-1032

[73] 刘磊,张宇明,钱积新. 统计过程控制在连续过程中的应用. 化工自动化及仪表, 1997, 24 (2): 37-43

[74] 文忠,俞金寿,华向明. 非线性 PLS 在催化剂活性建模中的应用. 华东理工大学学报,1998,24(6): 717-721

[75] 赵立杰,王纲,李元. 非线性主元分析故障检测和诊断方法及应用. 信息与控制,2001,30: 359-364

[76] 杨英华,陆宁云,王福利. 气力输运粉体系统中的堵塞故障检测方法. 仪器仪表学报,2003,24(1): 10-12

[77] Wold S. Cross-validatory estimation of the number of components in factor and principal components models. Technometrics,1978,20(4): 397-405

[78] Wold S,Ruhe A,Wold H,et al. The collinerity problem in linear regression. The partial least squares (PLS) approach to generalized inverses. SIAM Journal on Scientific and Statistical Computing,1984,5(3): 735-743

[79] De J S,Cajo J F,Ter B. Comments on the PLS kernel algorithm. Journal of Chemometrics,1994,8(2): 169-174

[80] Rännar S,Lindgren F,Geladi P,et al. A PLS kernel algorithm for data sets with many variables and fewer objects. Part I: Theory and algorithm. Journal of Chemometrics,1994,8(2): 111-125

[81] Rännar S,Geladi P,Lindgren F,et al. A PLS kernel algorithm for data sets with many variables and fewer objects. Part II: Cross-validation,missing data and examples. Journal of Chemometrics,1995,9(6): 459-470

[82] Lindgren F,Geladi P,Wold W. The kernel algorithm for PLS. Journal of Chemometrics,1993,7(1): 45-59

[83] Box G E. Some theorems on quadratic forms applied in the study of analysis of variance problems,I: Effect of inequality of variance in one-way classification. The Annals of Mathematical Statistics,1954,25(2): 290-302

[84] Miller P,Swanson R E,Heckler C E. Contribution plots: A missing link in multivariate quality control. Applied Mathematics and Computation Science,1998,8(4): 775-792

第3章　间歇过程统计监测的基础理论与方法

尽管PCA和PLS方法在连续工业过程中取得许多成功的应用实例，但它们并不能直接应用于间歇工业过程。正如前面提及，PCA和PLS的建模对象是二维数据，而且要求测量值的均值和方差不随时间而变化；而间歇过程的特点恰恰是过程变量随着操作时间不断变化，甚至在不同的操作工序中显示出不同的变化特征。另外，间歇过程的建模数据通常表示成一个三维矩阵(三个维数分别是间歇操作周期，过程变量和采样时间)，PCA和PLS方法无法直接处理这样的三维数据矩阵。本章将简单介绍面向间歇过程的统计建模方法及其最新进展。

3.1　引　　言

近年来，现代社会瞬息万变的市场对多品种、多规格和高质量产品提出了更迫切的需求，使得现代过程工业更加倚重于生产小批量、高附加值产品的间歇过程。因此，间歇过程生产的安全可靠运行以及产品的高质量追求已成为人们关注的焦点。与连续工业生产过程相比，间歇生产的过程特性更为复杂。鉴于间歇生产过程本身反应的复杂性、产品生命周期的有限性以及成本投入的经济效益，很难在短期内了解足够的过程机理，因此基于知识的建模方法难以在间歇工业中广泛地推广应用。而现代工业过程中很容易获得大量的生产数据。显然，这些过程数据中蕴含了有关过程生产状况的丰富信息，如何从浩瀚的数据海洋中提取出高质量信息并加以充分分析利用进而指导生产，吸引了科研人员的注意与兴趣。以主成分分析(PCA)[1-4]、独立成分分析(ICA)[5-8]以及偏最小二乘回归(PLS)[9-12]等为核心的多元统计分析技术，因其只需要正常工况下的过程数据来建立模型，同时它们在处理高维、高度耦合数据时具有独特的优势，越来越受到研究人员和现场工程师的青睐。

20世纪90年代中期Nomikos和MacGregor[13-15]提出的Multiway PCA(MPCA)和Multiway PLS(MPLS)首次将多元统计分析方法成功应用到间歇过程中，引发了之后基于多向(Multiway)统计分析的一系列研究热潮，揭开了基于数据的间歇过程统计建模、在线监测、故障诊断及质量预测控制的新篇章。国外各科研小组均已投入大量人力、物力和资源，面向间歇过程展开了如火如荼的研究工作。瑞典Umea大学Wold教授[16-18]、美国Maryland大学McAvoy教授[19,20]、Illinois工业学院的Cinar[21-23]教授、California大学的Seborg[24,25]教授、加拿大McMaster大学的 MacGregor 教授[13-15,26] 以及英国 Newcastle 大学的 Martin 和 Morris 教授[27-30]等，他们领导各自的科研小组分别做出了相应的重要贡献，极大地推动促进了该领域的研究工作。但是，间歇生产具有的复杂过程特性使得针对间歇过程的统计分析实施起来更为复杂。面向间歇生产过程的统计建模、过程监测、故障诊断与质量预测这一研究领域中仍有大量的空白和难题没有涉及和解决，为广大科研工作者和过程工程师带来巨大的挑战，但也是难得的发展契机。

基于 MPCA/MPLS 的统计分析算法将一次间歇操作的所有数据当作一个整体对待，虽然可以成功地监测一个完整的间歇操作批次是否正常，但是在线应用时必须要预估未知测量数据。因而，其在线监测的性能很大程度上依赖于对未来测量值预估的准确性，并未真正实现在线应用。另一方面，这类方法忽视了间歇生产中的局部过程行为特征，而多时段性恰恰是间歇过程的一个显著特点[19,31,32]。因此，对多时段间歇过程的统计分析不仅仅要关注过程整体的运行状况，挖掘其与产品质量的因果关系，更应该深入分析每一个子时段的潜在过程相关特性，揭示各个子时段对质量不同的影响作用及其解释能力。近年来，基于时段的间歇过程统计建模思想得到了研究人员的重视[19,22,31-42]，并面向多时段间歇过程进行了相应的卓有成效的研究工作，也陆续提出并发展了一系列基于时段的统计建模策略，他们的工作极大地促进了该领域的进一步发展。

3.2　间歇过程的数据处理

第 1 章中我们已经介绍了间歇过程独特的三维测量数据结构。为了利用多元统计分析技术对间歇过程数据进行分析，必须预先进行相应的数据处理。对于三维间歇过程数据 $\underline{\boldsymbol{X}}(I\times J\times K)$，有两种常用的处理方式。一种是基于三维数组展开的建模方法[13-15,17]，即将三维数组根据需要展开成二维数据的形式后再进行多元统计分析。如前面提到的多向统计分析方法 MPCA/MPLS 就属于这一类。另一种是直接针对三维数据阵进行处理建立三线性分解模型[43-49]。如并行因子分析(PARAFAC)、Tucker-3 模型，以及 N-PLS 等。在常见的间歇过程统计建模和在线监测方法中，三维矩阵通常按照建模的需要被展开成二维矩阵，它是目前应用最为广泛的处理方式。

从几何角度，将一个三维矩阵展开成二维矩阵有六种方式[50]，如图 3.1 所示，其中 A 和 F、B 和 C、D 和 E 这三对展开形式得到的二维矩阵具有相同的维数特征，只不过数据的内部排列不同。对于理论研究与工程分析来说，只有其中的变量展开(A)和批次展开(D)两种形式比较有意义。D 批次展开方式保留了 $\underline{\boldsymbol{X}}$ 第一维的信息，即保留了间歇操作的批次方向而将时间和过程变量两个维数上的数据糅合在一起，构成二维矩阵 $\boldsymbol{X}(I\times KJ)$，其每一行包含了一次间歇操作周期内的所有

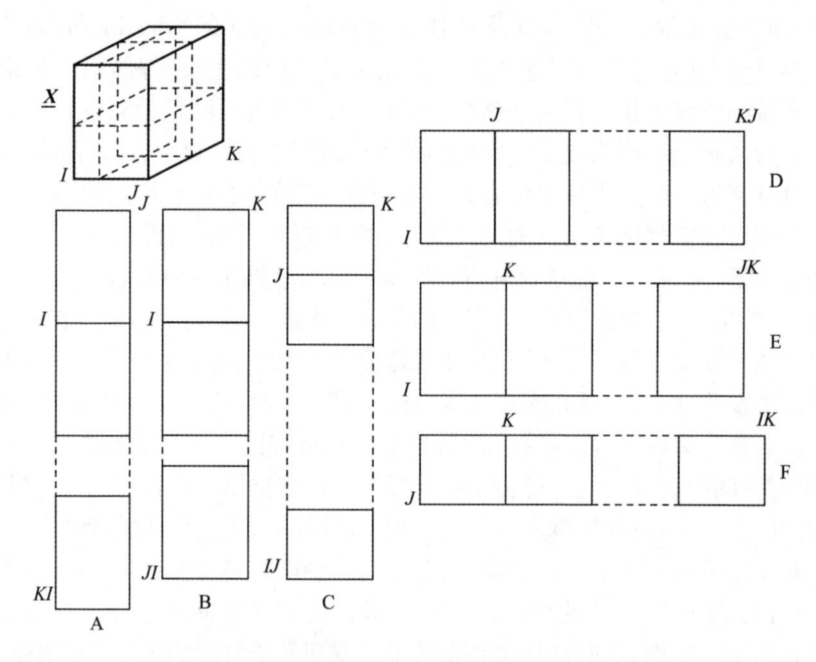

图 3.1　将三维数据展开成二维数据的六种方式[50]

数据。Nomikos 和 MacGregor 所提出的 MPCA 模型[13]实际上采用了这种数据展开方式。而 A 变量展开方式保留了 $\underline{\boldsymbol{X}}$ 第二维的信息，即保留了过程变量的维数而将间歇操作批次和采样时间两个方向上的数据糅合在一起，构成二维矩阵 $\boldsymbol{X}(I\times KJ)$，其每一列包含了过程变量在所有间歇操作批次的所有采样时刻上的测量数据。Wold 于 1998 年提出一种基于 A 展开方式的间歇过程监测算法[16]。

三维数据的标准化可以在展开后的二维矩阵中进行处理。显然，根据展开方式的不同，数据标准化的意义也不相同。对批次展开后的数据 $\boldsymbol{X}(I\times KJ)$ 进行标准化，中心化处理实际上是抽取了过程变量在多次间歇过程正常操作下的平均运行轨迹，因此标准化后的数据突出了间歇过程不同操作批次之间一种正常的随机波动，可以认为它们近似服从多维正态分布，从而该数据预处理方式可以在一定程度上去除动特性及非线性的影响。其数学表达式如下：

$$\widetilde{x}_{ijk} = \frac{x_{ijk} - \overline{x}_{jk}}{s_{jk}},$$

$$\overline{x}_{jk} = \frac{1}{I}\sum_{i=1}^{I} x_{ijk}, \quad s_{jk} = \sqrt{\frac{1}{I-1}\sum_{i=1}^{I} (x_{ijk} - \overline{x}_{jk})^2} \tag{3-1}$$

对变量展开后的数据 $\boldsymbol{X}(I\times KJ)$ 进行标准化，中心化和量纲归一化都是针对每个变量进行的，也就是说标准化过程中得到的平均值和方差指的是每个过程变量在所有间歇操作的所有时间上的平均值和方差。因此，标准化后的数据突出的是过程变量的测量值在时间方向上的变动,并不介意每一次间歇操作的数据长度是否一致,而且在线应用时也无需预估未知数据[31,51-53]。但由于间歇过程测量变量的均值与方差随着操作时间变化显著,并且在不同的时段中显示出明显不同的潜在变化特征,因此该均值与方差并不代表过程运行的平均水平和波动程度,统计意义较弱。其数学表达式为

$$\widetilde{x}_{ijk} = \frac{x_{ijk} - \bar{x}_j}{s_j},$$

$$\bar{x}_j = \frac{1}{KI}\sum_{k=1}^{K}\sum_{i=1}^{I} x_{ijk}, \quad s_j = \sqrt{\frac{1}{KI-1}\sum_{k=1}^{K}\sum_{i=1}^{I}(x_{ijk} - \bar{x}_j)^2} \tag{3-2}$$

比较这两种标准化数据处理方法,很明显,基于批次展开的数据标准化信息更具有实际的统计意义。而对于之后的多元统计分析方法来讲,这两种展开方式各有优缺点,从不同侧面反映了过程变化信息。关于这几种三维数据展开方式的讨论以及相应的过程监测方法的比较可参阅文献[48,54,55]。

在将间歇过程的三维数据组展开成二维数据阵后,从基本形式上来说,它们具备了与连续过程相同的数据单元结构,这为接下来更好地提取反映实际运行过程的本质特征信息并进而实施多元统计分析提供了基础平台。

3.3　间歇过程多向统计分析方法

在间歇过程中,众多的高维变量之间存在着强烈耦合相关性,其蕴含的有效过程特征和数据结构可以用很少的维数来描述。多元统计分析技术的目的就是要设法找出隐藏在表面的过程观测数据下的潜在特征结构,进而揭示过程的运行状态和规律及其与质量指标相随而动的因果关系。为了实现这一目标,它主要采用了投影降维思想,其本质是将大量测量变量所张成的高维空间映射到一个低维的模型空间中。该模型空间一般是由特征变量(主要成分或是潜变量)所张成,这些特征变量实际是原始测量变量的线性组合。

基于间歇过程三维数据展开的预处理手段,各种统计分析技术得到了有效合理的扩展。作为 PCA/PLS 的扩展方式,MPCA/MPLS 等多向统计分析方法已成为间隙过程统计建模、过程监测、故障诊断与质量预测的基础工具,并获得了广泛的应用。下面我们将基于批次展开的预处理方式,简略介绍 MPCA/MPLS 等统计分析方法的主要原理、它们应用于间歇过程的本质依据以及所涉及的若干问题。

3.3.1　多向主成分分析与多向偏最小二乘

多向主成分分析(MPCA)在分析间歇过程数据时从本质上来说在算法和功效

上与应用于连续过程的主成分分析(PCA)并无二致，只不过在应用该技术进行统计分析之前，首先要将间歇过程的三维采样数据阵按照批次展开方式变为二维矩阵。

MPCA 的主要原理(图 3.2)基本上相当于以下两步骤：

(1) 将三维矩阵 $\underline{\boldsymbol{X}}(I\times J\times K)$ 按照批次方向展开为二维矩阵 $\boldsymbol{X}(I\times KJ)$，并进行相应的数据标准化处理；

(2) PCA 直接应用于二维矩阵 $\boldsymbol{X}$，计算相应的得分向量与负载向量，并保留适当的主元个数 A，建立起在线应用的监测模型。

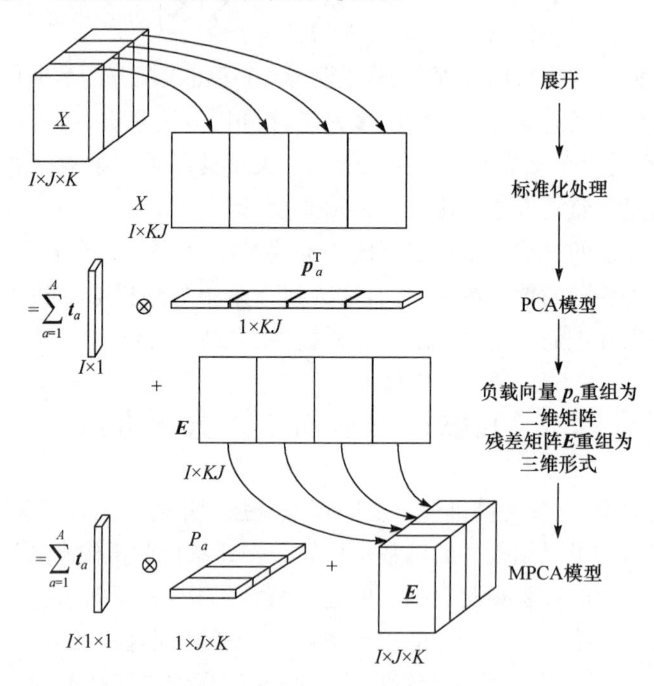

图 3.2　MPCA 原理示意图

从数学的表达角度，MPCA 模型定义如下式：

$$\underline{\boldsymbol{X}}=\boldsymbol{T}\otimes\boldsymbol{P}+\underline{\boldsymbol{E}}=\sum_{a=1}^{A}\boldsymbol{t}_a\otimes\boldsymbol{p}_a+\underline{\boldsymbol{E}} \tag{3-3}$$

或者可直接表达为二维形式

$$\boldsymbol{X}=\sum^{A}\boldsymbol{t}_a\boldsymbol{p}_a^{\mathrm{T}}+\underline{\boldsymbol{E}} \tag{3-4}$$

其中，$\underline{\boldsymbol{E}}$ 是和 $\underline{\boldsymbol{X}}$ 形式一致的三维残差矩阵；$\boldsymbol{E}$ 是展开后的二维矩阵 $\boldsymbol{X}$ 对应的残差。仅从数学表达的角度，MPCA 模型与公式(2-6)所示的二维形式并无二致。

对于上述 MPCA 方法的第一个步骤，有一点需要提及的是，MPCA 用于分析一次完整的间歇操作是否正常时，三维矩阵的 D 展开方式和 E 展开方式实际上具有同样的效果。而关于MPCA的第二个步骤，这里需要解释一下，为什么PCA可以直接应用于展开的二维矩阵，这样的PCA模型有什么工程意义？

前面提到，MPCA的第二步中PCA的工作对象是展开的二维矩阵$\boldsymbol{X}(I\times KJ)$，每一行是由一次间歇操作的所有数据构成，其每一列可表达成采样时间k上第j个过程变量在不同间歇操作内的测量值$\boldsymbol{x}_{j,k}(I\times 1)(j=1\cdots,J;k=1,\cdots,K)$。对$\boldsymbol{X}(I\times KJ)$进行主成分分析实际上是根据不同间歇操作之间存在的方差以及不同变量在不同采样时间上的协方差信息来提取主成分。利用奇异值分解算法，首先，$\boldsymbol{X}(I\times KJ)$的$(KJ\times KJ)$维协方差矩阵计算为$\frac{\boldsymbol{X}^{\mathrm{T}}\boldsymbol{X}}{I-1}$，即

$$\frac{\boldsymbol{X}^{\mathrm{T}}\boldsymbol{X}}{I-1}=\frac{1}{I-1}\begin{bmatrix}\boldsymbol{X}_1^{\mathrm{T}}\boldsymbol{X}_1 & \boldsymbol{X}_1^{\mathrm{T}}\boldsymbol{X}_2 & \boldsymbol{X}_1^{\mathrm{T}}\boldsymbol{X}_3 & \cdots & \boldsymbol{X}_1^{\mathrm{T}}\boldsymbol{X}_K \\ \boldsymbol{X}_2^{\mathrm{T}}\boldsymbol{X}_1 & \boldsymbol{X}_2^{\mathrm{T}}\boldsymbol{X}_2 & \boldsymbol{X}_2^{\mathrm{T}}\boldsymbol{X}_3 & \cdots & \boldsymbol{X}_2^{\mathrm{T}}\boldsymbol{X}_K \\ \boldsymbol{X}_3^{\mathrm{T}}\boldsymbol{X}_1 & \boldsymbol{X}_3^{\mathrm{T}}\boldsymbol{X}_2 & \boldsymbol{X}_3^{\mathrm{T}}\boldsymbol{X}_3 & \cdots & \boldsymbol{X}_3^{\mathrm{T}}\boldsymbol{X}_K \\ \vdots & \vdots & \vdots & & \vdots \\ \boldsymbol{X}_K^{\mathrm{T}}\boldsymbol{X}_1 & \boldsymbol{X}_K^{\mathrm{T}}\boldsymbol{X}_2 & \boldsymbol{X}_K^{\mathrm{T}}\boldsymbol{X}_3 & \cdots & \boldsymbol{X}_K^{\mathrm{T}}\boldsymbol{X}_K\end{bmatrix} \tag{3-5}$$

由此可见，该协方差矩阵包含了相同时刻测量数据之间的方差信息$(\boldsymbol{X}_k^{\mathrm{T}}\boldsymbol{X}_k)$以及不同采样时刻不同测量数据之间的协方差信息$(\boldsymbol{X}_{k1}^{\mathrm{T}}\boldsymbol{X}_{k2}$，时间指标$k1\neq k2)$。对其进行特征值分解获得PCA模型，$\boldsymbol{P}(KJ\times A)$，既包含了过程变量之间的交叉相关性(cross-correlation)，又包含了过程变量自身存在的自相关性(auto-correlation)。向PCA模型上投影计算主元得分：

$$\boldsymbol{t}_i^{\mathrm{T}}=\sum_{k=1}^{K}\boldsymbol{x}_{i,k}^{\mathrm{T}}\boldsymbol{P}_k \tag{3-6}$$

其中，$\boldsymbol{x}_{i,k}$为第k采样时刻第i次间歇操作的测量数据；$\boldsymbol{P}_k(J\times A)$为$\boldsymbol{P}(KJ\times A)$中对应该时刻的负载系数，其实就是$\boldsymbol{P}(KJ\times A)$的第$(k-1)J+1\sim kJ$行。

由此可见，对$\boldsymbol{X}(I\times KJ)$进行主成分分析实际上是根据不同间歇操作之间存在的方差以及不同变量在不同采样时间上的协方差信息来提取主成分，即

$$\begin{aligned}\boldsymbol{t}_{i,a}=&\breve{\boldsymbol{X}}_i(1,1)\boldsymbol{P}_a(1,1)+\cdots+\breve{\boldsymbol{X}}_i(j,1)\boldsymbol{P}_a(j,1)+\cdots+\breve{\boldsymbol{X}}_i(J,1)\boldsymbol{P}_a(J,1)\\ &\vdots\\ &+\breve{\boldsymbol{X}}_i(1,k)\boldsymbol{P}_a(1,k)+\cdots+\breve{\boldsymbol{X}}_i(j,k)\boldsymbol{P}_a(j,k)+\cdots+\breve{\boldsymbol{X}}_i(J,k)\boldsymbol{P}_a(J,k)\\ &\vdots\\ &+\breve{\boldsymbol{X}}_i(1,K)\boldsymbol{P}_a(1,K)+\cdots+\breve{\boldsymbol{X}}_i(j,K)\boldsymbol{P}_a(j,K)+\cdots+\breve{\boldsymbol{X}}_i(J,K)\boldsymbol{P}_a(J,K)\end{aligned} \tag{3-7}$$

因此，由PCA模型计算出来的主成分$\boldsymbol{t}_i$总结了第i次间歇操作测量数据中包含的过程信息；而主成分$\boldsymbol{t}_i(i=1,\cdots,I)$的变化信息(即方差信息)体现了不同间歇操作之间的变动。根据统计建模的先决条件，所有建模数据均是在正常工况下采集的，不同间歇操作的过程变量轨迹的变动是一种正常的随机变动，因此由MPCA

计算出来的主成分 $\boldsymbol{t}_i(i=1,\cdots,I)$ 可认为是近似地服从多维正态分布，这使得MPCA并没有违背 PCA 对建模数据的要求，这也正是 MPCA 能够成功应用于间歇过程统计分析和在线监测的基础。

将 MPCA 处理三维数据的方式拓展应用到偏最小二乘算法中，得到的多向偏最小二乘(MPLS)算法也具备建立间歇过程中三维过程数据 $\underline{\boldsymbol{X}}(I\times J_x\times K)$ 和二维质量数据 $\boldsymbol{Y}(I\times J_y)$ 之间回归模型的能力。和 MPCA 类似，MPLS 的主要思路是先将三维的过程数据沿着时间方向展开成二维数据 $\boldsymbol{X}(I\times KJ_x)$，然后用 PLS 算法得到 $\boldsymbol{X}(I\times KJ)$ 和质量矩阵 $\boldsymbol{Y}(I\times J_y)$ 之间的回归关系，详见相关参考文献[14]。

3.3.2 基于 MPCA 的间歇过程统计分析和在线监测

和基于 PCA/PLS 的统计过程监测方法一样，用于间歇工业过程统计分析和在线监测的 MPCA 模型的建模数据来自于历史数据库中正常操作工况下的变量测量值。因此，MPCA 模型反映的是一种正常操作工况下过程变量之间的协相关关系及变量自身的自相关关系。当过程出现异常情况并导致过程变量的运行轨迹或者过程变量之间的相关关系发生变化时，根据前面所得到的 MPCA 模型，通过监视多元统计量 Hotelling-T^2 和 SPE 控制图可以检测到这些异常工况的发生。由于间歇过程建模数据结构的不同，对于 MPCA 模型，多元统计量 Hotelling-T^2 和 SPE 又被定义为离线和在线指标两种；离线和在线指标的统计控制限采用不同的计算方法。

3.3.1 节中我们已经解释，由 MPCA 模型计算出来的主成分 $\boldsymbol{t}_i(i=1,\cdots,I)$ 可认为是近似地服从多维正态分布，即均值为 $\boldsymbol{0}$ 向量、标准差为对角阵 $\boldsymbol{S}(A\times A)$。下式的 Hotelling-$T^2$ 统计量[15]是一个用来离线分析一次间歇操作周期的整体数据是否正常的一个多元指标，

$$D_i=\frac{I}{(I-1)^2}\boldsymbol{t}_i^{\mathrm{T}}\boldsymbol{S}^{-1}\boldsymbol{t}_i\sim\boldsymbol{B}_{A/2,(I-A-1)/2} \tag{3-8}$$

其中，$\boldsymbol{t}_i$ 为建模数据集中第 i 次间歇操作的主成分；B 是自由度为 $A/2,(I-A-1)/2$ 的二项分布，并且 $B_{A/2,(I-A-1)/2}$ 在显著性水平 α 下的临界值可由 F 分布导出：

$$B_{A/2,(I-A-1)/2,\alpha}=\frac{A/(I-A-1)F_{A,I-A-1,\alpha}}{1+A/(I-A-1)F_{A,I-A-1,\alpha}} \tag{3-9}$$

建模数据集中第 i 次间歇操作的 SPE 指标定义如下，其控制限仍可用 2.2.4 节介绍的方法确定：

$$\mathrm{SPE}_i=\sum_{c=1}^{KJ}E(i,c)^2 \tag{3-10}$$

Nomikos 和 MacGregor 提出的 MPCA 方法作为后验的统计分析工具可以方便准确地区分正常工况和异常工况下的间歇操作，并且可以采用贡献图方法为故

障诊断提供辅佐知识；但对于在线过程监测，MPCA 模型则显得有些笨拙低效。式(3-3)和式(3-4)是由历史数据得到的 MPCA 模型，其模型参数是 $\boldsymbol{P}_a(J\times K)$或一维展开形式 $\boldsymbol{P}_a(KJ\times 1)$。若利用得到的 MPCA 模型进行在线监测，我们需要一次间歇操作的完整数据 $\breve{\boldsymbol{X}}(J\times K)$或一维展开 $\boldsymbol{x}^{\mathrm{T}}(1\times JK)$，

$$
\begin{aligned}
\boldsymbol{t}^{\mathrm{T}} &= \boldsymbol{x}^{\mathrm{T}}[\boldsymbol{p}_1,\cdots,\boldsymbol{p}_A] \\
\hat{\boldsymbol{x}}^{\mathrm{T}} &= \boldsymbol{t}^{\mathrm{T}}[\boldsymbol{p}_1,\cdots,\boldsymbol{p}_A]^{\mathrm{T}} \\
\boldsymbol{e} &= \boldsymbol{x}-\hat{\boldsymbol{x}}
\end{aligned} \tag{3-11}
$$

显然，在线过程监测时我们无法得到当前操作时间后的过程测量值，可行的解决方案是预估出将来的过程测量值用于在线监测。Nomikos 和 MacGregor 在提出基于 MPCA 的间歇过程在线监测算法的同时也提供了三种未来测量值估计方法[15]。在线 MPCA 模型定义为

$$
\begin{aligned}
\boldsymbol{t}_k^{\mathrm{T}} &= \boldsymbol{x}_k^{\mathrm{T}}[\boldsymbol{p}_1,\cdots,\boldsymbol{p}_A] \\
\boldsymbol{x}_k^{\mathrm{T}} &= [x_{1,1},\cdots,x_{J,1},\cdots,x_{1,k},\cdots,x_{J,k},\widehat{x}_{1,k+1},\cdots,\widehat{x}_{J,k+1}\cdots,\widehat{x}_{1,K},\cdots,\widehat{x}_{J,K}] \\
\hat{\boldsymbol{x}}_k^{\mathrm{T}} &= \boldsymbol{t}_k^{\mathrm{T}}[\boldsymbol{p}_1,\cdots,\boldsymbol{p}_A]^{\mathrm{T}} \\
\boldsymbol{e}_k &= \boldsymbol{x}_k-\hat{\boldsymbol{x}}_k
\end{aligned} \tag{3-12}
$$

在线的多元统计指标分别定义如下：

$$
D_k=\frac{I(I-A)}{A(I^2-1)}\boldsymbol{t}_k^{\mathrm{T}}\boldsymbol{S}^{-1}\boldsymbol{t}_k\sim F_{A,I-A+1,\alpha} \tag{3-13}
$$

$$
\mathrm{SPE}_k=\boldsymbol{e}_k^{\mathrm{T}}\boldsymbol{e}_k \tag{3-14}
$$

在线 SPE 指标的统计控制限并没有采用 2.2.4 节中的估计方法，因为计算过程比较复杂。Box[56] 于 1954 年最初提出可以用一个加权 $g\chi_h^2$ 分布来近似描述 SPE 指标的分布，Jackson 和 Mudholkar[57] 于 1979 年给出了证明，Nomikos 和 MacGregor 于 1995 年给出一种简单可行的权重 g 和自由度 h 的估计方法[15]，用来确定在线 SPE 指标的统计控制限：

$$
\begin{aligned}
&\mathrm{SPE}_{k,\alpha}=g_k\chi^2_{h_k,\alpha} \\
&g_k=v_k/2m_k,\quad h_k=2(m_k)^2/v_k
\end{aligned} \tag{3-15}
$$

其中，m_k 是建模数据集中所有间歇操作周期数据在第 k 个时刻 $\mathrm{SPE}_{i,k}(i=1,\cdots,I)$值的均值；$v_k$ 则是对应的方差。

除了依据具体数据分布的控制限定义方法，现有一些基于数据驱动的非参数分析的方法[58-63]可以从大量的观测数据中挖掘出数据的分布信息、估计出概率密度函数，主要包括 Histogram 直方图、核(Kernel)函数估计法、小波密度估计等。非参数分析的方法避免了对观测数据的分布做任何前提假设，对非正态分布的数据也适用。但是同 MPCA 监测控制限的计算相比，其计算更复杂，尤其是对多维数据联合概率密度分布的估计。具体内容可参阅相关文献[58-63]。

基于MPCA模型的过程监测及故障诊断算法在很大程度依赖于对未来测量值预估的准确程度。很多统计过程监测领域的研究人员都曾提到这个问题并试图克服MPCA模型在在线过程监测中的不便之处,但目前并没有一个非常好的解决手段。除了在线过程监测中的缺陷,MPCA将一次间歇操作的所有数据当作一个整体对待,虽然可以得到简约的模型结构,但这类方法不太适用于多工序的间歇过程。在每一个操作工序中,间歇过程的数据可能体现出完全不同的相关性结构,将一次间歇操作的所有数据糅合在一起,使得MPCA模型很难体现并分析过程内部相关关系的变化。

虽然,MPCA/MPLS的出现为基于多变量统计方法的间歇过程统计分析、在线监测、故障诊断甚至质量控制奠定了不可动摇的基础;但是由于间歇过程本身固有的复杂性、时变性、多变量、多工序、每个工序操作时间不固定等多种因素,这一领域仍然存在大量的空白和难点值得进行深入的理论和应用研究。一个可行有效的在线监测、故障诊断和质量改进算法不仅可以保证间歇过程安全可靠地运行、连续稳定地生产高质量的产品;还将推动整个间歇过程工业的发展和壮大。

3.4　基于多时段的间歇过程统计分析方法

3.4.1　改进的多向统计分析方法

在线应用时的实时性往往要求在每个采样时刻都能够实时监测过程状态并获得质量预测结果,这使得利用传统MPCA/MPLS/MICA方法时在线预估未知测量数据成为必需,因而其在线应用的性能很大程度上取决于数据预估的能力与精度,这阻碍了其更为广泛的应用。很多研究人员都曾提到这个问题并陆续提出了一系列解决办法,或是改进数据预估精度[64],或是改进建模方法,以期克服其在线实施的不便之处。Louwerse[48]选取时间标记点分别建立局部MPCA模型,Ündey等根据过程进化度建立局部MPLS预测模型[21],它们本质上都直接利用了批次展开建模方式,只是降低了数据预估的计算量,却并未彻底摆脱数据预估的问题。Wold等[16]于1998年提出了一种基于变量展开方式的间歇过程监测算法;Ündey等[23]基于变量展开建立了过程变量与过程进化率之间的回归预测关系,在线时利用过程测量数据预测并指示当前批次完成的进度。一般说来,基于变量展开的处理方式侧重于分析各运行批次在时间方向上的波动特性,虽然成功避免了数据预估的问题,但是由于间歇过程在该方向上无确定的统计分布规律,增加了监测指标控制限提取的难度。一些研究工作[51-53,65,66]结合两种展开方式的优点,首先利用批次展开方式进行数据标准化预处理,然后将这些标准化后的数据按照变量展开方式组合成建模数据单元进行统计分析。进行回归分析时根据过程测量数据所采用的二维展开方式,有时也需要对质量矩阵$\boldsymbol{Y}(I\times J_y)$进行相应的处理,使之与二维展开过程数据 $\boldsymbol{X}$ 保持样本维数的一致。上述方法克服了数据预估的缺陷,极大地推动了相关算法的发展。

此外,传统的多向统计分析方法将一次间歇操作当作一个整体对待,虽然可以得到简约的模型结构,但这类方法不太适用于多时段的间歇过程。在每一个时段中,间歇过程的数据可能体现出完全不同的相关特性,而传统的多向统计分析方法将一次间歇操作的所有数据糅合在一起,很难揭示过程内部相关关系的变化以及每一个子时段的数据特征。因此它们通常对幅值较小的故障不甚敏感,对子时段中数据相关性变化的检测更是无能为力,并无法揭示改进产品质量的关键时段。为了克服多向统计分析技术在多时段间歇过程中应用的弱点,一个很自然的想法就是将过程分成若干子时段,建立基于子时段的统计分析模型用于过程监测、故障诊断和质量预测。

前面已经指出,间歇操作过程具有时段特性。间歇操作中的过程变量相关关系并非随时间时刻变化,而是跟随过程操作进程或过程机理特性的变化发生规律性的改变,呈现分段性,每个时段具有不同的过程变量轨迹、运行模式以及相关性特征。针对多时段间歇过程,一个很自然的想法就是将整个间歇操作划分为各个不同子时段,建立基于子时段的统计分析模型用于过程监测、故障诊断和质量预测。结合间歇工业过程多时段特性,下面我们将概括介绍基于时段的统计分析策略,简要梳理其发展历程和研究现状,从而揭示了进一步研究的潜力与发展空间。

3.4.2 时段划分算法

如何将一个间歇过程合理地划分成不同的子时段是基于时段进行统计分析的基础与关键。前人对此已经作了相应的研究与探讨,基于不同的角度提出了相应的时段识别办法。归纳起来有如下三种。

1)依据过程机理知识和专家经验的方法[19,22,32]

该方法侧重利用专家经验及过程知识依据过程反应机理或是物理操作单元的不同来划分过程运行的不同物理时段,要求对实际过程运行机理有一定的了解。对于一个简单或熟悉的间歇生产过程,工程师可以相对容易地获取用以划分不同子时段的过程知识;但是,对于一个复杂、陌生的工业生产过程,却很难获取这样的过程知识。这无疑限制了该方法的广泛应用。

2)特征分析方法[33,34,40]

该方法对过程变量或是提取的某些代表性的特征信号沿时间方向上的发展轨迹进行分析。对应于时段交替处,变量运行轨迹或是特征信号亦随之发生相应的变化,据此可以识别各个时段。指示变量方法是其中一种典型代表。

3)自动识别算法[35-39,67-72]

该方法无需过程先验知识,通过某种算法程序能够自动识别出过程中的各个时段。其中的典型代表为 Lu 与 Zhao 等的聚类算法[35-37,67-69]、Camacho 等的 MPPCA算法[38,39]以及 Zhao 等提出的步进有序时段划分方法[70-72]。聚类算法针对过程测量数据时间片单元进行统计分析提取其中的潜在相关特性，通过聚类分析，将具有相似特征的时间片归到同一类，差异较大的则分到不同的组（即时段）中。而 MPPCA 算法通过在各个时间点处不断试探分析所得到的局部模型是否能够改善原有模型的估计性能来确定是否接受该点的时段划分。步进有序时段划分方法则充分考虑了时段的时序性以及其划分结果对于具体应用目的的影响。

上述几种时段识别方法各有各的适用场合与优缺点。在实际应用中，根据具体情况，选用适合的算法或者将几种方法有效结合往往能够达到较好的效果。相关的具体时段划分步骤与算法将在第 4 章中详细介绍。

3.4.3　基于时段的过程监测与质量预测

在面向间歇过程的统计建模、在线监测、故障诊断及质量预测这一研究领域，科研人员已经做了大量的工作，并取得了一系列研究成果，这为基于时段的统计分析奠定了丰富的理论基础。很自然的，在时段概念提出后，现有的研究成果完全可以加以利用，将时段概念与之结合起来，建立起基于时段的过程监测、故障诊断与质量预测算法。可以说，基于时段的统计分析策略不仅真实地体现了间歇过程的多时段潜在特性，而且带来了之前以整个间歇操作周期作为统一的分析单元所不具备的优点。

许多研究学者已经意识到间歇过程的多时段特性以及基于时段进行统计分析的重要性与意义，陆续提出并发展了一系列时段建模方案。Kosanovich 等[32]于 1994 年将 MPCA 应用于一个聚合物反应工业过程时就指出，针对过程中两个明显具有不同特征的反应时段分别建立 MPCA 模型，可以更加准确、有效地监测并诊断过程中出现的异常工况。Dong 和 McAvoy[19]对一个绝缘密封放热化学反应器的间歇过程建立非线性 MPCA 模型时亦验证了 Kosanovich 等人的观点。Kosanovich的两时段 MPCA 算法[32]以及 Dong 和 McAvoy[19]的多时段算法是对时段概念最早的认识与初步探讨。此后，英国的 Martin 与 Morris 教授[73]领导的研究小组基于“group”概念展开了相应的统计分析，以及 Lennox 等[34]对局部建模方法进行了相关研究。前人也已注意到间歇操作中过程变量对于最终产品质量影响的局部时间效应，他们通过关注关键时间段来增强对过程的分析与理解，改善质量预测性能。Duchesne 与 MacGregor[42]提出了一种 pathway multiblock PLS 算法，他们引入质量指标的中间测量值建立多个 block PLS 模型来分析各局部时间段内过程轨迹对于质量的影响效果。但是对于实际生产过程来说，质量的中间测量值很难获得，从而阻碍了该算法的广泛应用。上述研究工作中的“group”抑或“block”等局部建模思想其实就是“时段”概念的一种变体。而 Ündey 等[22]直接具体明确地提出了时段概念，并进行了一系列探讨，建立了基于时段的过程监测及质量预测模型。

上述工作虽然采用了基于局部时段的建模思想，也意识到各个时段具有不同的潜在特征，但总的说来，他们都是以各个局部时间区域作为分析单元代替之前的过程整体并直接套用了之前传统的多向统计分析方法的模式，从本质上来讲并未打破传统建模思想的束缚。为了克服上述缺点，更好的利用过程的时段特性，Lu、Zhao 等[35-37,67-72]提出了间歇过程子时段自动划分算法，并在此基础上发展了基于子时段 PCA/PLS 建模的过程监测与质量预测算法。他们的所有工作都是基于对多时段间歇过程的以下认知：①间歇操作过程变量间的相关关系及其与质量变量之间的预测关系并不是随着操作时间时刻变化，而是跟随过程操作进程或过程机理特性的变化发生规律性的改变，呈现出分时段性；②虽然很难直接获取过程运行的基本原理，但是却可以非常容易地从过程数据中获取过程的统计特征，由过程统计特征的变化来推断过程内部运行机制的变化；③根据过程变量间相关关系或是过程变量与质量变量间相关关系的变化将间歇操作周期划分为若干子时段，同一子时段内变量相关特性保持近似一致，不同的子时段体现出显著不同的相关特性。基于上述间歇过程子时段划分的观点，他们指出，在潜在特性近似一致的子时段中，用一个最简单的二维统计模型完全可以有效地提取出这一子时段中的数据特征。这种子时段 PCA/PLS 模型结构简单，而且可以很容易实现过程运行状态的在线监测及获得实时的质量预测结果而无须数据预估。他们的工作对于基于时段的过程监测及质量预测的深入研究与算法改进带来了新的思路与突破点。

从上述分析可以看出，相较于传统的多向统计分析方法，基于时段的统计分析策略有助于更好地体现过程运行中的局部特性，极大地改进并简化了间歇过程的在线监测与质量预测算法。概括说来，基于时段进行统计分析会带来以下的优点[31,74]：

(1) 可以更细致地揭示过程运行的潜在特征，促进对复杂工业过程的了解；

(2) 在每个子时段可以很容易建立统计分析模型，结构简单，模型实用；

(3) 基于子时段可以很容易建立过程监测模型并实现在线应用而无需预估未知数据；

(4) 可以提高在线故障检测的精度和灵敏度，并有利于准确的故障隔离和诊断；

(5) 基于子时段的质量预测方法可以深入分析质量指标和每一个子时段的具体关系，找出影响质量的关键时段和预测变量等关键性因素，有利于产品质量的进一步改进。

3.5 结束语

本章概述了面向间歇过程的统计监测理论与方法。首先介绍了间歇过程的数据展开以及标准化处理方式；在此基础上，基于批次展开的预处理方式，简略介绍MPCA/MPLS为代表的面向间歇过程的传统监测理论方法的主要原理、它们应用于间歇过程的本质依据以及所涉及的若干问题；进而对间歇过程的多时段特性进行了分析，简要介绍了现有的多时段划分方法以及基于多时段的统计建模思想。相较于传统的多向统计分析方法，基于时段的统计分析策略有助于更好地体现间歇过程运行中的局部特性，增强了人们对间歇过程的理解，并为之后的过程监测与质量分析研究工作奠定了基础。

参考文献

[1] Dunteman G H. Principal component analysis. London：SAGE publication LTD，1989

[2] Jackson J E. A User's Guide to Principal Components. New York：Wiley，1991

[3] Wang X Z. Data mining and knowledge discovery for process monitoring and control. London：Springer，1999

[4] Kourti T，MacGregor J F. Process analysis，monitoring and diagnosis，using multivariate projection methods. Chemometrics and Intelligent Laboratory Systems，1995，28(19)：3-21

[5] Comon P. Independent component analysis，a new concept. Signal Processing，1994，36(3)：287-314

[6] Hyvärinen A，Oja E. A fast fixed-point algorithm for independent component analysis. Neural Computation，1997，9(7)：1483-1492

[7] Hyvärinen A，Oja E. Independent component analysis：algorithms and applications. Neural Networks，2000，13(4-5)：411-430

[8] Kano M，Tanaka S，Hasebe S，et al. Monitoring independent components for fault detection，AIChE Journal，2003，49(4)：969-979

[9] Geladi P，Kowalshi B R. Partial least squares regression：A tutorial. Analytica Chimica Acta，1986，185(1)：1-17

[10] Hoskuldsson A. PLS regression methods. Journal of Chemometrics，1988，2(3)：211-228

[11] Dayal B S，MacGregor J F. Improved PLS Algorithms. Journal of Chemometrics，1997，11(1)：73-85

[12] 王惠文. 偏最小二乘回归方法及其应用. 北京：国防工业出版社，1999

[13] Nomikos P，MacGregor J F. Monitoring batch processes using multiway principal component analysis. AIChE Journal，1994，40(8)：1361-1375

[14] Nomikos P，MacGregor J F. Multi-way partial least squares in monitoring batch processes. Chemometrics and Intelligent Laboratory Systems，1995，30(1)：97-108

[15] Nomikos P, MacGregor J F. Multivariate SPC charts for monitoring batch processes. Technometrics, 1995, 37(1): 41-59
[16] Wold S, Kettaneh N, Friden H, et al. Modelling and diagnostics of batch processes and analogous kinetic experiments. Chemometrics and Intelligent Laboratory Systems, 1998, 44(1-2): 331-340
[17] Wold S. Multi-way principal components- and PLS-analysis. Journal of Chemometrics, 1987, 1(1): 41-56
[18] Wold S, Sjostrom M. Chemometrics, present and future success. Chemometrics and Intelligent Laboratory Systems, 1998, 44(1): 3-14
[19] Dong D, McAvoy T J. Multistage batch process monitoring, The Proceedings of American control conference, 1995, 1857-1861
[20] Zheng L L, McAvoy T J, Huang Y, et al. Application of multivariate statistical analysis in batch processes. Industrial & Engineering Chemistry Research, 2001, 40(7): 1641-1649
[21] Ündey C, Tatara E, Çinar A. Intelligent real-time performance monitoring and quality prediction for batch/fed-batch cultivations. Journal of Biotechnology, 2004, 108(1): 61-77
[22] Ündey C, Çinar A. Statistical monitoring of multistage, multiphase batch processes. IEEE Control Systems Magazine, 2002, 22(55): 40-52
[23] Ündey C, Ertunç S, Çinar A. Online batch/fed-batch process performance monitoring, quality prediction, and variable-contribution analysis for diagnosis. Industrial & Engineering Chemistry Research, 2003, 42(20): 4645-4658
[24] Zamprogna E, Barolo M, Seborg D E. Optimal selection of soft sensor inputs for batch distillation columns using principal component analysis. Journal of Process Control, 2005, 15(1): 39-51
[25] Zamprogna E, Barolo M, Seborg D E. Development ofa soft sensor for a batch distillation column using linear and nonlinear PLS regression techniques. Control Engineering Practice, 2004, 12(7): 917-929
[26] Kourti T, Nomikos P, MacGregor J F. Analysis, monitoring and fault diagnosis of batch processes using multiblock and multiway PLS. Journal of Process Control, 1995, 5(4): 277-284
[27] Martin E B, Morris A J, Papazoglou M C, et al. Batch Process monitoring for consistent production. Computers & Chemical Engineering, 1996, 20: 599-604
[28] Martin E B, Morris A J. An overview of multivariate statistical process control in continuous and batch process performance monitoring. Transactions of the Institute of Measurement and Control, 1996, 18(1): 51-60
[29] Lane S, Martin E B, Kooijmans R, et al. Performance monitoring of a multi-product semi-batch process. Journal of Process Control, 2001, 11(1): 1-11
[30] Meng X, Morris A J, Martin E B. On-line monitoring of batch processes using a PARAFAC representation. Journal of Chemometrics, 2003, 17(1): 65-81

[31] 陆宁云. 间歇工业过程的统计建模、在线监测和质量预测,沈阳:东北大学博士学位论文,2006

[32] Kosanovich K A, Piovoso M J, Dahl K S. Multi-way PCA applied to an industrial batch process. The Proceedings of American Control Conference, 1994: 1294-1298

[33] Kosanovich K A, Dahl K S, Piovoso M J. Improved process understanding using multiway principal component analysis. Industrial & Engineering Chemistry Research, 1996, 35(1): 138-146

[34] Lennox B, Hiden H, Montague G, et al. Application of multivariate statistical process control to batch operations. Computers & Chemical Engineering, 2000, 24(2-7): 291-296

[35] Lu N Y, Gao F R, Wang F L. A sub-PCA modeling and on-line monitoring strategy for batch processes. AIChE Journal, 2004, 50(1): 255-259

[36] Lu N Y, Gao F R. Stage-based process analysis and quality prediction for batch processes. Industrial & Engineering Chemistry Research, 2005, 44(10): 3547-3555

[37] Lu N Y, Gao F R. Stage-based online quality control for batch processes. Industrial & Engineering Chemistry Research, 2006, 45(7): 2272-2280

[38] Camacho J, Picó J. Online monitoring of batch processes using multi-phase principal component analysis. Journal of Process Control, 2006, 16(10): 1021-1035

[39] Camacho J, Picó J. Multi-phase principal component analysis for batch processes modeling. Chemometrics and Intelligent Laboratory Systems, 2006, 81(2): 127-136

[40] Doan X T, Srinivasan R, Bapat P M, et al. Detection of phase shifts in batch fermentation via statistical analysis of the online measurements: A case study with rifamycin B fermentation. Journal of Biotechnology, 2007, 132(2): 156-166

[41] Chu Y H, Lee Y H, Han C. Improved quality estimation and knowledge extraction in a batch process by bootstrapping-based generalized variable selection. Industrial & Engineering Chemistry Research, 2004, 43(11): 2680-2690

[42] Duchesne C, MacGregor J F. Multivariate analysis and optimization of process variable trajectories for batch process. Chemometrics and Intelligent Laboratory Systems, 2000, 51(1): 125-137

[43] Smilde A K, Bro R, Geladi, P. Multi-way analysis, application in the Chemical Science. England: John Wiley & Sons, 2003

[44] Bro R. Parafac. Tutorial and applications. Chemometrics and Intelligent Laboratory Systems, 1997, 38(2): 149-171

[45] Tucker L R. The extension of factor analysis to three-dimensional matrices. Contributions to mathematical psychology. New York: Holt, Rinehart and Winston. 1964: 110-162

[46] Bro R. Multiway calibration. Multi-linear PLS. Journal of Chemometrics, 1996, 10(1): 47-61

[47] Sanchez E, Kowalshi B R. Tensorial resolution: A direct trilinear decomposition. Journal of Chemometrics, 1990, 4(1): 29-45

[48] Louwerse D J,Smilde A K. Multivariate statistical process control of batch processes based on three-way models. Chemical Engineering Science,2002,55(7):1225-1235

[49] Smilde A K. Comments on three-way analysis used for batch process data. Journal of Chemometrics,2001,15(1):19-27

[50] Westerhuis J A,Kourti T,MacGregor J F. Comparing alternative approaches for multivariate statistical analysis of batch process data. Journal of Chemometrics,1999,13(3-4):397-413

[51] Lee J M,Yoo C K,Lee I B. Enhanced process monitoring of fed-batch penicillin cultivation using time-varying and multivariate statistical analysis. Journal of Biotechnology,2004,110(2):119-136

[52] Albazzaz H,Wang X Z,Statistical process control charts for batch operations based on independent component analysis. Industrial & Engineering Chemistry Research,2004,43(21):6731-6741

[53] Lee J M,Yoo C K,Lee I B. On-line batch process monitoring using different unfolding method and independent component analysis. Journal of Chemical Engineering of Japan,2003,36(11):1384-1396

[54] Gurden S P,Westerhuis J A,Bro R,et al. A comparison of multiway regression and scaling methods. Chemometrics and Intelligent Laboratory Systems,2001,59(1-2):121-136

[55] Van S E N M,Ramaker H J,Westerhuis J A,et al. Critical evaluation of approaches for on-line batch process monitoring. Chemical Engineering Science,2002,57(18):3979-3991

[56] Box G E. Some theorems on quadratic forms applied in the study of analysis of variance problems,I. Effect of inequality of variance in one-way classification. The Annals of Mathematical Statistics,1954,25 (2):290-302

[57] Jackson J E,Mudholkar G S. Control procedures for residuals associated with principal component analysis. Technometrics,1979,21(3):341-349

[58] Donoho D L,Johnstone L M,Kerkyacharian G,et al. Density estimation by wavelet thresholding. Annals of Statistics,1996,24(2):508-539

[59] Martin E B,Morris A J. Non-parametric confidence bounds for process performance monitoring charts. Journal of Process Control,1996,6(6):349-358

[60] Bagajewicz M. On the probability distribution and reconciliation of process plant data. Computers & Chemical Engineering,1996,20(6-7):813-819

[61] Levinson W. Approximate confidence limits for Cpk and control limits form non-normal process capabilities. Quality Engineering,1997,9(4):635-640

[62] 李裕奇. 非参数统计方法. 成都:西南交通大学出版社,1998

[63] Chen Q,Wynne R J,Goulding P,et al. The application of principal component analysis and kernel density estimation to enhance process monitoring. Control Engineering Practice,2000,8(5):531-543

[64] Cho H W,Kim K J. A method for predicting future observations in the monitoring of a

batch process. Journal of Quality Technology,2003,35(1):59-69

[65] Albert S,Kinley R D. Multivariate statistical monitoring of batch processes: An industrial case study of fermentation supervision. Trends in Biotechnology,2001,19(2):53-62

[66] Wong C W L,Escott R,Martin E B ,et al. The integration ofspectroscopic and process data for enhanced process performance monitoring. The Canadian Journal of Chemical Engineering,2008,86(5):905-923

[67] Zhao C H,Wang F L,Lu N Y,et al. Stage-based soft-transition multiple PCA modeling and on-line monitoring strategy for batch processes. Journal of Process Control,2007,17(9):728-741

[68] Zhao C H,Wang F L,Mao Z H,et al. Improved knowledge extraction and phase-based quality prediction for batch processes. Industrial & Engineering Chemistry Research,2008,47(3):825-834

[69] Zhao C H,Wang F L,Mao Z H,et al. Improved batch process monitoring and quality prediction based on multi-phase statistical analysis. Industrial & Engineering Chemistry Research,2008,47(3):835-849

[70] Zhao C H,Sun Y X. Step-wise sequential phase partition(SSPP) algorithm based statistical modeling and online process monitoring. Chemometrics and Intelligent Laboratory Systems. 2013,125:109-120

[71] Zhao C H. A quality-relevant sequential phase partition approach for regression modeling and quality prediction analysis in manufacturing processes. IEEE Transactions on Automation Science and Engineering. DOI:10.1109/TASE.2013.2287347

[72] Zhao C H. An iterative within-phase relative analysis algorithm for relative sub-phase modeling and process monitoring. Chemometrics and Intelligent Laboratory Systems,2014,134(15):67-78

[73] Martin E B,Morris A J. Enhanced bio-manufacturing through advanced multivariate statistical technologies. Journal of Biotechnology,2002,99(3):223-235

[74] 赵春晖. 多时段间歇过程统计建模、在线监测及质量预报. 沈阳:东北大学博士学位论文,2011

第4章　基于子时段划分的PCA建模和在线监测

目前人们多采用多向主成分分析和偏最小二乘来进行间歇过程监测，往往通过将三维数据组进行展开处理，得到二维数据阵，然后像针对连续过程那样应用传统的主成分分析方法和偏最小二乘进行建模和监测。多向统计分析方法已得到了广泛的研究，并在工业界推广应用。前面章节介绍了多向统计分析模型的一些基本方法和技术，特别提到了多向主成分分析的建模和监测方法。但是，间歇过程的过程特性在整个运行周期内并不是保持不变的，而是随着操作工序呈现多时段特性。本章将讨论间歇过程的多时段特性、划分以及建模问题，并在此基础上给出基于多时段的过程监测方法。

4.1　引　　言

多操作阶段是许多间歇过程的一个固有特征，例如，注塑过程可以划分为注射、保压和冷却三个主要的操作阶段[1]；发酵过程按细菌的生长周期也可大致分为停滞期、指数生长期、静止期等阶段[2]。显然，每个操作阶段都有其特定的控制目标和控制方案，有不同的过程主导变量和过程特征。因此，对多操作阶段间歇过程的统计建模和在线监测不仅仅要分析过程的整体运行状况是否正常，更应该深入分析过程的每一个操作子阶段是否正常，各个操作阶段之间的过渡是否正常，以及子操作阶段和最终产品质量具有什么样的内部关联。

虽然，目前被广泛应用于间歇过程统计建模和在线监测的多向主成分分析(MPCA)[3-5]可以有效地监视过程的整体运行状况，但是将一次间歇操作的所有数据当作一个统计样本而建立 MPCA 模型，却很难进一步分析每一个子操作阶段的数据特征。因此，基于 MPCA 的过程监测算法通常对幅值较小的故障不甚敏感，对子操作阶段中数据相关性变化的检测更是无能为力。为了克服 MPCA 方法在多操作阶段间歇过程中的弱点，一个很自然的想法就是将过程分成若干子操作时段，建立每个子操作时段的 MPCA 模型用于过程监测和故障诊断。

Kosanovich 等[6]于 1994 年将 MPCA 应用于一个聚合物反应工业过程时就指出，针对过程中两个明显具有不同特征的反应时段分别建立 MPCA 模型，可以更加准确、有效地监测并诊断过程中出现的异常工况。Dong 和 McAvoy[7]对一个绝缘密封放热化学反应器的间歇过程建立非线性 MPCA 模型时亦验证了 Kosanovich等的观点。但随之出现的问题是，如何将一个间歇过程合理地划分成不同操作时段。另外，如何克服 MPCA 于在线过程监测时需要预测未来测量数据这个严重的缺陷。对于前一个问题，上述两篇文章均依赖过程先验知识将过程划分成两个操作时段并分别建立 MPCA 或非线性 MPCA 模型。Dong 和 McAvoy[7] 在文中还强调，过程知识在基于数据的建模方法中具有重要的指导作用。对于一个简单或熟悉的间歇过程，过程工程师可以相对容易地获得用以划分过程子操作时段的过程知识。但是，对于一个复杂的、陌生的工业过程，如何获取这样的过程知识？对于前面提及的第二个问题，上述文章中所建立的多操作时段过程监测算法仍然套用了 MPCA 模型的结构，因此也完全继承了 MPCA 于在线过程监测中的所有缺点。

根据我们对间歇过程的深入研究，发现了一个非常有价值的现象——间歇过程操作中的过程变量相关关系并非随时间时刻变化，而是跟随过程操作进程或过程机理特性的变化呈现分段性。为了和间歇过程所具有的多操作“阶段”特性区别开来，这里的“段”均称为建模“时段”(简称为“时段”)。间歇过程一个子操作阶段实际上可以根据过程相关性的变化又分成若干“时段”。在不同的操作时段中，变量相关性有着显著的差异；但是在同一个操作时段中，不同采样时刻的过程变量相关关系却近似一致。反过来，根据过程变量相关关系的变化，将间歇过程划分成若干子操作时段，并针对不同时段的数据特征建立子模型，必能更好地揭示过程的运行状态和变化规律；同时，这种基于子操作时段的统计建模方法会有利于后续的过程监测、故障诊断及质量控制等研究课题。

对上述想法的进一步研究论证过程中，我们还发现，在过程相关性保持近似一致的子操作时段中，用最简单的二维 PCA 模型完全可以有效地提取出这一子时段中过程的数据特征。这意味着，如果间歇过程经过合理的划分，简单的二维 PCA 方法可以“直接”地应用于间歇过程。二维的子操作时段 PCA 模型可以在线地监测过程运行状态而不需要未来的过程变量测量数据，这将极大地改进并简化间歇过程的在线监测和故障诊断程序。

本章介绍了几种常用的子时段划分算法和子时段 PCA 的模型结构，并且讨论了基于子时段的过程监测策略。根据时段内的过程特性相似性，同一时段用一个统一的子时段 PCA 模型代表。该子时段模型结构简单，同样通过分解主元空间和残差空间计算相关的统计量实施过程监测，特别是在线应用时无需预估过程数据。

4.2　间歇过程子时段自动划分方法

第 3 章中我们提到过，现有几种比较成熟的时段自动识别划分方法[6-23]，他们各有各自的适用场合和优缺点。这里，我们重点将介绍两种时段划分方法[12-21]，其基本思想都是通过分析间歇过程运行中潜在特性变化将整个间歇运行过程自动划分为不同建模子时段，区别在于过程特性变化的定量衡量角度不同。

4.2.1　基本思想

这里我们先假定，过程建模的唯一可用信息是历史上正常操作工况下的过程数据，没有其他的过程知识辅助建模。考虑一个间歇过程，其建模数据为三维矩阵 $\underline{\boldsymbol{X}}(I\times J\times K)$，三个维数分别表示间歇操作次数($i=1,\cdots,I$)、过程变量个数($j=1,\cdots,J$)以及每一次间歇操作中采样时刻($k=1,\cdots,K$)，如图 1.3 所示。前面提到，将三维矩阵沿着第一维方向切割，生成“水平”数据薄片 $\breve{\boldsymbol{X}}_i(J\times K)$，这些二维矩阵由第 i 次间歇操作的所有数据构成。若将三维矩阵沿着第三维方向切割，得到的“垂直”数据薄片，$\widetilde{\boldsymbol{X}}_k(I\times J)$，则由所有间歇操作中第 k 个采样时刻上的所有过程数据组成，本书称之为间歇过程的“时间片矩阵”。如果将 PCA 应用于这些二维时间片矩阵，我们可以从中提取第 k 个采样时刻的过程变量之间的相关性信息。正因如此，间歇过程的时间片矩阵成为本论文中基于子操作时段建模方法的基本数据单元。

在介绍基于子操作时段的 PCA 建模方法之前，我们有必要讨论一下，为什么 PCA 可以直接应用于间歇过程的二维时间片矩阵？

统计过程监测方法中的建模数据，也称为参照数据，都是从正常间歇操作工况下采集的历史数据。所谓“正常的间歇操作工况”，指的是过程按照预先设定好的间歇操作工序，过程变量跟随预定的运行轨迹，生产出符合质量规格的产品。因为工业过程不可能绝对地重复生产，即使是正常的间歇操作，其过程变量的轨迹以及最终的产品质量也会受到随机扰动的影响产生一些波动。Nomikos 和 MacGregor[3,4]在提出 MPCA 方法时就已论证，正常操作工况下采集的建模数据 $\underline{\boldsymbol{X}}(I\times J\times K)$，其二维展开 $\boldsymbol{X}(I\times JK)$ 的 JK 个过程变量测量值近似服从多维正态分布。由此我们可以推广得到，正常操作工况下采集的建模数据 $\underline{\boldsymbol{X}}(I\times J\times K)$，其时间切片矩阵 $\boldsymbol{X}_k(I\times J)$ 的 J 个过程变量测量值也近似多维正态分布。基于这一论点，PCA 完全可以应用于间歇过程的时间片数据以提取过程变量间的相关性信息。

4.2.2　基于时间片聚类的时段划分方法[12-17]

时间片 PCA 模型可以表示为如下形式：

$$\boldsymbol{X}_k=\boldsymbol{T}_k\boldsymbol{P}_k^{\mathrm{T}}+\boldsymbol{E}_k=\sum_{r=1}^{R}\boldsymbol{t}_{k,r}\boldsymbol{p}_{k,r}^{\mathrm{T}}+\boldsymbol{E}_k \tag{4-1}$$

其中，r 表示不同的 PCA 分解方向；$\boldsymbol{T}_k(I\times R_k)$ 与 $\boldsymbol{P}_k(J\times R_k)$ 代表负载矩阵分别为保留 R_k 个主元后的得分矩阵和负载矩阵；$\boldsymbol{E}_k$ 为残差矩阵。通过上述变换，多向主

成分分析法模型将原始数据空间分解为主元空间和残差空间，主元空间内代表主要的系统过程波动信息；这里所保留的主元个数 R_k 能够反映原过程中大部分的过程波动信息。

时间片主成分模型(4-1)中，负载矩阵 $\boldsymbol{P}_k$ 含有该时刻过程变量之间的相关性信息。基于间歇过程子操作时段的 PCA 建模就从分析每一个时间片矩阵 $\boldsymbol{X}_k(I\times J)$ 的 PCA 模型负载矩阵开始。K 个采样时刻产生 K 个时间片矩阵，因此产生了 K 个 PCA 模型 $\boldsymbol{X}_k=\boldsymbol{T}_k\boldsymbol{P}_k^{\mathrm{T}}(k=l,\cdots,K)$，由此得到 K 个过程相关性模式。一个改进的 k-means 聚类算法[12-17]将这 K 个负载矩阵 $\boldsymbol{P}_k$，即 K 个变量相关性模式，进行分类分析。分类结果和过程操作时间共同定义间歇过程的子操作时段；然后在每个子操作时段内建立一个二维的子时段 PCA 模型用以过程监测和故障诊断。

4.2.2.1　分类模式的预处理

在将 K 个 PCA 负载矩阵 $\boldsymbol{P}_k$ 进行分类之前，我们需要对这些被分类的二维矩阵作适当的变换。这是因为，根据主成分的几何意义，在负载矩阵 $\boldsymbol{P}_k(J\times J)$ 中，第一主向量 $\boldsymbol{P}_{1,k}$ 代表了时间片矩阵 $X_k(I\times J)$ 的最大方差方向，而第二主向量 $\boldsymbol{P}_{2,k}$ 是和 $\boldsymbol{P}_{1,k}$ 正交的第二大方差方向，即残差空间($\boldsymbol{E}_k=\boldsymbol{X}_k-\boldsymbol{t}_{1,k}\boldsymbol{P}_{1,k}^{\mathrm{T}}$)的最大方差方向，依此类推。这意味着 $\boldsymbol{P}_k$ 的每一列在主成分模型中的重要性是不同的，其重要性决定于这个主成分所抽取的方差信息量的多少。在分类算法中，为了更合理地计算两个负载矩阵的相似性，我们有必要考虑每个主向量的重要性，并赋予每个主向量不同的权重。

根据第 2 章中介绍的主成分基本原理，第 j 个主成分所抽取的方差信息量实际上等于协方差矩阵 $\boldsymbol{X}_k^{\mathrm{T}}\boldsymbol{X}_k$ 的第 j 大的特征值 $\lambda_{j,k}$。由此，定义第 j 个主向量的权重 $g_{j,k}$ 如下：

$$g_{j,k}=\frac{\lambda_{j,k}}{\sum_{j=1}^{J}\lambda_{j,k}} \tag{4-2}$$

将负载矩阵 P_k 的每一列乘以上式定义的权重，得到下面加权后的负载矩阵：

$$\begin{aligned}\breve{\boldsymbol{P}}_k&=[\boldsymbol{p}_{1,k}\cdot g_{1,k},\boldsymbol{p}_{1,k}\cdot g_{2,k},\cdots,\boldsymbol{p}_{J,k}\cdot g_{J,k}]\\&=\boldsymbol{P}_k\cdot\mathrm{diag}(g_{1,k},\cdots,g_{J,k})\end{aligned} \tag{4-3}$$

对于经过变换后的加权负载矩阵集合，$\{\breve{\boldsymbol{P}}_1,\breve{\boldsymbol{P}}_2,\cdots,\breve{\boldsymbol{P}}_K\}$，我们选用下面定义的距离作为度量两个负载矩阵相似性程度的指标：

$$\mathrm{dist}(\breve{\boldsymbol{P}}_1,\breve{\boldsymbol{P}}_2)=\left(\sum_{j=1}^{J}(\breve{\boldsymbol{p}}_{j,1}-\breve{\boldsymbol{p}}_{j,2})^{\mathrm{T}}(\breve{\boldsymbol{p}}_{j,1}-\breve{\boldsymbol{p}}_{j,2})\right)^{1/2} \tag{4-4}$$

显然，每个加权负载矩阵 $\breve{\boldsymbol{p}}_k$ 到 $\mathbf{0}(J \times J)$ 的距离等于 1，即

$$\operatorname{dist}(\breve{\boldsymbol{P}}_k, 0) = \sum_{j=1}^{J} \| \breve{\boldsymbol{p}}_{j,k} \|$$

4.2.2.2　分类算法及主要步骤

分类算法中，我们要考虑的主要问题有：

(1) 如何将间歇过程的 K 个相关性模式，$\breve{\boldsymbol{p}}_k(k=1,2,\cdots,K)$，按照它们之间的相似性分成具有不同模式特征的若干子类。

(2) 如何决定子类的数目。显然，子类的数目影响着间歇过程模型的准确性和复杂程度。子类数量越多，划分出的子操作时段越多，子 PCA 模型对于过程监测和故障诊断越准确，但是间歇过程的整体模型结构越复杂。如何协调模型复杂性和准确性这两个对立的指标？

针对上述两个问题，本书采用了 Jain 等在 1999 年一篇综述文章[24]中提到的一个 k-means 聚类算法。该算法实际上是 MacQueen 于 1967 年最初提出的 k-means聚类算法[25]一个改进，一种简单却很有效的无约束竞争型学习算法。Jian 等的 k-means 聚类算法的基本操作是子类合并，通过定义两个子类中心的最小距离的阈值 θ，同时最小化同一子类模式之间的局部距离平方和所有子类之间的全局距离平方和，来获得最优的子类数量和子类中心。该算法实际上通过定义一个合适的 θ，折中考虑了模型的准确性和复杂性。很显然，大的 θ 会导致较少的聚类结果以及粗糙的子时段 PCA 模型，而小的 θ 使得聚类算法产生更多的子类，而由每个子类定义的间歇过程子操作时段 PCA 模型可以得到更精确的过程监测和故障诊断，但整体模型结构却变得更加复杂。本书对 Jian 等的聚类算法稍作改进，目的是为了防止奇类的产生，增强算法的鲁棒性和模式分类的可靠性，详见下面算法[12-17]。

算法的输入是加权后的负载矩阵集合$\{\breve{\boldsymbol{p}}_1, \breve{\boldsymbol{p}}_2, \cdots, \breve{\boldsymbol{p}}_K\}$，以及两个子类中心的最小距离阈值 θ。算法的输出是子类数量 C，子类中心$\{\breve{\boldsymbol{W}}_1, \breve{\boldsymbol{W}}_2, \cdots, \breve{\boldsymbol{W}}_C\}$，以及每个模式属于不同子类的隶属关系 $m(k): \breve{\boldsymbol{P}}_k \rightarrow \{1,2,\cdots,C\}$。变量 i、k 及 c 分别是算法中迭代次数、分类模式以及聚类中心的索引。

(1) 从 K 个被分类的模式中，任意选择 C_0 个模式作为初始聚类中心 $\boldsymbol{W}_{i,c}(c=1,2,\cdots,C_0)$。常用方法是从被分类模式中均匀抽取 C_0 个模式，建议 $C_0=(K/3\sim K/2)$。

(2) 若两个子类中心的距离 $\operatorname{dist}(\boldsymbol{W}_{i,c1}, \boldsymbol{W}_{i,c2})$小于预定的阈值 θ，剔除其中一个聚类中心。

(3) 计算每个模式 $\breve{\boldsymbol{p}}_k(k=1,\cdots,K)$到所有聚类中心的距离 $\mathrm{dist}(\breve{\boldsymbol{P}}_k,\boldsymbol{W}_{i,c})$，若 $\breve{\boldsymbol{P}}_k$，和第 c^* 类的中心 $\boldsymbol{W}_{i,c^*}$ 的距离最小，则将 $\breve{\boldsymbol{P}}_k$ 的隶属关系定义为 $m(k)=c^*$。

(4) I_{num}次迭代后(如 $I_{\mathrm{num}}=5$)，若某子类中心没有俘获一定数量的模式(如没有超过 5 个模式)，则剔除该奇类。

(5) 更新子类数量为 C_{i+1}，并根据模式的隶属关系重新计算新的聚类中心 $\boldsymbol{W}_{i+1,c}(c=1,2,\cdots,C_{i+1})$。

如果算法满足收敛条件则结束，否则返回步骤(2)，进行下一次迭代计算。收敛条件有：两次迭代中的聚类中心距离的变化小于一个很小的阈值 ε，或者每个子类中模式 $\breve{\boldsymbol{P}}_k$ 到子类中心的距离平方和以及子类之间的距离平方和达到最小。

上述分类算法最终可以将间歇过程的 K 个模式，即 K 个 PCA 加权负载矩阵 $\breve{\boldsymbol{P}}_k$，分成 C 个子类，分别表征了 C 种不同的过程相关性特征。由于聚类算法的输入模式以时间片为分析单元，如果过程相关性在某段时间内保持一致，这段时间上的所有时间片负载矩阵 $\breve{\boldsymbol{P}}_k$ 将会被聚类算法划分在同一个子类中。而如果过程变量之间的相关关系在时刻 k^* 发生了变化，那么 k^* 时刻前后的负载矩阵将被分在两个子类中，表示它们具有不同的潜在模式特征。通过分析聚类算法的结果，可以获得过程相关特性的变化。

这样，通过分析聚类算法的结果，我们可以分析过程相关性的变化；而将过程采样时间和分类结果结合起来，可以使分类结果具有很好的解释性，由此定义间歇过程的子操作时段。通常，每个子类中含有一系列连续的负载矩阵。但是当过程在不同的时段具有非常相似的变量相关性时，一个子类也可能包含有几个不同时间段的负载矩阵，这使得同一个子类中模式呈现出时间不连续性。这种情况下，结合过程采样时间，同一子类中的模式也被划分为不同子操作时段。因此，这里需要强调，本书定义的子操作时段个数和过程真正的操作阶段个数并不完全一致。当在同一个操作阶段里，过程相关性发生变化时，这个操作阶段将被细分成若干子操作时段，每个时段具有不同的过程相关性特征。但如果两个时间上不连续的操作阶段具有相似的过程相关性被分在同一个聚类中，这两个阶段仍然被划分为两个子时段。分类的结果和间歇过程的操作阶段并没有关系，只决定于过程相关性在时间方向上的变化。另外，分类过程中有可能出现一种情况，某一个或连续几个时刻的数据和其前后时间段的数据不属于同一子类而形成“跳跃”现象，这种情况通常是由噪声或测量误差引起的，当作聚类过程中的劣点问题处理，并且仍然将之归到时间上毗邻的子时段中。

4.2.3　步进有序时段划分方法[18-21]

正如前面所分析的，k-means 聚类算法没有考虑间歇过程时段运行的时序性，因此划分结果中会出现时间上不连续的具有相似过程相关性的时间片被分在同一个聚类中。时段划分结果可读性有所欠缺，需要针对划分结果进行进一步的后续处理。此外，该划分方法根据距离定义衡量过程相关特性的相似度，而距离的相似不代表这些时间片可以由一个同一模型表征，即该算法没有根据具体的应用目的(过程监测)来考虑如何进行时段划分。为了克服该聚类算法的缺点，本书作者提出了一种自动的步进式有序时段划分(step-wise sequential phase partition, SSPP)方法[18-21]，其特征在于考虑了过程特性变化对过程监测模型性能的影响，通过评估时段划分对监测统计量的影响确定合适的时段划分点。该方法包括以下步骤。

步骤 1　数据收集。

获取过程分析数据：设一个间歇操作具有 J 个测量变量和 K 个采样点，则每一个测量批次可得到一个 $K\times J$ 的矩阵，重复 I 批次的测量步骤后，得到的数据可以表述为一个三维矩阵 $\underline{\mathbf{X}}(I\times J\times K)$，其中测量变量为批次运行过程中可被测量的状态参数。

步骤 2　数据预处理。

将三维矩阵 $\underline{\mathbf{X}}$ 按照采集批次方向展开，即将一个操作批次内的各采样点上的变量按照时间顺序排开得到二维矩阵 $\mathbf{X}(I\times KJ)$，由 K 个时间片矩阵 $\mathbf{X}_k(I\times J)$ 组成，其中，下标 k 为时间指标。

设二维矩阵 $\mathbf{X}_k$ 内任意一点的变量为 $x_{k,i,j}$ 对该变量进行减均值、除以标准差的标准化处理，其中，下标 i 代表批次，j 代表变量，标准化处理的计算公式如下：

$$x_{k,i,j}=\frac{x_{k,i,j}-\overline{x}_{k,j}}{s_{k,j}} \tag{4-5}$$

其中，k 是时间片指标；$\overline{x}_{k,j}$ 是矩阵 $\mathbf{X}_k$ 任一列的均值；$s_{k,j}$ 是矩阵 $\mathbf{X}_k$ 相应列的标准差

$$\overline{x}_{k,j}=\frac{1}{I}\sum_{i=1}^{I}x_{k,i,j}$$

$$s_{k,j}=\sqrt{\sum_{i=1}^{I}(x_{k,i,j}-\overline{x}_{k,j})^2/(I-1)} \tag{4-6}$$

步骤 3　时间片 PCA 建模。

(1) 对步骤 2 标准化处理后的每一个时间片矩阵 $\mathbf{X}_k(I\times J)$ 执行 PCA 分解，建立时间片 PCA 模型，其中 PCA 分解公式如下：

$$\boldsymbol{X}_k = \boldsymbol{T}_k\boldsymbol{P}_k^{\mathrm{T}} = \sum_{r=1}^{J}\boldsymbol{t}_{k,r}\boldsymbol{p}_{k,r}^{\mathrm{T}} \tag{4-7}$$

其中，$\boldsymbol{t}_{k,n}$为正交的主元向量；$\boldsymbol{p}_{k,n}$为正交归一化的负载向量；r 表示不同的 PCA 分解方向；上标 T 表示矩阵的转置；$\boldsymbol{T}_k(I\times J)$代表保留全部主元的得分矩阵；$\boldsymbol{P}_k(J\times J)$代表对应的负载矩阵。

(2) 选取主元个数，将公式(4-3)重新表述成如下形式：

$$\boldsymbol{X}_k = \boldsymbol{T}_k\boldsymbol{P}_k^{\mathrm{T}} + \boldsymbol{E}_k = \sum_{r=1}^{R}\boldsymbol{t}_{k,r}\boldsymbol{p}_{k,r}^{\mathrm{T}} + \boldsymbol{E}_k \tag{4-8}$$

其中，r 表示不同的 PCA 分解方向；$\boldsymbol{T}_k(I\times R_k)$与 $\boldsymbol{P}_k(J\times R_k)$代表负载矩阵分别为保留 R_k 个主元后的得分矩阵和负载矩阵，$\boldsymbol{E}_k$ 为残差矩阵。通过上述变换，多向主成分分析法模型将原始数据空间分解为主元空间和残差空间，主元空间内代表主要的系统过程波动信息；这里通过累积贡献率方法[26]所保留的主元个数 R_k 能够反映原过程中 90%的过程波动信息。综合考虑全过程，选取出现次数最多的 R_k 值，将其作为所有时间片 PCA 模型的建模主元个数 R，即所有时间片模型保留相同的主元个数。

(3) 计算残差空间中各时间片 k 中对应各个批次的 SPE 指标：

$$\mathrm{SPE}_{k,i} = \boldsymbol{e}_{k,i}^{\mathrm{T}}\boldsymbol{e}_{k,i} \tag{4-9}$$

其中，下标 i 表示时间片中的批次；$\boldsymbol{e}_{k,i}$是对应 k 时刻第 i 批次的残差列向量。根据相同时刻上不同批次的 SPE 值服从带权重系数的 χ^2 分布[27]，从而确定出每个时间点上的控制限 Ctr_k，它反应了时间片 PCA 模型的重构能力。

步骤 4　时间块 PCA 建模。

从间歇过程初始点开始，依次将下一个时间片与之前的时间片按照变量展开方式(即变量维数 J 不变，自上而下按照时间顺序叠加到一起)组合在一起得到时间块 $\boldsymbol{X}_{v,k}(IK\times J)$，其中，下标 v 代表变量展开方式，k 代表当前过程时间。对时间块数据阵进行 PCA 分析，提取出时间块负载矩阵 $\boldsymbol{P}_{v,k}(I\times R)$。利用该时间块同一模型计算不同时刻上针对 I 个批次的 SPE 值，同样认为根据加权的 χ^2 分布[27]确定出每个时间点上的控制限 $\mathrm{Ctr}_{v,k}$。

步骤 5　对比模型精确性，确定时段划分点。

比较在该时间块内的每个时间点上 Ctr_k 和 $\mathrm{Ctr}_{v,k}$的大小，如果发现连续三个样本呈现 $\mathrm{Ctr}_{v,k} > \alpha\mathrm{Ctr}_k$，那么新加入的时间片对该时间块的 PCA 监测模型精度及相应的监测性能都有重大的影响，使得当前时间块模型已无法足够精确的表征该时间块内的所有时间片数据。则只有当前 k 时刻之前的时间片认为是隶属于同一个子时段。其中，α 是附加于 Ctr_k 的常数，称作松弛因子，它反映的是与时间片模型相比，时间块模型允许监测精度损失的程度。

步骤 6　数据更新，确定所有划分时段。

根据步骤 5 中所获得的时刻 k 的指示，移除第一个子时段，把余下的间歇过程数据作为新的数据初始点，带入到第 4 步中并重复上述步骤 4～6，划分不同时间段，直到所有时段都被划分出。

通过上述步骤，我们可以沿着时间方向顺序获得多个子时段。SSPP 算法的整个步骤流程如图 4.2 所示。该方法深入考虑了间歇过程潜在特性的时变性和实际过程运行的时序性以及时段划分结果对于之后监测性能的影响。对于该时段划分方法，有以下几点需要加以讨论和注意。

1）松弛因子 α

从监测的角度来看，本书提出的时段划分算法通过不断添加时间片到时间块中并衡量对时间块模型的影响来确定这些时间片是否具有相似的过程特性。其基本思想是：如果这些时间片过程特性是相似的，那么它们可以用一个代表性监测模型进行表征，且与之前的时间片模型相比，使用时间块模型对这些时间片数矩阵进行解释应具有相似的解释能力。考虑到本书针对过程监测的具体分析目的，我们通过计算监测统计量置信限的变化衡量了解释能力对监测性能的影响。一个好的监测模型应当有良好的重构能力从而获得紧密的控制限。一般来讲，时间片模型可以最好地表征该时刻的过程特性，并能建立最紧密的控制限，但是模型数量多；相对而言，利用时间块进行建模，所需要的模型数量会显著减少。然而，当一个时间块包含越来越多的时间片时，代表性模型则同时包含更多的信息，因此，这就会导致代表性模型无法准确表征每一个时间片运行模式，且会得到一个宽松的控制限。因此，我们引入控制限的缓和程度，用以衡量时间块模型与时间片模型相比较而言所损失的监测性能。

时间块模型对数据表征能力的损失程度和预先定义的松弛因子 α 直接相关。α 决定了与时间片模型相比，时间块模型所允许的监测精度的损失程度。从另一方面而言，本书所提出的方法可以认为是按变量展开的全局建模策略和时间片建模策略的一种智能结合。α 越大表示允许时间块模型损失更多的重构能力，此时划分出的时间块数量相对减少，相应的监测模型数量也会减少。α 越小表示时间块监测模型对每个时间片的表征越精确，然而，这会导致需要更多的监测模型。

我们考虑两种极端情况：

(1) 如果 α 设置得足够大，则整个批次运行过程都划为一个时段，本方法则转化为按变量展开的单一模型方法；

(2) 如果 α 设置得足够小，则每个时间片都划分为一个独立时段，本方法则转化为时间片建模方法。

因此，参数 α 反映了模型精度与模型复杂度的一种折中。一般来说，可以通过试凑法来确定 α 的值，使得代表性模型不会包含太多的运行模式，以保证模型对过程变化的敏感性。遗憾的是，到目前为止，并没有一个明确的准则或一个统一的标准严格定量描述如何选取 α。因此，α 的选取很大程度上受到人为主观因素的影响。有关 α 对时段划分结果以及之后的监测性能的影响将在仿真部分进行讨论。

2）主元个数

步进有序时段划分算法的目的是为了划分出可以用一个模型表征的时间块。通过基于 SPE 衡量指标的有序迭代搜索步骤，这些时间块被划分出来，并可以用线性 PCA 模型近似描述。因此，每个模型需要保持相同的主元个数，以保证在相同的条件下进行控制限的比较，从而判断划分点是否合理。划分完毕后，每个模型可以重新选取合适的主元个数。

3）基于 T^2 的时段划分

SSPP 方法是针对 SPE 监测统计量提出的，用以追踪过程变量相关性的变化。对于 T^2 统计量，类似的 SSPP 方法可以很容易实施，只需要将衡量指标 SPE 替换为 T^2 统计量，但此时所关注的则是系统波动的变化情况。与 SPE 相比，T^2 可能不能敏感地反映时变的潜在过程特性。同样，从仿真结果看出，时段划分结果对 T^2 的监测性能并没有显著影响。因此，本书的 SSPP 方法只针对 SPE 指标进行划分。

4.2.4　小结

上述具体介绍的两种时段自动划分方法均事先假定统计分析唯一可用信息是历史上正常操作工况下的过程数据，没有其他关于过程机理的辅助知识。时段划分结果有助于人们对过程特性变化的了解。除了上述两种方法，还有几种时段划分方法，采用不同的划分依据和划分步骤。如表 4.1 所示，我们将前人提出的几种时段划分算法进行了总结，并简单对比了各自的优缺点。上述几种时段识别方法各有各的适用场合。k-means 聚类算法与步进有序时段划分（SSPP）算法是比较常用的两种时段划分方法。其中，k-means 聚类方法侧重于直接分析追踪过程相关特性的变化，而 SSPP 算法则侧重于通过分析划分结果对时段模型重构能力的影响来确定时段，如图 4.1 所示。在实际应用中，根据具体情况，选用适合的算法或者将几种方法有效结合往往能够达到较好的效果。

其他具体的自动时段划分方法请参见相关参考文献。

表 4.1　时段划分方法对比

时段划分方法	划分依据	优点	缺点
过程机理法[6-8]	利用专家经验及过程知识依据过程反应机理或是物理操作单元的不同来划分过程运行的不同物理时段，要求对实际过程运行机理有一定的了解	对于一个简单或熟悉的间歇生产过程，工程师可以相对容易地获取用以划分不同子时段的过程知识	对于一个复杂、陌生的工业生产过程，却很难获取相关的过程知识，从而限制了该方法的广泛应用

续表

时段划分方法	划分依据	优点	缺点
特征分析方法[9-11]	对过程变量或是提取的某些代表性的特征信号沿时间方向上的发展轨迹进行分析。指示变量方法是其中一种典型代表	对应于时段交替处，变量运行轨迹或是特征信号亦随之发生相应的变化，据此可以识别各个时段。算法较为简单	并不是每个工业过程中都存在这样的“指示”变量
k-means[12-17]	针对过程测量数据时间片单元进行统计分析提取其中的潜在相关特性，通过聚类分析，将具有相似特征的时间片归到同一类，差异较大的则分到不同的组（即时段）中	该方法无需过程先验知识，能够自动识别出过程特性相似的各个时段。分类的结果决定于过程相关性在时间方向上的变化	没有考虑间歇过程时段运行的时序性，因此划分结果中会出现时间上不连续的具有相似过程相关性的时间片被分在同一个聚类中。时段划分结果可读性有所欠缺，需要针对划分结果进行进一步的后续处理。此外，该划分方法根据距离定义衡量过程相关特性的相似度，聚类的结果受到相似性衡量指标的影响，而该指标并不能与过程监测的目的直接相关
SSPP[18-21]	自动地按照间歇生产过程运行时间顺序捕捉潜在过程特性的发展变化，通过评估时段划分对监测统计量的影响确定合适的时段划分点	无需过程先验知识条件，深入考虑了间歇过程潜在特性的时变性和实际过程运行的时序性以及时段划分结果对于之后监测性能的影响	对过程时段特性变化的实时捕捉具有一定的时间延迟，对时段过渡模式缺乏深入分析
MPPCA[22,23]	通过在各个时间点处不断尝试，分析所得到的局部模型是否能够改善原有模型的数据估计性能来确定是否接受该点的时段划分	无需过程先验知识条件，自动划分的各个时段时间连续，解释性较强	易陷入局部最优，导致时段划分结果不能更好地反映过程特性变化

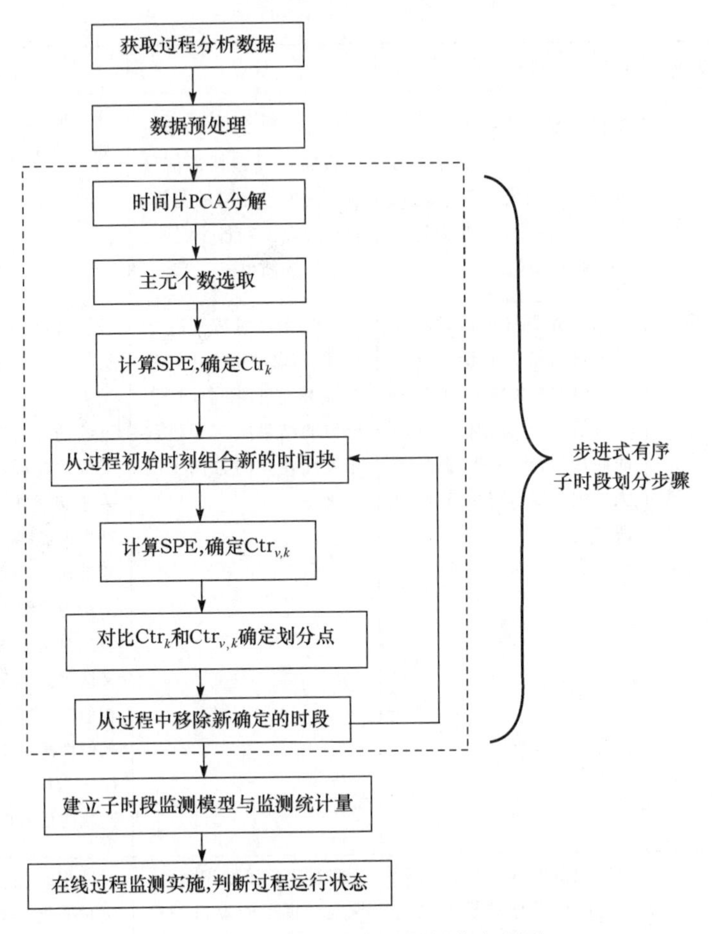

图 4.1　步进式有序时段划分流程图

4.3　间歇过程子时段建模与监测方法

4.2 节具体介绍了两种时段自动划分方法,将整个批次运行过程划分为不同的子时段。每个时段包含了具有相似过程特性的连续的若干时间片。在时段划分后,针对不同时段,考虑时段内的相似过程特性以及不同时段间的不同过程特性,需要建立基于多时段的统计模型进行过程监测。

4.3.1　基于子时段的 PCA 建模

基于间歇过程子时段的 PCA 建模方法的基本原理如图 4.2 所示。

通过时段划分,处于同一时段内的时间片具有相似的过程特性,可以用一个统

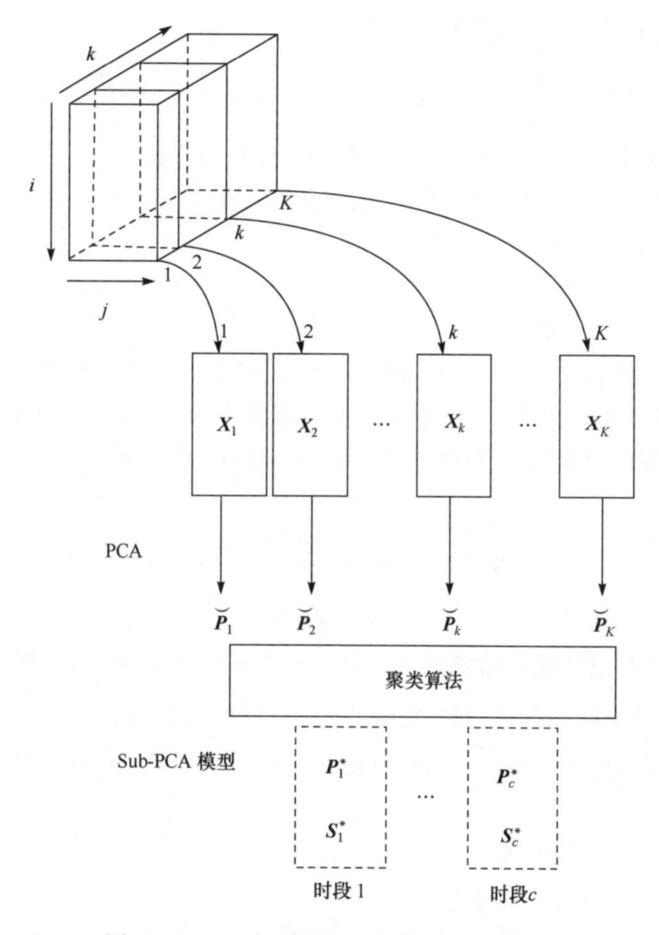

图 4.2　基于子时段 PCA 建模的原理示意图

一模型表征。根据如何构建子时段代表性数据分析单元,可以采取两种子时段建模方式。

(1) 利用变量展开方式组合成子时段代表性建模数据组[29-32],$\boldsymbol{X}_c(IK_c \times J)$,其中,下标 c 是时段指标;然后对 $\boldsymbol{X}_c$ 直接分析建模。

(2) 针对属于同一时段内的时间片 $\boldsymbol{X}_k(I \times J)$分别建模,获得时间片模型,然后取这些时间片模型的平均获得子时段模型。

下面,我们基于第二种建模方法进行详细介绍。经过子时段划分后,同一个子操作时段的 PCA 负载矩阵彼此非常相似,子操作时段内过程具有一种稳定的相关性模式。在建立子时段监测模型时,我们暂时没有必要考虑相关性在时间方向上的变化,一个二维的 PCA 模型可以提取这个子操作时段绝大多数的过程相关性特征。

第 c 个子操作时段的 PCA 模型定义如下：

$$\boldsymbol{P}_c^* = \frac{1}{K_c}\sum_{k=1}^{K_c}\boldsymbol{P}_k \quad (c=1,2,\cdots,C;k=1,2,\cdots,K_c) \tag{4-10}$$

这里，K_c 是隶属于该子时段的采样时间点数(即时间片数)。

类似地，我们可以定义第 c 个子时段的特征值对角矩阵 $\boldsymbol{S}_c^*$，用于计算统计量 Hotelling-T^2 的控制限，

$$\boldsymbol{S}_c^* = \frac{1}{K_c}\sum_{k=1}^{K_c}\boldsymbol{S}_k \quad (c=1,2,\cdots,C;k=1,2,\cdots,K_c) \tag{4-11}$$

其中，$\boldsymbol{S}_k=\mathrm{diag}(\lambda_{1k},\lambda_{2,k},\cdots,\lambda_{J,k})$是时间片矩阵 $\boldsymbol{X}_k$ 的特征值对角矩阵。

每个子操作时段的 PCA 模型中需要保留的主成分个数 R_c，可以通过累积贡献率方法[26]保留原有数据空间中 90%以上的波动计算得到，

$$\text{累积贡献率} = \frac{\sum_{j=1}^{R_c}\lambda_{j,k}}{\sum_{j=1}^{J}\lambda_{j,k}} \geqslant 90\% \tag{4-12}$$

同第 2 章介绍的统计监测方法一样，子时段 PCA 负载矩阵 $\boldsymbol{P}_c^*$ 被分为两部分，代表主成分空间的$\bar{\boldsymbol{P}}_c^*$ 和残差空间的$\tilde{\boldsymbol{P}}_c^*$。同样，子时段特征值对角矩阵 $\boldsymbol{S}_c^*$ 也相应地分成两部分$\bar{\boldsymbol{S}}_c^*$ 和$\tilde{\boldsymbol{S}}_c^*$。这样，间歇过程地第 c 个子操作时段的 PCA 模型定义如下：

$$\begin{cases}\boldsymbol{T}_k=\boldsymbol{X}_k\bar{\boldsymbol{P}}_c^* \\ \hat{\boldsymbol{X}}_k=\boldsymbol{T}_k\bar{\boldsymbol{P}}_c^{*\mathrm{T}} \\ \boldsymbol{E}_k=\boldsymbol{X}_k-\hat{\boldsymbol{X}}_k=\boldsymbol{X}_k-\boldsymbol{X}_k\bar{\boldsymbol{P}}_c^*\bar{\boldsymbol{P}}_c^{*\mathrm{T}}=\boldsymbol{X}_k\tilde{\boldsymbol{P}}_c^*\tilde{\boldsymbol{P}}_c^{*\mathrm{T}}\end{cases} \tag{4-13}$$

用来监视主成分子空间和模型预测误差子空间的 Hotelling-T^2 和 SPE 指标的统计控制限需要从建模数据的多元指标的统计分布中确定。由于间歇过程的建模数据是三维矩阵，统计量控制限的确定方法和连续过程的不相同。

对于主成分子空间，我们采用 Jackson 提出的一个泛化的 Hotelling-T^2 统计量[26]用来描述在采样时刻 k 时过程变量偏离正常工况下平均轨迹的平均差异，

$$T_{i,k}^2=(\boldsymbol{t}_{i,k}-\bar{\boldsymbol{t}}_k)^{\mathrm{T}}\boldsymbol{S}_c^{*-1}(\boldsymbol{t}_{i,k}-\bar{\boldsymbol{t}}_k)\sim\frac{R_c(I-1)}{I-R_c}F_{R_c,I-R_c,\alpha} \tag{4-14}$$

其中，$\boldsymbol{t}_{i,k}(R_c\times1)$是第 k 时刻第 i 个批次的主元得分，即时间片得分矩阵 $\boldsymbol{T}_k(I\times R_c)$的第 i 行；而 $\bar{\boldsymbol{t}}_k(R_c\times1)$是 $\boldsymbol{T}_k(I\times R_c)$的均值向量，计算为

$$\bar{\boldsymbol{t}}_k = \frac{1}{I}\sum_{i=1}^{I}\boldsymbol{t}_{i,k} \tag{4-15}$$

由于各时间片测量数据已经在数据预处理时中心化为零均值，这里的 $\bar{\boldsymbol{t}}_k(R_c\times1)$

其实就是零向量。

对于残差子空间，第 k 采样时刻的预测误差为 $\boldsymbol{E}_k(I\times J)$，其 SPE 统计量计算为

$$\mathrm{SPE}_{i,k}=(\boldsymbol{x}_{i,k}-\hat{\boldsymbol{x}}_{i,k})^{\mathrm{T}}(\boldsymbol{x}_{i,k}-\hat{\boldsymbol{x}}_{i,k}) \tag{4-16}$$

其中，$\boldsymbol{x}_{i,k}$是第 k 时刻第 i 个批次的测量数据，即时间片 $\boldsymbol{X}_k(I\times J)$的第 i 行；$\hat{\boldsymbol{x}}_{i,k}$是利用子时段 PCA 模型重构的 $\boldsymbol{x}_{i,k}$的部分。该时刻所有批次的 SPE 统计量可以构成一个 $I\times 1$ 向量$[\mathrm{SPE}_{1,k},\mathrm{SPE}_{2,k},\cdots,\mathrm{SPE}_{I,k}]^{\mathrm{T}}$。借鉴 MPCA 模型的 SPE 指标在线统计控制限的确定方法，第 k 时刻的 $\mathrm{SPE}_{i,k}(i=1,\cdots,I)$近似服从加权 χ^2 分布，即 $\mathrm{SPE}_{k,\alpha}=g_k\chi^2_{h_k,\alpha}$，权重 g_k 和自由度 h_k 的估计方法详见 3.3.2 节。

由于上文中的 k-means 聚类算法是一种硬分类方法，在过程相关性发生变化的过渡状态时，属于这段时间内的相关性模式被硬性地分到了两个子类中，这有可能导致“误分类”。虽然，“误分类”并不会给随后的间歇过程子时段 PCA 建模带来麻烦，但是这却会使在线过程监测算法在这段时间内增加第一类误差(误警)的概率。有两种方法可以补救这个问题，一是放宽这段时间监测程序的控制限；另一是寻找一个合适的过程变量代替采样时间，用来辅助定义间歇过程子操作时段。

4.3.2　基于子时段的在线过程监测

在线监测时，对于新的过程测量数据，$\boldsymbol{x}_{\mathrm{new}}(J\times 1)$，首先调用该时刻的标准化信息进行数据预处理，然后判断当前数据属于哪一个子操作时段，以便调用正确的子时段 PCA 监测模型计算两个多元统计量。这里，过程时间同样也用来判断当前数据属于哪一个子操作时段。若当前测量数据对应的采样时间处于第 c 子操作时段的时间区域，则监测程序调用第 c 个 PCA 子模型，向对应该时刻的监测模型上投影计算当前数据的主成分和预测误差，即

$$\begin{cases}\boldsymbol{t}_{\mathrm{new}}=\boldsymbol{x}_{\mathrm{new}}^{\mathrm{T}}\overline{\boldsymbol{P}}_c^*\\ \boldsymbol{e}_{\mathrm{new}}^{\mathrm{T}}=\boldsymbol{x}_{\mathrm{new}}^{\mathrm{T}}-\boldsymbol{x}_{\mathrm{new}}^{\mathrm{T}}\overline{\boldsymbol{P}}_c^*\ \overline{\boldsymbol{P}}_c^{*\mathrm{T}}=\boldsymbol{x}_{\mathrm{new}}^{\mathrm{T}}\widetilde{\boldsymbol{P}}_c^*\ \widetilde{\boldsymbol{P}}_c^{*\mathrm{T}}\end{cases} \tag{4-17}$$

对应的 Hotelling-T^2 与 SPE 两个监测统计指标由下式计算：

$$\begin{aligned}&T_{\mathrm{new}}^2=(\boldsymbol{t}_{\mathrm{new}}-\bar{\boldsymbol{t}}_k)^{\mathrm{T}}\boldsymbol{S}_c^{-1}(\boldsymbol{t}_{\mathrm{new}}-\bar{\boldsymbol{t}}_k)=\boldsymbol{t}_{\mathrm{new}}^{\mathrm{T}}\boldsymbol{S}_c^{-1}\boldsymbol{t}_{\mathrm{new}}\\&\mathrm{SPE}_{\mathrm{new}}=\boldsymbol{e}_{\mathrm{new}}^{\mathrm{T}}\boldsymbol{e}_{\mathrm{new}}\end{aligned} \tag{4-18}$$

整个基于间歇过程子时段的 PCA 建模和在线监测算法总结如下。

1）建模步骤

(1) 收集正常工况下的间歇操作数据并组成三维数据格式 $\underline{\boldsymbol{X}}(I\times J\times K)$。

(2) 沿着时间轴切割矩阵 $\underline{\boldsymbol{X}}(I\times J\times K)$，得到 K 个时间片矩阵 $\boldsymbol{X}_k(I\times J)$，数据标准化(相当于三维数据 D-标准化)。

(3) PCA 应用于每个时间片矩阵，得到每个采样时刻的负载矩阵 $\boldsymbol{P}_k$ 和特征值

对角阵 $\boldsymbol{S}_k$。

(4) 用聚类算法将 K 个负载矩阵进行模式分类,根据过程采样时间定义子操作时段。

(5) 计算每个子操作时段的表征负载矩阵 $\boldsymbol{P}_c^*$ 和特征值对角阵 $\boldsymbol{S}_c^*$,以及子时段 PCA 模型中需要保留的主成分个数 R_c。

(6) 根据式(4-13)定义子时段 PCA 模型。

(7) 计算 T^2 和 SPE 的统计控制限。

2) 在线监测步骤

(1) 获取当前间歇操作的新测量数据,标准化新数据。

(2) 判断新数据属于哪个间歇操作子时段,根据式(4-17)计算新数据的主成分和预测误差。

(3) 根据式(4-18)计算两个监测统计量,并检查 T^2 和 SPE 指标是否超出统计控制限。如果两个都没有超出控制限,监测程序判定当前数据是正常数据,返回步骤(1);否则该数据是一个异常数据,利用贡献图方法分析并诊断导致过程异常的原因。

4.4 案例研究

为了说明所提出子时段 PCA 模型对于过程理解和故障检测上的有效性,下面分别针对两个实验装置和间歇过程来进行详细分析。

4.4.1 三水箱实验装置

三水箱系统是由两个被控流量输入 Q_1,Q_2 和三个可测液位状态变量 L_1,L_2,L_3 组成的典型多变量实验系统,如图 4.3 所示。我们可以利用这个系统模拟一个多操作阶段的间歇过程:第一个阶段为上升过程,是指三个水箱的液位由初始状态达到设定值;第二个阶段为保持过程,即保持正常的工作状态直到实验结束。实验条件如下:第一个水箱的液位设定值为 300mm,第二个水箱的液位设定值为 200mm,中间水箱的液位保持浮动,使得状态变量之间存在耦合关系。在初始条件下,利用控制算法将两个水箱的液位同时控制到设定值。由两个泵的流量和三个水箱的液位组成的 5 个过程变量每秒采样一次。每一次正常操作条件下采集 120 个样本,一共进行 24 次实验操作,得到建模数据 $\underline{\boldsymbol{X}}(24\times5\times120)$,过程数据曲线如图 4.4 所示。

建模数据一共产生 120 个时间片矩阵,经过 PCA 分析得到 120 个主成分负载矩阵。图 4.5 是 120 个负载矩阵中第一主向量中各个过程变量对应的系数。我们可以直观地看到过程变量相关关系的可分段性和同一时段内相关关系的相似性。

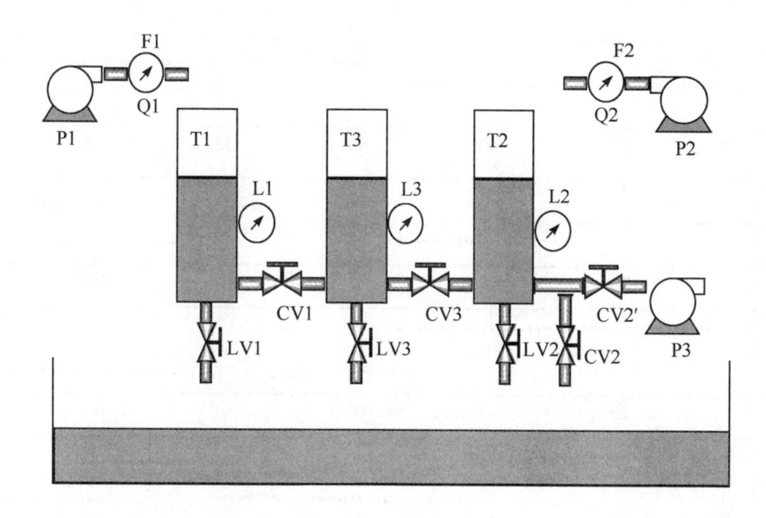

T1、T2、T——水箱（Plexi-Glass Cylinder）

P1、P2、P3——泵（Pump）

CV1、CV2、CV3、CV2′——连通阀（Connecting Ball Valve）

LV1、LV2、LV3——泄漏阀（Leak Outlet Valve）

L1、L2、L3——压力式液位计

F1、F2——涡轮流量计

Q1、Q2——泵1、泵2的流量

图 4.3　三水箱系统图

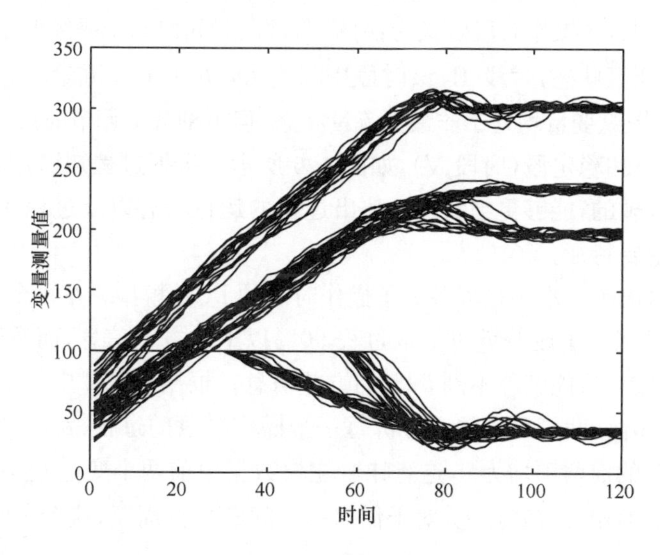

图 4.4　三水箱的建模数据

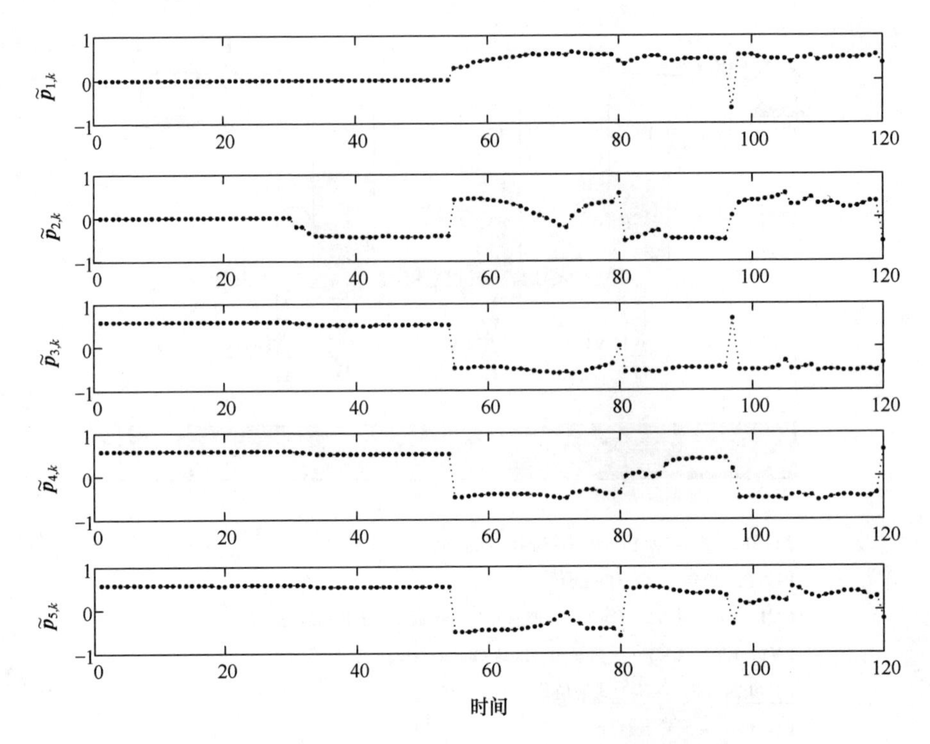

图 4.5　三水箱过程时间片矩阵的第一主向量的变化

负载矩阵聚类算法将三水箱过程划分成5个子操作时段。根据两个操纵变量 Q_1 和 Q_2 的状态，各操作时段定义为：时段 I，这段时间内两个操纵变量均处于最大流量状态，即死区状态；时段 II，该时段中只有 Q_1 处于最大流量状态；在时段 III 到 V 中，两个操纵变量均处于非最大流量状态，但可细分为调节时段(时段 III)、超调段(时段 IV)和稳定段(时段 V)，如图 4.6 所示。根据过程知识，上述的子时段划分完全是合理的，能够更细致地反映出过程的运行状态以及过程在每个状态所体现出来的主要特征。

表 4.2 给出了三水箱过程各个子操作时段的 PCA 模型。在每个子操作时段，只要前两个或三个主成分就可抽取过程 90%以上的方差信息，而对于 MPCA 模型，前三个主成分只能解释不到 50%的方差信息。根据表 4.2 中给出的子操作时段 PCA 负载矩阵，我们可以深入分析每一个操作时段的过程特征。例如，在第一操作时段，$\overline{\boldsymbol{P}}_1^*$ 的前两项均为 0，这意味着建模数据中前两个变量 Q_1，Q_2 和三个液位测量量完全不相关。实际上，对于任何一个间歇操作周期，这个子时段的 Q_1 和 Q_2 都处于最大流量，测量值是完全相同的，没有任何有意义的变异信息。而 $\overline{\boldsymbol{P}}_1^*$ 的后三项都是正，表示这三个液位之间有着正的相关关系。在第二个子操作时段，

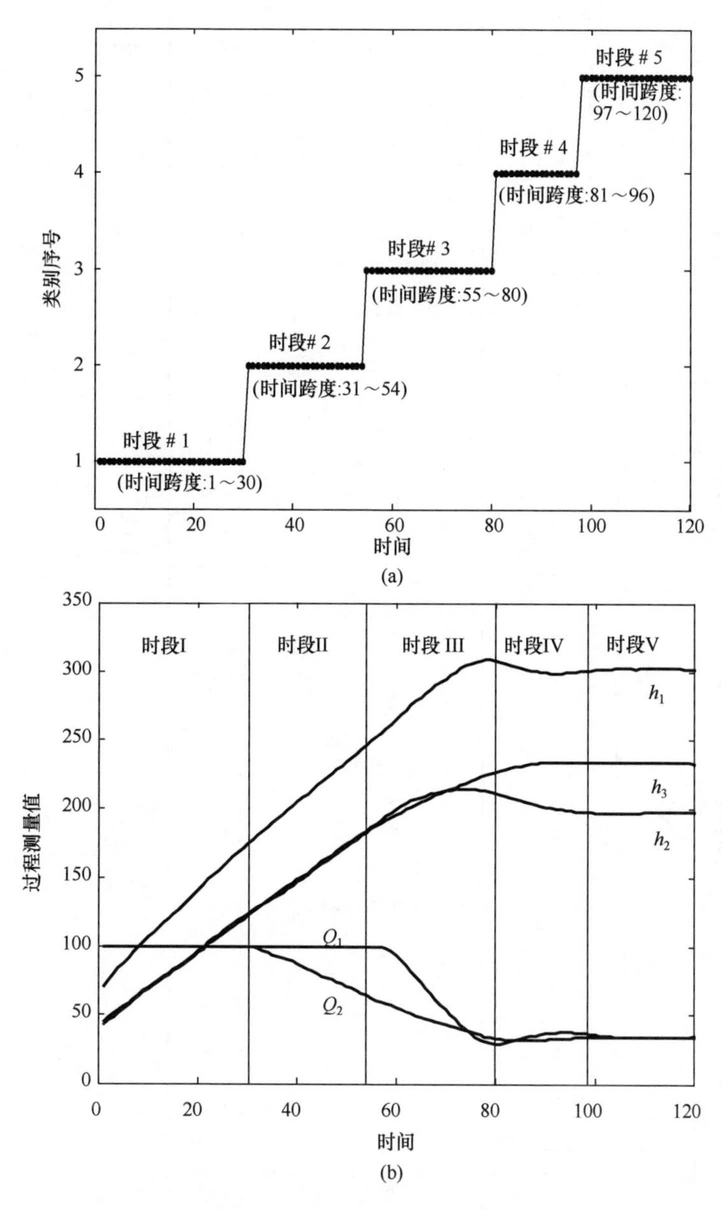

图 4.6　三水箱过程的子时段划分

(a)聚类结果　(b)子时段划分示意图

Q_1 仍然处于最大流量状态和其他四个变量没有相关性；Q_2 和三个液位具有相反的系数，表明 Q_2 和 h_1、h_2 及 h_3 拥有相反的变化特性。实际过程是 Q_2 的测量值呈下降趋势，而三个液位在持续上升。显然，将间歇过程划分为具有不同相关性特征的子操作时段可以促进对过程的了解和改进。

表 4.2　三水箱过程的子时段 PCA 模型

	时段Ⅰ	时段Ⅱ	时段Ⅲ	时段Ⅳ	时段Ⅴ
主成分个数	2	3	3	3	3
子时段表征负载矩阵	$\begin{bmatrix} 0 & 0 \\ 0 & 0 \\ 0.58 & -0.21 \\ 0.58 & -0.56 \\ 0.57 & 0.27 \end{bmatrix}$	$\begin{bmatrix} 0 & 0 & 0 \\ -0.41 & 0.82 & -0.19 \\ 0.52 & 0.37 & 0.74 \\ 0.52 & 0.40 & -0.40 \\ 0.54 & -0.11 & -0.46 \end{bmatrix}$	$\begin{bmatrix} 0.55 & -0.07 & 0.39 \\ 0.19 & 0.65 & -0.09 \\ -0.51 & 0.22 & -0.38 \\ -0.42 & 0.42 & 0.73 \\ -0.38 & -0.50 & 0.26 \end{bmatrix}$	$\begin{bmatrix} 0.47 & -0.38 & 0.44 \\ -0.46 & -0.47 & 0.13 \\ -0.52 & 0.29 & -0.26 \\ 0.24 & 0.68 & 0.27 \\ 0.44 & -0.12 & -0.76 \end{bmatrix}$	$\begin{bmatrix} 0.50 & 0 & 0.29 \\ 0.36 & -0.45 & -0.04 \\ -0.51 & -0.07 & -0.26 \\ -0.48 & 0.27 & 0.14 \\ 0.32 & 0.29 & -0.27 \end{bmatrix}$
子时段表征奇异值矩阵	$\begin{bmatrix} 28.87 & & & & \\ & 4.76 & & & \\ & & 3.12 & & \\ & & & 0 & \\ & & & & 0 \end{bmatrix}$	$\begin{bmatrix} 30.87 & & & & \\ & 13.16 & & & \\ & & 4.74 & & \\ & & & 2.36 & \\ & & & & 0 \end{bmatrix}$	$\begin{bmatrix} 28.87 & & & & \\ & 21.83 & & & \\ & & 9.51 & & \\ & & & 4.96 & \\ & & & & 2.37 \end{bmatrix}$	$\begin{bmatrix} 28.72 & & & & \\ & 20.29 & & & \\ & & 12.86 & & \\ & & & 5.49 & \\ & & & & 2.45 \end{bmatrix}$	$\begin{bmatrix} 27.14 & & & & \\ & 20.55 & & & \\ & & 15.51 & & \\ & & & 5.16 & \\ & & & & 2.88 \end{bmatrix}$
时间区域	(0, 30)	(31, 54)	(55, 80)	(81, 96)	(97, 120)

为了验证文中提出的基于间歇过程子操作时段的 PCA 建模和监测方法，我们在实验过程中，在和建模数据同样的工作条件下分别采集了一组正常和故障状态下的过程数据。图 4.7 是一个正常的间歇操作在线监视图。从图中可看出，两个多元统计量 T^2 和 SPE 的值都处于正常的统计控制限以下，过程运行中没有任何异常状态发生。而另一组数据是在实验装置模拟第一个水箱漏水故障下的采集的，其中泄漏阀 LV1 在第 42 个采样时刻半打开。根据前面的子时段划分结果，这

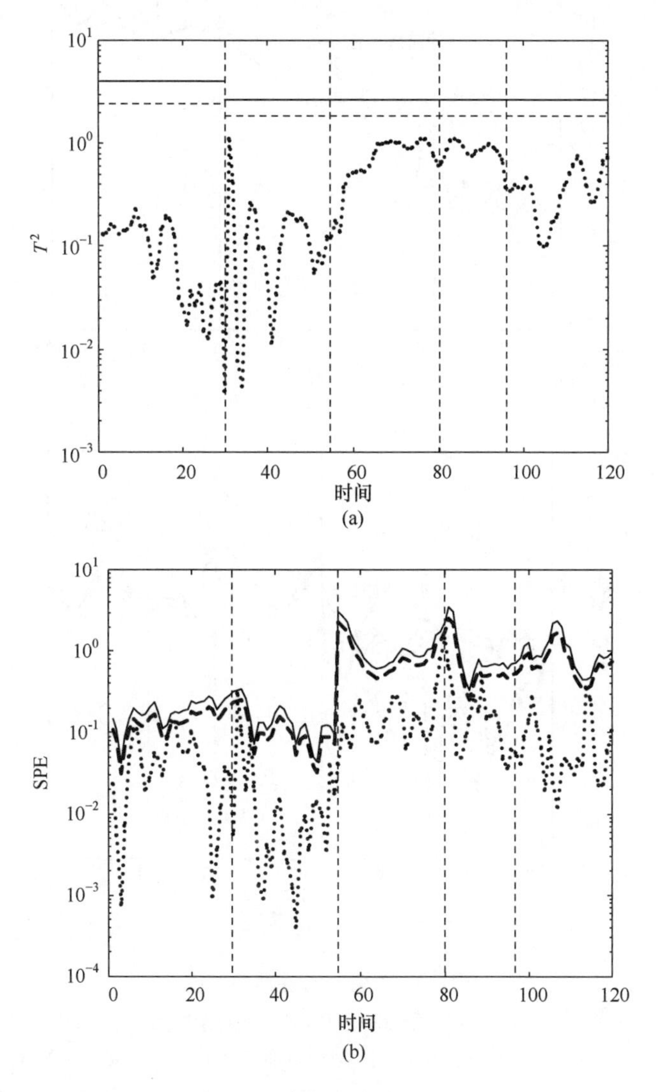

图 4.7 正常过程在线监视图

(a) T^2 统计量监视图　(b) SPE 统计量监视图

(实线为 99%控制限；虚线为 95%控制限；点虚线为 T^2 或 SPE 统计量的数值)

个故障应该出现在第 2 个子操作时段(时间＝31～54)，从图 4.8 中，我们可以清楚看到该故障在第 2 个子操作时段的监视图中出现。检测到故障的时刻是第 47 采样时刻，也就是说监测程序的响应时间为 5 个采样间隔。

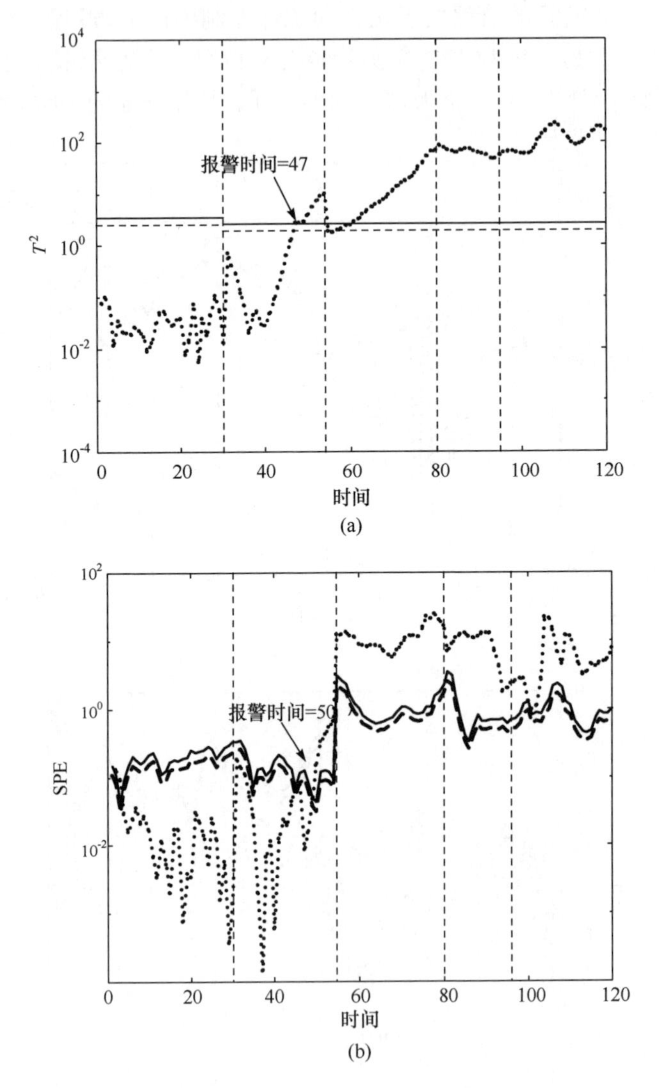

图 4.8　异常过程在线监视图

(a) T^2 统计量监视图　(b) SPE 统计量监视图

(实线为 99%控制限；虚线为 95%控制限；点虚线为 T^2 或 SPE 统计量的数值)

作为对比，MPCA 方法[3]和基于分层多模块 PCA 模型的自适应间歇过程监测算法[33]也应用于三水箱实验系统进行在线过程监测。对同样的故障数据，MPCA方法的 SPE 控制图在第 53 个采样时刻发现异常，而 T^2 控制图上没有任何异常,如图 4.9,其中 MPCA 在线监测时采用了原文作者推荐的第二种未来测量数据预测方法。显然,本书提出的方法在故障监测时要比 MPCA 模型更加迅速,尤其是主成分空间的 T^2 控制图,比 MPCA 模型的监测图敏感得多。在理论上,Rännar 的自适应过程监测方法应该是对过程异常工况最为敏感的一种方法,因为过程模型在每一个采样时刻都需要更新迭代。该方法同样在第 47 个采样时刻检测到故障的发生,如图 4.10 所示。但是和本书的方法比较起来,其建模和监测所耗费的运算量是非常巨大的,而且很难解决迭代过程中模型误差的累积效应。

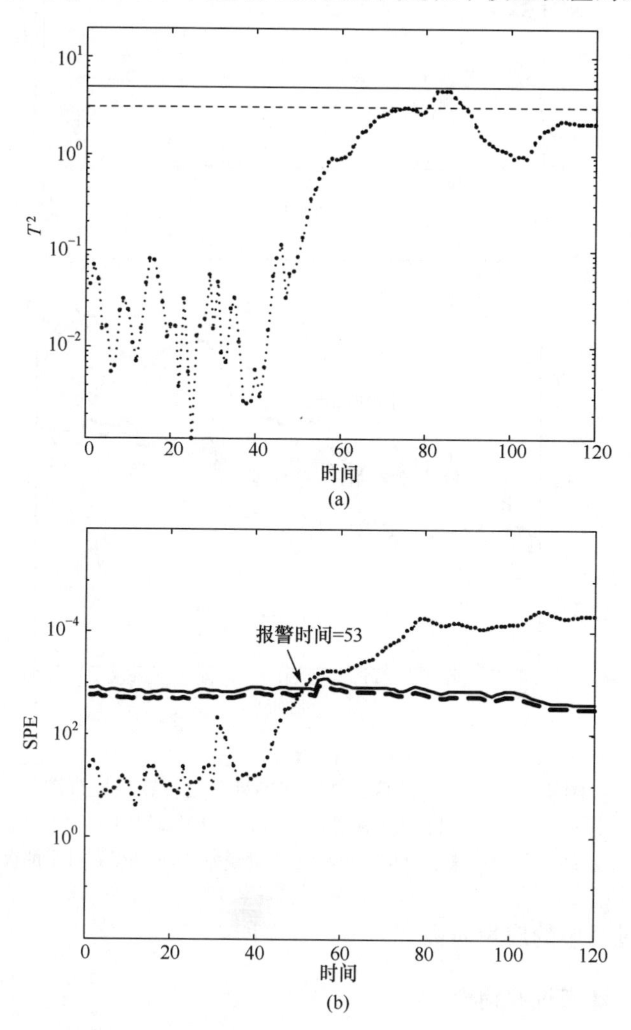

图 4.9　基于 MPCA 方法的异常过程在线监视图

(a) T^2 统计量监视图　(b) SPE 统计量监视图

(实线为 99%控制限;虚线为 95%控制限;点虚线为 T^2 或 SPE 统计量的数值)

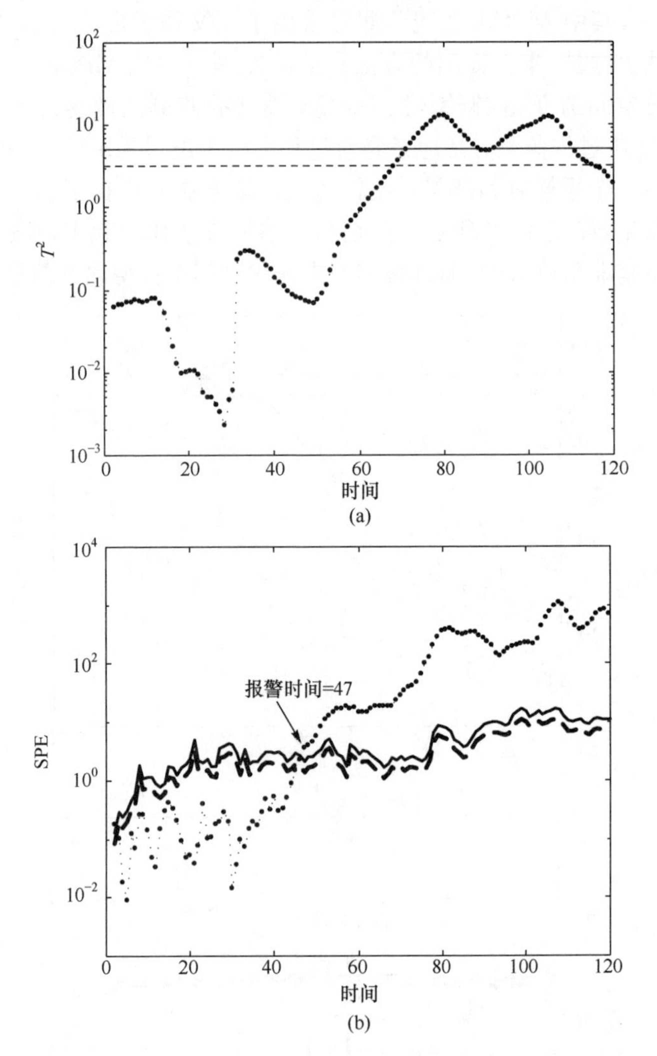

图 4.10　基于自适应监测方法的异常过程在线监视图

(a) T^2 统计量监视图　(b) SPE 统计量监视图

(实线为 99%控制限;虚线为 95%控制限;点虚线为 T^2 或 SPE 统计量的数值)

4.4.2　注塑过程中的应用研究

4.4.2.1　注塑过程简介

注塑过程[1]是一个典型的间歇工业过程,也是本论文中所提出的所有过程监测、故障诊断和质量改进算法的应用背景过程。第 1 章中我们已经简单地介绍了注塑机的构造以及注塑过程的基本工作原理。

注塑过程是一个典型的多操作阶段间歇过程。一个完整的注塑过程由闭模、注射座前进、注射、保压、塑化、冷却、开模、制件顶出等程序组成，而注射段、保压段和冷却段是决定制件品质的最重要的三个操作阶段。在注射段，液压系统推动螺杆将塑料黏流体注入模腔中，直至模腔被流体充满。过程处于保压段时，仍有少量的黏流体被高压挤进模腔中，以补偿塑料黏流体在冷却和塑化时造成的体积收缩。保压阶段一直持续到模腔的浇口冻结，过程进入冷却阶段。在冷却阶段模腔内流体固化的同时，机桶中的塑料颗粒在机桶外的加热装置以及螺杆旋转产生的剪切热的作用下实现其物理状态的变化，变成塑料黏流态并被运送到螺杆的头部。当螺杆头部熔料逐渐增多，其压力大于注射油缸的背压时，螺杆后退同时开始容积计算。头部熔料达到一定的注射量后，螺杆停止后退和转动，这段时间的过程状态也称为塑化阶段。随着模腔中熔体的继续冷却，塑料从黏流态恢复到玻璃态而定型。当塑件完全固化，模具打开，塑件被顶出，从而完成一个工作循环。

在过程运行中，几乎所有过程变量的状态，如温度、压力、行程、螺杆速度等，都可以通过各自的传感测量装置采集并传送到计算机控制系统，为过程建模和系统分析提供了丰富的数据信息。而这些过程变量的时变性以及它们之间复杂的耦合关系使得注塑过程成为多变量间歇过程统计建模、过程分析、在线监测、故障诊断及质量控制一个不可多得的研究背景。在本节中，用于建模的过程变量参见表 4.3，而建模数据的操作条件见表 4.4。

表 4.3　注塑过程的过程测量量

序号	变量描述	单位
1	喷嘴压力 (Nozzle Pressure)	bar
2	螺杆行程 (Stroke)	mm
3	注射速度(Injection Velocity)	mm/s
4	油缸压力 (Hydraulic Pressure)	bar
5	塑化压力 (Plastication Pressure)	bar
6	背压 (Back Pressure)	bar
7	模腔压力 (Cavity Pressure)	bar
8	螺杆旋转速度 (Screw Rotation Speed)	r/min
9	SV1 阀开度 (SV1 Opening)	%
10	SV2 阀开度 (SV2 Opening)	%
11	模具温度 (Mold Temperature)	℃
12	喷嘴温度 (Nozzle Temperature)	℃
13	机桶温度 1 (Barrel Temperature 1)	℃
14	机桶温度 2 (Barrel Temperature 2)	℃
15	机桶温度 3 (Barrel Temperature 3)	℃
16	机桶温度 4 (Barrel Temperature 4)	℃

表 4.4　注射过程操作条件设定

操作参数	设定值
加工材料	高密度聚乙烯(HDPE)
注射速度	24mm/s
保压压力	200bar
模具冷却水温度	25℃
机桶温度	(200, 200, 200, 200, 180, 160, 120)℃
保压时间	3s
冷却时间	15s

4.4.2.2　注塑过程子时段划分、建模及统计分析

在表 4.4 给出的操作条件下,采集 60 组正常工况下的 16 个测量变量的数据,其中每次间歇操作周期内去掉头尾没有意义的测量点外保留了 1000 个采样点,因此建模数据的维数为 60×16×1000。如图 4.11 所示,根据过程相关关系的变化,注塑过程的一次间歇操作被子时段划分算法分成了四个主要时段和两个过渡时段。根据过程知识,注塑过程有三个主要操作阶段——注射、保压和冷却;但冷却段的前一段时间实际上是塑化阶段。本书的间歇过程子时段划分算法的结果和过程知识基本对应,而且将保压和塑化阶段之间以及塑化和冷却段之间的过渡状态细分出来,作为两个独立的时段,说明子时段划分算法可以更加细致地分析过程行

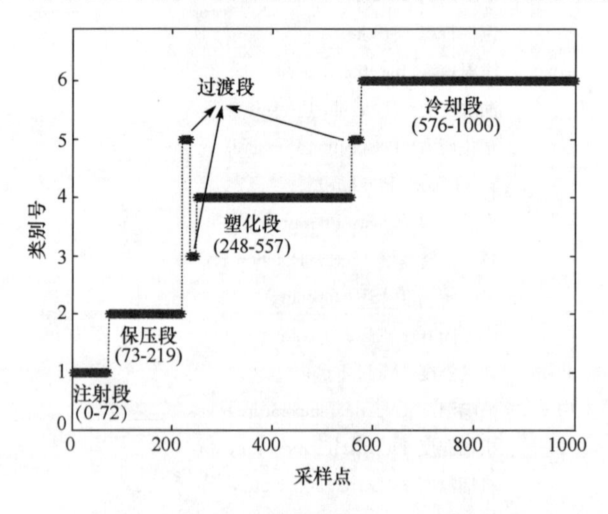

图 4.11　注塑过程的时间片 PCA 负载矩阵聚类结果

为。对于一个复杂且不太熟悉的间歇工业过程，本书提出的方法可以简单有效地获取过程知识，促进对工业过程的深入了解，这对其他建模方法是很难做到的。

四个主要操作子时段的 PCA 模型见表 4.5。下面来分析一下每个子时段过程变量之间的相关性以及所体现出来的过程特征。对于过程变量比较多的过程，负载向量图是分析过程变量相关性的一个有用工具，即将第一负载向量作为 x 轴和第二负载向量作为 y 轴而得到的二维散点图。负载向量图中的每一个点可以直接代表原始的测量变量，距离原点近的变量在主成分中占有很小的权重，因此这些变量可以定义为主成分中“不重要”的过程变量。在负载向量图中，那些远离原点且聚成一簇的变量具有很强的相关关系，而处于不同簇内的变量具有很弱的相关关系[34]。

表 4.5　子时段 PCA 模型

	注射段		保压段		塑化段		冷却段	
PCA 模型负载向量	0.26	−0.11	0.36	−0.15	0.05	−0.03	0.02	0.03
	0.20	−0.08	0.38	−0.16	0.23	−0.12	0	0
	0.38	−0.17	0.01	−0.01	0.10	−0.06	0	0
	0.34	−0.15	0.35	−0.15	0.06	−0.03	0.04	0.04
	0	0	0	0	0.44	−0.23	0	0
	0.37	−0.13	0.06	0	0	0	0.14	0.15
	0.02	−0.01	0.37	−0.16	0.02	−0.01	0	0
	0	0	0	0	0.41	−0.22	0	0
	0.38	−0.18	0.27	−0.11	0.22	−0.13	0.55	0.68
	0	0	0	0	0.45	−0.25	0	0
	0.29	−0.14	0.34	−0.16	0.23	−0.15	0.20	0.28
	0.30	−0.11	0.34	−0.12	0.08	−0.02	0.10	0.09
	0.18	0.48	0.18	0.48	0.22	0.46	0.35	−0.38
	0.20	0.49	0.19	0.50	0.22	0.47	0.38	−0.38
	0.18	0.47	0.18	0.47	0.22	0.45	0.36	−0.33
	0.23	0.39	0.23	0.40	0.29	0.37	0.47	−0.14
$\boldsymbol{R}_c^*$	90.02		90.51		88.53		84.82	

R_c^* 指保留的主成分所能解释的原过程变量的方差百分比。

图 4.12 给出了四个主要子时段的负载向量图，从中可以看出，过程变量（除了机桶温度）在不同的子时段形成不同的聚类，表明这些变量在不同的子时段具有不同的相关关系。机桶温度变量（矩形区域）和其他变量具有弱相关性，这是因为我们的研究对象对机桶温度实现了闭环控制。在图 4.12 中，那些靠近原点的“不重要”的过程变量标记在圆型区域；而决定过程行为的主导过程变量则是那些处于菱形区域。我们可以看到，每个子时段的主导变量是不一样的。在注射段，主导变量

是和注射操作密切相关的一些变量，如注射速度、行程、注射压力、背压、喷嘴压力、模腔压力等；而在塑化段，主导变量分成两类，一类是螺杆行程、SV1 阀开度和模腔温度，另一类是塑化压力、螺杆转速和 SV2 阀开度。对每个子时段的主导变量以及主导变量之间的相关性的分析完全可以用来改进过程的控制算法，而对主导变量的精确控制可以进一步用于改善产品的质量。

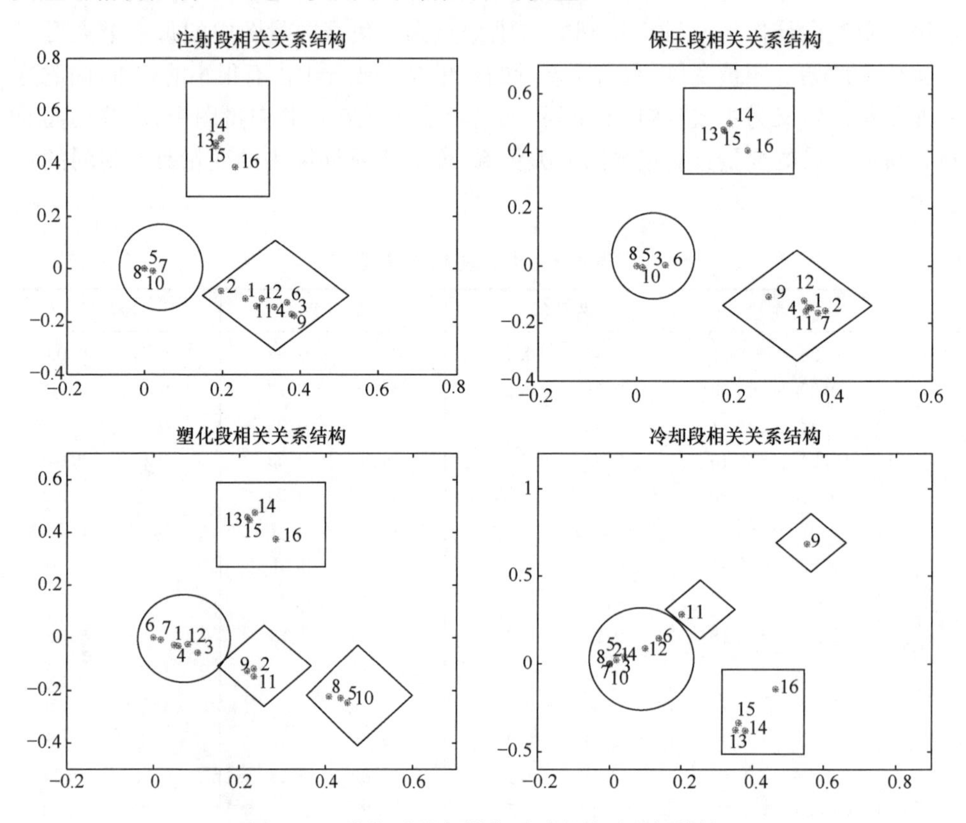

图 4.12　注塑过程各操作子时段的过程相关性

4.4.2.3　注塑过程的在线监测及故障诊断

在相同操作条件下，我们采集了三种典型故障工况下的注塑过程数据用于验证基于间歇过程子操作时段 PCA 建模方法的在线监测和故障诊断算法。三种故障表述如下。

(1) 材料扰动-在原材料高密度聚乙烯(HDPE)中混入少量的聚丙烯(PP)，两种原材料的主要物理特性列于表 4.6 中。

(2) 传感器故障-人为地切断一个机桶温度传感器的数据传输通道。

(3) 止逆环失效故障。

图 4.13～图 4.17 是三种故障工况下过程数据的在线监测和故障诊断图。

表 4.6　实验用聚合物材料的物理特性[35]

聚合物名称	HDPE	PP
类型	结晶型	结晶型
密度/(g/cm³)	0.94～0.96	0.90
熔融温度/℃	130～135	170
热分解温度/℃	300	300
注射温度/℃	200～260	220～275
介电常数	2.30～2.35	2.3

1）材料扰动故障的监测结果和分析

T^2 和 SPE 在线监视结果见图 4.13。由监视图可得知，这个故障在第一个操作子时段——注射段的一开始就被检测到。T^2 和 SPE 统计量的数值远远超出了正常的统计控制限。根据过程知识，HDPE 混入 PP 会导致模具温度(No. 11)在整个操作周期内都明显地有异于正常工况，这是因为 PP 要比 HDPE 更快地冷却和固化。同时，PP 的黏度比 HDPE 的黏度高得多，使得在塑化时过程产生更多的剪切热，因此导致故障状态下喷嘴内熔体温度比正常状态下的高。这些故障知识和图 4.14 四个主要时段的 SPE 变量贡献图中体现出来的故障模式一致。图 4.14

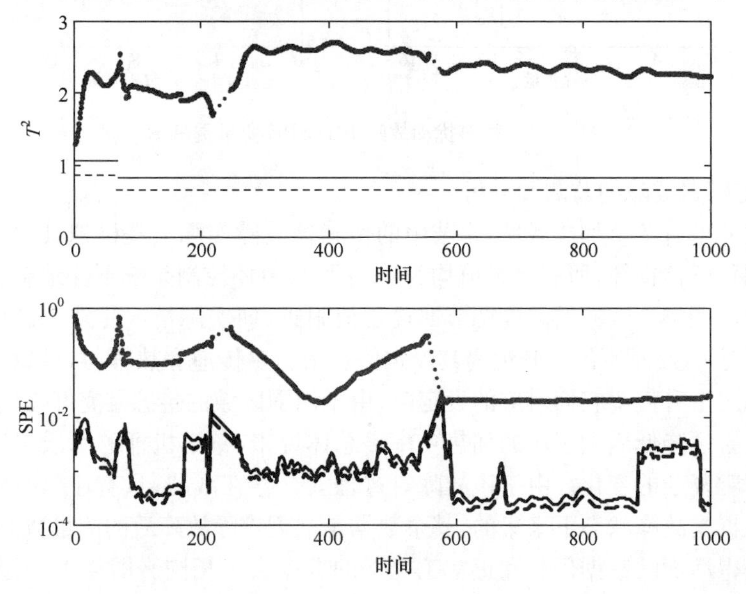

图 4.13　材料扰动故障下的过程在线监视图

（实线为 99%控制限；虚线为 95%控制限；点虚线为 T^2 或 SPE 统计量的数值）

中,我们还可以发现第二个子时段的故障模式和其他子时段下的模式稍有不同,模腔压力(No.7)也和正常工况下的大不相同,这还是因为PP的固化速度比HDPE快的缘故。

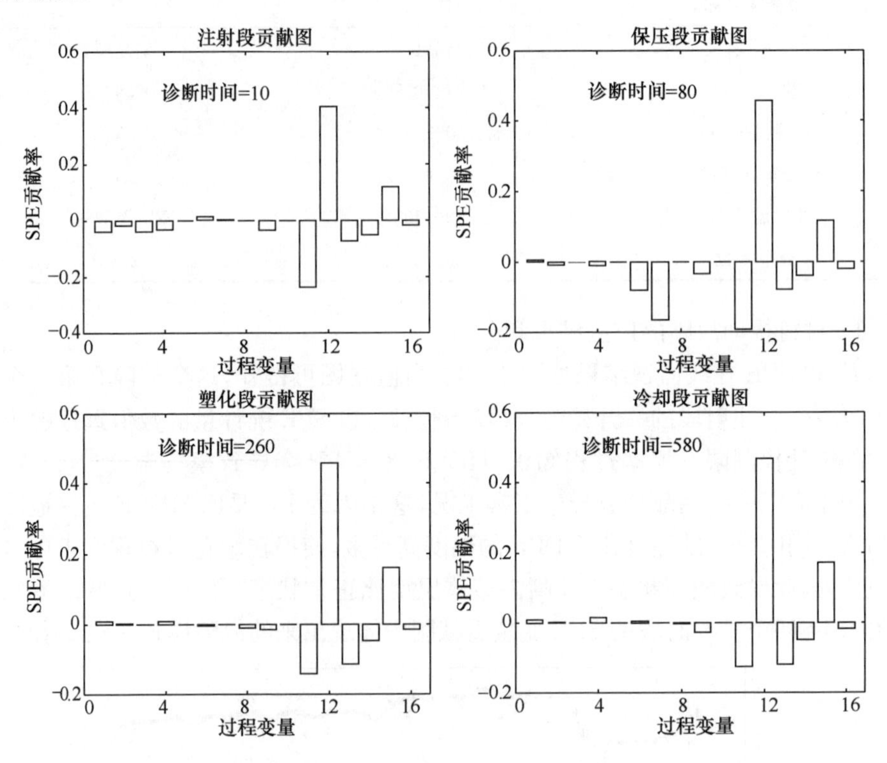

图 4.14　材料扰动故障下的SPE变量贡献图

2) 传感器故障的监测和分析

机桶外壁有7个加热区域,本节中的传感器故障实际上是模拟其中一个区域的热电偶传感器损坏,所有测量值均为0。因此,闭环控制系统不停地给这个区域提供能量试图将该区域的温度调节回设定值附近,而实际情况是这个区域的真正温度并不是0,反而不停上升远离其设定值。由于热传递和热辐射,导致周围区域的温度随之上升偏离它们对应的设定值,由于周围区域的传感器完好无损,温度控制系统又必须降低周围区域的加热功率。总体说来,整个机桶的7段温度测量值产生了非常复杂的变化。由于该故障对过程安全存在威胁,只有注射段开始一段时间的数据是故障状态下采集的,其余数据是立刻排除故障后的测量数据,但是过程惯性使得后面的数据仍然和正常工况下的数据大不相同。图4.15的监视图中可以很清楚地检测出这个传感器故障。四个主要操作子时段的贡献图的故障模式非常接近,如图4.16所示,说明这个故障对过程所有操作时段的影响几乎一致,这也是因为机桶温度和其余过程变量没有显著相关性的缘故。从图 4.16，我们可以清楚地看到受故障影响最大的过程变量就是机桶温度变量(No. 14)，而其他温度变量(No. 11,12,13,15,16)受过程相关性的制约，呈现反方向变化趋势。

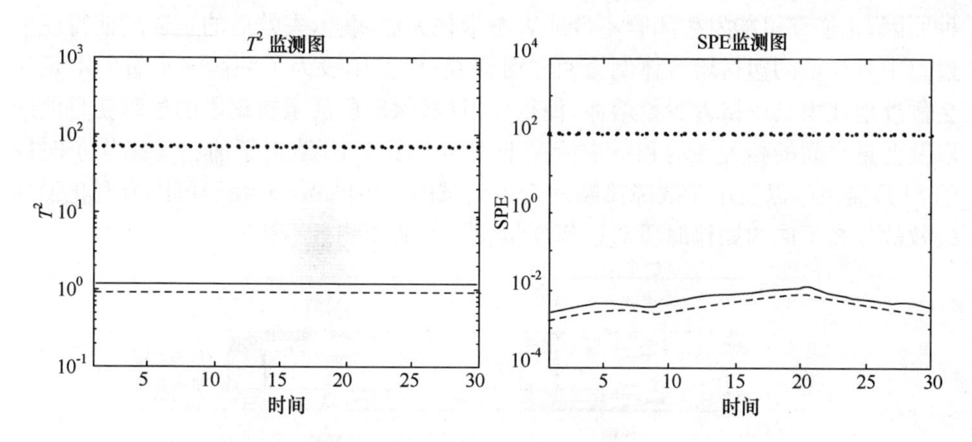

图 4.15　温度传感器故障下第一子操作时段过程监视图

(实线为 99%控制限；虚线为 95%控制限；点虚线为 T^2 或 SPE 统计量的数值)

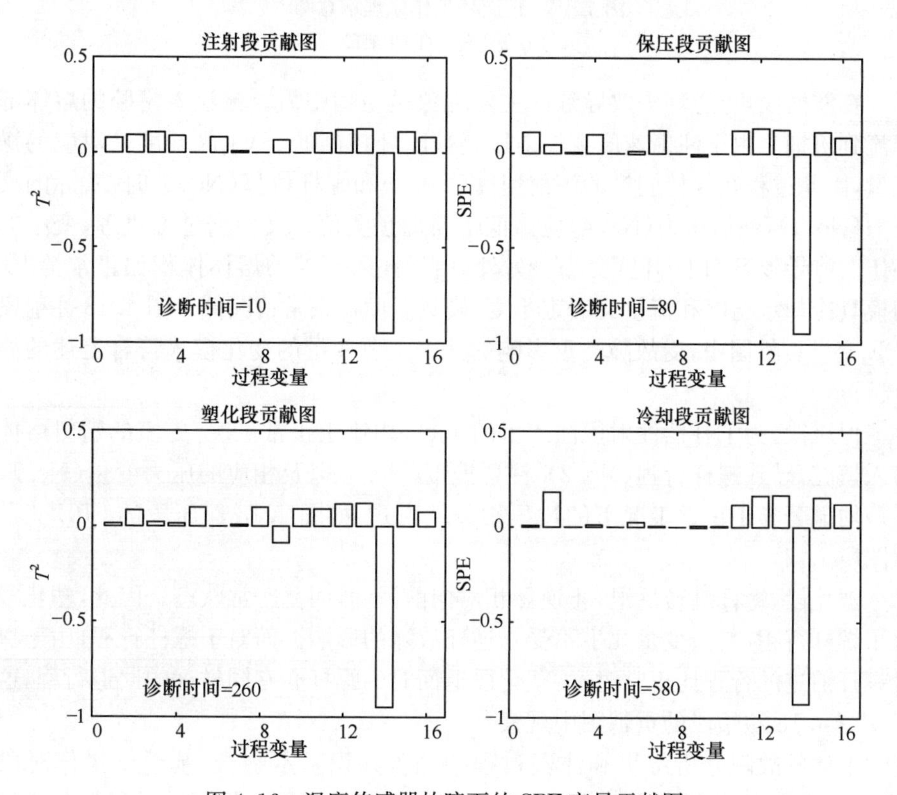

图 4.16　温度传感器故障下的 SPE 变量贡献图

3）止逆环失效故障的监测和分析

止逆环的工作原理如图 4.17 所示。塑化阶段中，止逆环打开允许塑料黏流体流向喷嘴前的空间；注射阶段中，止逆环应该闭合，防止塑料黏流体倒流。由于种种原因，止逆环可能发生闭合不严或者被卡住无法闭合，失效后的止逆环使得注射过程中有少量的塑料熔流体倒流回注射模腔；而保压段为了补偿注入量的不足又会额外地往模具中挤入少量熔体，使得注射段、保压段甚至塑化段的过程变量曲线以及变量之间的相关性均和正常情况下不同。图 4.18 给出了前三个操作子时段的 SPE 监视图以及用于故障诊断的变量贡献图。由图 4.18，我们可以看到止逆环失效故障在不同的操作时段对过程变量相关性的影响各不相同。

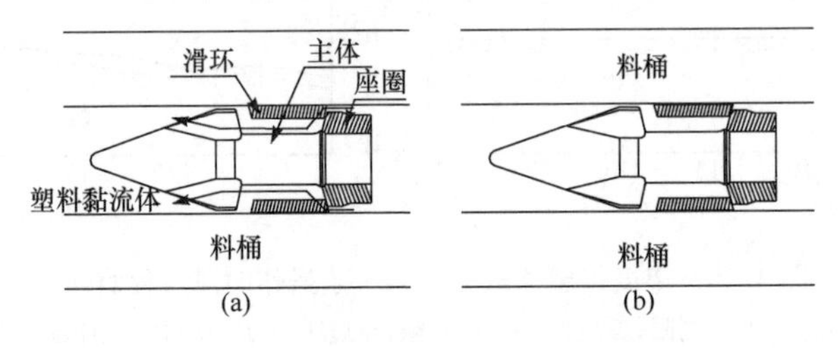

图 4.17　止逆环工作原理示意图[35]

(a)塑化段　(b)注射段

在注射段，止逆环失效导致的主要现象是喷嘴中需要被注入模腔的熔体部分回流到机桶。由于注射速度在注射段是被闭环控制的，SV1 阀开度是对应的操纵变量，因此过程在保持同样的注射速度(No. 3)和螺杆位移(No. 2)时，实际的喷嘴压力(No. 1)，注射压力(No. 4)应该低于模型预测值。又根据过程机理，变小的喷嘴压力将导致 SV1 阀开度变小。另外，由于注入模腔的熔体体积比正常情况少，而模具冷却水温度和流量又固定不变，模具温度比正常情况低。图 4.18 注射段的 SPE 变量贡献图中，受故障严重影响的几个主要变量的变化模式符合上述的故障分析。

保压段，为了补偿注射段注入量的不足，相比于正常工况，更多的塑料熔体被挤入模腔，导致螺杆行程(No. 2)，注射速度(No. 3)以及相应的压力变量(No. 1，5，6，7)均显著异于正常工况下的过程相关性模式，如图 4.18 保压段的 SPE 变量贡献图所示。

塑化段，螺杆旋转后退，止逆环相对向前滑动，回复正常状态。因此，塑化段中除了螺杆行程，其余变量几乎不受止逆环故障的影响。而对于螺杆行程，由于保压段螺杆前进的行程比正常时远，塑化段退回时的螺杆亦有同样远的回退行程，这可以从图 4.18 注塑段的贡献图中观察到。

上述的故障分析结果和注塑过程的经验知识基本吻合，基于子操作时段的 PCA 建模、监测和诊断方法成功地应用于实际工业过程。将间歇过程划分成具有

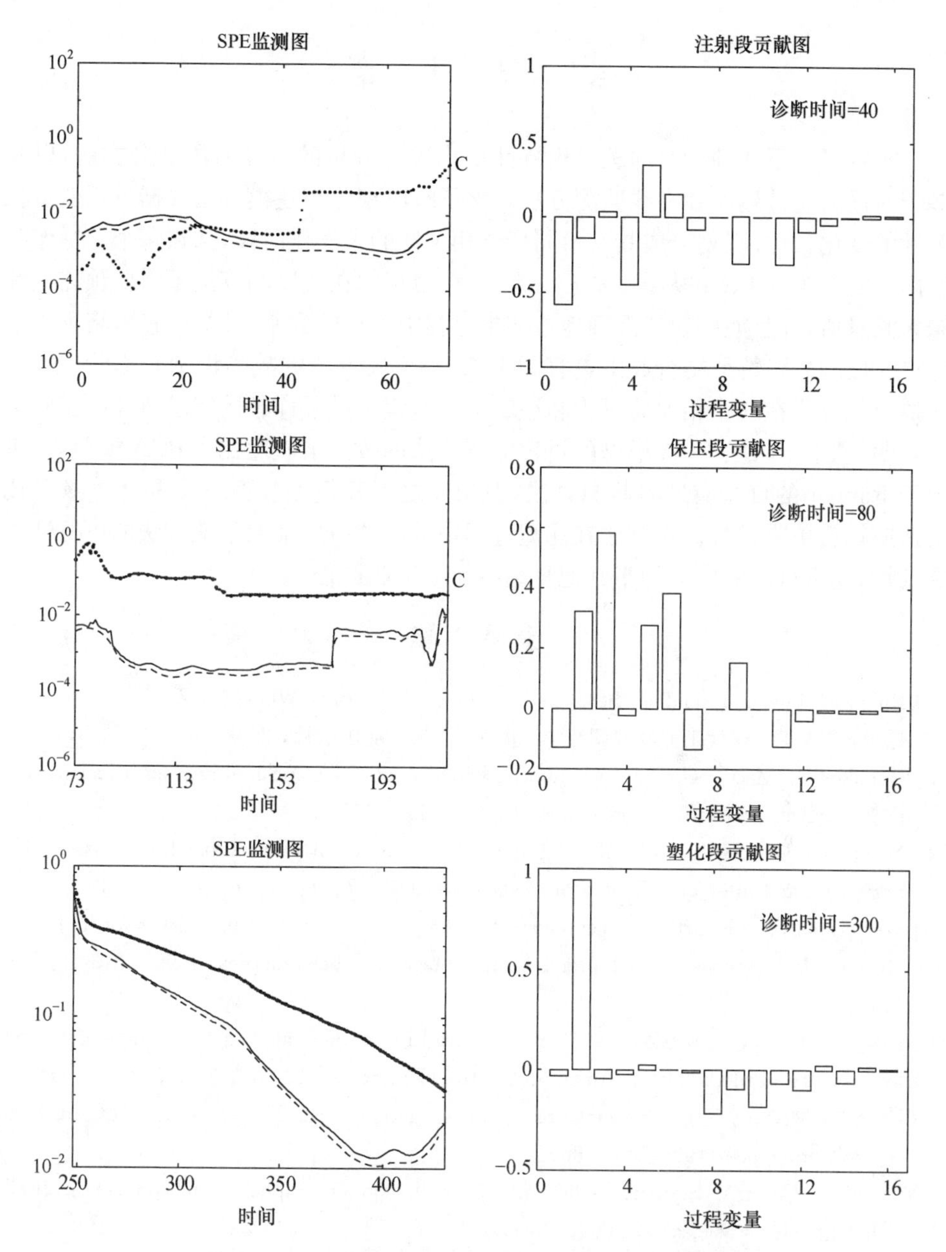

图 4.18　止逆环失效故障下的过程监测和故障诊断

（实线为 99%控制限；虚线为 95%控制限；点虚线为 T^2 或 SPE 统计量的数值）

不同相关性特征的子时段，可以促进对工业过程的了解；而将不同子操作时段的故障特征结合起来更有利于基于 PCA 方法的故障识别和诊断。

4.5 结束语

本章研究了几种针对间歇过程特性变化进行分析的自动时段划分方法，以及基于时段的统计建模和在线监测方法。该子时段划分与建模方法根据过程变量相关性的变化，将过程划分成具有不同变量相关性的子操作时段，并在每个子操作时段内建立二维的 PCA 模型。基于二维 PCA 模型的在线监测算法不需要预先估计未来测量值，并且能够快速准确地检测出过程中出现的异常工况。另外，将不同子操作时段的故障特征结合起来更有利于基于 PCA 方法的故障识别和诊断。本章所提出的方法在三水箱实验过程和注塑工业过程中做了详细的实验研究。实验结果表明，基于子时段 PCA 模型的过程监测算法的故障灵敏度比 MPCA 模型好，堪比于 Rännar 的自适应过程监测算法，但相比之下其模型复杂程度和计算量要比自适应算法更有优势。本算法在注塑过程中的成功应用证明了该方法的可行性和有效性，完全可以推广应用于其他复杂的间歇工业过程。

参考文献

[1] Rubin I I. Injection molding theory and practice. New York：Wiley，1972
[2] 储炬，李友荣. 现代工业发酵调控学. 北京：化学工业出版社，2002
[3] Nomikos P，MacGregor J F. Monitoring batch processes using multiway principal components analysis. AIChE Journal，1994，40(8)：1361-1375
[4] Nomikos P，MacGregor J F. Multivariate SPC charts for monitoring batch processes. Chemometrics and Intelligent Laboratory Systems，1995，37(1)：41-59
[5] Westerhuis J A，Kourti T，Macgregor J F. Comparing alternative approaches for multivariate statistical analysis of batch process data. Journal of Chemometrics，1999，13(3-4)：397-413
[6] Kosanovich K A，Piovoso M J，Dahl K S. Multi-way PCA applied to an industrial batch process. The Proceedings of American Control Conference，1994：1294-1298
[7] Dong D，McAvoy T J. Multistage batch process monitoring. The Proceedings of American control conference，1995：1857-1861
[8] Ündey C，Çinar A. Statistical monitoring of multistage，multiphase batch processes. IEEE Control Systems Magazine，2002，22(55)：40-52
[9] Kosanovich K A，Dahl K S，Piovoso M J. Improved process understanding using multiway principal component analysis. Industrial & Engineering Chemistry Research，1996，35(1)：138-146
[10] Lennox B，Hiden H，Montague G，et al. Application of multivariate statistical process control to batch operations. Computers & Chemical Engineering，2000，24(2-7)：291-296
[11] Doan X T，Srinivasan R，Bapat P M，et al. Detection of phase shifts in batch fermentation

via statistical analysis of the online measurements: A case study with rifamycin B fermentation. Journal of Biotechnology, 2007, 132(2):156-166

[12] Lu N Y, Gao F R, Wang F L. Sub-PCA modeling and on-line monitoring strategy for batch processes. AIChE Journal, 2004, 50(1): 255-259

[13] Lu N Y, Gao F R. Stage-based process analysis and quality prediction for batch processes. Industrial & Engineering Chemistry Research, 2005, 44(10): 3547-3555

[14] Lu N Y, Gao F R. Stage-based online quality control for batch processes. Industrial & Engineering Chemistry Research, 2006, 45(7):2272-2280

[15] Lu N Y, Yang Y, Wang F L, et al. Stage-based multivariate statistical analysis for injection molding. Proceedings of International symposium on advanced control of chemical processes, 2003:471-476

[16] Lu N Y, Gao F R, Yang Y, et al. PCA-based modeling and on-line monitoring strategy for uneven-length batch processe. Industrial & Engineering Chemistry Research, 2004, 43(13):3343-3352

[17] Zhao C H, Mo S Y, Gao F G, et al. Statistical Analysis and online monitoring for handling multiphase batch processes with varying durations. Journal of Process Control, 2011, 21(6):817-829

[18] Zhao C H, Sun Y X. Step-wise sequential phase partition (SSPP) algorithm based statistical modeling and online process monitoring. Chemometrics and Intelligent Laboratory Systems, 2013, 125:109-120

[19] Zhao C H. Concurrent phase partition between-mode statistical analysis for multimode and multiphase batch process monitoring. AIChE Journal, 2014, 60(2):559-573

[20] Zhao C H, Gao F R. Statistical modeling and online fault detection for multiphase batch processes with analysis of between-phase relative changes. Chemometrics and Intelligent Laboratory Systems, 2014, 130:158-67

[21] Zhao C H, Zhang W D. Reconstruction based fault diagnosis using concurrent phase partition and analysis of relative changes for multiphase batch processes with limited fault batches. Chemometrics and Intelligent Laboratory Systems, 2014, 130:135-150

[22] Camacho J, Picó J. Online monitoring of batch processes using multi-phase principal component analysis. Journal of Process Control, 2006, 16(10):1021-1035

[23] Camacho J, Picó J. Multi-phase principal component analysis for batch processes modeling. Chemometrics and Intelligent Laboratory Systems, 2006, 81(2):127-136

[24] Jain A K, Murty M N, Flynn P J. Data clustering: A review. ACM computing surveys, 1999, 31(3):264-323

[25] MacQueen J. Some methods for classification and analysis of multivariate observations. Proceedings of the 5th Berkeley Symposium on Mathematical Statistics and Probability, 1967:281-297

[26] Jackson J E. A user's guide to principal components, New York:Wiley, 1991

[27] Lowry C A, Montgomery D C. A review of multivariate control charts. IIE Transactions, 1995, 27(6):800-810

[28] Zhao C H, Wang F L, Mao Z Z, et al. Quality prediction based on phase-specific average trajectory for batch processes. AIChE Journal, 2008, 54(3):693-705

[29] Zhao C H, Wang F L, Mao Z Z, et al. Improved knowledge extraction and phase-based quality prediction for batch processes. Industrial & Engineering Chemistry Research, 2008, 47(3):825-834

[30] Zhao C H, Wang F L, Mao Z Z, et al. Improved batch process monitoring and quality prediction based on multi-phase statistical analysis. Industrial & Engineering Chemistry Research, 2008, 47(3):835-849

[31] Zhao C H, Wang F L, Mao Z Z, et al. Adaptive monitoring based on independent component analysis for multiphase batch processes with limited modeling data. Industrial & Engineering Chemistry Research, 2008, 47(9):3104-3113

[32] Zhao C H, Wang F L, Gao F R, et al. Enhanced process comprehension and statistical analysis for slow-varying batch processes. Industrial & Engineering Chemistry Research, 2008, 47(24):9996-10008

[33] Rännar S, MacGregor J F, Wold S. Adaptive batch monitoring using hierarchical PCA. Chemometrics and Intelligent Laboratory systems, 1998, 41(1):73-81

[34] Kaspar M H, Ray W H. Chemometric methods for process monitoring and high-performance controller design. AIChE Journal, 1992, 38(10):1593-1607

[35] Yang Y. Injection Molding: From process to quality control. Hong Kong: The Hong Kong University of Science & Technology, 2004

第 5 章　基于有限批次的子时段划分、建模及在线监测

一般来说，不管是传统的多向统计建模方法还是子时段建模方法，其本质上都是针对各时间点上分析批次间的过程波动，这就包含了一个前提假设，批次方向上的数据是充足的，即建模数据包含充足的批次。当该前提条件无法满足的时候，采用传统的建模方法并不合适。考虑到实际过程中批次数不充足问题的重要性，本章将提出一种针对该实际问题的解决办法，通过构建新的数据分析单元，分析过程特性的变化，实现子时段划分、子时段建模与过程监测。此外，考虑到数据不充分对于初始模型精确性的影响，研究了监测模型的在线更新问题。

5.1　引　　言

在已有的统计建模方法中，通常需要大量且完备的数据样本以便准确可靠地提取出其潜在的统计特征进而揭示过程相关特性[1]。具体到间歇过程中，传统的多元统计方法主要针对间歇过程正常操作数据批次方向上的波动特性进行分析并建立统计模型，这就需要离线建模时能够有充分且足具代表性的间歇操作批次。对于那些运行周期短、生产成本花费不大且操作相对容易的间歇过程(这里我们称之为“易获取过程”)来说，通过反复实验来获取充足的建模数据是通常的做法。但是，对于那些运行周期漫长、生产成本昂贵、操作起来较为复杂的间歇过程(这里我们称之为“难获取过程”)来说，很难在短期内获得充足理想的建模数据，而且往往要耗费大量的人力、物力。例如，生物制药相关的工业生产中，生物细胞发酵往往需要相当长的周期，并且菌种培养花费也相当可观。这种情况下，仍然坚持等待获取充分数据后利用传统的统计建模方法建立监测模型并不是明智之举。

对于这一类间歇过程的分析，如果无法获得充分的批次，也就无法如第 4 章中介绍的那样利用时间片数据分析单元表征各个采样时刻的运行特性并提取批次间的波动统计规律。这就需要我们转变分析的视角，想方设法利用现有的少量批次，构建新的分析单元从中提取它们蕴含的最大信息，建立初始模型实现初步的过程监测与故障诊断，并能够确保一定的可信度；随着过程进行，正常的批次数据越来越多，需要在线实现原有模型的调整更新使之包含更为丰富的过程潜在信息，从而不断增强模型及过程监测的可靠性。同时需要指出的是，正因为用于更新的正常批次是根据初始模型的监测结果判断得来的，相较于之后的在线更新策略而言，初始建模方法显得尤为重要，直接关系到后续更新能否顺利进行。Lu 等[2]提出一种

基于最少建模数据的子时段 PCA 建模和在线更新算法，最初的建模数据仅仅是一次正常间歇操作下的运行批次。为了提取间歇过程运行的局部方差信息，他们利用时间滑动窗口扫描整个过程，每个窗口中的数据按时间顺序排列成二维矩阵；利用 PCA 方法提取各个窗口内过程变量间的相关特性，从而获取过程潜在特性在时间方向上的发展变化，借此识别各个不同时段，建立时间轴上的监测系统；随着操作批次的累积，同样以单个批次作为分析对象逐次进行更新操作。实际上，对于上述提到的那些所谓的“难获取过程”，尽管要获得充足的正常操作批次非常困难，但是提供少量几个批次还是不成问题的，这也是实际中更为普遍的情况。如果能够对这几个批次充分加以利用，无疑它们将提供比单一批次更为充足可靠的信息。Lu 等[2]的建模及更新算法均仅局限于一个批次进行分析，无法直接扩展适用于“少量建模批次”这种一般情况，从而很大程度上限制了其广泛应用。此外，他们的算法以各个时间滑动窗口作为基本的分析单元，突出的是同一操作周期内过程变量在时间方向上的波动规律。这种时变的过程运行轨迹并不服从正态分布，即非高斯性显著，这明显违背了 PCA 应用的前提假设，因此采用 PCA 算法并不能准确提取各个时间滑动窗口的过程潜在特性，从而影响了后续的时段识别及子时段统计建模性能。

本章研究的背景同样是那些数据“难获取过程”，但是与 Lu 等[2]仅仅利用一个批次进行建模分析有所区别的是，这里针对的是少量几个批次。可以说，本书所提出的基于少量建模批次的统计分析策略是对前人工作的一个非常有效的成功扩展，“一个建模批次”的情况只是本书算法的一个特例。此外，考虑到 PCA 方法分析非高斯型数据的局限性，势必需要采用更为适用的统计分析技术以便能够更准确可靠地提取过程潜在相关特性。鉴于数据“难获取过程”在实际工业中是普遍存在的，并具有典型代表性，针对少量批次进行统计分析并探究相应的解决方案具有重要的实际意义和研究价值。

5.2　独立成分分析

PCA 与 PLS 多元投影技术都要求满足测量数据服从高斯分布的前提假设，它们仅仅考虑了二阶统计信息，去除的仅是数据间的相关性，可能忽略了非高斯数据的某些方面，如聚类和分量的独立性。如果欲从由多个信号混合而成的信号中提取出原始信号，这些基于二阶统计分析的投影映射方法就无能为力了，需要采用更高阶的统计分析策略，独立成分分析(ICA)就是其中的一种有效方法。已有的研究成果表明，在高阶统计量上含有许多更有意义的信息[3-6]。对于高斯分布信号而言，各分量信号相互独立即意味着互不相关，而对于非高斯分布信号，独立则是比不相关更为严格的条件。可以说，PCA 是第一个基于观测数据二阶统计量的盲技术，它的直接扩展就是 ICA。在 ICA 技术中，噪声去除以及观测数据白化处理等都与主元分解有关。

ICA 可以归为盲源分离中的一种重要信号分析方法。其基本思想是假设过程测量数据是由一些互相独立的信源信号和过程噪声及干扰混合叠加而成的，按照某种准则（主要是信息论的准则）从这些过程测量数据中分离或提取出尽可能互相独立的信源信号（独立成分或特征信号）。简单的说，就是从线性混合信号中恢复出基本源信号。

在 ICA 算法中，我们假设 J 个过程测量变量 $x_1,x_2,\cdots,x_J$ 可以表示为 R（一般 $R\leqslant J$）个非高斯独立成分 $s_1,s_2,\cdots,s_R$ 的线性组合形式。而 ICA 的目的就是要仅仅根据过程测量数据 $\boldsymbol{X}$ 从中无需任何先验过程知识同时估计出独立成分 $\boldsymbol{S}$ 与分解矩阵 $\boldsymbol{W}(R\times J)$，这其实就是盲源分离的过程。独立成分与原始过程测量变量之间具有以下关系：

$$\boldsymbol{s}=\boldsymbol{W}\boldsymbol{x} \tag{5-1}$$

其中，$\boldsymbol{x}(J\times 1)$ 是过程测量向量；$\boldsymbol{W}(R\times J)$ 是估计出的分解矩阵；$\boldsymbol{s}(R\times 1)$ 是分解出的独立成分向量，满足单位方差：$\mathrm{E}(\boldsymbol{s}\boldsymbol{s}^{\mathrm{T}})=\boldsymbol{I}$。

事实上，ICA 的目的等同于估计混合矩阵 $\boldsymbol{A}(J\times R)$，它是分解矩阵 $\boldsymbol{W}(R\times J)$ 的逆形式，从而将过程变量简单地重构为

$$\boldsymbol{x}=\boldsymbol{A}\boldsymbol{s} \tag{5-2}$$

可见，对于 ICA 主成分的估计相较于 PCA 要更困难一些。在上述的分解过程中，所利用的仅仅是混合后的过程测量数据，源信号与混合矩阵都是未知的，如果没有其他的限定条件是不可能将源信号都成功分离出来的。因此，基于 ICA 的盲源分离有如下基本假设：观测信号中的各分量信号是相互独立的，各独立分量中最多只能有一个分量的分布是正态高斯性的，并且过程变量的数量不少于源信号的数量。此外，各独立成分的方差都被简单地定义为 1。有了这些假设，就可以进行独立成分分解，确定分离矩阵了。

为了简化 ICA 运算，首先对观测向量进行预处理，通常包括两步运算：

(1) 数据标准化处理，即将每个过程变量均标准化为零均值与单位标准差；

(2) 数据白化，即将具有有限二阶矩的各过程变量变为互不相关且方差为 1。

一般来讲，白化预处理通常是通过 PCA 运算实现的，这样白化变量实际上是标准化为单位方差的 PCA 主成分得分。该白化转换可表示为

$$\boldsymbol{z}=\boldsymbol{\Lambda}^{-1/2}\boldsymbol{U}^{\mathrm{T}}\boldsymbol{x}=\boldsymbol{Q}\boldsymbol{x} \tag{5-3}$$

其中，$\boldsymbol{Q}=\boldsymbol{\Lambda}^{-1/2}\boldsymbol{U}^{\mathrm{T}}$ 是白化矩阵；$\boldsymbol{U}$ 是正交特征向量阵；$\boldsymbol{\Lambda}$ 是对应的特征值对角阵，二者均是通过对协方差矩阵 $\mathrm{E}(\boldsymbol{x}\boldsymbol{x}^{\mathrm{T}})$ 的特征值分解得来的。

白化处理后，结合公式(5-2)，可推导出下列关系：

$$\boldsymbol{z}=\boldsymbol{Q}\boldsymbol{x}=\boldsymbol{Q}\boldsymbol{A}\boldsymbol{s}=\boldsymbol{B}\boldsymbol{s} \tag{5-4}$$

其中，根据 $\mathrm{E}(\boldsymbol{z}\boldsymbol{z}^{\mathrm{T}})=\boldsymbol{B}\mathrm{E}(\boldsymbol{s}\boldsymbol{s}^{\mathrm{T}})\boldsymbol{B}^{\mathrm{T}}=\boldsymbol{B}\boldsymbol{B}^{\mathrm{T}}=\boldsymbol{I}$，可以很容易推导得知 $\boldsymbol{B}=\boldsymbol{Q}\boldsymbol{A}$ 为正交

矩阵。

进而我们可以根据公式(5-4)估计出独立成分：

$$\boldsymbol{s}=\boldsymbol{B}^{\mathrm{T}}\boldsymbol{z}=\boldsymbol{B}^{\mathrm{T}}\boldsymbol{Q}\boldsymbol{x}=\boldsymbol{A}^{\mathrm{T}}\boldsymbol{Q}^{\mathrm{T}}\boldsymbol{Q}\boldsymbol{x} \tag{5-5}$$

结合公式(5-1)与(5-5)，可以很容易推导得到 $\boldsymbol{W}$ 和 $\boldsymbol{A}$ 之间的关系：

$$\boldsymbol{W}=\boldsymbol{B}^{\mathrm{T}}\boldsymbol{Q}=\boldsymbol{A}^{\mathrm{T}}\boldsymbol{Q}^{\mathrm{T}}\boldsymbol{Q} \tag{5-6}$$

并进一步可得到

$$\begin{cases}\boldsymbol{W}\boldsymbol{A}=\boldsymbol{I}\\ \boldsymbol{W}=\boldsymbol{B}^{\mathrm{T}}\boldsymbol{\Lambda}^{-1/2}\boldsymbol{U}^{\mathrm{T}}\\ \boldsymbol{A}=\boldsymbol{U}\boldsymbol{\Lambda}^{1/2}\boldsymbol{B}\end{cases} \tag{5-7}$$

为了估计独立成分与分解矩阵，前人已提出了多种 ICA 算法[3-5,7-16]。这里以较为常用的 FastICA 算法[4,5]为例，将独立成分估计的步骤简述如下。

(1) 对过程数据 $\boldsymbol{x}$ 进行标准化及白化处理。在这里的算法描述中，为了简单起见，白化处理后的数据仍旧用 $\boldsymbol{x}$ 表示。

(2) 选取要提取的独立成分的个数 n，并令计数器 $p=1$。

(3) 选取单位标准化的初始随机矢量 $\boldsymbol{w}_p$。

(4) 令 $\boldsymbol{w}^{+}=E\{\boldsymbol{x}g(\boldsymbol{w}^{T}\boldsymbol{x})\}-E(g'(\boldsymbol{w}^{\mathrm{T}}\boldsymbol{x}))\boldsymbol{w}$，其中 $g(\cdot)$是已定义好的非二次型函数 $G(\cdot)$的一次导数。

(5) 正交化及标准化处理：$\boldsymbol{w}_p=\boldsymbol{w}_p-\sum_{j=1}^{p-1}\boldsymbol{w}_p^{\mathrm{T}}\boldsymbol{w}_j\boldsymbol{w}_j$；$\boldsymbol{w}_p=\dfrac{\boldsymbol{w}_p}{\|\boldsymbol{w}_p\|}$

(6) 如果 $\boldsymbol{w}_p$ 不收敛(这里收敛性指的是先后两次迭代估计的 $\boldsymbol{w}$ 的内积近似为 1)，返回步骤(4)，否则输出估计的矢量 wp。

(7) 令 $p=p+1$。如果 $p\leqslant n$，返回步骤(3)，否则输出最终结果。

常用的非线性函数 $G(\cdot)$[4] 有：$G_1(u)=\dfrac{1}{a_1}\log\cosh(a_1u)$，$G_2(u)=-\exp\left(-\dfrac{u^2}{2}\right)$(其中 $1\leqslant a_1\leqslant 2$ 是可调常数)。

需要指出的是，在 PCA 中各主元是按照方差信息所提示的重要性依次排列，并且各自互不影响；而 ICA 算法则不然，由于独立成分与分解矩阵都是未知的，不依据任何过程知识而要从过程测量数据中提取出各独立成分，这种提取顺序具有很大的随机性，而且各独立成分提取的先后顺序互相影响。即使对同一组数据进行 ICA 分析，几次运行的结果也是不同的。我们可以自由改变线性组合表达式 $x_j=\sum_{i=1}^{R}a_{j,i}s_i(j=1,2,\cdots,J)$ 中的独立成分的顺序，其中任何一个都可以被称为第一主元。因此，概括起来，一般的 ICA 算法具有下列两方面不明确性[5]：

(1) 各独立成分的重要性无法确定；

(2) 各独立成分估计的先后顺序不确定。

上述不确定性导致了我们进行 ICA 特征提取时，所有潜在的独立成分必须都提取出来，然后才能从中选择需要保留的独立成分，计算量很可观。针对这种缺陷，Lee 等[11]提出了一种改进的 ICA 算法，该算法依据的前提假设是：利用二阶统计分析(PCA)得到的主成分得分可以作为高阶统计分析(ICA)的初始化起点。它利用 PCA 的主成分得分构成初始的独立成分估计空间，用 PCA 主成分得分的方差来表征对应的独立成分的重要性；然后在 ICA 迭代步骤中更新这些独立成分，同时保留它们的方差信息。这样依据各 PCA 主成分的方差提示的重要性等级，可以顺序提取需要的独立成分个数。详见参考文献[11]。

近年来，对线性独立分量分析理论的研究逐渐扩展到非线性领域，并且发展出很多解决非线性盲源分离问题的学习算法。因为这些非线性衍生算法和本书的研究重点不甚相关，这里不作介绍，感兴趣的读者可参阅相关文献[17-21]。

5.3　基于有限批次的子时段划分、建模与在线监测

5.3.1　基本思想

本书工作依据的初始建模数据仅为少量几个(I)正常的间歇操作批次，$\boldsymbol{X}_i(K\times J)$(其中 $i=1,2,\cdots,I$，K 为一次间歇操作的采样样本总数，而 J 为过程变量数)，它们在形式上仍旧能够构成三维数据阵 $\underline{\boldsymbol{X}}(I\times J\times K)$，只不过这里 I 的取值很小。

对于少量建模数据进行统计分析，有以下几方面的问题需要考虑：

(1) 如何对过程数据进行标准化预处理；

(2) 如何构建初始建模时的数据分析单元；

(3) 采用何种统计分析技术提取过程潜在特性。

对于上述问题的回答成为解决有限批次建模问题的关键所在。概括起来，我们提出的建模方案可简单总结为：

(1) 基于泛化滑动窗口进行数据标准化预处理；

(2) 基于变量展开方式构建建模分析单元，并采用迭代的寻优步骤进行时段划分；

(3) 针对每个子时段利用 ICA 方法建立时段代表性的监测模型。

具体解释如下。

对于少量批次构成的三维数据阵 $\underline{\boldsymbol{X}}(I\times J\times K)$，进行统计分析前，同样需要将其展开成二维形式。在第 4 章中我们已经介绍过，针对充足数据，对应每个采样时刻我们都可以构建出基本的二维数据时间片分析单元(一般情况下，批次数应该至少是过程变量的 2～3 倍才能满足基本的统计分析需求[1])，并将其沿批次方向上进行标准化处理，提取批次方向上的波动信息。它们依据的准则是每个采样时刻

批次间的波动可以近似认为服从正态分布。对于少量数据的情况，每个采样时刻仅仅几个间歇操作批次无法提供批次方向上的准确可靠的统计信息，也无法满足正态分布的前提假设。因此在少量建模批次的情况下，按照传统方式构建数据分析单元并采用传统的 PCA 方法是行不通的。

一方面，在第 3 章中我们已经介绍过，对于间歇过程的三维数组，批次展开方式与变量展开方式是统计分析中常用的两种数据组织形式。批次展开标准化，突出的是过程变量在不同操作批次间的波动特性；变量展开标准化突出的是过程变量在时间方向上的波动特性。相比于批次展开方式在处理有限批次时的局限性，按照变量展开方式可以得到二维数据 $\boldsymbol{X}(KI\times J)$，由于将所有批次及采样时间上的数据排列在一起，从而大大增广了数据的"广义"样本量，使得我们无需再局限于有限数据的困扰，这为分析有限批次开辟了新的道路。但同时需要指出，变量展开方式是面向每个变量的，对其进行数据标准化获得的数据均值与方差并不代表过程变量真正意义上的平均运行水平和波动信息，其统计意义较弱。因此处理有限批次时我们也不能直接将变量展开方式拿来使用，需要预先作适当的处理。这里，我们借助于滑动窗口具备的逐步扫描局部片段的能力并结合少量建模批次的背景，构建了泛化滑动窗口作为基本的数据单元提取数据的标准化信息，用于变量展开前的数据预处理。这样获得的数据均值与方差表征的是各个泛化滑动窗口内过程变量轨迹的平均水平与波动信息。

另一方面，将标准化预处理后的数据按照变量展开方式构建出建模分析单元，保留了过程变量而糅合了时间与批次两个维数方向上的数据。虽然这里我们采用的是基于泛化滑动窗口的数据标准化预处理方式，与直接基于变量展开进行数据标准化相比，改进了数据均值与方差的统计意义，但是，对于少量批次的情况，该建模分析单元仍旧无法突显批次方向上的正态波动规律，而非高斯特性显著。我们知道，传统基于映射的统计分析方法，包括 PCA、PLS 等，它们本质上是基于二阶统计信息的成分提取技术，分析的是测量数据的均值与协方差。对于高斯过程，它们可以游刃有余地将过程信息的主要分布方向提取出来，但是对于非高斯过程则显得捉襟见肘。前人许多研究工作亦表明[6,22-24]，它们无法准确提取反映非高斯过程运行本质的潜在特征信息，进而直接影响了过程监测性能。此外，PCA 监测系统的控制限都是在正态分布前提假设下依据一定的分布规律估计的，当该假设不成立的时候，控制限的计算也随之失去了依据。因此，针对少量批次的具体情况，采用新的建模数据分析单元，也应该寻求更适合的特征提取技术。作为更高阶的统计分析方法，ICA 统计分析技术[6,22-30]在分析非高斯过程数据方面具有独特的优势。5.2 节中我们也已介绍过，它们利用更高阶的统计指标获得非高斯独立成分，相比于 PCA 去相关的主成分，其统计意义及条件也更强。根据上述分析，ICA 统计方法成为我们分析有限批次数据的首选。

根据上述分析，本书提出了基于少量建模数据的子时段 ICA 建模和在线过程监测算法。从最初的少量建模批次出发，该方法充分利用现有数据，构建泛化的滑动窗口代替原有的数据时间片作为新的数据预处理分析单元，从中获取数据标准化信息以便对各个建模批次进行预处理；将标准化后的数据按照变量展开方式构建成二维数据阵，从中识别各个子时段并建立相应的子时段 ICA 模型，提取各个时段在时间及批次方向上的波动规律和统计特性，从而实现了基于少量数据的间歇过程时段划分与统计建模，并为在线更新补充过程信息提供了可能。

5.3.2　基于有限批次的数据预处理

根据有限批次的特点，基于变量展开得到的二维数据单 $\boldsymbol{X}(KI\times J)$ 更多体现的是时间方向上的波动性。由于变量展开方式不能直接拿来进行数据标准化，我们引入了泛化滑动窗口，如图 5.1 所示。

从图中可以看出，每个泛化滑动窗口实际上是一个二维的数据矩阵，$\boldsymbol{X}((\ell\cdot I)\times J)$，其中 ℓ 是窗口的时间跨度，而 $\ell\cdot I$ 则是泛化窗口的数据长度（L），它是由批次与时间共同组合而成的。泛化窗口的每一行（$\boldsymbol{x}_i, i=1,2,\cdots,\ell\cdot I$）代表的实际是每一个操作批次在每个时间点上的 J 维过程变量测量数据。根据我们前面的分析，ℓ 应该适当选择，使得 $\ell\cdot I$ 能够提供比较可靠的数据标准化信息，一般为过程变量的 2～3倍[1]，这是多元统计分析中的惯常选择。依据这种数据组织形式，我们总共可以得到 $K-\ell+1$ 个泛化滑动窗口，$\boldsymbol{X}^w((\ell\cdot I)\times J)$（$w=1,2,\cdots,K-\ell+1$）。该数据窗口将整个运行过程拆分为各个局部片段，同时将时间方向与批次方向二者结合，可以缓解时间跨度较长时过程运行轨迹的变动幅度。作为数据预处理单元，在每个泛化窗口中可以近似认为过程变量由于时间跨度不大还没有发生显著变化，能够提供比较稳定可靠的数据标准化信息，代表了该数据窗口内的平均运行轨迹与波动方差。根据过程时间的指示，数据标准化信息与窗口末端时刻（$k=\ell,\ell+1,\cdots,K$）一一对应，而 $1\sim\ell-1$ 时刻的过程数据由于不对应任何泛化窗口的末端，我们可以将其都简单地用第 ℓ 时刻对应的标准化信息处理。这样每个时刻都对应着相应的数据均值与标准差，在线应用时就可以根据过程时间的指示直接调用对采样数据进行标准化处理。

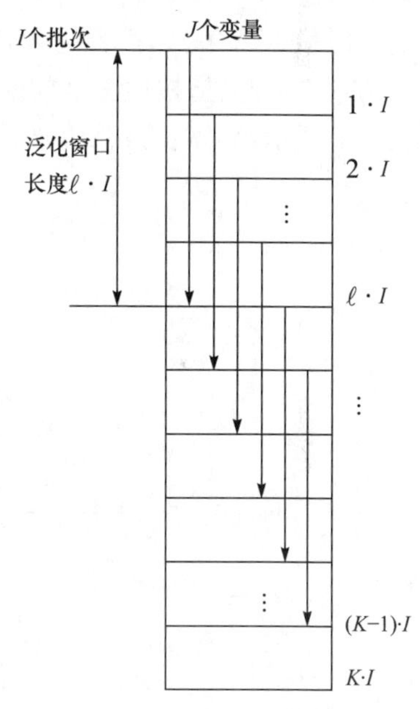

图 5.1　泛化滑动窗口示意图

泛化滑动窗口的引入是为了能够更合理地进行数据标准化处理，但它们并不是我们建模的分析对象。每个采样样本标准化后，按照变量展开方式排列在一起构成 $\widetilde{\boldsymbol{X}}(KI\times J)$，用于接下来进行子时段划分。

5.3.3 基于有限批次的子时段划分

在第 4 章中我们基于充足的建模数据，针对各个数据时间片进行分析，可以详细划分出各个子时段以及时段间的过渡区域。本书研究对象为少量批次数据，虽然在各个采样时刻上它们不能提供足够的批次波动信息，但是其本质的时段特征仍然存在。为了更好地解决少量数据建模问题，就要涉及如何充分利用这些少量数据从中获取子时段信息，进而建立基于时段的过程监测模型。如何识别各个局部时段是基于时段建模方法的关键。结合变量展开数据组织方式，借鉴 MPPCA 时段划分思想[31-33]，我们提出了针对有限批次的子时段划分方法，在这里将其定义为多时段 ICA 算法，简称为 MPICA，以示与 MPPCA[31-33]的区别。

为了方便起见，按照三维数据表示形式，基于 MPICA 算法的时段划分示意图如图 5.2 所示，具体步骤总结如下。

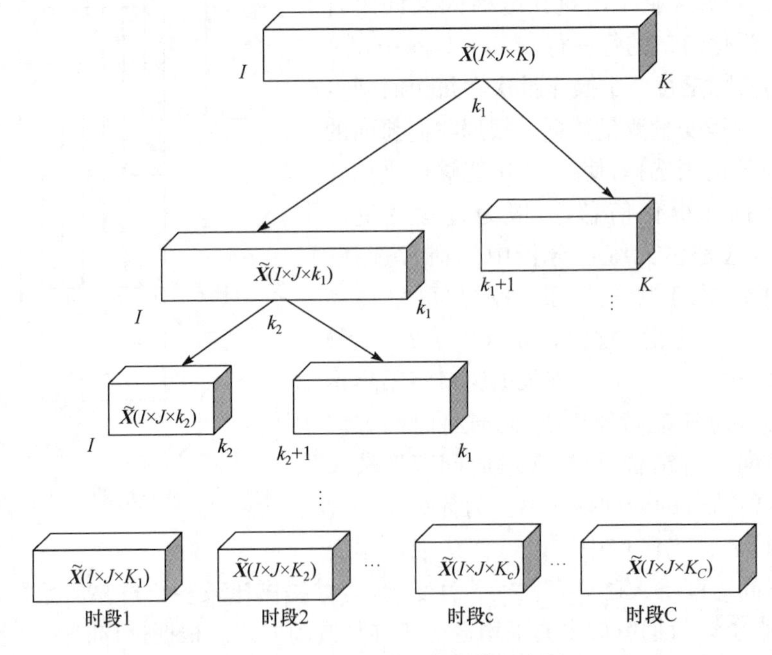

图 5.2　时段识别的信息树示意图

算法的输入是标准化处理后的二维变量展开数据阵 $\widetilde{\boldsymbol{X}}(KI\times J)$，最小时段长度 $L_{\min}$，模型性能改进阈值 ε，以及子时段数目上限值 $C_{\max}$。而输出则是划分后的各个子时段。

(1) 输入标准化处理后的变量展开数据矩阵 $\widetilde{\boldsymbol{X}}(KI \times J)$。

(2) 将输入的数据矩阵作为初始分支,记为 ph_0,利用改进的ICA算法[11]提取ICA模型,计算该模型的均方重构误差 MSE_0。

(3) 在每个采样时刻(k)进行试探,如果得到的两个子时段分支长度有任一小于事先设定的最小时段长度 $L_{\min}$ 则拒绝在该时刻进行划分,否则继续步骤(4)。

(4) 针对这两个子时段分支(分别记为 ph_{k_1} 与 ph_{k_2})分别建立两个ICA子模型,并计算二者的均方重构误差之和 MSE_k。

(5) 对比在各个采样时刻得到的 MSE_k 值,确定具有最小MSE的时刻 k^*。将 MSE_{k^*} 与划分前的 MSE_0 进行比较,如果均方误差的改进没有达到预先设定的阈值 ε,则拒绝在 k^* 处进行划分,并停止在该分支 ph_0 上的迭代分析。

(6) 如果均方误差的改进达到预先设定的阈值 ε,并且此时获得的子时段总数小于预先设定的 $C_{\max}$,就接受这种划分,新产生的两个分支(ph_{k_1} 与 ph_{k_2})分别代替初始分支 ph_0,在这两个新分支上分别重复步骤(2)~(6)。

通过上述迭代步骤,C 个局部子时段被自动识别了出来。每个时段的长度为 K_c,从而各时段的代表数据阵可以表示为 $\widetilde{\boldsymbol{X}}^c(K_cI \times J)$。这里需要特别指明以下几点。

(1) 从算法本身可以看出,最小时段长度 $L_{\min}$ 作为需要事先设定的输入参数,会在一定程度上影响时段划分结果。最小时段长度的定义一方面要确保得到的时段长度能够提供稳定可靠的统计信息,另一方面又要确保时段不能过长,否则具有不同潜在特性的过程数据归到同一个时段中也会影响建模精度。此外,阈值 ε 以及子时段数目上限值 $C_{\max}$ 也会在一定程度上影响划分结果。遗憾的是目前它们的选择往往是基于对实际过程的了解、专家先验知识等,并没有确定的参考标准。对真实过程特性的认识与了解会为这些参数的定义提供一些参考作用,更为一般地则是依据试凑的方法通过反复试验获得。

(2) 由于该算法的目的是为了得到适当的时段划分结果,没有必要在迭代步骤中苛求模型精度,因此为了简单起见,在每次迭代的ICA建模分析中我们均只统一保留了2个独立主元。当时段划分结果确定之后再重新准确定义各时段需要保留的独立主元数目。

(3) 根据上述时段划分步骤,该算法对参考批次没有数目上的限制,克服了建模批次不充分的问题。

(4) 时段划分结果直接与过程时间相联系,在线应用时借助过程时间的指示可以很容易地判断当前新采样数据属于哪个时段,应该调用哪个时段模型。

5.3.4　基于时段的ICA建模

利用改进的ICA算法[11],针对各时段的数据单元 $\widetilde{\boldsymbol{X}}^c(K_cI \times J)$ 提取子时段

ICA 监测模型，满足下列关系：

$$\begin{cases} \boldsymbol{S}_c^{\mathrm{T}} = \boldsymbol{W}_c \overline{\boldsymbol{X}}^{c\mathrm{T}} \\ \boldsymbol{E}_c^{\mathrm{T}} = \overline{\boldsymbol{X}}^{c\mathrm{T}} - \boldsymbol{A}_c \boldsymbol{S}_c^{\mathrm{T}} \end{cases} \tag{5-8}$$

其中，$\boldsymbol{S}_c(K_cI\times R_c)$是该时段内的非高斯独立成分；$\boldsymbol{W}_c(R_c\times J)$和 $\boldsymbol{A}_c(J\times R_c)$分别是子时段分解矩阵和混合矩阵；$\boldsymbol{E}_c(K_cI\times J)$代表最终的残差矩阵。$R_c$ 是该时段 ICA 模型中保留的独立主元数目，这里我们采用交叉检验[34-36]的方法确定 R_c。

与 PCA 监测方法相似，ICA 监测系统中也可以建立两类统计量：针对系统波动部分的 D-统计量与针对残差部分的 Q-统计量。Lee 等[37-40]将 ICA 中的 D-统计量计算为 $I^2=\boldsymbol{s}^{\mathrm{T}}\boldsymbol{s}$，即各独立成分简单的平方和。这里我们考虑到基于泛化滑动窗口的数据标准化预处理方式与基于变量展开的建模数据单元的组织形式，将 ICA 监测系统中第 i 批次在第 K 时刻的 D-统计量计算如下：

$$I_{i,k}^2=(\boldsymbol{s}_{i,k}-\overline{\boldsymbol{s}}_c)^{\mathrm{T}}\boldsymbol{M}_c^{-1}(\boldsymbol{s}_{i,k}-\overline{\boldsymbol{s}}_c)=(\boldsymbol{s}_{i,k}-\overline{\boldsymbol{s}}_c)^{\mathrm{T}}(\boldsymbol{s}_{i,k}-\overline{\boldsymbol{s}}_c) \tag{5-9}$$

其中，$\boldsymbol{s}_{i,k}(R_c\times 1)$是该样本对应的独立成分向量；$\overline{\boldsymbol{s}}_c(R_c\times 1)$代表独立成分矩阵 $\boldsymbol{S}_c(K_cI\times R_c)$的均值向量；$\boldsymbol{M}_c(R_c\times R_c)$是该时段独立成分矩阵 $\boldsymbol{S}_c(IK_c\times R_c)$的协方差，实际上是单位矩阵。需要指出的是，由于采用了基于泛化滑动窗口的数据标准化处理方式，$\boldsymbol{S}_c(K_cI\times R_c)$的均值并不为零，即$\overline{\boldsymbol{s}}_c(R_c\times 1)$并不是零向量。这是与以往的 ICA 建模算法[25,37-40]中 D-统计量监测指标的计算方式不同的地方。

对于残差部分，每个批次采样的 Q-统计量，也就是 SPE 统计量，在各个时刻定义为

$$\mathrm{SPE}_{i,k}=(\boldsymbol{x}_{i,k}-\hat{\boldsymbol{x}}_{i,k})^{\mathrm{T}}(\boldsymbol{x}_{i,k}-\hat{\boldsymbol{x}}_{i,k}) \tag{5-10}$$

在前面介绍中我们已经指出，由于不满足高斯分布的前提假设，ICA 统计指标的控制限无法像 PCA 中那样借助某种固定的分布规律进行估计。当数据分布规律无法确知时，我们采用基于核的非参数密度估计的方法[41,42]。但是该方法所需要的数据样本数要远远大于分布规律已知时所需要的样本数。在样本充足的条件下，理论上可以足够可靠地拟合数据的分布密度。但是当数据样本不足时，该密度估计的可靠度就要大打折扣。这里统计控制限是针对各个时段整体进行估计的，在一些运行周期较短的时段内，按照变量展开获得的样本数(K_cI)对于密度估计来说可能不是足够充分。对应地，我们采取了两种不同的处理方式。

(1) 在该时段的数据样本(K_cI)足够充分的前提条件下，我们可以直接利用非参数密度估计方法拟和密度分布。

(2) 当该时段的数据样本(K_cI)不足时，我们利用交叉检验[34-36]的方法，获得多组密度估计结果后将它们取平均作为最终的密度估计值。关于交叉检验方法的简单介绍参见本章附录。

根据上述分析，我们可以分别获得 ICA 两个监测指标的密度估计，从而得知其概率分布，并将对应概率为 $\alpha\%$的点定义为具有$(1-\alpha)\%$置信水平的控制限。

5.3.5　在线过程监测与故障诊断

在线应用时，对于新的采样样本，$\boldsymbol{x}_{\text{new}}(J\times1)$，首先根据当前过程时间的指示，调用对应该时刻的数据标准化信息对其进行预处理；然后根据它所处的时段，将其投影到对应的子时段 ICA 模型上，计算该时刻的 I^2 和 SPE 两个监测指标：

$$\begin{cases}\boldsymbol{s}_{\text{new}}=\boldsymbol{W}_c\boldsymbol{x}_{\text{new}}\\ \hat{\boldsymbol{x}}_{\text{new}}=\boldsymbol{A}_c\boldsymbol{s}_{\text{new}}\\ I_{\text{new}}^2=(\boldsymbol{s}_{\text{new}}-\bar{\boldsymbol{s}}_c)^{\mathrm{T}}(\boldsymbol{s}_{\text{new}}-\bar{\boldsymbol{s}}_c)\\ \text{SPE}_{\text{new}}=(\boldsymbol{x}_{\text{new}}-\hat{\boldsymbol{x}}_{\text{new}})^{\mathrm{T}}(\boldsymbol{x}_{\text{new}}-\hat{\boldsymbol{x}}_{\text{new}})\end{cases}\tag{5-11}$$

在线过程监测就通过不断计算各时刻的监测指标并将其与统计量控制限比较来确定过程运行是否正常。当监测指标超限时，如同 PCA 中针对故障原因的贡献图分析方法[43,44]，这里我们同样可以类似地定义 ICA 监测系统中的贡献图，用于识别哪个或哪些过程变量对当前故障的影响较大。根据公式(5-9)与(5-10)中统计量的计算方法，我们可以分别定义当前时刻每个过程变量对两个统计指标的贡献值如下所示：

$$\begin{cases}C_{I^2,j}=\boldsymbol{s}_{\text{new}}^{\mathrm{T}}\boldsymbol{M}_c^{-1}\boldsymbol{w}_jx_{\text{new},j}\\ C_{\text{spe},j}=(x_{\text{new},j}-\hat{x}_{\text{new},j})^2\end{cases}\quad(j=1,2,\cdots,J)\tag{5-12}$$

其中，$\boldsymbol{w}_j$ 是对应当前时刻的子时段分解矩阵 $\boldsymbol{W}_c$ 的第 j 列，它对应着第 j 个过程变量；$x_{\text{new},j}$ 是当前测量数据中第 j 个过程变量的真实采样值，而 $\hat{x}_{\text{new},j}$ 则是其估计值。

5.3.6　在线更新

这里首先将更新的必要性简要分析一下。我们知道，初始的监测系统是通过有限参考批次获得的，更为侧重的是批次内部时间方向上的波动信息，而对正常间歇操作周期之间的波动刻画不足。在线应用时，当某次间歇操作的过程特性与建模数据所表征的近似一致时，则该间歇操作被认为是正常的。一般情况下，与建模参考批次相邻的那些间歇操作由于过程特性尚未发生明显变化，具有与建模批次相似的过程运行轨迹和潜在统计特征，即与初始模型所表征的模式比较匹配，因此在最初的监测阶段中初始模型确实可以对过程运行状况作出比较可靠的指示与判断。但是随着过程不断进行，一方面，受间歇操作批次间正常随机波动的影响，新的间歇过程的潜在特性与建模数据相比可能有了一定的差异，而这种差异实际上仍属于批次间正常的随机波动范围；另一方面，受外界各种因素的影响，实际生产过程中操作批次间往往会缓慢波动，即过程运行特性可能会逐渐迁移或演化到一种新的模式，它们虽然已超出了批次间正常的随机波动范围，但是这种缓慢变化行为作为另一种形式的批次间正常波动，也是普遍存在的现象。不管是批次间正常的随机波动还是缓慢波动，初始模型对这两种批次间波动行为的刻画都有所欠缺，不难想象监测结果可能会出现一定程度的误报。因此，随着新的成功批次的累积，我们应该对初始监测系统及时调整，包括数据标准化信息、监测模型结构、统计量控制限等，使之不断适应新的正常过程运行情况。根据上面的分析，这里的更新具有两方面的作用：包容间歇操作批次间正常的随机波动以及适应批次间正常的慢时变行为。

在线更新的关键是判断何时需要更新以及如何更新。如图 5.3 所示，这里将采用的更新策略简单总结如下。

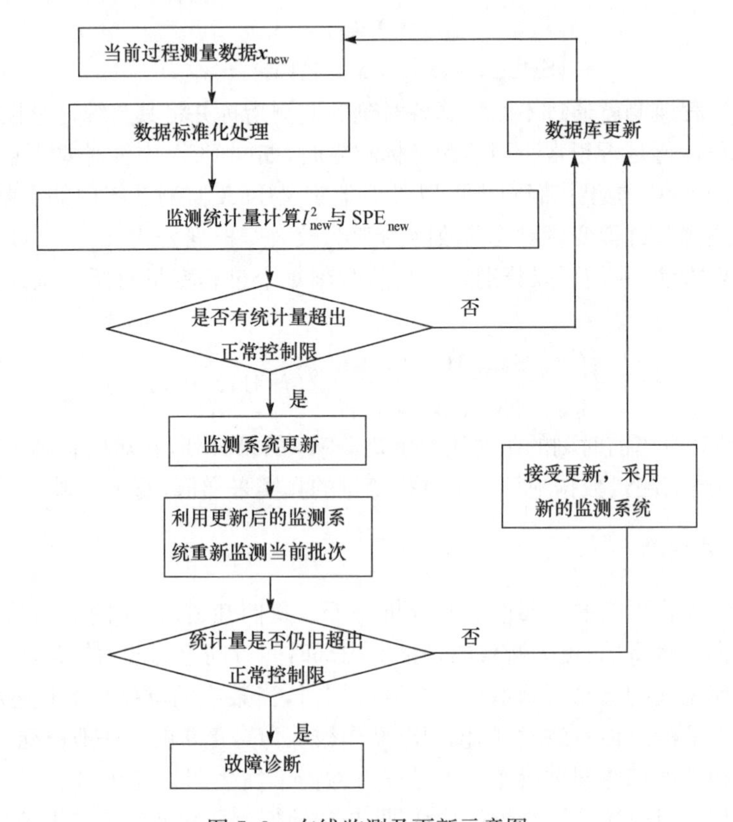

图 5.3　在线监测及更新示意图

(1) 在线监测时，如果新的批次遵循事先定义的正常运行轨迹并位于正常置信范围内时，该批次被认为是正常的，并且当前监测模型仍旧可用而无需更新，将该正常批次归档到正常数据库中以备将来更新之用。

(2) 如果任一监测图中有连续的样本超出控制限，要考虑两方面的可能：一是此时过程发生故障，需要采用适当的故障诊断方法识别出可能的故障变量；二是历史模型已不足以表征当前过程运行模式，即模型失配，需要进行模型更新。

(3) 为了区分“故障”与“模型失配”两种情况，我们采取的简单措施是：当故障报警出现时，将当前批次之前通过监测判断的那些正常操作批次加入到建模数据中，同时去掉同样数目的历史批次，这些历史批次应该是那些离当前批次最远的，这样我们可以简单地保持建模的批次数目恒定。仍旧沿袭之前的时段划分信息，建立新的子时段 ICA 模型并重新提取新的监测控制限，这些新的 ICA 模型所表征的是与当前批次比较接近的新的统计特性与运行模式。用新得到的子时段 ICA 模型调整之前的模型结构，这里我们采用二者简单取平均的方法获得更新后的子时段 ICA 监测模型。相应地，监测系统的控制限也依据同样的方式进行更新。模型更新后，当前批次依据新的监测系统重新进行监测：如果故障报警消失，说明之前的报警是由于历史模型的失配引起的，新的监测系统将取代历史模型；如果原有故障报警仍然存在，则说明过程发生了故障，就要采用适当的故障诊断方法判断可能的故障原因。

对于该更新算法有以下几点需要特别说明。

(1) 在更新操作中我们采用“先入先出”的原则，简单地保持建模批次数恒定，而并没有将所有的正常批次用于重新建模，具体分析如下。

① 若上次更新后获得的正常批次数目(m)少于原始的建模批次数(I)，说明历史模型有效期较短暂，仅仅能够准确监测 m 个批次的运行状况。则当前建模数据不仅包括了这 m 个批次，还囊括了之前建立历史模型时所用的 $I-m$ 个操作批次，使得重新建立的统计模型涵盖了与历史模型相同的一部分过程信息。这样将新模型与历史模型二者取平均获得的更新后的模型在容纳新旧过程特征的同时更侧重于反映重叠的那部分过程信息。

② 若上次更新后获得的正常批次数目(m)大于等于原始的建模批次数(I)，则说明历史模型能够比较持久可靠地表征一系列正常间歇操作过程，而仅仅对于最近的若干批次缺乏一定的监测能力。则重新建模时可以仅仅利用最近的 I 个新批次以便反映无法为历史模型所匹配表征的最新的过程状态，而将新模型与历史模型简单平均后获得的更新后的模型便可以同时涵盖融合历史信息与最新过程运行信息。

(2) 由于在建模时采用的是改进的 ICA 算法[11]，克服了传统 ICA 算法的不确定性，因此在更新操作中，我们可以直接将新旧两个 ICA 模型进行简单的平均运算，其结果作为更新后的监测模型。这里，为了确保用于更新的新模型与历史模型的维数保持一致，我们采用保留所有的独立主元个数的方法来统一两个模型的维数，这样进行平均运算可以得到更新后的模型，一方面要将这个保留了所有独立主元个数的更新后的模型结构存储起来以备将来更新之用，另一方面需要利用那 m 个新批次采用交叉检验的方法[34-36]（参见本章附录）重新确定这个更新后的模型的适当维数用于在线监测。

从上述分析可知，该更新策略算法简单，易于理解，可以很容易在线执行，并能够可靠地捕捉批次间的波动信息，这在之后的仿真实验中将进一步加以验证。

此外，需要特别指出的是，对于任何自适应更新算法，都有可能错误地适应过程故障，尤其是当那些过程故障幅度非常小并且具备缓慢变化特征的时候。如果过程异常状况没有被及时检测到，而是归档到正常数据库中作为更新模型之用，那么错误的过程信息将会通过更新操作引入到监测系统，这将严重影响之后的监测结果的准确性。因此，准确有效地区分慢故障与正常的批次间波动来避免误更新的缺陷便成为所有更新算法的首要任务。遗憾的是，当前还没有令人足够满意的方案能够确切解决该问题。由于间歇过程运行的复杂性，故障类型多种多样，情况千变万化，单纯依靠基于数据的统计分析方法并不能绝对可靠地区分故障与正常批次，往往需要借助于对过程机理的充分了解及丰富的专家知识。

5.4 青霉素发酵过程中的应用研究

青霉素补料分批发酵[45-47]是一个典型的运行周期较长且反应相对复杂的生物化学反应间歇过程，本书针对有限批次提出的统计分析策略在该过程中得到了有效的验证。

5.4.1 过程描述

青霉素是一种重要的β-内酰胺类抗生素。青霉素没有毒性，而且其分子容易进行化学修饰以增强活性，所以世界各国对青霉素的需求远远超过了其他任何一种抗生素。自从1940年H. W. Florey等成功地从点青霉(Penicillium notatum)的培养液中获得了青霉素，并证明了它具有显著的临床疗效以来，一大批化学、生物学、医学以及工程技术等方面的研究人员，为共同探索青霉素的化学功能、生物功能、发酵工艺等问题，进行了大量的研究，并取得了惊人的成就。至今青霉素及其半合成抗生素仍是产量最大、用途最广的抗生素，因此，青霉素的生产在抗生素工业中具有特别重要的地位。

目前，青霉素生产主要通过微生物发酵(Fermentation)的途径。发酵工艺一般可分成四个阶段：第一阶段是发酵原料的预处理，第二阶段是发酵过程的准备，第三阶段是发酵过程，第四阶段是产品的分离与纯化。其中第三阶段发酵过程即微生物在发酵罐中反应的过程，它在无菌状态下进行纯培养的过程。对于青霉素产生菌等好氧型微生物，在发酵过程中需要不断向罐中通入无菌空气，而对于厌氧型微生物，在发酵过程中的进行中途补料应该是无菌的。高成本和高能耗是青霉素发酵生产的特征。因此，监控青霉素发酵生产过程，对于降低青霉素生产成本和提高青霉素产量和质量具有重要意义。青霉素作为二次代谢产物的一种，其生产制备是一个典型的多时段间歇生产过程，具有重要的学术研究和工业应用价值。

青霉素发酵过程的流程示意图如图 5.4 所示[45,46]。整个生产周期包含了两个物理子时段：细胞培养阶段（大约持续 45h）与青霉素补料发酵阶段（大约为期 355h）。作为二次微生物代谢过程，该发酵过程通常的做法是首先在一定条件下进行微生物的培养，此为初始培养阶段；然后通过不断地补充葡萄糖促进青霉素的合成，此谓青霉素发酵阶段。在第二阶段所需的细胞都是在初始培养阶段产生的。在发酵阶段，青霉素作为代谢产物开始生成，经过指数生长期一直持续到静止期。

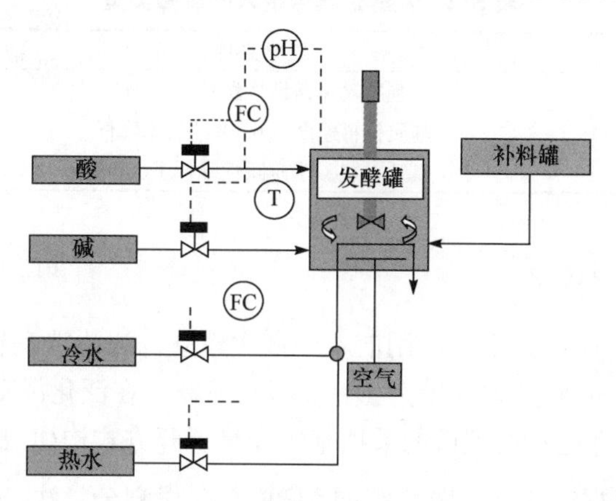

图 5.4　青霉素生产过程流程图

美国伊利诺斯理工大学的 Ali Çinar 教授所指导的过程监测与控制研究小组于 2002 年成功研发了 Pensim 2.0 青霉素生产仿真软件[45,46]，它可以模拟过程变量在各种生产条件设定下的生长变化过程，从而为利用基于数据的多元统计分析方法进行统计建模、在线监测、故障诊断以及质量预测提供了一个标准平台。

本实验中我们所选用的建模过程变量具体如表 5.1 所示。各批次反应周期设

表 5.1　统计建模所使用的过程变量

序号	过程变量
1	通风率/(L/h)
2	搅拌功率/W
3	基质补料速度/(L/h)
4	基质补料温度/K
5	溶解氧浓度/(g/L)
6	培养基容量/L
7	二氧化碳浓度/(g/L)
8	pH
9	发酵罐温度/K
10	产生热量/kcal
11	冷却水流量/(L/h)

定为 400h，采样间隔为 1h。在其他生产条件默认的情况下，我们人为的设定初始培养基容量在 100～104L 间波动，对应产生了 40 个正常批次，它们包含了批次间的正常随机波动与慢时变行为。前 4 个批次用于初始建模，其他 36 个批次用于模型更新。此外，如表 5.2 所示，引入三种故障类型用于验证基于有限批次建立的统计模型更新前后对故障的检测能力。

表 5.2　发酵过程中引入的故障类型

序列号	故障类型	故障引入时刻/h
1	搅拌功率阶跃性增长了 15%	30
2	基质补料速度以 0.02 的斜率降低	50
3	基质补料温度阶跃性降低了 15%	20

5.4.2　算法验证及讨论

初始的过程监测模型仅仅利用前 4 个批次建立。泛化滑动窗口的时间长度 ℓ 设为 33 个采样时间，则数据长度为 $L=33\times4=132$。在泛化滑动窗口内进行数据标准化处理之后，将这些处理后的数据基于变量展开方式构建成二维数据阵形式：$\widetilde{\boldsymbol{X}}(1600\times11)$。根据第 3.2.3 节介绍的 MPICA 时段划分算法，整个过程被自动分为 5 个子时段(1～44，45～92，93～151，152～297，298～400)，它们反映了过程运行的局部特征。这里需要指出的是该时段划分结果并不一定与发酵过程真正的物理时段相同，而是更侧重于局部模型对数据的解释重构能力。

以第 37 个泛化滑动窗口以及第 1 个时段的建模数据为例，针对第 4 个过程变量进行的正态分布检验结果如图 5.5 所示。如果数据服从正态分布规律，则图中曲线应该近似为一条直线。图中明显的弯曲度表明了不管是用于标准化预处理的泛化滑动窗口数据还是用于建模的子时段数据分析单元，二者均不服从正态分布。当正态分布前提假设不成立时，ICA 算法成为必要的选择。不失一般性，在每个时段利用改进的 ICA 算法[11]训练监测模型，仅保留 3～5 个独立主元就能够表征各时段主要的过程波动信息。

首先引入表 5.2 中的第一种故障，搅拌功率在 30h 时发生了阶跃变化，增长幅度为 15%，并且该故障一直维持到发酵过程结束。监测结果如图 5.6 所示，故障一旦发生，两个监测统计指标均立刻超出正常控制限范围。第二种故障是从 50h 开始基质补料速度按照 0.02 的斜率下降，从图 5.7 显示的监测结果可以看出，I^2 与 SPE 两个监测统计量从 50h 开始逐渐增长，接近 70h 时开始超出控制限，具有近 20h 的时间延迟。和图 5.6 中的监测结果对比，这里的监测统计量值是逐渐增长的，而不是发生突变。原因在于不同于第一种阶跃性故障，第二种故障是按照一定的速率缓慢变化的，相应地，过程运行特性也是逐渐偏离正常的设定轨迹，因此

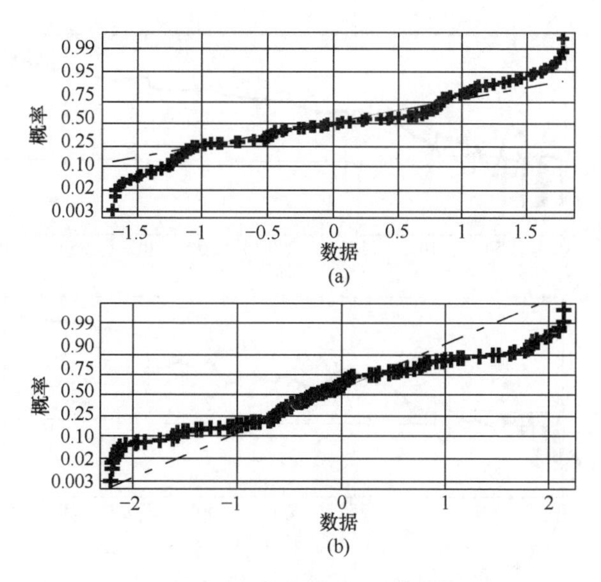

图 5.5　数据非正态分布检验

(a)第 37 个泛化滑动窗口　(b)第一时段

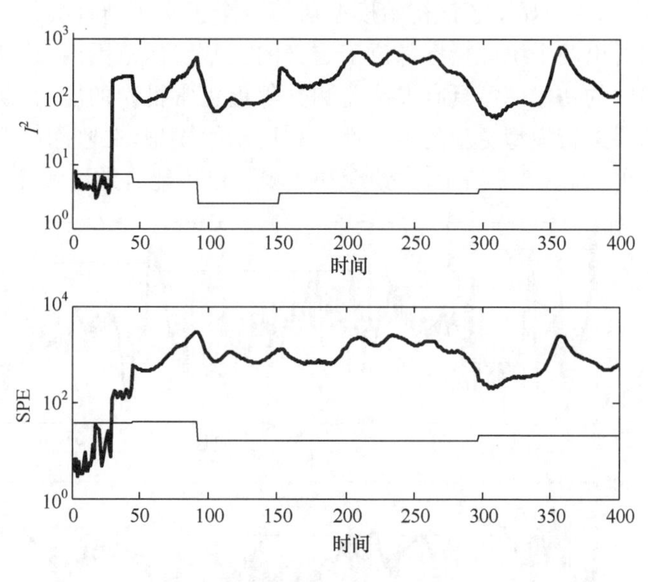

图 5.6　故障 1 的监测结果

(细实线:95%控制限;粗实线:在线监测指标)

这种异常的影响是逐渐扩散到整个过程中。以上两个监测结果表明了该初始监测模型对故障的检测能力。

接下来,我们来验证本书所提出的自适应更新算法对批次间正常波动的适应

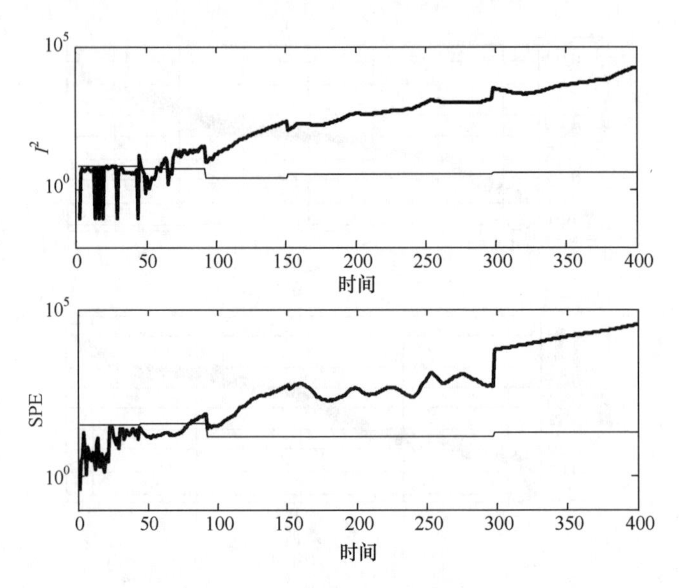

图 5.7　故障 2 的监测结果

(细实线:95%控制限;粗实线:在线监测指标)

能力。首先,图 5.8 中显示了该初始模型对第一个正常更新批次的监测结果。从图中我们可以看出两个统计指标都位于定义的正常置信范围内,这初步证明了根据有限批次提取的初始模型具有准确监测其邻近正常批次的能力,从而确保了之后利用监测结果进行模型更新的可靠性。利用初始模型,在监测第 5 个正常批次时发生故障报警,如图 5.9 所示,这说明初始模型已不能有效地解释当前批次的过

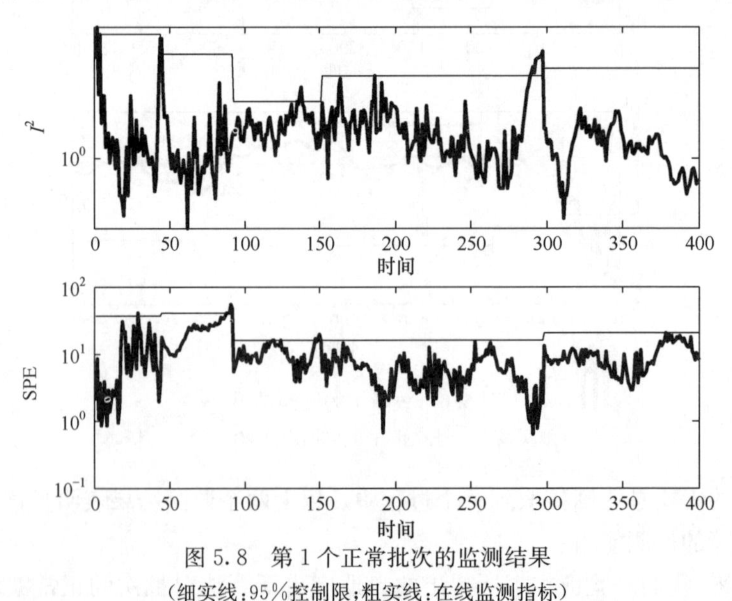

图 5.8　第 1 个正常批次的监测结果

(细实线:95%控制限;粗实线:在线监测指标)

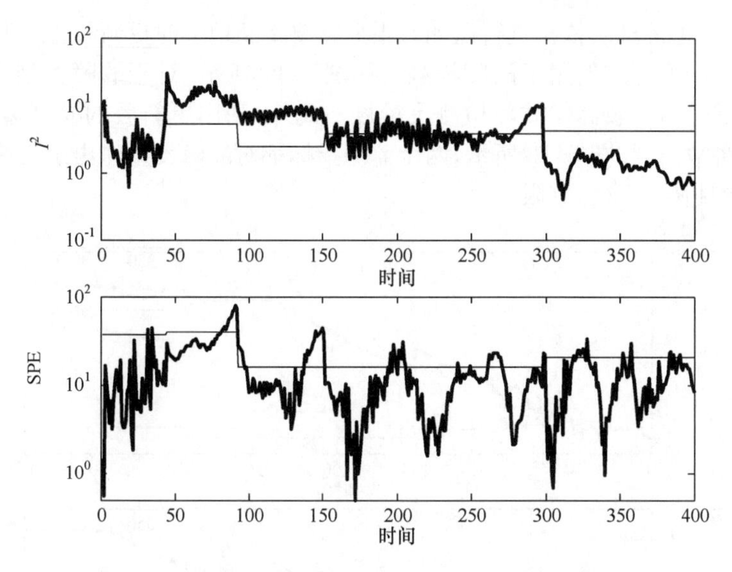

图 5.9　模型更新前第 5 个正常批次的监测结果

（细实线：95%控制限；粗实线：在线监测指标）

程运行特性。利用之前通过监测判断得到的 4 个正常批次进行模型更新，然后利用更新后的模型重新监测该正常批次。如图 5.10 所示，可以看出之前的故障报警已经全部消失，这说明图 5.9 中的报警信号是由于初始模型失配引起的，而更新后的模型则可以很好地表征当前批次的过程特性。可见该更新算法能够有效地容纳适应正常的批次间波动，包括随机性质的与慢时变类型的。

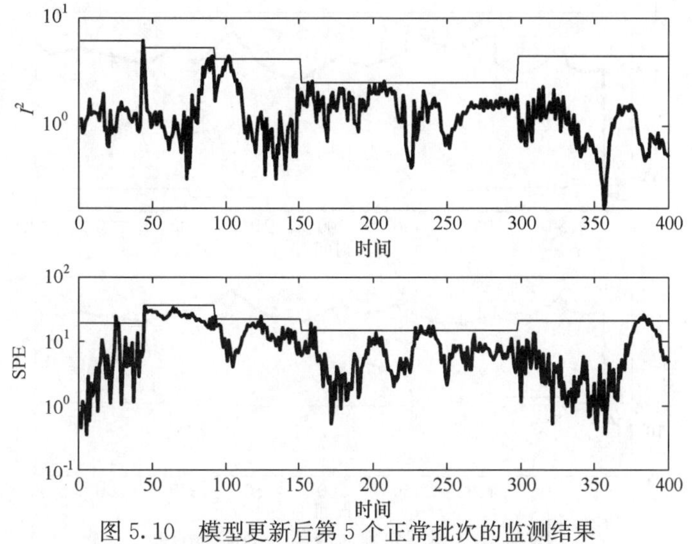

图 5.10　模型更新后第 5 个正常批次的监测结果

（细实线：95%控制限；粗实线：在线监测指标）

对 36 个正常批次依次进行监测并根据需要不断地适时更新校正监测系统，将连续更新后的模型重新用于故障检测。如图 5.11 所示，对于故障类型 2，更新后的模型仍然显示了较高的故障检测灵敏度。此外，利用更新后的模型监测表 5.2 中的第 3 种故障，如图 5.12 所示，两个监测指标都对故障发生作出了迅速的响应，几乎是立刻超出正常控制限。

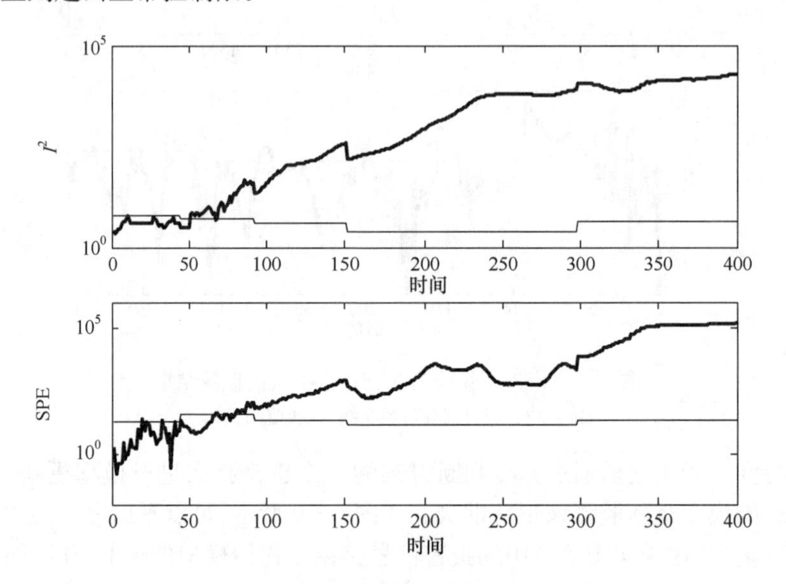

图 5.11　模型更新后故障 2 的监测结果

（细实线：95％控制限；粗实线：在线监测指标）

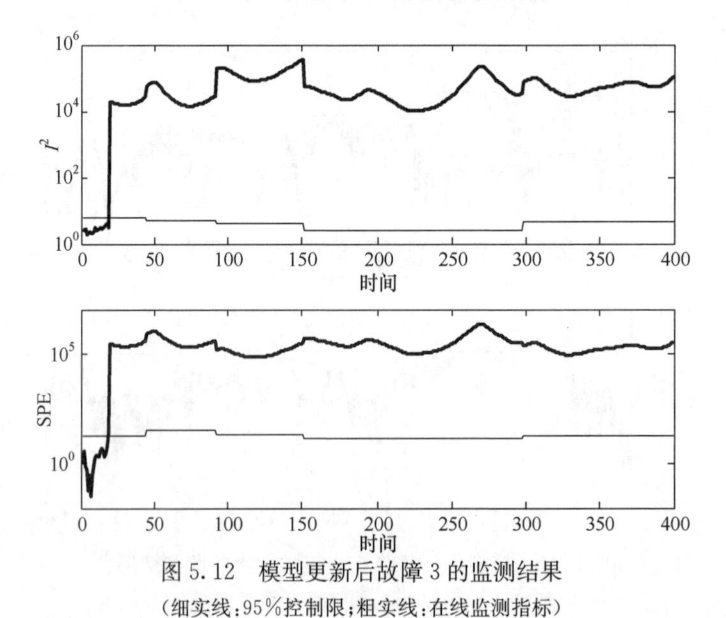

图 5.12　模型更新后故障 3 的监测结果

（细实线：95％控制限；粗实线：在线监测指标）

一旦检测出异常工况的发生，就可以利用贡献图及时分析追溯故障原因。以故障 1 为例(故障是由过程变量 2 引起的)，从图 5.13 中可以看出，故障发生时刻变量 2 对系统部分的 I^2 统计量具有最大的贡献值，并且一直保持延续了很长的时间；而在 SPE 贡献图中，尽管开始的时候变量 2 的贡献不是特别明显，经过一段时间后很快显示出其绝对的影响力。

上述一系列实验结果表明，在建模数据不足的条件下，本书所提出的基于有限批次的过程分析、统计建模及在线监测与更新策略能够有效地揭示过程潜在特性，监测过程行为，并为过程运行中出现的故障提供合理的解释。

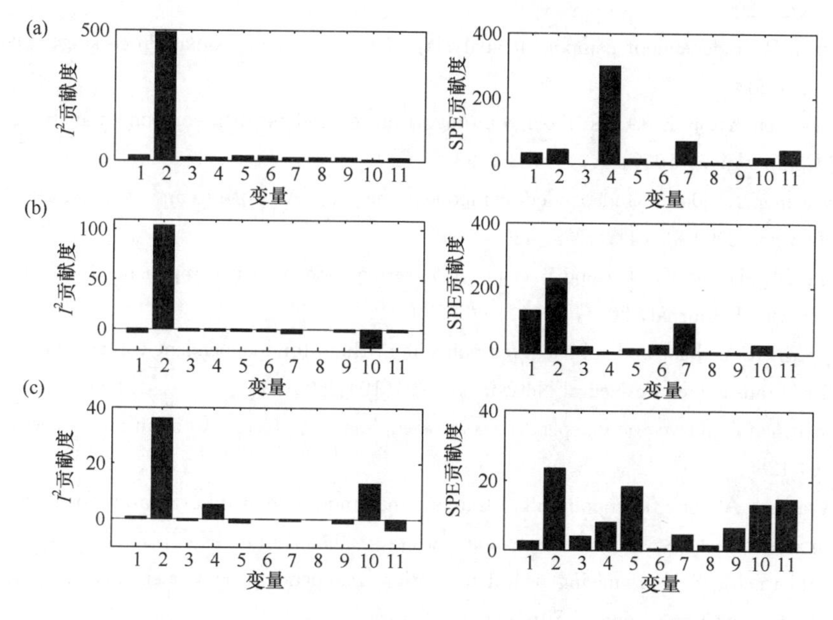

图 5.13　在(a)30h(b)100h(c)300h 时刻故障 1 的贡献图

5.5　结　束　语

本章针对那些反应周期长、运作代价昂贵的“数据难获取过程”，基于有限建模批次，利用 ICA 算法完整地实现了统计建模、在线监测及自适应更新。针对少量批次的特点，本书引入泛化滑动窗口进行数据标准化预处理；采用 MPICA 算法自动识别过程运行中的局部时段；建立基于时段的初始 ICA 模型用于过程监测；利用简单的更新算法，不断包容正常的批次间波动信息，完善初始监测系统，以便更精确地实现间歇过程的在线监测和故障诊断。仿真实验亦验证了本书提出的基于有限批次的建模方法的有效性。考虑到复杂的生化反应过程中“数据难获取”问题的普遍性，基于有限批次进行统计分析、探索相应的建模方案具有潜在的研究价值和重要意义。本书所提出的算法作了一次有意义的尝试，并预示了继续研究的必要性。

参考文献

[1] Johnson R A, Wichern D W. Applied multivariate statistical analysis. New Jersey: Prentice Hall, 2002

[2] Lu N Y, Yang Y, Wang F L, et al. A stage-based monitoring method for batch process with limited reference data. 7th International Symposium on Dynamics and Control of Process Systems, 2004

[3] Comon P. Independent component analysis: A new concept. Signal Processing, 1994, 36 (3):287-314

[4] Hyvärinen A, Oja E. A fast fixed-point algorithm for independent component analysis. Neural Computation, 1997, 9(7):1483-1492

[5] Hyvärinen A, Oja E. Independent component analysis: Algorithms and applications. Neural Networks, 2000, 13(4-5), 411-430

[6] Kano M, Tanaka S, Hasebe S, et al. Monitoring independent components for fault detection. AIChE Journal, 2003, 49(4): 969-979

[7] Hyvärinen A. Fast and robust fixed-point algorithms for independent component analysis. IEEE Transactions on Neural Networks, 1999(10): 626-634

[8] Hyvärinen A. Survey on independent component analysis. Neural Computing Surveys, 1999, 2: 94-128

[9] Hyvärinen A. The fixed-point algorithm and maximum likelihood estimation for independent component analysis. Neural Processing Letters, 1999, 10(1): 1-5

[10] Girolami M. Self-organising neural networks: Independent component analysis and blind source separation, London: Springer, 1999

[11] Lee J M, Qin S J, Lee I B. Fault detection and diagnosis based on modified independent component analysis. AIChE Journal, 2006, 52(10):3501-3514.

[12] Amari S I. Natural gradient works efficiently in learning. Neural Computation, 1998, 10 (2): 251-276

[13] Bell A J, Sejnowski T J. An information-maximization approach to blind separation and blind deconvolution. Neural Computation, 1995, 7(6):1129-1159

[14] Amari S I, Cardoso J F. Blind source separation-semiparametric statistical approach. IEEE Transactions on Signal Processing, 1997, 45(11):2692-2700

[15] Cardoso J F, Laheld B H. Equivariant adaptive source separation. IEEE Transactions on Signal Processing, 1996, 44(12):3017-3030.

[16] Cichocki A, Unbehauen R. Robust neural networks with on-line learning for blind identification and blind separation of sources. IEEE Transactions on Circuit and Systems, 1996, 43(11):894-906

[17] Deco G, Brauer W. Nonlinear higher-order statistical decorrelation by volume-conserving neural architectures. Neural Networks, 1995, 8(4):525-535

[18] Pajunen P, Hyvarinen A, Karhunen J. Nonliner blind source separation by self-organizing maps. International Conference on Neural Information Processing, 1996:1207-1210

[19] Yang H H, Amari S, Cichocki A. Information backpropagation for blind separation of sources from nonlinear mixture. IEEE International Conference on Neural Networks, 1997:2141-2146

[20] Yang H H, Amari S, Cichocki A. Information-theoretic approach to blind separation of sources in nonlinear mixture. Signal Processing, 1998, 64(3):291-300

[21] Taleb A, Jutten C. Source separation in post- nonlinear mixtures. IEEE Transactions on Signal Processing, 1999, 47(10):2807-2820

[22] Kano M, Tanaka S, Ohno H, et al. The use of independent component analysis for multivariate process control. Proceedings of International Symposium on Advanced Control of Industrial Processes, 2002:423-428

[23] Richards J E. Recovering dipole sources from scalp-recorded event-related-potentials using component analysis: Principal component analysis and independent component analysis. International Journal of Psychophysiology, 2004, 54(3):201-220

[24] Ahn H, Choi E, Han I. Extracting underlying meaningful features and canceling noise using independent component analysis for direct marketing. Expert Systems with Application, 2007, 33(1):181-191

[25] Yoo C K, Lee J M, Vanrolleghem P A, et al. On-line monitoring of batch processes using multiway independent component analysis. Chemometrics and Intelligent Laboratory Systems, 2004, 71(2):151-163

[26] Lee J M, Yoo C K, Lee I B. Statistical process monitoring with independent component analysis. Journal of Process Control, 2004, 14(5):467-485

[27] Chen J, Wang X Z. Anew approach to near-infrared spectral data analysis using independent component analysis. Journal of Chemical Information and Computer Sciences, 2001, 41(4):992-1001

[28] Lee J M, Yoo C K, Lee I B. Statistical process monitoring with multivariate exponentially weighted moving average and independent component analysis. Journal of Chemical Engineering of Japan, 2003, 36(5):563-577

[29] Kano M, Hasebe S, Hashimoto I, et al. Evolution of multivariate statistical process control: Application of independent component analysis and external analysis. Computers & Chemical Engineering, 2004, 28(6-7):1157-1166

[30] Lee J M, Yoo C K, Lee I B. Statistical monitoring of dynamic processes based on dynamic independent component analysis. Chemical Engineering Science, 2004, 59(14):2995-3006

[31] Camacho J, Picó J. Online monitoring of batch processes using multi-phase principal component analysis. Journal of Process Control, 2006, 16(10):1021-1035

[32] Camacho J, Picó J. Multi-phase principal component analysis for batch processes modeling. Chemometrics and Intelligent Laboratory Systems, 2006, 81(2):127-136
[33] Camacho J. New methods based on the projection to latent structures for monitoring, prediction and optimization of batch processes. Technical University of Valencia, 2007
[34] Eastment H T, Krzanowski W J. Cross-validatory choice of the number of components from a principal component analysis. Technometrics, 1982, 24(1):73-55
[35] Giancarlo D, Tommasi C. Cross-validation methods in principal component analysis: A comparison. Statistical Methods and Applications, 2002, 11(1):71-82
[36] Louwerse D J, Smilde A K, Kiers H A L. Cross-validation of multiway component models. Journal of Chemometrics, 1999, 13(5):491-510
[37] Lee J M, Yoo C K, Lee I B. On-line batch process monitoring using different unfolding method and independent component analysis. Journal of Chemical Engineering of Japan, 2003, 36(11):1384-1396
[38] Lee J M, Yoo C K, Lee I B. Statistical process monitoring with independent component analysis. Journal of Process Control, 2004, 14(5):467-485
[39] Lee J M, Yoo C K, Lee I B. Statistical process monitoring with multivariate exponentially weighted moving average and independent component analysis. Journal of Chemical Engineering of Japan, 2003, 36(5):563-577
[40] Lee J M, Yoo C K, Lee I B. Statistical monitoring of dynamic processes based on dynamic independent component analysis. Chemical Engineering Science, 2004, 59(14):2995-3006
[41] Martin E B, Morris A J. Non-parametric confidence bounds for process performance monitoring charts. Journal of Process Control, 1996, 6(6):349-358
[42] 李裕奇. 非参数统计方法. 成都：西南交通大学出版社，1998
[43] Miller P, Swanson R E, Heckler C E. Contribution plots: A missing link in multivariate quality control. Applied Mathematics and Computation Science, 1998, 8(4):775-792
[44] Westerhuis J A, Gurden S P, Smilde A K. Generalized contribution plots in multivariate statistical process monitoring. Chemometrics and Intelligent Laboratory Systems, 2000, 51(1):95-114
[45] Birol G, ündey C, Parulekar S J, et al. A morphologically structured model for penicillin production. Biotechnology and Bioengineering, 2002, 77(5):538-552
[46] Birol G, ündey C, Çinar A. A modular simulation package for fed-batch fermentation: Penicillin production. Computers & Chemical Engineering, 2002, 26(11):1553-1565
[47] Zangirolami T C, Johansen C L, Nielsen J. Simulation of penicillin production in fed-batch cultivations using a morphologically structured model. Biotechnology and Bioengineering, 1996, 56(6): 593-604

附录　交叉检验

交叉验证(Cross-Validation,CV)是一种统计学上的模型验证技术,用于评价一种分析方法当施用于独立数据集时的泛化能力(generalization ability),并对所建立的模型的性能给出精确的评估。其基本思想是先将数据样本集划分为互补的子集(subsets),并根据其中一个子集(在模式识别中称为训练集,training set;在回归建模中则称为校正集,calibration set)进行建模,并利用互补子集(称为验证集,validation set)对模型的性能进行验证。为了提高模型的精确度和减小由于不恰当的数据分割带来的误差,在实际应用中,往往会进行多次的随机数据分割,并进行再次的分析和验证。交叉验证有助于防止过拟合(overfitting)的情况。交叉验证有许多的变体。

常见 CV 的方法如下。

1) Hold-Out Method

将原始数据随机分为两组,一组做为训练集,一组做为验证集,利用训练集训练分类器,然后利用验证集验证模型,记录最后的分类准确率为此 Hold-Out Method 下分类器的性能指标。此种方法的好处的处理简单,只需随机把原始数据分为两组即可,其实严格意义来说 Hold-Out Method 并不能算是 CV,因为这种方法没有达到交叉的思想,由于是随机的将原始数据分组,所以最后验证集分类准确率的高低与原始数据的分组有很大的关系,所以这种方法得到的结果其实并不具有说服性。

2) K-fold Cross Validation(记为 K-CV)

将原始数据分成 K 组(一般是均分),将每个子集数据分别做一次验证集,其余的 $K-1$ 组子集数据作为训练集,这样会得到 K 个模型,用这 K 个模型最终的验证集的分类准确率的平均数作为此 K-CV 下分类器的性能指标。K 一般大于等于 2,实际操作时一般从 3 开始取,只有在原始数据集合数据量小的时候才会尝试取 2。K-CV 可以有效的避免过学习以及欠学习状态的发生,最后得到的结果也比较具有说服性。

3) Leave-One-Out Cross Validation(记为 LOO-CV)

如果设原始数据有 N 个样本,那么 LOO-CV 就是 N-CV,即每个样本单独作为验证集,其余的 $N-1$ 个样本作为训练集,所以 LOO-CV 会得到 N 个模型,用这 N 个模型最终的验证集的分类准确率的平均数作为此下 LOO-CV 分类器的性能指标。相比于前面的 K-CV,LOO-CV 有两个明显的优点。

(1) 每一回合中几乎所有的样本皆用于训练模型,因此最接近原始样本的分布,这样评估所得的结果比较可靠。

(2) 实验过程中没有随机因素会影响实验数据,确保实验过程是可以被复制的。

但 LOO-CV 的缺点则是计算成本高,因为需要建立的模型数量与原始数据样本数量相同,当原始数据样本数量相当多时,LOO-CV 在实作上便有困难几乎就是不显示,除非每次训练分类器得到模型的速度很快,或是可以用并行化计算减少计算所需的时间。

第6章　不等长间歇过程的子时段 PCA 建模和在线监测

批次反应往往具有过程间的不同步性，基于传统统计分析方法[1-6]进行过程监测受到很多限制，导致基于传统方法的统计建模与故障检测的误差。若数据间具有不同步性，无论是建模还是诊断，都要求对数据进行预处理才能得到有效的控制效果。但是在多操作阶段的不等长间歇过程中，简单地将原始过程变量通过稀疏采样或插值方法统一化成相同长度的曲线可能会扭曲原始过程变量的自相关及变量之间的交叉相关关系，导致建模和监测误差。结合间歇过程多时段特性，不等长现象可能只发生在某一个或几个子操作阶段，不等长严重程度在不同时段中亦有所不同。为了更合理地解决不等长问题，应该深入间歇过程每一个子操作时段，研究针对不等长问题的时段分析与建模、监测方法。

6.1　引　　言

无论是 MPCA 方法[3]，还是第 4 章中提出的基于间歇过程子操作时段的 PCA 建模方法，它们所要求的建模数据 $\underline{\boldsymbol{X}}(I\times J\times K)$ 暗含着这一类建模方法对工业过程数据的一个最基本要求——每一次间歇操作产生的过程数据必须具有同样的长度以便构成三维数据矩阵。这个要求在理论上是一个合理的要求，但是实际工业过程却很难严格满足这个要求。

虽然，间歇过程的一个显著特点就是过程按照预先设计好的工序重复生产，但是由于各种各样的原因，如气候的影响、原材料的质量差异、基于非时间坐标的数据采集系统等，工业过程不可能达到完全地重复生产，因此过程数据的长度也不可能完全相同。对于多操作阶段的间歇过程，不等长数据问题显得更加复杂，因为不等长现象可能发生在某一个或某几个特定的操作阶段中，而并非整个间歇过程的特征。图 6.1 给出了一个不等长间歇过程的建模数据示意图，其中每一次间歇操作生成的数据 $\breve{\boldsymbol{X}}_i(J\times K_i)(i=1,\cdots,I)$ 具有不同的长度 K_i，使得它们无法组成一个整齐的三维矩阵。图 6.2 是一个多操作阶段的不等长间歇过程的一个示例，该过程由一个不等长的子操作阶段时段 I 和一个等长的子操作阶段时段 II 组成。

无论是 MPCA 方法，还是第 4 章中提出的基于间歇过程子操作时段的 PCA 建模方法，它们所要求的建模数据 $\underline{\boldsymbol{X}}(I\times J\times K)$ 暗含着这一类建模方法对工业过程数据的一个最基本要求——每一次间歇操作产生的过程数据必须具有同样的长度以便构成三维数据矩阵。这个要求在理论上是一个合理的要求,但是实际工业过程却很难严格满足这个要求。现有的间歇过程统计建模方法都不能直接使用这些不等长数据建模。常见的处理手段是在数据建模之前,用一些方法将不等长数据变成等长的数据后构成三维矩阵,然后再应用现有的各种统计建模方法实现间歇过程的在线监测和故障诊断。

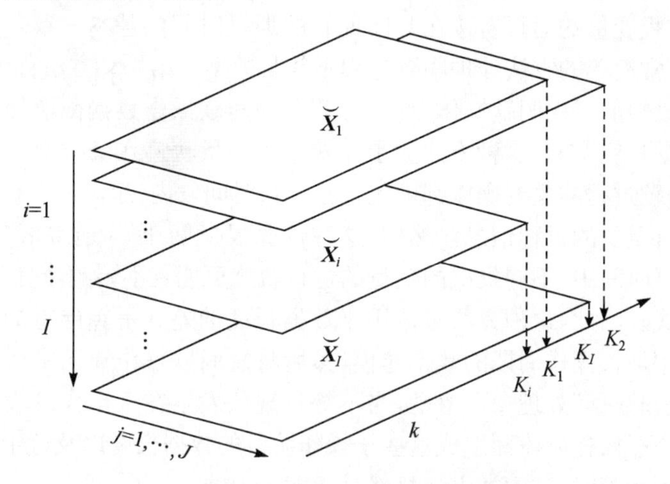

图 6.1　不等长间歇过程的数据形式

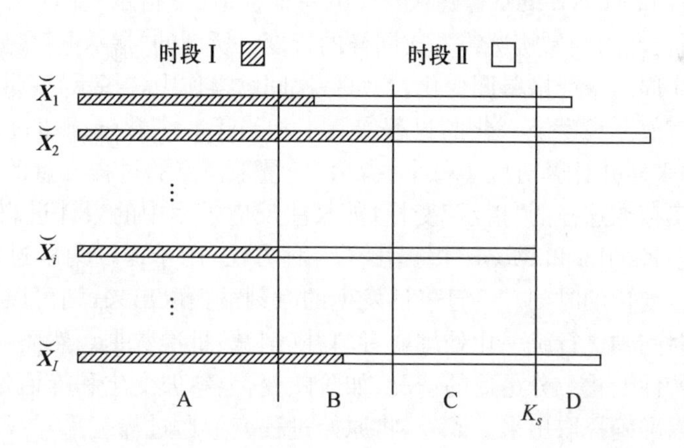

图 6.2　不等长操作时段的间歇过程示意图

本章承接第 4 章中对多操作阶段间歇过程的研究结果,对间歇过程不等长问题进行系统深入的研究,从过程数据中获取不等长子时段的具体信息;分析了不等长对时段特性的影响,从而对不等长的严重程度进行了等级划分,针对不同情况的不等长问题建立了相应的建模和监测方法。

6.2 处理间歇过程不等长数据的常用方法

关于如何等长化批次长度，大量前人工作已经进行了相关研究。不等长间歇过程中一个最容易处理的情况是，虽然历史的正常间歇过程操作具有不同的数据长度，但是过程变量的运行轨迹在共同拥有的那段时间内基本一致。对于这种情形，有两种非常简单的方法处理间歇过程不等长数据。第一种方法称为“最短长度法”，即找到最短的一次间歇操作数据，将其余的间歇操作数据截取使得它们都具有最短的数据长度[7,8]。这种方法除了要求过程变量轨迹在公共部分保持一致之外，还要求间歇过程的主要操作都被包含在公共时间段内，超出最短长度的那部分数据中并没有重要的过程信息。然而，这种情况很少见，因为通常情况下，在大部分共有的运行时间中，不同批次的变量的运行轨迹可能是不同的，它们可能有着不同的运行模式。因此，这种方法只适用于数据长度的差异不算严重的情况。另外一种方法是用最长操作周期的数据建模，然后将短间歇操作周期中所缺的那部分数据当作“缺损数据”处理[9]。但是，当不等长现象发生在多操作阶段间歇过程的某一个或几个子操作阶段而造成这些子操作阶段的数据长度以及整个间歇操作的数据长度都不相等时，这两类方法显然是无能为力的。

Nomikos 和 MacGregor 曾建议[10]，用一个合适的“指示”变量代替过程采样时间，将不同长度的变量轨迹统一成同样的长度。所谓的“指示”变量要求：①它在整个间歇操作周期中严格单调变化；②每一次间歇操作中，“指示”变量拥有同样的起始值和结束值。长度统一化的过程实际上相当于一个数据插值过程，即将“指示”变量均匀采样并计算对应于每个“指示”变量采样点的过程变量的数值。有些工业过程确实存在这样的“指示”变量，如某些反应过程中的累计进料量[11]、反应程度[12,13]等。Kastha 和 Moore[14]提出了一种方法，用于提取间歇过程中过程特性一致性发生变化的时刻。一旦事件发生的时刻被提取出来，则可以采用线性插值的方法对时间轴进行统一化处理或者填补(削减)批次数据。然而，该方法局限于间歇过程特性变化十分迅速的情况，如阶跃变化、斜坡变化和峰值处，此时事件发生时刻可以准确提取出来。此外，将原始过程变量通过稀疏采样或插值方法统一化成相同长度的曲线可能会扭曲原始过程变量的自相关及变量之间的交叉相关关系。另外，并不是每个工业过程中都存在这样的“指示”变量，而和前面两类方法一样，“指示”变量法也不适用于多操作阶段的间歇过程。

1998 年，Kassidas 等[8]尝试用动态时间扭曲(dynamic time warping，DTW)[15,16]方法来解决间歇过程的不等长数据问题。此外，相关性优化扭曲(COW)[17,18]也是一种语言识别中用以纠正时间轴漂移色谱图的常用扭曲技术。相对而言，DTW 用距离作为信号相似度的衡量指标，而 COW 使用相关系数衡量相似度[19]。DTW 方法起源于语音识别领域，它通过适当地平移、拉伸或压缩两个不同信号轨迹的局部片断，保证变换后的两个信号轨迹的距离最小，最终同步两个不同长度甚至不同形状的信号轨迹。显然，DTW 方法的工作对象通常是两个信号轨迹。DTW 应用于不等长间歇过程数据时，需要预先定义一个标准的间歇操作的变量轨迹，$\breve{\mathbf{X}}_{\mathrm{REF}}(J\times K_{\mathrm{REF}})$，然后将数据库中所有正常的间歇操作数据，$\breve{\mathbf{X}}_i(J\times K_i)(i=1,2,\cdots,I)$，逐一同预先定义的标准轨迹进行同步操作，最终使得所有正常操作数据都具有同样的数据长度，K_{REF}。作为一种数据预处理方法时，DTW 确实可以非常有效地同步不同长度的间歇过程数据；而且由上面的描述可知，DTW 甚至可以用于处理多操作阶段的不等长间歇过程数据。但是，在线过程监测时，假设过程中已经出现了异常工况并导致过程变量的轨迹偏离正常轨迹，DTW 在线算法却通过计算正在运行中的间歇过程变量轨迹和标准轨迹的最小距离来实现长度同步，这显然会在一定程度上掩盖异常工况的数据特征，降低故障的可检测性；而被 DTW 扭曲的故障特征又会给未来的故障诊断程序带来更大的困扰。在 Rothwell 等的一篇比较性文章中[7]，作者亦提到，基于 DTW 的不等长间歇过程监测方法在故障检测和诊断时甚至不如最短长度法和指示变量法。

除此之外，PARAFAC2 模型[20,21]可以直接使用不等长间歇过程数据，但是该模型计算起来非常复杂低效，很难应用于实际工业过程中。关于 PARAFAC2 方法的细节参见相关参考文献[20,21]。

6.3 不等长间歇过程的子时段 PCA 建模和在线监测

在多操作阶段的不等长间歇过程中，不等长现象可能只发生在某一个或几个子操作阶段。为了更合理地解决不等长问题，最好深入间歇过程每一个子操作时段，首先找到不等长子操作时段，然后再针对不等长子时段的数据提出合理的监测模型。本章针对一般的不等长问题进行研究(即批次间变量轨迹在每个时刻没有严重的不匹配问题)，所提出的不等长间歇过程的子时段 PCA 建模方法实际上是第 4 章方法的改进算法。

6.3.1 基本思想

在第 4 章中提出基于间歇过程子操作时段的 PCA 建模方法时，我们认为每一个间歇过程都可以根据过程相关性的变化被划分成若干子操作时段，在每一个操作时段中过程相关性保持近似不变，而不同操作子时段的相关性却显著不同。该方法中暗含一个未明确提出的假定是每一次间歇操作产生同样长度的过程数据 $\breve{\mathbf{X}}_i(J\times K)$。这样，$I$ 次正常间歇操作下采集的建模数据才有可能组成三维矩阵，$\underline{\mathbf{X}}(I\times J\times K)$；而 K 个时间片矩阵$\widetilde{\mathbf{X}}_k(I\times J)$经过主成分分析产生 K 个负载矩阵

$\widetilde{\boldsymbol{P}}_k(J\times J)$,其中每个负载矩阵包含了每个采样时间上的过程相关性信息。第 4 章中还提出了一个负载矩阵聚类算法将 K 个相关性模式分类,并提出用聚类算法的结果和过程操作时间来共同定义间歇过程的子操作时段。

对于多操作阶段的不等长间歇过程,以下几个问题使得上述的建模方法不能直接应用于不等长间歇过程。一般来说,对于不等长批次建模存在两个方面的问题。首先,是最简单的不相等的批次长度所带来的问题,它导致不规则的批次不能放入规则矩阵的每一行中。其次,每个批次运行的局部时间以及发生的事件是不同的,例如,不同批次在同一时刻运行的进程(如过程的过渡转换)可能会不一样。因此,针对不等长批次的分析需要考虑以下问题。

(1) 如何标准化长度不等的间歇操作周期的数据$\breve{\boldsymbol{X}}_i(J\times K_i)$。

(2) 如何根据过程变量相关性的改变将不等长过程划分成各个子时段。由于数据长度的变化,某些时间段数据的方差结构被扭曲而失去了统计意义,例如,图 6.2所示过程的 B 时间段,这段时间实际上包含了两个子操作时段的相关性特征,但是所有数据放在一起从时间片方差矩阵中求取主成分是毫无意义的。

在线过程监测时,如何判断一个在线测量数据属于哪一个子操作时段。由于间歇操作时间的不固定,过程操作时间已经不能够独自辅助负载矩阵分类结果实现间歇过程子操作时段的划分。

如何区分过程异常工况和过程子操作时段的变化。

本节将对第 4 章中提出的基于间歇过程子操作时段的 PCA 建模方法进行改进和完善,解决上面四个问题,将之应用于不等长间歇过程的在线监测和故障诊断中。

6.3.2 不等长间歇过程的数据标准化

第 3 章中曾经介绍了间歇工业过程三维数据的两种常用的标准化方法,即 D-标准化,突出过程变量在不同间歇操作之间变动;和 A-标准化,突出过程变量在采样时间方向上的变动。

D-标准化方法更适用于过程监测和故障诊断,但是 D-标准化方法无法直接应用于多操作时段的不等长间歇过程。以图 6.3 所示的过程为例,不失一般性,假定过程包含两个操作阶段,不等长的第一操作时段和等长的第二操作时段。示例过程中,为了下文能够更清楚地解释数据标准化以及统计建模过程中所面临的问题,我们假定已经通过某种手段获取了上述关于过程操作时段的划分以及不等长时段的过程信息;但是对于实际工业过程,这些都可能是未知信息。对于图 6.3 所示的过程,D-标准化方法面临如下两大问题。

(1) 如何标准化图 6.3 中 D 时段中不规则的尾部数据。

(2) 直接计算 B 时段变量的平均轨迹和平均方差轨迹是毫无意义的。

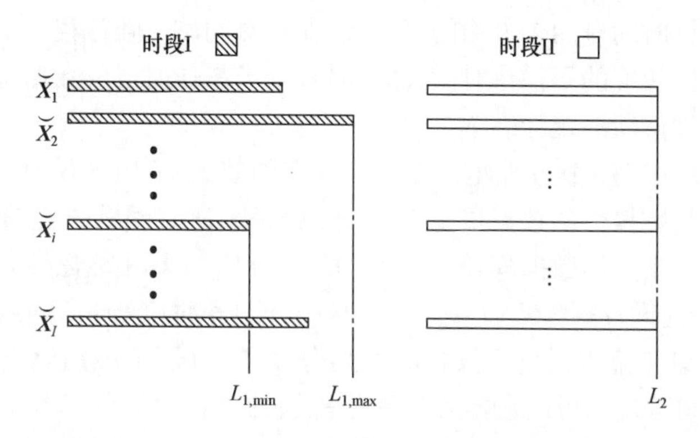

图 6.3　所示过程的子时段分离示意图

Kourti 曾尝试过用 0 填充 D 时段中那部分缺失的过程数据来解决上述的第一个问题[9]。但是,这样做所得到的所谓变量平均轨迹和平均方差显然不是真实的变量平均值和方差轨迹。与其用 0 填充缺失的过程数据,不如放弃缺失的那部分数据,由已有的过程数据直接估计变量的均值和方差。虽然,样本数据的不足会导致估计出来的均值和方差的准确程度下降,但是通过适当地放宽统计控制限可以在一定程度上弥补上述缺陷。对于第二个问题,唯一可行的方法是在标准化之前将两个操作时段的数据分开,如图 6.3 所示,用 D-标准化方法分别对两个时段的数据进行标准化。换句话说,在没有获得间歇过程子操作时段的划分信息之前,D-标准化方法是无法解决第二个问题的。

相比于 D-标准化方法在多操作时段的不等长间歇过程应用中的举步维艰,A-标准化方法却能够游刃有余地处理不等长数据。在第 3 章中介绍 A-标准化方法时,我们就已经强调,A-标准化方法是面向每个过程变量的,其均值和方差只是个数值,而不是过程变量的平均值和方差轨迹(见公式(3-2))。因此,A-标准化方法并不介意每一次间歇操作的数据长度是否一致。但是,因为 A-标准化方法不能突出过程变量在正常操作条件下不同间歇操作周期中的变化特征,它不适合建立用于过程监测和故障诊断的统计模型。

综合考虑上述两类标准化方法的优缺点,我们提出如下的解决方案。

先用 A-标准化方法处理过程数据并建立一个粗糙的、用于间歇过程子操作时段划分的 PCA 模型;等到获得过程子操作时段的划分以及不等长子时段的准确信息后,再用 D-标准化方法重新标准化各个子操作时段的数据,建立一个适合过程监测和故障诊断的统计模型。

6.3.3　不等长间歇过程的子时段划分

将间歇过程划分为具有不同变量相关性特征的子操作时段并获取每个子操作

时段确切的运行时间有两个方面的目的：①促进对间歇工业过程的了解，确定那些具有不等长数据长度的子操作时段；②针对每个子操作时段的数据特征，建立适合过程监测和故障诊断的统计模型。

假定数据库中有 I 次正常的间歇操作周期的数据，$\breve{\boldsymbol{X}}_i(J\times K_i)(i=1,\cdots,I)$，其中最短的一次间歇操作的数据长度为 K_s，也就是说所有间歇过程的前 K_s 个数据可以暂时构成一个三维数据阵，$\underline{\boldsymbol{X}}(I\times J\times K_s)$。和第 4 章中的建模方法一样，我们可以得到 K_s 个时间片矩阵$\widetilde{\boldsymbol{X}}_k(I\times J)(k=1,\cdots,K_s)$和对应的 PCA 负载矩阵$\widetilde{\boldsymbol{P}}_k(k=1,\cdots,K_s)$。在第 4 章中提出子操作时段划分及子时段 PCA 建模方法时，我们曾提及：① 一个间歇过程可以根据其过程相关性的变化而划分成若干子操作时段；②虽然过程变量的测量值时刻变化，同一子操作时段的过程相关性却保持近似不变。经过我们对不等长间歇过程的深入研究，我们发现，过程的相关性特征并不受子时段运行时间长度的影响。换句话说，变量之间的相关性只有在过程进入一个新的操作时段后才会发生显著的变化，和过程运行时间没有直接的关联。根据上述论点，我们可以通过检验过程变量测量值的 SPE 统计量来确定这些数据是否处于该操作子时段，由此可确定每一次间歇操作周期中这个子时段的真正长度。

仍以图 6.3 的过程为例，A 时段实际上就是时段 I 数据的公共时段，根据前面的理论，这段时间内的过程相关性应该是稳定的。因此，负载矩阵聚类算法将会把这段时间内的负载矩阵划分在一个子类中，代表时段 I 过程所具有的相关性特征。由这个子类中的负载矩阵所计算出来的 I 子时段 PCA 模型，应该可以很好地解释属于时段 I 的过程数据的相关性特征，并得到较小的 SPE 指标；而对于那些属于时段 II 的数据，由于这些数据具有和时段 I 不同的过程相关性特征，时段 I 的模型不能很好地解释这些数据中过程变量之间的相关性特征，SPE 指标将显著增大。由上述知识，将 I 子时段 PCA 模型逐一应用于每一个正常的间歇操作周期的过程数据，通过监视数据的 SPE 指标就可以确定 I 子时段的数据长度。

前面提及用聚类算法将 K_s 个时间片数据的 PCA 负载矩阵 $\widetilde{\boldsymbol{P}}_k(k=1,\cdots,K_s)$分类，以便找出每个子操作时段的公共部分，如时段 I 的 A 时段和时段 II 的 C 时段，并建立用于确定子时段长度的子时段 PCA 模型。这里为了对不等长批次进行时段划分，我们需要对第 4 章中的负载矩阵分类算法进行修改，以期算法能够自动分析不等长间歇过程特性的变化，从而划分出不等长多时段。

本节对第 4 章中提出的负载矩阵分类算法作如下的改进。

每一次聚类操作，聚类算法只给出第一个子时段公共部分的定义并建立用于确定该子时段时间长度的 PCA 模型；获取第一子时段的运行长度信息后，将所有间歇操作周期的第一子时段数据剔除，其余过程数据首部对齐，重复聚类算法继续定义下一个“第一子时段”，也就是实际过程的第二子时段，如此类推。如果借用“串行”和“并行”的概念，不等长间歇过程的子时段划分是“串行”的；而第 4 章中等长间歇过程的子时段划分是“并行”的。负载矩阵聚类算法的具体步骤没有大的改动，前 6 个步骤和原始算法的完全相同，算法的最终输出为按时间顺序的第一个子类信息，即隶属关系 $m(k)=1(k=1,\cdots,K_s)$ 的那些相关性模式。

定义第一子时段的 PCA 模型的表征负载矩阵 $\boldsymbol{P}_{s,1}^*$

$$\boldsymbol{P}_{s,1}^* = \min\Big(\sum_k \mathrm{dist}(\widetilde{\boldsymbol{P}}^k, \boldsymbol{P}_{s,1}^*)\Big) = \frac{1}{L_1}\sum_k^{L_1} \widetilde{\boldsymbol{P}}_k \tag{6-1}$$

其中，L_1 是第一子时段公共时段内的数据长度，下标“s”表明该模型用于间歇过程子时段的划分，而第二下标“1”则指明该模型是第一子时段的 PCA 模型。类似地，$\boldsymbol{P}_{s,1}^*$分成两个部分，主成分子空间的$\overline{\boldsymbol{P}}_{s,1}^*$和残差子空间的$\widetilde{\boldsymbol{P}}_{s,1}^*$，PCA 模型中主成分个数的确定方法等其他细节问题和第 4 章中相同。

将上述定义的第一子操作时段的 PCA 模型重新应用于所有建模数据，计算每个时刻的 SPE 指标

$$\begin{cases} \boldsymbol{t}_s^{\mathrm{T}} = \boldsymbol{x}^{\mathrm{T}}\overline{\boldsymbol{P}}_s^* \\ \boldsymbol{e}_s^{\mathrm{T}} = \boldsymbol{x}^{\mathrm{T}} - \boldsymbol{x}^{\mathrm{T}}\overline{\boldsymbol{P}}_s^*\overline{\boldsymbol{P}}_s^{*\mathrm{T}} \\ \mathrm{SPE}_s = \boldsymbol{e}_s^{\mathrm{T}}\boldsymbol{e}_s \end{cases} \tag{6-2}$$

通过观测 SPE 指标何时超出了预定的阈值 SPE*，我们可以确定每一个正常的间歇操作周期中第一个子操作时段的确切运行长度。获取了第一子时段的信息后，将第一子时段数据从建模数据集中去除，重复上面的步骤依次获取其余子时段的过程信息。

上述过程中有两个参数至关重要，一个是聚类算法中的 θ，另一个就是用来确定子操作时段运行长度的 SEP*。第 4 章中讨论了阈值 θ 对于建模精度和模型复杂程度之间的关系，这里不再细述。而 SPE* 可以取一个比子时段公共时段数据的最大的 SPE 值稍稍大一点的实数即可。

6.3.4　建立用于过程监测的子时段 PCA 模型

6.3.3 节中，不等长间歇过程被分割成若干独立的子操作时段，同时也可得到关于不等长子操作时段的具体信息，例如，哪些子操作时段具有不等长特征，不等长子时段的最长、最短数据长度等，如图 6.3 所示。但是用于子操作时段划分的 PCA 模型(式(6-2))却不适合过程监测和故障诊断，这是因为建模数据是经过 A-标准化方法处理的，不能突出不同间歇操作之间的过程变化特征。为了建立适合过程监测和故障诊断的子时段 PCA 模型，每个子时段的数据需要用 D-标准化方法重新处理，建立一个新的子时段 PCA 模型。

由于间歇操作的各个子时段数据被分割开，D-标准化方法就不会再遇到

6.3.2 节中提到的第二个问题了。而对于第一个问题，在求取子时段中过程变量的平均值曲线和方差曲线时，不规则尾部的变量均值和方差由那个时刻已有的测量数据估计。同样，不规则尾部的时间片矩阵$\widetilde{\boldsymbol{X}}_k$也是由已有的测量数据组成，$\widetilde{\boldsymbol{X}}_k$的矩阵维数为$(I_{a,k}\times J)$，其中$I_{a,k}$为子操作时段中第$k$个采样时间上拥有测量数据的间歇操作周期总数。在计算子时段 PCA 模型时，由于不规则尾部的建模数据量的急剧减少，其时间片矩阵的 PCA 模型准确程度也在下降。因此，不规则尾部的数据按以下公式赋予较小的权重：

$$w_k = I_{a,k}/I \quad (0 < w_k \leqslant 1) \tag{6-3}$$

用于过程监测的子时段 PCA 模型的表征负载矩阵最终定义如下：

$$\boldsymbol{P}_{m,c}^{*} = \frac{\sum_k w_k \widetilde{\boldsymbol{P}}_k}{\sum_k w_k} \quad (k = 1,\cdots,L_c) \tag{6-4}$$

其中，下标“m”表明上式导出的子时段 PCA 模型适用于过程监测；第二下标“c”是子操作时段的索引，k是第c个子操作时段中数据的索引。子时段 PCA 监测模型定义如下：

$$\begin{cases} \boldsymbol{t}_m^{\mathrm{T}} = \boldsymbol{x}^{\mathrm{T}} \overline{\boldsymbol{P}}_m^{*} \\ \boldsymbol{e}_m^{\mathrm{T}} = \boldsymbol{x}^{\mathrm{T}} - \boldsymbol{x}^{\mathrm{T}} \overline{\boldsymbol{P}}_m^{*} \overline{\boldsymbol{P}}_m^{*\mathrm{T}} \\ \mathrm{SPE}_m = \boldsymbol{e}_m^{\mathrm{T}} e_m \end{cases} \tag{6-5}$$

统计控制限的计算方法和第 4 章中类似，不再细述。

6.3.5 在线过程监测和故障诊断

前面，我们给每个子操作时段建立了两个 PCA 模型。式(6-2)用于不等长间歇过程子时段的划分并确定各子操作时段的具体数据长度$L_{i,c}(i=1,\cdots,I,c=1,\cdots,C)$以及第$c$个不等长时段的最短和最长数据长度$L_{c,\min}$和$L_{c,\max}$。根据以上信息，将每个子操作时段的数据用 D-标准化重新处理，依式(6-5)建立一个用于过程监测和故障诊断的子时段 PCA 模型。

在提出具体的在线过程监测算法之前，我们先考虑一个非常重要的问题，如何区分过程异常工况和过程子时段过渡这两个特征近似的状态？显然，多操作时段不等长间歇过程的在线监测过程中，有三种可能发生的状态——正常工况、异常工况和子操作时段转换。

(1) 对于正常工况，用当前时刻所属的子时段 PCA 模型计算出来的两个多元指标T^2和 SPE 应该都处于受控状态。

(2) 对于子操作时段转换，即过程并没有发生任何故障，只不过进入了新的操作时段的情形，因为当前数据已经是新操作时段的数据，具有和前一时段不同的过程相关性特征,如果仍用前一个子时段 PCA 模型计算 T^2 和 SPE 时,这两个统计量显然会超出其统计控制限;但是,如果调用新操作子时段的 PCA 模型重新计算当前数据的 T^2 和 SPE,它们应该处于受控状态。也就是说,我们只要将前后两个操作时段的 PCA 模型同时用来计算 T^2 和 SPE,如果前一时段的模型产生了失控状态的多元指标而后一时段的模型却产生受控状态的指标,我们就可以确定过程是处于子操作时段转换状态。

(3) 对于故障工况,无论是当前时段的 PCA 模型还是后续时段的 PCA 模型,T^2 和 SPE 都应该会超出正常的统计控制限。

根据上述过程分析,在线监测程序可以反推来区分上述三种过程状态。

在线过程监测的第一步通常是确定新数据属于哪一个子操作时段,然后才能调用相应的子时段 PCA 模型计算两个多元指标,以便判断过程运行的实时状态。在第 4 章中,过程采样时间用来辅助负载矩阵聚类算法来定义过程操作子时段。对于不等长间歇过程,由于数据长度的变化,仅用过程采样时刻,我们无法确切地获知当前测量数据是属于哪一个子操作时段。这里,我们提出用上面区分过程异常工况和子时段转换工况的过程知识,以及过程采样时间,来共同确定当前采样时刻数据的所属子操作时段。

对于等长的子操作时段,在线监测程序和第 4 章中一样。对于不等长操作时段,数据又被划分成两个时间段——$[0, L_{c,\min}]$和$[L_{c,\min}, L_{c,\max}]$。最短子时段数据长度 $L_{c,\min}$之前的数据只存在两种工况信息——正常和不正常工况,因此监测程序调用第 c 个子时段 PCA 模型时,T^2 和 SPE 统计量的任何一个超出了统计控制限后,监测程序将会示警表明异常工况的发生。而对于 $l_{c,\min}$ 和 $l_{c,\max}$ 这个比较混乱的时段,失控的统计量有两种可能性——发生故障或者过程进入下一个子操作时段。在线监测程序根据前面给出的过程知识给出一个合理的区分。

和其他统计建模方法一样,我们假定建模数据涵盖所有正常的过程扰动,也涵盖了数据长度变化的最极端情况。如果出现下述两种情况:①一次间歇操作中,第 c 个操作时段的数据长度小于建模数据中第 c 个时段的最短数据长度 $l_{c,\min}$;②第 c 个操作时段的数据长度长于建模数据中第 c 个时段的最长数据长度 $l_{c,\max}$,在线监测程序仍会给出异常工况报警。

在线监测程序给出异常工况报警后,变量贡献图方法用来隔离和诊断故障。将间歇过程划分成具有不同过程特征的子时段,不仅使得在线监测算法对故障更加敏感,而且可以将故障隔离在某一确切的子操作时段,更加有利于故障分析和系统改进。

整个不等长间歇过程的子时段 PCA 建模、监测和诊断算法总结如下。

6.3.5.1　建模部分

可用信息:历史数据库中 I 次正常的间歇操作数据$\breve{\mathbf{X}}_i(J\times K_i)$,最短一次间歇

操作的数据长度 K_s。

目的:将过程划分为具有不同相关性特征的子操作时段,建立适合过程监测和故障诊断的多变量统计模型。

主要步骤如下。

(1) 用 A-标准化方法处理所有建模数据。

(2) 生成 K_s 个时间片矩阵,计算相应的 PCA 负载矩阵。

(3) 根据负载矩阵聚类算法的结果,由公式(6-1)计算第一子时段 PCA 模型的表征负载矩阵。

(4) 通过检验 SPE 指标,确定建模数据集中每一次间歇操作的第一子时段长度 $L_{i,1}(i=1,\cdots,I)$。如果第一子时段是不等长操作时段,找出最短和最长的第一子时段数据长度,$L_{1,\min}$ 和 $L_{1,\max}$。

(5) 抽取所有间歇操作的第一子时段数据,重新用 D-标准化方法进行数据处理,由公式(6-4)建立用于过程监测的第一子时段 PCA 模型的表征负载向量,并计算相应的 T^2 和 SPE 控制限。

(6) 去除第一子时段数据,其余数据首部对齐排列,组成新的建模数据,重复步骤(2)~(5)计算获取第二子时段的信息,依次类推。

6.3.5.2 在线监测部分

可用信息:每个子操作时段的数据长度 $L_{i,c}(i=1,\cdots,I,c=1,\cdots,C)$,$L_{c,\min}$ 和 $L_{c,\max}$;数据的平均值轨迹和标准差轨迹。

目的:实时监视过程的运行状态,检测过程中出现的任何异常工况,并给出合理的解释。

Case I:$[1,L_{c,\min}]$时段的过程数据。

(1) 用对应时间上过程变量的均值和方差标准化当前数据。

(2) 调用当前的子时段监测模型(6-5),计算其 T^2 和 SPE 监测指标。

(3) 如果两个统计量的任何一个超出了对应时刻的统计控制限,监测程序给出过程异常警告。如果两个统计量都处于受控状态,这说明过程运行正常,回到步骤(1)继续监视下一个测量数据。

Case II:$[L_{c,\min},L_{c,\max}]$时段的过程数据。

(1) 在两个统计量未超出控制限之前的步骤和 Case I 中一样。

(2) 当 T^2 和 SPE 监测指标的任意一个超出了控制限,将当前数据当作下一个子时段的第一测量数据,用下一个子时段的第一个过程变量平均值和方差重新标准化当前数据,调用下一个子时段监测模型,计算 T^2 和 SPE。

(3) 如果新计算出来的两个统计量都处于受控状态,这说明过程进入下一个操作时段;反之,过程出现异常工况,启用基于贡献图的故障诊断算法给出一个合理的故障解释。

6.4　注塑过程中的应用研究

6.4.1　实验设计和建模数据

注塑机的基本构造以及注塑过程的主要工作原理详见 1.4 节[22,23]。在前面曾提及,注射阶段的结束决定于模腔是否充满了塑料熔流体,也就是说,在模腔容积一定的条件下,注射阶段的时间和注射速度紧密相关。显然,注射速度越快,黏流体充满模腔的时间越短,注射段产生的过程数据越少。为了验证本书提出的建模和监测方法,在不影响过程安全和制件质量的约束下,经过实验设计,我们使注射速度、保压压力以及机桶温度在很小的范围内变动,注射阶段的运行时间也随之变化,因此注塑过程也就成为多操作时段不等长间歇过程的一个理想的研究背景。

本节中,注塑过程的操作条件见表 6.1。根据对过程的分析,机桶温度被闭环控制和其他过程变量关系甚疏,因此本章及以后章节中剔除了机桶温度等几个测量变量,表 6.2 给出参与建模的 11 个过程变量。建模数据包括 35 个正常操作周期内的过程数据,其中注射速度在 22～26mm/s 变动,使得最终的建模数据长度在 1180～1193 变化。注射段数据长度的最大差距为 13 个样本数据,是建模数据中注射段数据平均长度的 15%;而其他操作阶段具有固定的操作时间,保压段 6s,冷却段 15s。除了 35 个正常操作周期数据,我们还采集了注塑过程中经常出现的三种故障下的过程数据用于验证本章提出的不等长间歇过程的在线监测算法。三个故障分别是材料扰动、止逆环失效以及 SV1 阀黏着故障。

表 6.1　注射过程操作条件设定

操作参数	设定值
加工材料	高密度聚乙烯(HDPE)
注射速度	22～26 mm/s
保压压力	197～203 bar
模具温度	25℃
机桶温度	(200,200,200,200,180,160,120)±5℃
保压时间	6s
冷却时间	15s

表 6.2　注塑过程的过程测量变量

序号	变量描述	单位
1	喷嘴温度 (Nozzle Temperature)	℃
2	喷嘴压力 (Nozzle Pressure)	bar

续表

序号	变量描述	单位
3	螺杆行程（Stroke）	mm
4	注射速度（Injection Velocity）	mm/s
5	油缸压力（Hydraulic Pressure）	bar
6	塑化压力（Plastication Pressure）	bar
7	模腔压力（Cavity Pressure）	bar
8	螺杆旋转速度（Screw Rotation Speed）	r/min
9	SV1 阀开度（SV1 Opening）	%
10	SV2 阀开度（SV2 Opening）	%
11	模腔温度（Mold Temperature）	℃

6.4.2 不等长注塑过程的子时段划分和 PCA 建模

虽然，根据第 4 章中的应用结果，注塑过程有四个主要的操作阶段——注射、保压、塑化和冷却，并在前面的实验设计时，我们也知道了只有注射阶段具有不等长的过程数据而其他三个操作阶段有完全相同的数据长度；但是，本章提出的建模方法的可用过程信息只是 35 个正常操作周期下的过程数据，不需要其他的任何过程信息。前面关于过程子时段以及不等长子时段的相关信息可用于验证本章建模方法的有效性和正确性。

首先，用 A-标准化方法处理 35 个正常间歇操作周期的过程数据，并生成 1180 个时间片矩阵 $\widetilde{\boldsymbol{X}}_k(35\times11)(k=1,\cdots,1180)$ 以及对应的 PCA 负载矩阵 $\widetilde{\boldsymbol{P}}_k(11\times11)$。第一次负载矩阵聚类算法的目标是找到按时间顺排列的第一个子类。图 6.4给出了所有负载矩阵第一列，即每个采样时刻的第一主向量 $\widetilde{\boldsymbol{p}}_{1,k}$ (k=

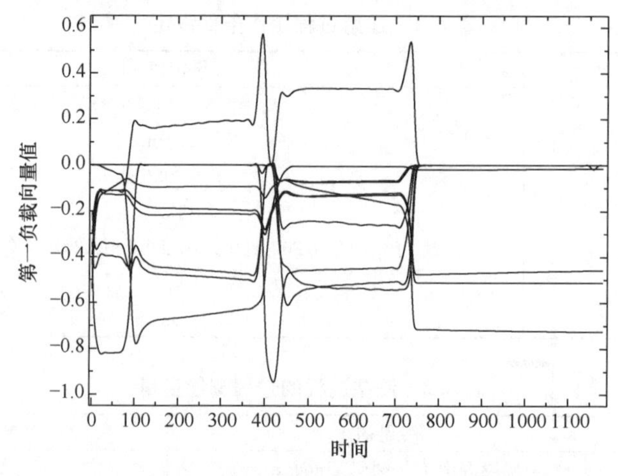

图 6.4 第一次聚类算法中 PCA 负载矩阵第一列的变化趋势

1,…,1180)在时间上的变化轨迹。从图中可以清楚地看到每个操作阶段的公共时段,并且第一主向量在这些公共时段保持很高的相似性。聚类算法的具体结果见图 6.5,这结果还是近似对应着过程的四大主要操作时段,只不过由于不等长操作而造成的时间错位,近似对应四个主操作时段的大类之间又生成了几个散类。

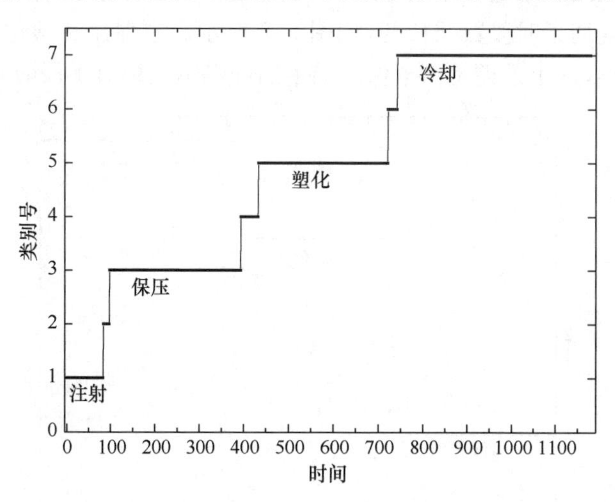

图 6.5　第一次聚类算法的分类结果

从图 6.5 所示的聚类结果中找到注射段公共时段的所有负载矩阵,由此计算第一子时段的 PCA 模型,然后用这个子时段 PCA 模型重新检验所有建模数据的注射段数据长度。图 6.6 给出了 35 个建模数据中的三次间歇操作(♯1,♯2 与♯3)的注射段数据长度。这三次间歇操作中,注射速度分别是 22mm/s,24mm/s 和 26mm/s。根据过程知识,♯1 具有最长的数据长度,而♯3 则有最短的注射时间。由它们的

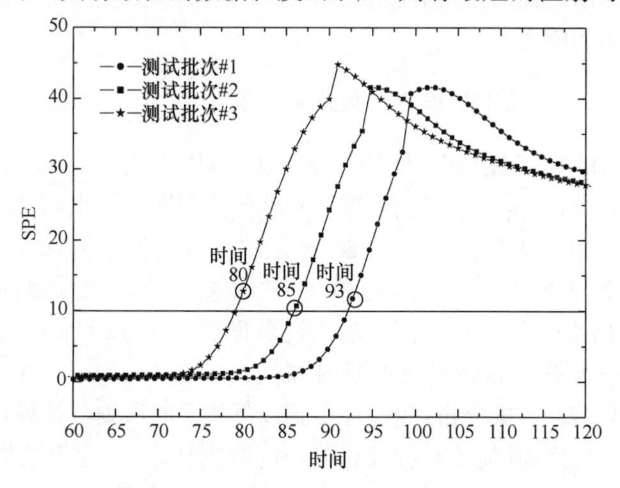

图 6.6　确定正常间歇操作周期第一子时段的数据长度

SPE 轨迹，我们可以轻松地得到和实际过程完全一致的结果，最长的♯1 的注射段有 93 个数据，而♯3 仅有 80 个数据。

去除第一操作时段(注射段)的数据后，其余的数据具有同样的长度，也就是说其余子操作时段没有不等长数据问题。负载矩阵聚类算法可以依次给出保压、塑化和冷却段的确切子时段数据长度，如图 6.7 所示。在保压和塑化段之间仍存在一个独立的子类，这个子类是由于保压结束后喷嘴退离模具那段时间的数据。

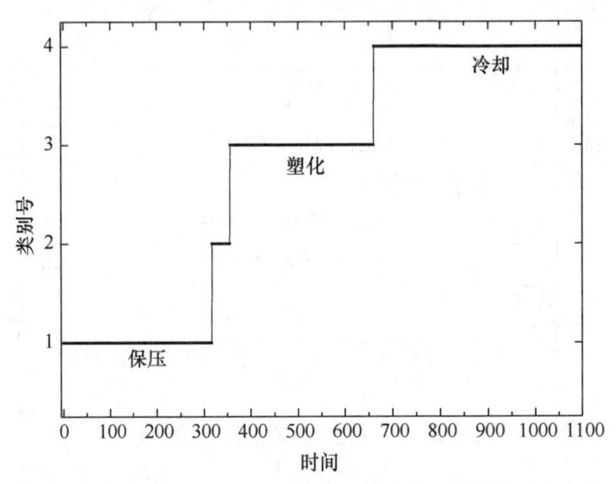

图 6.7　去除第一子操作时段后的 PCA 负载矩阵聚类结果

6.4.3　不等长注塑过程的过程监测和故障诊断

下面，我们用一次正常工况和三个故障状态下的间歇操作数据来验证本章所提出的不等长间歇过程的在线监测和故障诊断算法，尤其是算法区分子时段转换状态和故障状态的能力。

6.4.3.1　正常工况下数据的在线监测结果

图 6.8 所示的 SPE 监视图可看出，被监视的间歇操作数据的 SPE 统计量都处于统计控制限之内，这是一个完全受控的间歇操作周期。注意，在图 6.8 以及本章后面所有的 SPE 在线监视图中，用“■”标记的点线是监测算法调用第一子时段 PCA 模型计算出来的 SPE 指标，而那些用“▲”标记的点则是调用第二子时段 PCA 模型计算出来的 SPE 值。图中的实线是置信水平为 $\alpha=0.01$ 的统计控制限，而虚线则是置信水平为 $\alpha=0.05$ 的统计控制限。

根据 6.4.2 节的数据分析，我们可得到以下的子时段划分结果：①第一子时段有着变化的数据长度，其他子时段具有等长的数据样本；②建模数据集中，第一子时段最长的数据长度为 93，最短的为 80。这暗示着我们所认为的正常注塑过程的

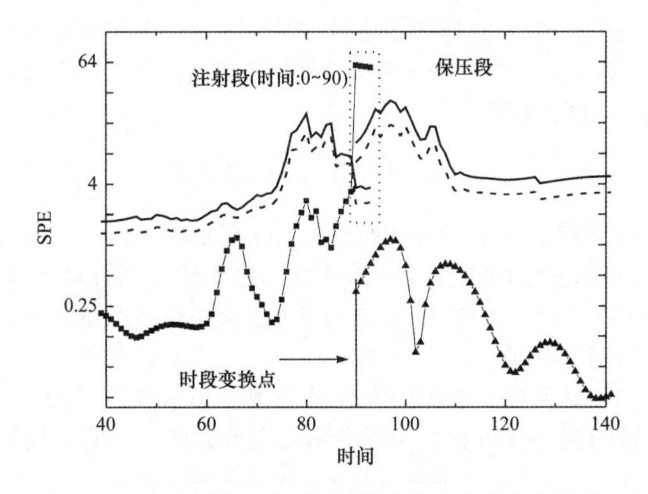

图 6.8　正常操作工况下的间歇过程 SPE 在线监视图

注射子操作时段的数据长度必须在[80,93]。如果一次间歇操作周期的注射段长度超出这个区域,这次间歇操作被认为是一次异常的操作周期。另外,由于注塑过程的不等长现象仅出现在第一子操作时段,本节仅给出前两个子操作时段的监测和故障诊断结果;其余子操作时段的监测和诊断和第 4 章中的结果类似。

在线监测时,第 80 个样本点之前的数据直接用第一子操作时段中对应时刻的均值和方差进行 D-标准化。然后调用第一个子时段 PCA 监测模型计算在线测量值的 T^2 和 SPE 统计量。如果两个统计量都处于受控状态,当前数据或者说当前过程运行状态是正常的;反之,任何一个超出控制限的统计量都会使监测程序告警提示异常情况的发生。

对于那些处于[80,93]的过程在线测量数据,我们需要区分过程故障和操作时段的转换。如果调用第一子时段 PCA 模型时,当前数据产生了显著的 T^2 和 SPE 统计量,用第二子时段的均值和方差轨迹的起始点重新标准化当前数据,然后调用第二子时段的 PCA 模型再次计算 T^2 和 SPE 统计量。如果这两个统计量处于受控状态,这表明过程仍处于正常工作状态,只不过从注射段进入了保压段而已。如果新计算的 T^2 和 SPE 统计量仍超出了第二子时段的统计控制限,这表明当前测量值中过程变量之间的相关关系和正常工况下的注射及保压段过程相关性特征均不相同,监测程序可以肯定异常工况的发生。

对于第 93 个样本点之后的过程数据,根据前面的假定,所有正常的间歇过程在这个点后都应该结束了注射操作而进入保压阶段。这段时间的数据直接用保压阶段 PCA 模型进行监测即可。

对于图 6.8 中被监测的间歇操作周期,实际过程在第 90 个样本点结束注射段操作而进入保压段,对于第 90 个样本点后的数据(90～93),如果继续调用注射段 PCA 监测模型,就会产生显著超出统计控制限的 T^2 和 SPE 统计量,如图中虚线框所示。而调用保压段 PCA 监测模型时,这些数据的 T^2 和 SPE 统计量仍然处于统计控制限内。图 6.8 中虚线方框中的 SPE 变化特征表明过程进入了新的操作阶段,并没有发生任何故障。

6.4.3.2　异常工况下数据的在线监测及故障诊断

止逆环失效、加工原材料扰动和阀黏着故障都是注塑过程的常见故障[24]。关于前两个故障的相关介绍可详见第 4 章内容。关于 SV1 阀黏着故障,我们有意在保压段中期固定了 SV1 阀门的开度,使得这个故障下的过程数据拥有正常的注射段和保压前段的测量数据。

止逆环失效和材料扰动故障的在线监测及故障诊断图见图 6.9 和图 6.10。故障描述以及诊断图的分析和第 4 章中相关内容类似。这两个故障下的过程数

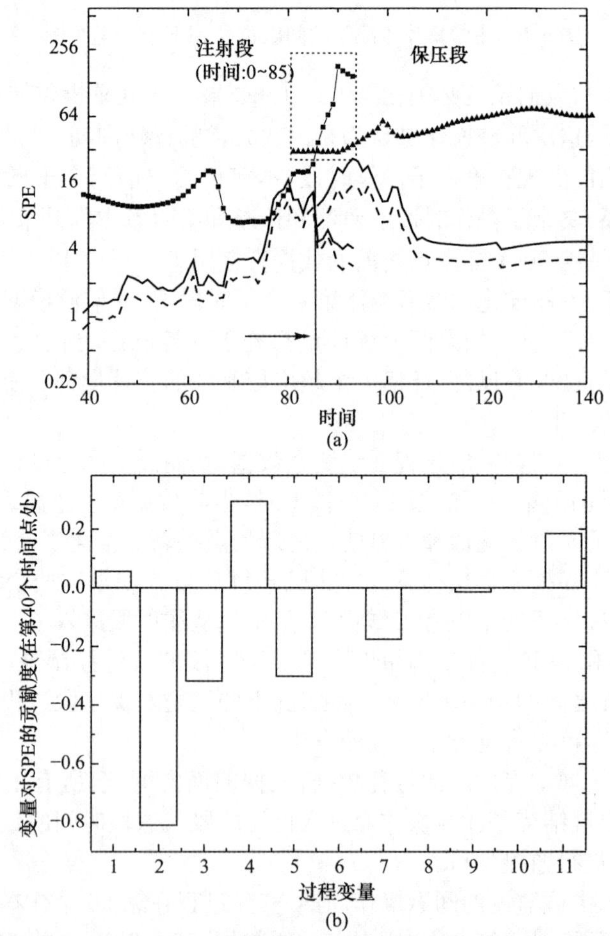

图 6.9　止逆环失效故障下的过程数据在线监测及故障诊断图

(a)SPE 在线监视图　(b)SPE 变量贡献图

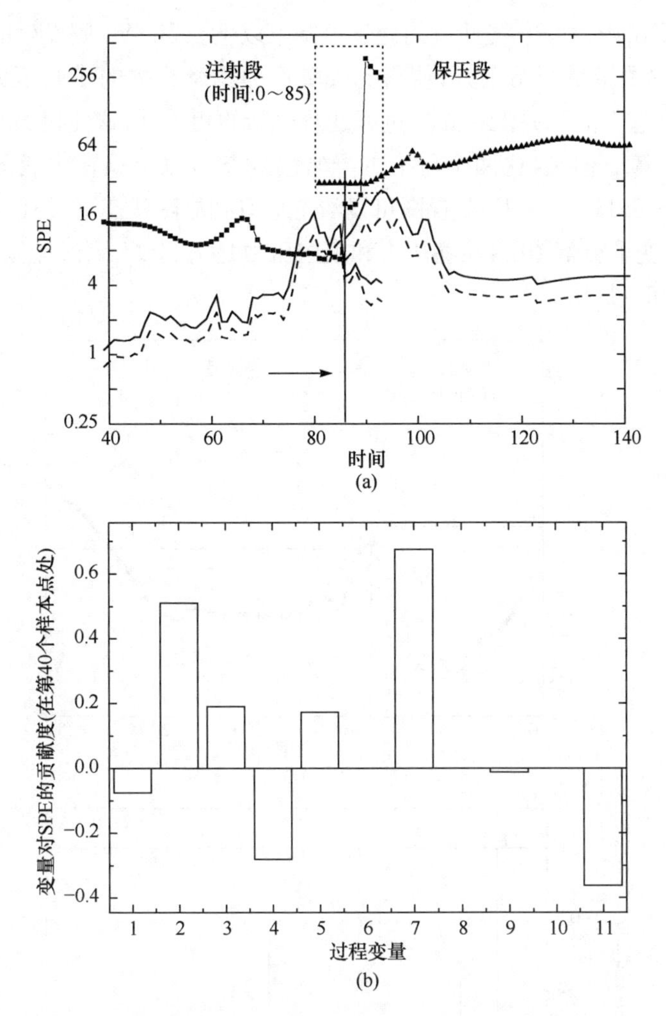

图 6.10　材料扰动故障下的过程数据在线监测及故障诊断图

(a)SPE 在线监视图　(b)SPE 变量贡献图

据，其注射段和保压段的实际分界点是第85个采样点，图6.9和图6.10点线框中的是80～93样本点的 T^2 和SPE统计量，显然这几个点的两组 T^2 和SPE统计量均超出了各自对应的统计控制限，完全符合过程故障的模式特征。

SV1阀黏着故障是在保压段中期引入的故障。在保压操作阶段，SV1阀主要负责将保压压力闭环控制在设定值附近。SV1阀的开度被固定将导致失控的喷嘴压力。对于这个故障，考虑到过程安全等因素，我们在采集了注射和保压段的过程数据后停止了过程操作。图6.11给出了这个故障下过程数据注射和保压段的在线监测以及故障诊断图。根据实验设计，注射段和保压前期的数据属于正常的间歇操作数据，SPE 和 T^2 统计量同处于控制限以下。当 SV1 阀发生故障时，喷嘴压力(No. 2)的测量量开始上升，使得和喷嘴压力紧密相关的模腔压力(No. 7)随之增大。但是这个故障并没有破坏过程变量之间的相关性，这使得 SPE 控制图无力检测这个故障。但是，这两个压力的异常增大却可以反映在主成分空间的 T^2 统计量上。图 6.11(a)的 T^2 监视图可以清楚地看到故障状态下过程的变化趋势；而对应的 T^2 变量贡献图中，喷嘴压力和模腔压力是引起 T^2 统计量显著增大的主要因素，见图 6.11(b)。

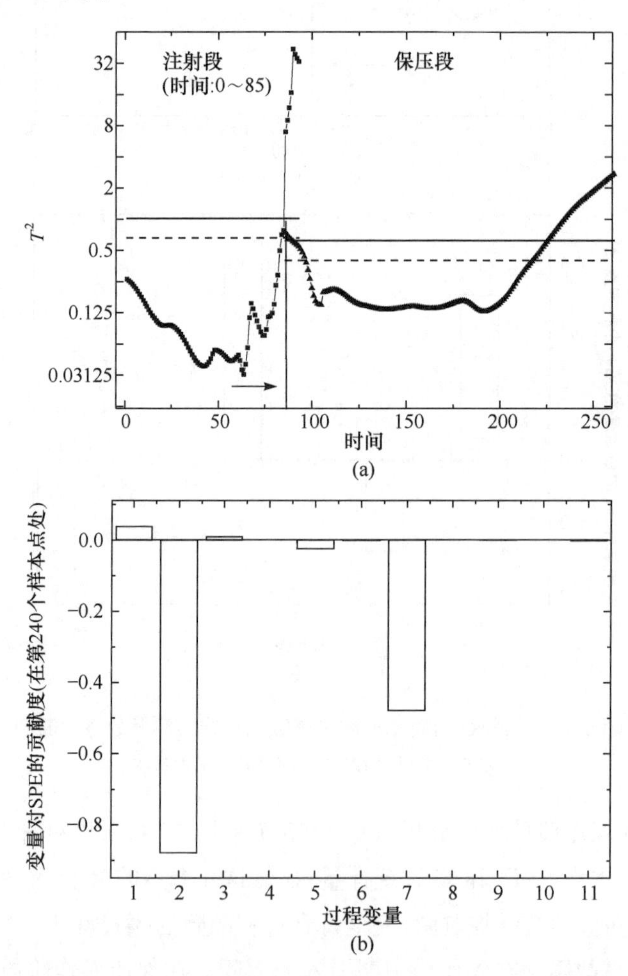

图 6.11　阀黏着故障下的过程数据在线监测及故障诊断图

(a) T^2在线监视图；(b) T^2变量贡献图

上述结果表明，本章提出的不等长间歇过程的子时段 PCA 建模、监测和诊断算法不仅可以成功地获取各操作子时段的具体信息，还能够迅速地检测过程中出现的异常工况并给出合理的故障解释。

6.4.4　小结

这里我们主要针对间歇工业过程的另一个主要特征，即工业中的大多数间歇过程具有变化不定的间歇操作时间，提出了不等长间歇过程的子时段 PCA 建模和在线监测算法。该算法不需要预先处理建模数据，而是先将过程划分为具有不同过程相关性特征的子操作时段，并确定哪些子操作时段具有等长的数据，而哪些子时段又具有不等长的数据，以及不等长子操作时段的数据长度的变化范围。这样，不等长间歇过程被分解为等长的和不等长的子操作时段，然后针对每个子操作时段建立适于过程监测和故障诊断的 PCA 模型。该算法在注塑过程中的成功应用证明了其有效性，可以成为其他不等长间歇工业过程的可行的建模和在线监测工具。

6.5　基于不等长组间分析的子时段建模与过程监测

前面我们提出了一种基于时段的子 PCA 建模方法用于处理不同长度的批次，其分析的重点仍旧是每个时刻批次间的波动。然而，当不等长问题非常严重时该方法并不适用。如果批次间变量轨迹在每个时刻出现严重的不匹配问题，所谓的批次方向的平均轨迹即使能被计算出来，也可能会失去意义。因此，对每个时间片标准化处理和建模并不能准确反映批次方向的波动。此外，对于不规则的批次来说，不等长的周期意味着它们的潜在特性或多或少会有所不同，这实质上是不同的运行模式的一种混合。那么，对所有不等长批次建立一个全局代表性的模型不能准确表征其中某些批次。尤其是对于不等长情况严重的批次，会发现批次间波动比批次内时间方向的波动更大。本节主要针对批次不等长严重的情况，充分考虑不等长运行批次间过程特性的不同，根据不等长问题的程度区分了不同批次组，并对批次组间关系进行了分析，用于时段划分与过程监测。

6.5.1　基本思想

对于由一系列阶段或者时段组成的间歇过程，不等长问题则更为复杂。波动会发生在不同时段，因而每个批次表示时段开始或结束的事件都会在时间方向错位。即使当批次具有相同的长度，过程进程也可能不相同。相似的事件会发生在拥有不同长度时段的不同时刻。因此不管批次总运行长度是否相等，它们都可能包含不等长的时段。一般来说，大部分的公共时间变量的运行轨迹都是不同的，正如图 6.12 中所示的三个不等长批次轨迹（A、B 和 C）以及三个批次的平均轨迹。

为了使图示情况简单易读，三个批次的轨迹均高于平均轨迹。A 批次的 K 时刻的测量点与 B 批次的 $(K+\Delta k_1)$ 时刻以及 C 批次的 $(K+\Delta k_2)$ 时刻的测量点具有相似的变量相关特性。这说明不同批次到达相同过程特征的时刻会有所偏差。传统的批次展开的数据排列方法仅仅是简单地把批次放入各行，然后从左往右任意排列，很显然，这样的处理方式无法匹配不同过程特性。由于批次间运行模式的变化与漂移，这样计算得来的平均轨迹已经不代表真正的数据中心。甚至在时段划分出来之后，基于批次展开处理后的数据建立的模型并不能反映正常的批次间的波动。

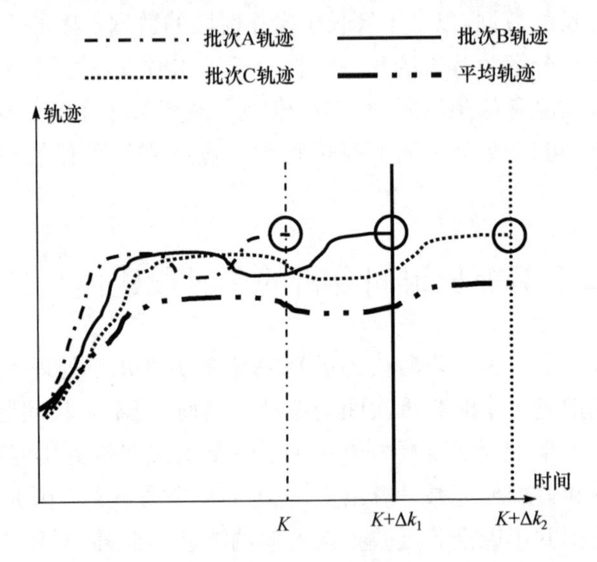

图 6.12　同时段内三个不等长批次的变量轨迹

$(K, K+\Delta k_1$ 和 $K+\Delta k_2$ 分别表示不同时间)

上述分析表明，对于不等长批次，对运行模式进行同步是必须的。一方面，对于显著不等长的批次，考虑到它们特性相差比较大，需要将这些批次划分成不同的不等长组，在每个组内部，时段的长度没有显著差异，批次间具有相似的潜在变量相关性，而在不同组间，批次潜在特性就会有显著差异。如图 6.13 所示，在不等长组 u 内部，时段长度的差别 $(L_{u,\max}^{c}-L_{u,\min}^{c})$ 是比较适中的，可以认为这些批次具有相似的过程特性。比较两个不同批次组 (u 和 $u+1$)，它们的时段长度差异 $(L_{u+1,\max}^{c}-L_{u,\min}^{c})$ 更为明显，批次的过程特性也会有显著差别。对于各不等长组，一方面要识别出不同时段，根据时段标志将轨迹对齐；另一方面，在每个时段内对齐或同步批次轨迹时则需要考虑对采样数据进行适当平移处理来对齐具有相似特性的过程轨迹。

本节将对不等长批次间过程特性变化进行具体分析，通过不等长组划分与组间关系分析建立监测模型，并通过搜索步骤实施在线过程监测。本方法可以加深对过程特征的理解和对过程进行有效地监测，且适用于不等长问题十分严重的多时段间歇过程。

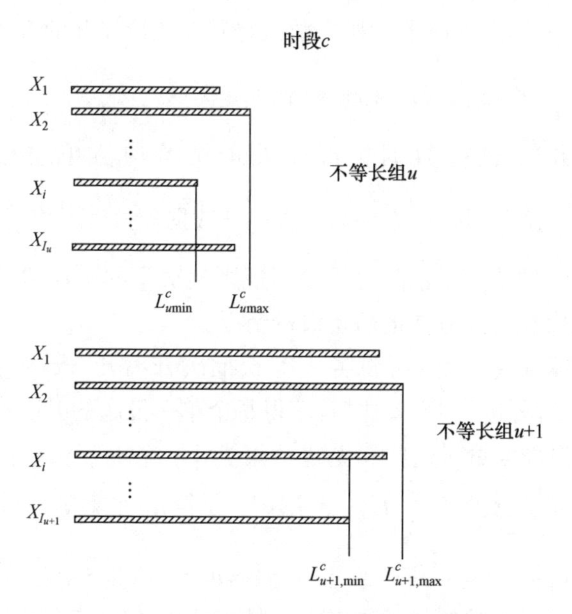

图 6.13　同一时段内不同批次组示意图

(时段 c)($L^c_{u,\max}$和 $L^c_{u,\min}$是不等长组 u 最长和最短的批次长度，$L^c_{u+1,\max}$和 $L^c_{u+1,\min}$是不等长组 $u+1$ 最长和最短的批次长度)

6.5.2　多时段与不等长组划分

前面我们提到过，对于不等长批次，根据过程潜在特性的变化，可以将不规则批次划分到不同的不等长组；由于每个不等长组代表着相似的运行模式，那么对于每个运行模式，均可以获得丰富的测量数据。本方法的基本思想是，不等长批次组间，尽管运行模式不同，但它们的潜在相关性仍旧存在一定程度的相似性和差异性。通过合适的分解，针对每个不等长批次组，可以得到两个不同的子空间，它们分别表示各不等长批次组间的组间共性部分和每个具体不等长批次组的特性部分。在不同子空间内，分析其不同过程变量相关关系，建立合适的置信区间，可以紧密地跟踪不同类型的过程波动。

在统计建模前，同样需要进行时段划分。在本文中，假设过程的先验知识是不能获得的，那么每单一批次的时段信息可以用 Lu 等[25]的方法识别出来。当然，如果实际过程先验知识是已知的，那么时段信息也可以很容易地获得。然后，在同一时段内通过对不等长批次间的差异性进行分析与区分，实现不等长批次组的划分。

具体划分过程总结如下。

(1) 对于同一时段内的不同批次数据，$\boldsymbol{X}_{i,p}(k_{i,p}\times J)$（下标 i 表示批次，p 表示时段，$K_{i,p}$ 是第 i 个批次 p 时段的样本数），将其按变量展开的方式进行排列，即所有 $\boldsymbol{X}_{i,p}(K_{i,p}\times J)$ 一个接一个堆积起来，构成矩阵 $\boldsymbol{X}_p\left(\sum_{i=1}^{I}K_{i,p}\times J\right)$（其中 I 代表所有建模的批次数）。进行数据标准化处理至零均值单位标准差，表示为 $\overline{\boldsymbol{X}}_p\left(\sum_{i=1}^{I}K_{i,p}\times J\right)$。这种预处理方法与批次展开数据预处理具有不同的作用，对 $\boldsymbol{X}_p$ 直接进行中心化处理是为了消除时段中不规则批次间的平均轨迹，因此可以获得相同时段内各批次在时间方向的轨迹波动情况。

(2) 在数据标准化之后，再将各不等长批次分离开，表示为 $\overline{\boldsymbol{X}}_{i,p}(K_{i,p}\times J)$ $(i=1,2,\cdots,I)$。对其进行 PCA 建模，获得每个单一批次的时段模型 $\boldsymbol{P}_{i,p}(J\times J)$。

(3) 通过相似性度量对这些模型进行聚类，U_p 个不等长组被识别出来，每一个不等长组可表示为 $\overline{\boldsymbol{X}}_{u_p,p}\left(\sum_{i\in I_{u_p}}K_{i,p}\times J\right)$（$I_{u_p}$ 是第 u_p 个不等长组各自包含的建模批次数，U_p 是时段 P 内的不等长组指示指标，$u_p=1,2,\cdots,U_p$）。

这里，不失一般性，尽管总的参考批次是充足的，但对于每个不等长组，它的批次数可能是不充足的，这在实际情况中也是很常见的。在每个时段内，不等长程度相差不显著的批次由于具有相似的特性被划分到同一个不等长批次组中，而不等长程度差异显著的批次由于其明显不同的过程特性则被划分到不同组中。值得注意的是，在不同的时段间，批次分组的情况可能是不一致的，这是由不同时段的不同特征直接决定的。

6.5.3 基于组间关系分析的建模

在相同不等长批次组内，各批次长度差异不显著；在不同的不等长组间，各批次长度存在显著差异，因此不等长组间批次的潜在特征差异较明显。这些存在明显差异的特征部分被称为特性部分，该部分不能由统一的模型表征。另一方面，在不同组之间，部分相关性并没有发生变化，这一特征称为共性部分。因此问题的关键是如何区分这两种不同类型的相关性，并针对其各自的波动信息建模。这里，我们提出了一种两步的基向量提取方法[26]，该方法对多重数据空间的内在相关性进行了分析，本书采用该方法作为基本的建模方法。附录 A 给出了该算法的一个简要描述。

在每个时段，可以从不同的不等长组获得多源的数据集。组间共性分析的基本思想是分析不同批次组间共有的运行模式，它们呈现出相似的变量相关性；剩下的则是每个批次组所具有的的特殊的运行模式，它们的变量相关性是不同的。采用如附录A所示的算法，每个不等长组内的原始测量数据都可以被分解为两个子空间，共性子空间与特性子空间。对每个时段内的不等长批次组，表示共性特征的基向量 $\boldsymbol{P}_p^c(J\times R_p^c)$ 被提取出来（其中 R_p^c 表示时段 p 内所保留的基向量的个数，对于每个不等长批次组它其实是不变的，上标 c 表示共性信息）。每一个不等长组 $\overline{\boldsymbol{X}}_{u_p,p}\left(\sum\limits_{i\in I_{u_p}}K_{i,p}\times J\right)$ 都可以被划分为两部分，一个是共性子空间 $\overline{\boldsymbol{X}}_{u_p,p}^c\left(\sum\limits_{i\in I_{u_p}}K_{i,p}\times J\right)$，剩余部分则称为特性子空间 $\overline{X}_{u_p,p}^s\left(\sum\limits_{i\in I_{u_p}}K_{i,p}\times J\right)$，上标 s 表示每一个不等长组的特性信息。

$$\begin{cases}\overline{\boldsymbol{X}}_{u_p,p}=\overline{\boldsymbol{X}}_{u_p,p}^c+\overline{\boldsymbol{X}}_{u_p,p}^s\\ \overline{\boldsymbol{X}}_{u_p,p}^{c\mathrm{T}}=\boldsymbol{P}_p^c\boldsymbol{B}_{u_p,p}^{c\mathrm{T}}=\boldsymbol{P}_p^c(\boldsymbol{P}_p^{c\mathrm{T}}\boldsymbol{P}_p^c)^{-1}\boldsymbol{P}_p^{c\mathrm{T}}\overline{\boldsymbol{X}}_{u_p,p}^{\mathrm{T}}=\boldsymbol{P}_p^c\boldsymbol{P}_p^{c\mathrm{T}}\overline{X}_{u_p,p}^{\mathrm{T}}\\ \overline{\boldsymbol{X}}_{u_p,p}^{s\mathrm{T}}=\overline{\boldsymbol{X}}_{u_p,p}^{\mathrm{T}}-\overline{\boldsymbol{X}}_{u_p,p}^{c\mathrm{T}}=(\boldsymbol{I}-\boldsymbol{P}_p^c\boldsymbol{P}_p^{c\mathrm{T}})\overline{\boldsymbol{X}}_{u_p,p}^{\mathrm{T}}\end{cases}\tag{6-6}$$

其中，$\boldsymbol{B}_{u_p,p}^{c\mathrm{T}}=(\boldsymbol{P}_p^{c\mathrm{T}}\boldsymbol{P}_p^c)^{-1}\boldsymbol{P}_p^{c\mathrm{T}}\overline{\boldsymbol{X}}_{u_p,p}^{\mathrm{T}}$ 是共性基向量 $\boldsymbol{P}_p^c$ 的线性组合系数。实际上，$\boldsymbol{G}_{P_{u_p,p}^c}=\boldsymbol{P}_p^c(\boldsymbol{P}_p^{c\mathrm{T}}\boldsymbol{P}_p^c)^{-1}\boldsymbol{P}_p^{c\mathrm{T}}=\boldsymbol{P}_p^c\boldsymbol{P}_p^{c\mathrm{T}}$ 是 $\boldsymbol{P}_p^c$ 空间上的正交投影矩阵，而 $\boldsymbol{H}_{P_p^c}=\boldsymbol{I}-\boldsymbol{G}_{P_p^c}=\boldsymbol{I}-\boldsymbol{P}_p^c\boldsymbol{P}_p^{c\mathrm{T}}$ 是 $\boldsymbol{P}_p^c$ 在空间上的反正交投影矩阵。因而从另一角度来看，两个子空间可由 $\overline{\boldsymbol{X}}_{u_p,p}$ 通过向不同空间投影得到，即 $\overline{\boldsymbol{X}}_{u_p,p}\boldsymbol{G}_{P_p^c}$ 和 $\overline{\boldsymbol{X}}_{u_p,p}\boldsymbol{H}_{P_p^c}$。显而易见，两个子空间是正交的，$\overline{\boldsymbol{X}}_{u_p,p}^c(\overline{\boldsymbol{X}}_{u_p,p}^s)^{\mathrm{T}}=\overline{\boldsymbol{X}}_{u_p,p}\boldsymbol{G}_{P_p^c}(\overline{\boldsymbol{X}}_{u_p,p}\boldsymbol{H}_{P_p^c})^{\mathrm{T}}=0$。

此外，由公式(6-6)可知，线性组合系数 $\boldsymbol{B}_{u_p,p}^c\left(\sum\limits_{i\in I_{u_p}}K_{i,p}\times R_p^c\right)$ 相互之间并不一定是正交的，它们是由 $\overline{\boldsymbol{X}}_{u_p,p}$ 或 $\overline{\boldsymbol{X}}_{u_p,p}^c$ 向共性基向量上投影得到的：

$$\overline{\boldsymbol{X}}_{u_p,p}^c\boldsymbol{P}_p^c=(\overline{\boldsymbol{X}}_{u_p,p}\boldsymbol{P}_p^c\boldsymbol{P}_p^{c\mathrm{T}})\boldsymbol{P}_p^c=\overline{\boldsymbol{X}}_{u_p,p}\boldsymbol{P}_p^c=\boldsymbol{B}_{u_p,p}^c\tag{6-7}$$

在共性子空间中，相同的潜在相关性通过共性基向量的线性组合表示出来。这些共性基向量可以用于建立统一的模型。在剩余的子空间中，变量相关性不再包含共性基向量信息，每个不等长组都呈现出不同与特异性，从而对于不同的特性子空间需要建立不同的模型。这里，我们采用传统的PCA分解的方法获取特性子空间的系统信息以及残差信息：

$$\begin{cases}\boldsymbol{T}_{u_p,p}^s=\overline{\boldsymbol{X}}_{u_p,p}^s\boldsymbol{P}_{u_p,p}^s=\overline{\boldsymbol{X}}_{u_p,p}(\boldsymbol{I}-\boldsymbol{P}_p^c\boldsymbol{P}_p^{c\mathrm{T}})\boldsymbol{P}_{u_p,p}^s\\ \hat{\boldsymbol{X}}_{u_p,p}^s=\boldsymbol{T}_{u_p,p}^s\boldsymbol{P}_{u_p,p}^{s\mathrm{T}}\\ \boldsymbol{E}_{u_p,p}^s=\overline{\boldsymbol{X}}_{u_p,p}^s-\hat{\boldsymbol{X}}_{u_p,p}^s\end{cases}\tag{6-8}$$

其中，$\boldsymbol{P}^s_{u_p,p}(J\times R^s_{u_p,p})$是特性子空间PCA的负载，表示特性子空间中主要的波动方向；$R^s_{u_p,p}$是所保留的主元个数；$\boldsymbol{E}^s_{u_p,p}\left(\sum_{i\in I_{u_p}}K_{i,p}\times J\right)$是特性子空间的残差，也是最终的模型误差。

一般来说，如果所有共性信息都被排除掉的话，$\boldsymbol{P}^s_{u_p,p}(J\times R^s_{u_p,p})$在不同的不等长组间的差异会变大。换个角度来看，这些PCA负载也可以是最初测量数据的一种线性组合，$\boldsymbol{P}^s_{u_p,p}=\overline{\boldsymbol{X}}^{s\mathrm{T}}_{u_p,p}\boldsymbol{T}^s_{u_p,p}(\boldsymbol{T}^{s\mathrm{T}}_{u_p,p}\boldsymbol{T}^s_{up,p})^{-1}$因此它们也可以被认为是一种基向量，我们称之为特性向量。根据公式(6-6)显而易见，特性基向量($\boldsymbol{P}^s_{u_p,p}$)与共性基向量($\boldsymbol{P}^c_p$)是相互正交的。因此，每个组的特性得分$\boldsymbol{T}^s_{u_p,p}\left(\sum_{i\in I_{u_p}}K_{i,p}\times R^s_{u_p,p}\right)$也可以由测量数据($\overline{\boldsymbol{X}}_{u_p,p}$)直接投影到$\boldsymbol{P}^s_{u_p,p}$获得，即$\boldsymbol{T}^s_{u_p,p}=\overline{\boldsymbol{X}}_{u_p,p}\boldsymbol{P}^s_{u_p,p}$。

概括起来，每个不等长批次组的潜在特性可以通过两个子空间进行描述，具体表示如下：

$$\begin{aligned}\overline{\boldsymbol{X}}_{u_p,p}&=\overline{\boldsymbol{X}}^c_{u_p,p}+\overline{\boldsymbol{X}}^s_{u_p,p}\\&=\boldsymbol{B}^{c\mathrm{T}}_{u_p,p}\boldsymbol{P}^{c\mathrm{T}}_p+\boldsymbol{T}^s_{u_p,p}\boldsymbol{P}^{s\mathrm{T}}_{u_p,p}+\boldsymbol{E}^s_{u_p,p}\\&=\overline{\boldsymbol{X}}_{u_p,p}(\boldsymbol{P}^c_p\boldsymbol{P}^{c\mathrm{T}}_p+\boldsymbol{P}^s_{u_p,p}\boldsymbol{P}^{s\mathrm{T}}_{u_p,p})+\boldsymbol{E}^s_{u_p,p}\\&=\overline{\boldsymbol{X}}_{u_p,p}[\boldsymbol{P}^c_p,\boldsymbol{P}^s_{u_p,p}][\boldsymbol{P}^c_p,\boldsymbol{P}^s_{u_p,p}]^{\mathrm{T}}+\boldsymbol{E}^s_{u_p,p}\\&=\overline{\boldsymbol{X}}_{u_p,p}\boldsymbol{\Omega}_{u_p,p}\boldsymbol{\Omega}^{\mathrm{T}}_{u_p,p}+\boldsymbol{E}^s_{u_p,p}\end{aligned}\tag{6-9}$$

其中，对于时段p内的每个不等长组，$\boldsymbol{\Omega}_{u_p,p}=[\boldsymbol{P}^c_p,\boldsymbol{P}^s_{u_p,p}]$是系统模型，表征了共性和特性的系统相关性信息。因此，$\boldsymbol{B}^c_{u_p,p}$和$\boldsymbol{T}^s_{u_p,p}$分别表示该不等长批次组在$\boldsymbol{P}^c_p$和$\boldsymbol{P}^s_{u_p,p}$方向上的波动。

在建立了共性和特性的系统模型之后，最终的残差的SPE值则可很容易按如下方式获得：

$$\mathrm{SPE}^s_{e,u_p,p}=\boldsymbol{e}^{s\mathrm{T}}_{e,u_p,p}\boldsymbol{e}^s_{e,u_p,p}\tag{6-10}$$

其中，$\boldsymbol{e}^s_{e,u_p,p}$是$\boldsymbol{E}^s_{u_p,p}\left(\sum_{i\in I_{u_p}}K_{i,p}\times J\right)$的行向量；下标$e=1,2,\cdots,\sum_{i\in I_{u_p}}K_{i,p}$。

6.5.4 局部置信区间的建立

通过系统得分以及残差的计算，可以得到3个监测统计量。问题的关键是如何构造这些统计量的置信区间。对于每个时段p的所有不等长批次组，共性子空间和特性子空间相应的得分分别是$\{\boldsymbol{B}^c_{1,p},\boldsymbol{B}^c_{2,p},\cdots,\boldsymbol{B}^c_{u_p,p},\cdots,\boldsymbol{B}^c_{U_p,p}\}$和$\{\boldsymbol{T}^s_{1,p},\boldsymbol{T}^s_{2,p},\cdots,\boldsymbol{T}^s_{u_p,p},\cdots,\boldsymbol{T}^s_{U_p,p}\}$。

所提取出的潜在的系统波动信息($\boldsymbol{B}^c_{u_p,p}\left(\sum_{i\in I_{u_p}} K_{i,p} \times R^c_p\right)$ 和$\boldsymbol{T}^s_{u_p,p}\left(\sum_{i\in I_{u_p}} K_{i,p} \times R^s_{u_p,p}\right)$)实际上捕捉了每一个不等长组运行周期内的演化趋势，如图 6.14(a) 所示。它们可能不适合直接用于过程监测，因为运行轨迹在时间方向波动幅度大，一个统一的置信区间可能过于宽松。为了建立一个紧密的置信区间，我们更应该关注批次方向的正常波动。这里，我们提出了一种针对各时间片搜索相似模式的方法，如附录B所示。该方法通过搜寻参考数据库中相似的得分，将类似的共性子空间得分以及特性子空间得分分别收集到一起，从而建立紧密的置信区间。其中，基本的分析单元是时间片。

首先，基于不等长批次组的划分，每个时段内相似的运行批次被划分在同一个批次组。这就意味着在每个时刻可以按照批次展开方式处理数据，如图 6.14(b) 所示。在每个时刻按批次展开进行数据处理反映了批次方向上围绕平均轨迹的过程波动情况。此外，如前面所述，即使在同一个组内，尽管不等长情况比较适度，批次运行轨迹也会有所差异。因此，只有在最小的时段长度之前($k=K^*_{u_p,p}$)，这些按批次展开的运行模式才能严格排列成规则的二维矩阵，超出最小时段的时间区域$[K^*_{u_p,p},K_{u_p,p}]$的数据则是不规则的，如图 6.14(b)所示。通过这种方式，对于每个批次组，每个时刻的时间片特征都被提取出来，即 $\boldsymbol{B}^c_{k,u_p,p}$ $(I_{k,u_p}\times R^c_p)$ 和 $\boldsymbol{T}^s_{k,u_p,p}(I_{k,u_p}\times R^s_{u_p,p})$(其中 I_{k,u_p} 是第 u_p 个批次组在 k 时刻可获得的批次数)。

接下来，计算出这些时间片的中心($\bar{\boldsymbol{b}}^c_{k,u_p,p}$和$\bar{\boldsymbol{t}}^c_{k,u_p,p}$)。在时间方向，它们可以表示为

$$\begin{cases}\bar{\boldsymbol{B}}^c_{u_p,p}=\left[\bar{\boldsymbol{b}}^c_{1,u_p,p},\bar{\boldsymbol{b}}^c_{2,u_p,p},\cdots,\bar{\boldsymbol{b}}^c_{k,u_p,p},\cdots,\bar{\boldsymbol{b}}^c_{K^*_{u_p,p},u_p,p},\cdots,\bar{\boldsymbol{b}}^c_{K_{u_p,p},u_p,p}\right]\\ \bar{\boldsymbol{T}}^s_{u_p,p}=\left[\bar{\boldsymbol{t}}^s_{1,u_p,p},\bar{\boldsymbol{t}}^s_{2,u_p,p},\cdots,\bar{\boldsymbol{t}}^s_{k,u_p,p},\cdots,\bar{\boldsymbol{t}}^s_{K^*_{u_p,p},u_p,p},\cdots,\bar{\boldsymbol{t}}^s_{K_{u_p,p},u_p,p}\right]\end{cases} \tag{6-11}$$

时间片的协方差则计算为

$$\begin{aligned}\Sigma^c_{u_p,p} &= \left\{\Sigma^c_{1,u_p,p},\Sigma^c_{2,u_p,p},\cdots,\Sigma^c_{k,u_p,p},\cdots,\Sigma^c_{K^*_{u_p,p},u_p,p},\cdots,\Sigma^c_{K_{u_p,p},u_p,p}\right\}\\ \Sigma^s_{u_p,p} &= \left\{\Sigma^s_{1,u_p,p},\Sigma^s_{2,u_p,p},\cdots,\Sigma^s_{k,u_p,p},\cdots,\Sigma^s_{K^*_{u_p,p},u_p,p},\cdots,\Sigma^s_{K_{u_p,p},u_p,p}\right\}\end{aligned} \tag{6-12}$$

此外，如果以特定的采用周期进行采样，当只能获得一个得分向量时，那么协方差阵就是单位阵。

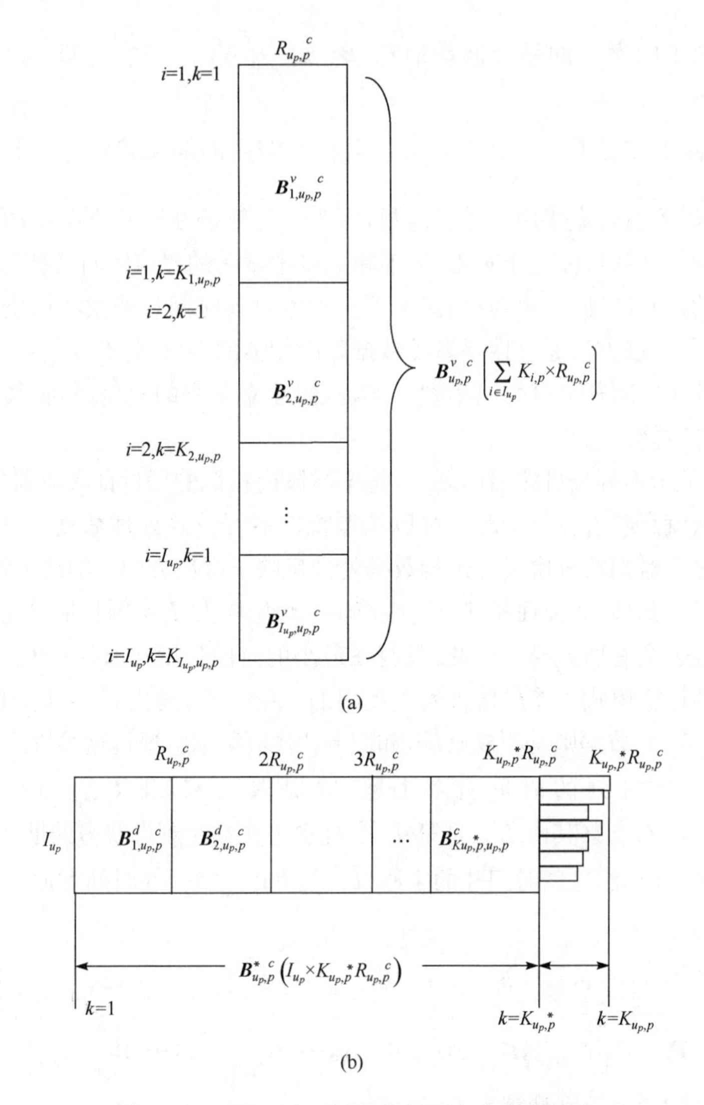

图 6.14　时段 p 内不同数据展开方式的示意图

(a)变量展开用于建模　(b)批次展开用于建立置信区间($K_{u_p,p}^{*}$和 $K_{u_p,p}$分别表示最短和最长的时段长度)

接下来,通过设计好的搜索方法,利用这些时间片的协方差矩阵搜索相似的模式,用于建立共性得分和特性得分的置信区间,具体的步骤如附录 B 所示。根据该算法,在每一个不等长批次组的每一个采样时刻,具有相似运行模式的批次测量数据可以集合到一起,因而对三个监测量可以建立更紧密的置信区间。此外,所选择的特性得分的结果表明,针对 SPE 控制限的建立较为容易。因为经过共性模型和特性模型解释后,可以认为残差近似的服从标准正态分布,则 SPE 可以用带权重的

χ^2 分布来描述[10]。

6.5.5　在线过程监测

对于新的测量样本 $\boldsymbol{x}_{\text{new}}(J\times1)$，首先调用当前时段的广义均值和方差进行标准化处理。将 $\boldsymbol{x}_{\text{new}}(J\times1)$ 投影到统一的共性模型求得共性得分，$\boldsymbol{b}_{\text{new}}^{c}=\boldsymbol{P}_{p}^{c\text{T}}\boldsymbol{x}_{\text{new}}$。接下来，为了判断该得分具体属于哪个不等长批次组，需要计算该得分与每个批次组的马氏距离，实质就是计算 T^2 统计量

$$\boldsymbol{T}_{u_p,\text{new}}^{c2}=(\boldsymbol{b}_{\text{new}}^{c}-\bar{\boldsymbol{b}}_{k,u_p,p}^{c})^{\text{T}}\Sigma_{k,u_p,p}^{c-1}(\boldsymbol{b}_{\text{new}}^{c}-\bar{\boldsymbol{b}}_{k,u_p,p}^{c})\tag{6-13}$$

其中，$\bar{\boldsymbol{b}}_{k,u_p,p}^{c}$ 是每个不等长批次组各采样时刻的平均共性得分；$\Sigma_{k,u_p,p}^{c}$ 是相应的协方差。

基于马氏距离的结果，我们可以判断新来数据隶属于哪个不等长批次组。具体判断准则如下：若马氏距离的值没有超出该批次组的置信区间，那么就认为当前样本属于该批次组（u_p^*）。接下来，通过调用组内的时段模型，可以计算新数据的特性得分，$\boldsymbol{t}_{\text{new}}^{s}=\boldsymbol{P}_{u_p^*,p}^{s\text{T}}\boldsymbol{x}_{\text{new}}$，然后基于该时刻的局部置信区域，可以计算其 Hotelling-T^2：

$$\boldsymbol{T}_{\text{new}}^{s2}=(\boldsymbol{t}_{\text{new}}^{s}-\bar{\boldsymbol{t}}_{k,u_p^*,p}^{s})^{\text{T}}\Sigma_{k,u_p^*,p}^{s-1}(\boldsymbol{t}_{\text{new}}^{s}-\bar{\boldsymbol{t}}_{k,u_p^*,p}^{s})\tag{6-14}$$

其中，$\bar{\boldsymbol{t}}_{k,u_p^*,p}^{s}$ 是第 u_p^* 个批次组内每个时刻置信区间内的平均特性得分；$\sum_{k,u_p^*,p}^{s}$ 是相应的协方差。

最终的残差及其 SPE 值计算如下：

$$\begin{cases}\boldsymbol{e}_{\text{new}}^{s}=\boldsymbol{x}_{\text{new}}^{s}-\hat{\boldsymbol{x}}_{\text{new}}^{s}=(\boldsymbol{I}-\boldsymbol{\Omega}_{u_p^*,p}\boldsymbol{\Omega}_{u_p^*,p}^{\text{T}})\boldsymbol{x}_{\text{new}}\\ \text{SPE}_{\text{new}}^{s}=\boldsymbol{e}_{\text{new}}^{s\text{T}}\boldsymbol{e}_{\text{new}}^{s}\end{cases}\tag{6-15}$$

此外，对于在线监测，一个关键的问题是如何判断新数据的隶属时段以便能调用合适的监测模型。如前所述，在每一个不等长批次组，尽管不等长程度比较适度，不同批次间的时段长度仍是不规则的。这意味着过程时间不能用于判断该调用哪个时段模型进行在线监测。这里，假设对于每个不等长批次组（u_p），最长和最短的时段长度分别为 $L_{u_p,\max}^{p}$ 和 $L_{u_p,\min}^{p}$，如图 6.14 所示。在线应用则可以分以下两种情况来实施监测。

(1) 在长度为$[1,L_{u_p,\min}^{p}]$内的数据，显然可知它们隶属于当前时段，那么可以调用当前的时段模型计算监测量。

(2) 对于属于$[L_{u_p,\min}^{p}+1,L_{u_p,\max}^{p}]$的数据，样本可能仍处于当前时段，也可能进入了下一个时段。对此，需要进行实时判断，区分这是正常的时段变换还是过程故障。对于属于该时段的正常数据，调用该时段模型计算得到的监测量应处于该

时段的控制限之内。对于进入下一时段的正常数据，当前时段模型则不能表征其潜在的变量相关性，调用该时段模型计算的监测统计量则会超限；这时调用下一时段模型重新进行监测，报警信号如果消除，则表明当前时刻为正常状态。而对于过程故障数据，不管调用当前时段模型还是下一时段模型，超限统计量都不能被消除。基于此，可以将时段间的正常切换和过程故障区分开来。

6.5.6 小结

总结起来，整个方法的流程图如图 6.15 所示，其中，图 6.15(a)是建模过程，图 6.15(b)为在线应用过程。在建模阶段，基于时段、不等长批次组的划分以及共性、特性分析，我们建立了不同的监测模型，并通过相似模式的搜索可以建立合适的控制限。当在线应用时，不同的不等长情况被区分开来，因此适合的监测模型可以被调用。

本书所提出的建模方法有两个关键点。一是区分不同的潜在过程相关性建立不同的模型：在每个时段，划分不同的不等长批次组，构成多个数据集。对这些数据集的共性分析方法如本章附录 A 所示，该方法用以区分潜在变量相关性在组间的相似性和差异性；二是通过搜索相似模式建立紧密的控制限以提高故障检测性能：为了建立合适的控制限，在每个不等长组的每个采样时刻，采用本章附录 B 中的搜索算法收集相似模式。

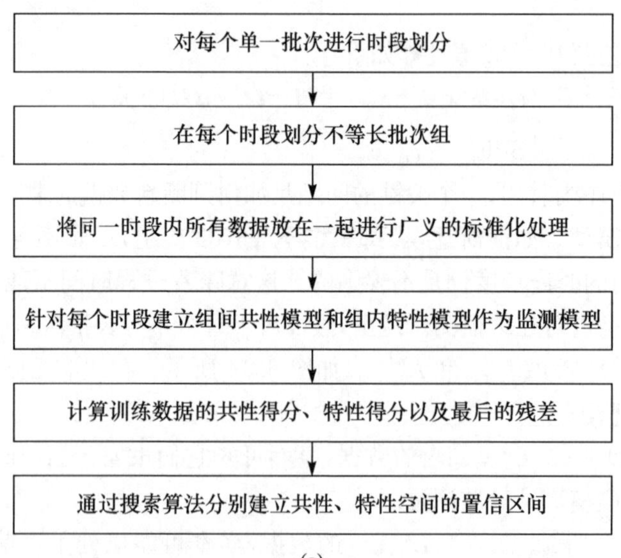

(a)

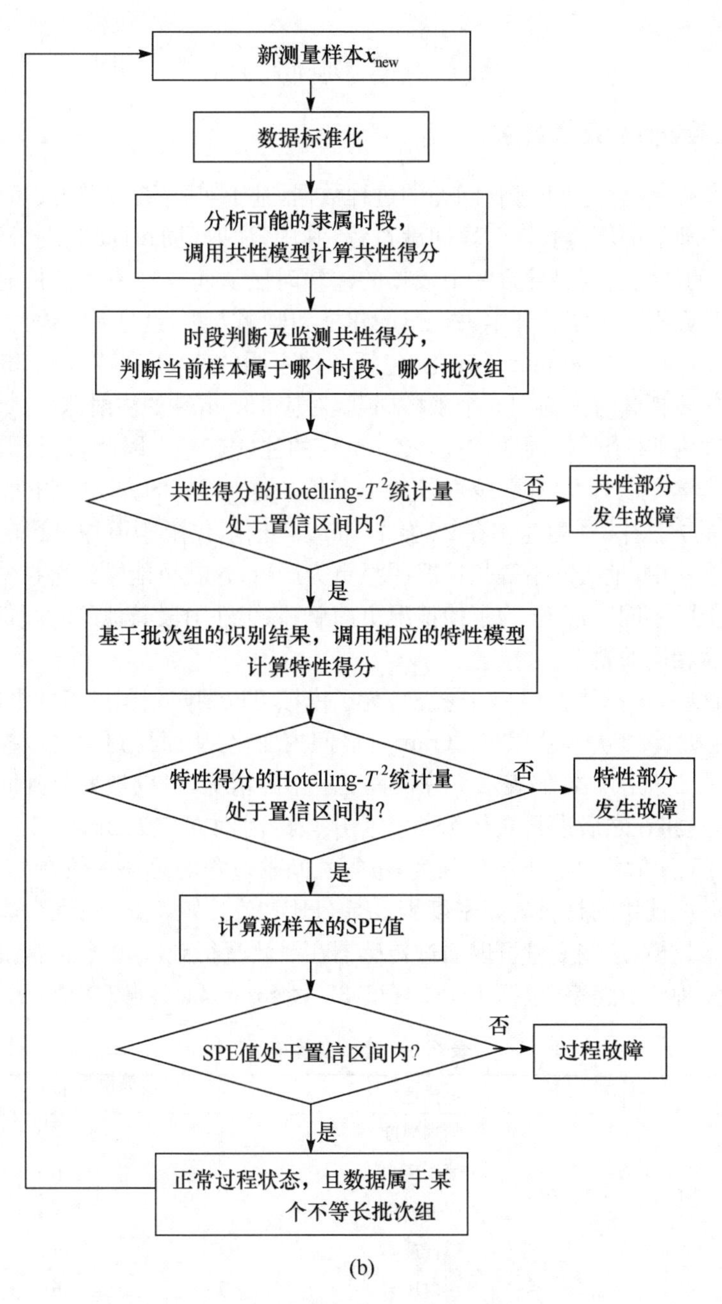

(b)

图 6.15　不等长批次建模与监测方法的流程图

(a)统计建模过程　(b)在线监测过程

6.6 案例研究

6.6.1 实验设计和建模数据

为了获得具有严重不等长问题的过程数据，基于实验室的注塑成型设备，我们设定了一个典型的不等长多时段间歇过程，其中，注射段的时间取决于注射速度。显然，较低的注射速度会导致一个较长的注塑时段从而得到一个较长的批次以及更多的过程数据。为了验证本书提出的建模和监测方法，经过实验设计，我们使注射速度从 16mm/s 到 40mm/s 变化，包括四种不同的速率：16，24，32 和 40mm/s。最长的注射段持续时间为 128 个采样周期，对应 16mm/s 的注射速率；最短的注射段持续时间为 58 个采样周期，对应 40mm/s 的注射速率。因此，最长最短之间相差 70 个样本，最长段大约是最短段的 1.2 倍。这与 Lu 的方法[27]中所设置的不同，在 Lu 的方法中，注射速率在 22 至 26mm/s 变化，仅限于不等长程度较为适度的情况。本书中，批次间不等长情况明显更为严重，这就可能导致潜在特性会出现一定程度上的不同。这里，为了使情况更简单，除了注射段其他的时段都保持一致的长度以及相同的轨迹。

除了这些显著不同的不等长批次，为了模拟可以划归到同一组的批次，在速率 24mm/s 附近，设置速率在 22～26mm/s 区间内变化，从而得到注射段样本个数为 96～84 的几个批次。它们表示不等长程度适中的情况，可以被划分到同一个不等长批次组，这将在之后进行具体分析。保压段的时间固定为 3s，冷却段的时间设为 15s。由于注射段具有不同的长度，不等长间歇过程的总样本数在 663～733 变化。本实验所使用的材料为高密度聚乙烯(HDPE)。如表 6.3 所示，选取 9 个过程变量用于建模，这些变量可以通过传感器在线测量得到。40 个正常批次用于建模，其中，每种注射速率(包括 16，22～26，32 盒 40mm/s)各自对应 10 个批次。

表 6.3　建模变量描述

序号	描述	单位
1	喷嘴温度	℃
2	喷嘴压力	bar
3	螺杆行程	mm
4	螺杆速率	mm/s
5	注射压力	bar
6	塑化压力	var
7	SV1 开度	%
8	SV2 开度	%
9	模内压力	bar

6.6.2　不等长组间关系分析

首先,对于每个批次,过程可以被预先划分为五个主要时段,每个时段内样本在时间上都是连续的。一般来说,时段的划分结果应当与过程的四个物理时段一致,分别是:注塑、保压、塑化、冷却。此外,在保压和塑化段之间还有一个短时段。接下来,对于每个批次可以建立多时段模型,而在不同批次间对时段模型进行聚类,则可以划分出多个不等长批次组。本案例中,在注射段,可以划分出4个不等长组,分别为128,90,70和58个采样样本长度。对于其他等长的时段,通过分析它们的时段PCA模型,可以发现它们具有相似的相关性,因而可以被划分到同一个不等长组。这说明了采用不同的注射速率不会影响之后各时段的相关性。在注射段,对于不同批次组,用附录A所述方法提取出的两个共性基向量如图6.16(a)所示,它们反映了不等长组间相似的变量相关性。从基向量的系数可以看出,对应于第四个过程变量(注射速率)的系数较小,这也反映了注射速率对组间共性的贡献较小。这一结论与实际过程是相符合的,即注射段不等长批次组间的差异是由于不同的注射速率导致的。此外,在不同注射速率的影响下,变量7和8(即SV1和SV2的开度)的贡献很小。在建立了共性模型后,为了反映不同组间的区别,我们建立了特性模型。图6.16(b)显示了第一个特性基向量的情况,可以看出,对应于注射速率的基系数要比图6.16(a)所示的共性基向量系数大。注射段内四个不等长批次组的特征得分平面(t_1-t_2)如图6.17所示,可以看出,它们相互之间有明显的不同。

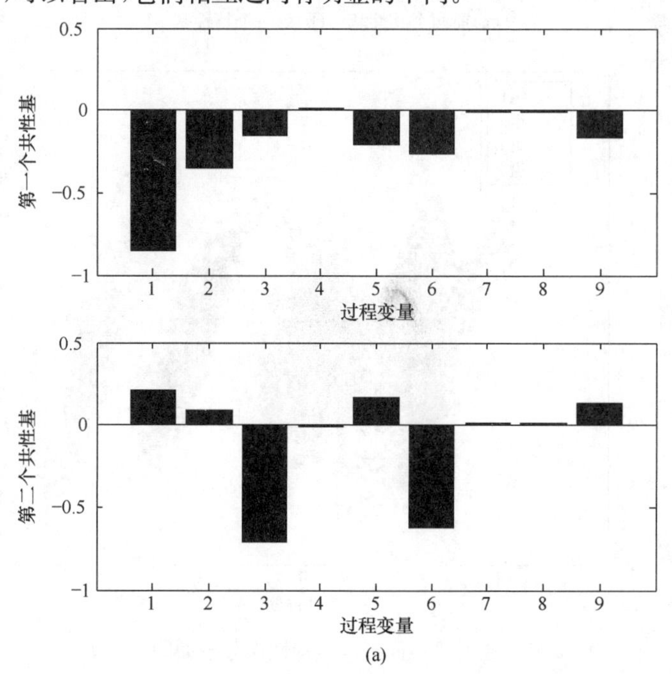

(a)

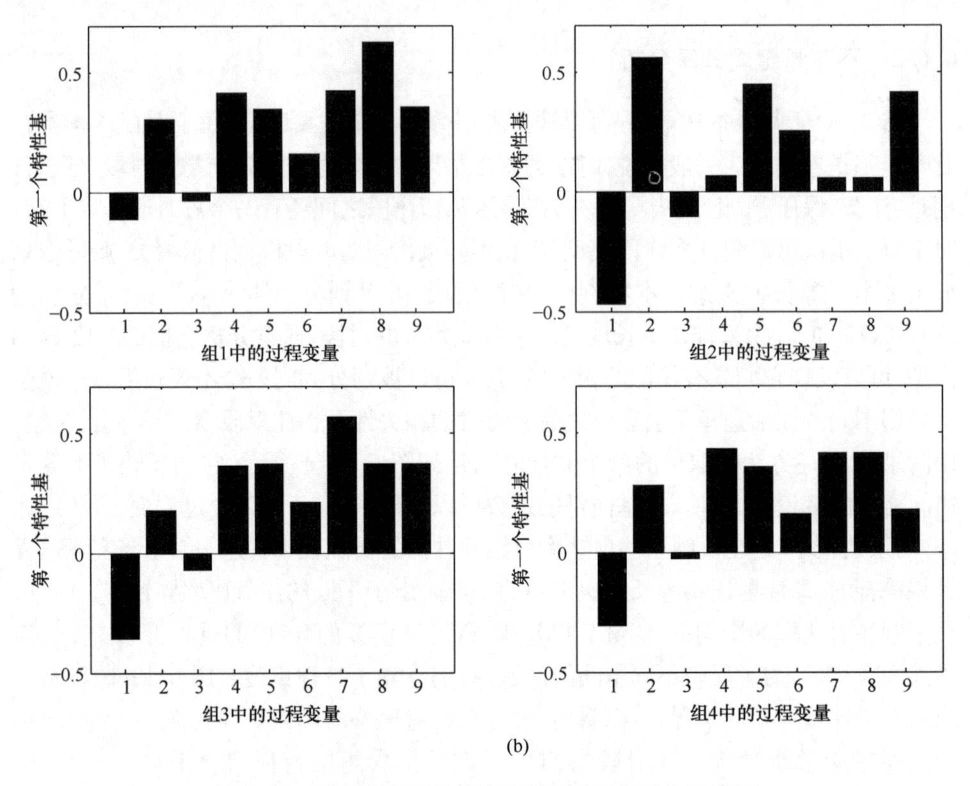

图 6.16　注射段不等长批次组间的变量相关性示意图
(a)前两个共性基　(b)第一个特性基

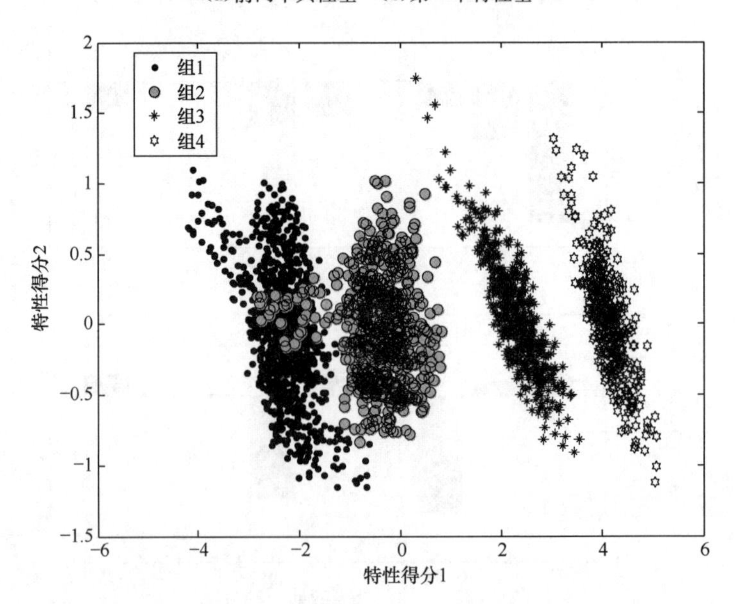

图 6.17　注射段不同批次组特性得分平面图(t_1-t_2)

对于共性特征局部置信区间的建立,可将组间和时间方向相似的模式选取并集合起来。以注射段第 3 个不等长组内前 20 个样本点为例,该样本组的注射速率是 32mm/s,相似样本选取结果如表 6.4 所示。可以看出,对于该 20 个样本点,其共性特征与组 1 下一个时刻的样本更相似,因为组 1 有更长的时段长度。在本书中,为了简单起见,对于所选区间内的置信限,认为 T^2 服从 F 分布[28,29],而 SPE 服从加权 χ^2 分布[30]。

表 6.4 注射段第 2 个不等长批次组的共性模式选择结果

组 3 的过程时刻	选取的第一个模式		选取的第二个模式		选取的第三个模式	
	分组指标	时刻指标	分组指标	时刻指标	分组指标	时刻指标
1	1	3	1	2	2	1
2	3	3	1	5	4	1
3	4	1	3	4	3	2
4	3	5	3	3	4	1
5	3	4	3	6	3	3
6	4	2	3	5	2	6
7	2	7	2	8	2	6
8	2	9	3	9	2	10
9	2	10	3	10	3	8
10	3	9	2	10	3	11
11	1	18	3	12	3	10
12	1	18	1	19	3	11
13	1	19	1	22	1	18
14	1	23	3	15	1	24
15	3	16	3	14	1	23
16	3	15	1	25	1	24
17	1	27	1	28	1	29
18	1	30	1	29	1	31
19	1	31	1	32	1	33
20	1	37	3	19	1	35

6.6.3 不等长注塑过程的在线监测

在线应用时,对于属于第一个不等长批次组的样本,随着时间的推移,先求出共性信息,根据共性信息计算出共性得分 T^2 统计量,从而可以判断出样本隶属于哪个批次组。如图 6.18(a)所示，以前 30 个样本为例，可以看出只有批次组 1 的 T^2 统计量没有超限，其他组均连续超限。此外，不难看出，在最开始阶段，系统共性信息也能被批次组 2 和批次组 3 的置信区间所容纳。那么，接下来需要进一步对该批次的特性信息进行监测来判断其隶属于哪个批次组。如图 6.18(b)所示，以相同的 30 个样本为例。显而易见，如果调用组 2 至组 4 的特性模型，监测统计量超限情况比图 6.18(a)中的更为明显。可以看出，时段长度与各批次组相差越大，超限情况则越严重。例如，最大的 T^2 监测值发生在组 4，意味着该批次与批次组 4 相差最大。综合考虑在所有子空间中的监测结果，可以确定该批次隶属于哪个批次组，并且过程的运行状态也通过在各系统子空间中的监测结果进行了判断。此外，随着时间的推移，可以得到更准确更稳定的批次组隶属关系的判断结果。最后，对残差信息进行监测，如图 6.18(c)所示，可以看出当前批次在注射段是运行正常的。

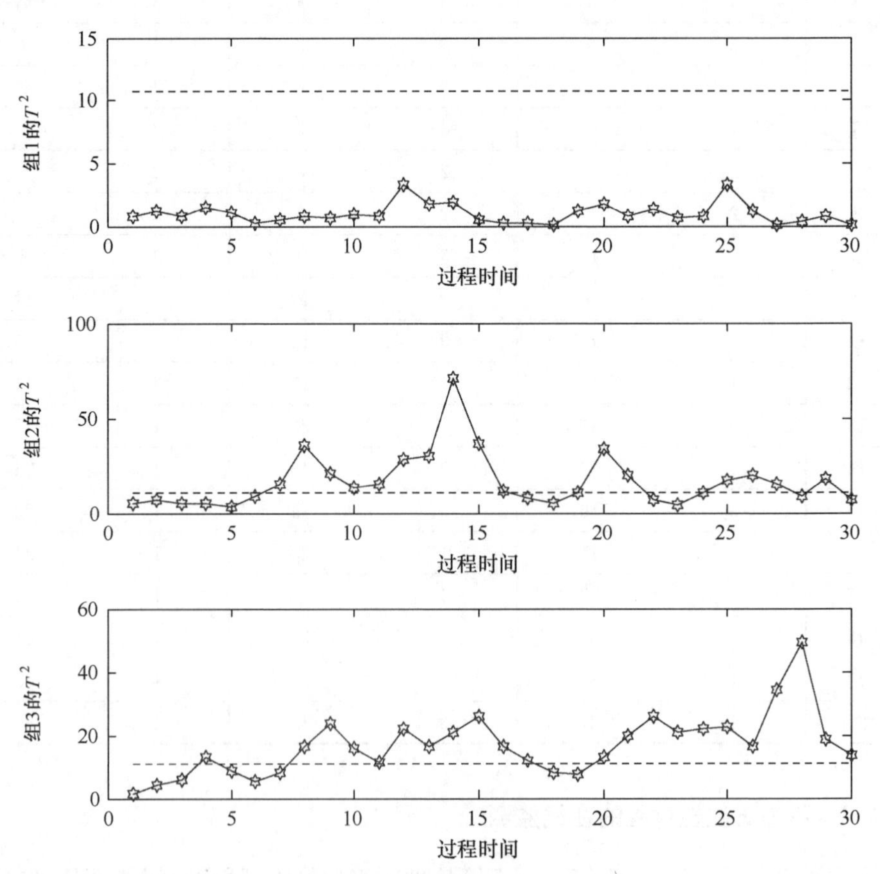

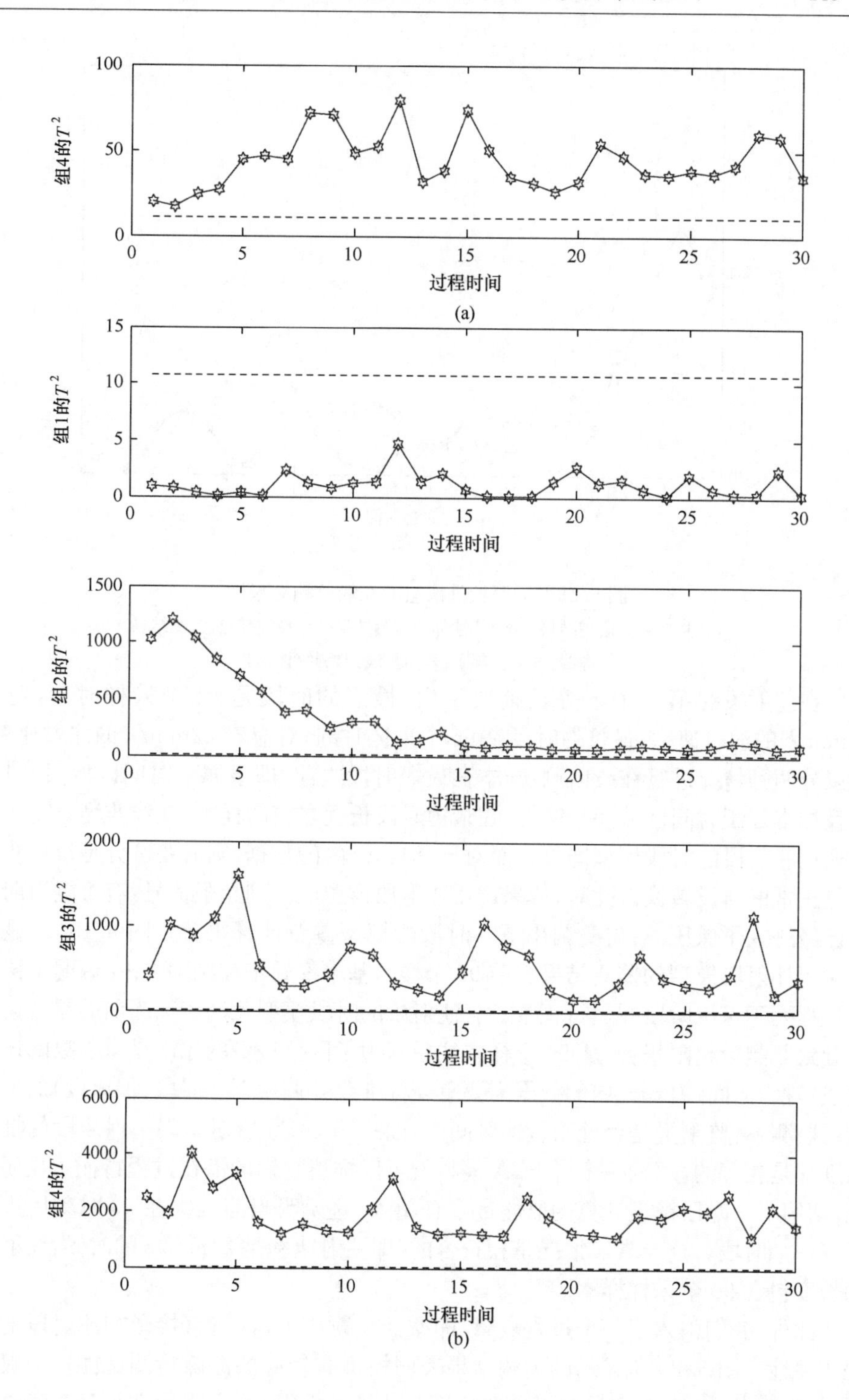
组4的T^2
过程时间
(a)
组1的T^2
过程时间
组2的T^2
过程时间
组3的T^2
过程时间
组4的T^2
过程时间
(b)

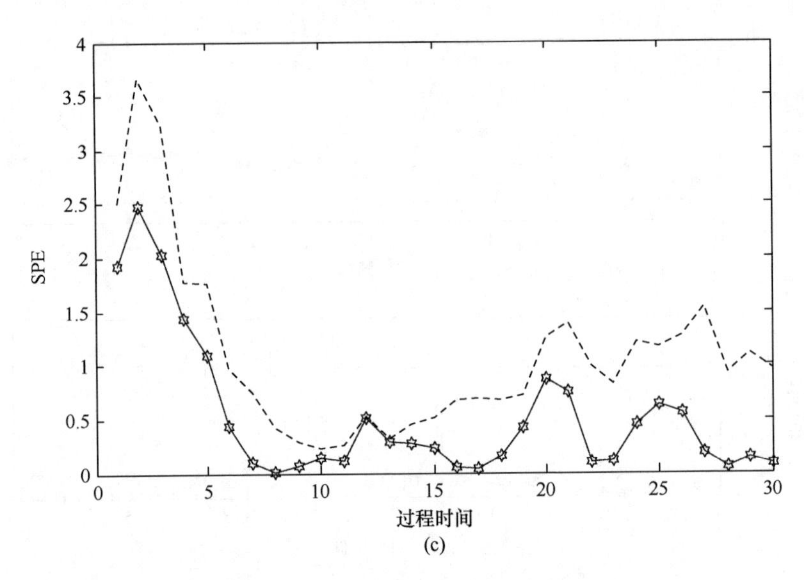

图 6.18　不等长批次组的在线监测结果图

(a)共性部分监测结果　(b)特性部分监测结果　(c)残差信息监测结果

(虚线:99%控制限:六角星线:监测统计量)

在注射段的第二个不等长批次组内,最短的时段是 84 个采样时刻,对应 26mm/s 的注射速率;最长的时段是 96 个采样时刻,对应着 22mm/s 的注射速率。可以分两种情况进行在线监测:样本在最短时段之前,即隶属于时间区域[1,84];以及样本处于时间区域[84,96]。在最短时段长度之前的样本,在线监测只需要简单调用注射段的时段模型即可。而对于[84,96]内的数据,则需要区分是过程故障还是正常的时段转换。此时,如果调用注射段模型监测到超限信号,有可能当前批次已经进入了保压段;需要调用下一时段的模型重新计算得分。图 6.19(a)显示了调用注射段模型的监测结果。前 90 个样本基本都处于控制限之内,说明了该间歇过程处于保压阶段并运行正常。若注射段的时段模型无法表征当前的运行模式并导致监测量超限报警(从 91 个样本往后),为了区分报警的原因是过程故障还是时段转换,区间[91,96]内的数据需要重新标准化并调用下一时段(保压段)的模型进行监测,看监测量是否处于置信区间内,如图 6.19(b)所示。因为保压段的批次长度都是相等的,那么一个子 PCA 模型就可以描述它们的潜在过程特征。显而易见,调用下一时段模型计算的监测量没有超限,这说明当前批次在 90 时刻后进入了下一个时段。这与真实情况是相符合的,即注射速率是 24mm/s 的时候,注射段的长度包含 90 个采样样本。

此外,我们引入了一个过程故障,即撤回注射压力,这将直接影响注射段的过程相关性。图 6.20 所显示的监测结果表明模型有较好的故障检测性能。一般来说,特性部分的 T^2 监测量可以更明显稳定地指示报警,这说明异常行为对特性部分的系统波动信息影响更大。这一结论与真实情况相符合，因为本故障是通过改变注射压力产生的，这是特性部分的系统信息发生变化的主要根源，如图 6.16(b)所示。

通过上述实验结果表明，所提方法的优点不仅仅在于针对不等长批次有效的监测性能，也体现在对检测结果的有力分析及对不等长问题的理解上。通过对不等长批次进行分组以及组间关系分析，可以更深刻的理解和分析每种不等长间歇过程特性。其中，通过组间共性和特性的区分与提取，我们可以分别建立表征不同过程波动的统计模型，并通过搜索算法对不同波动分别建立合适的控制限。本方法消除了传统的轨迹修正方法所带来的相关性扭曲的问题，其有效性通过注塑过程得以证明。

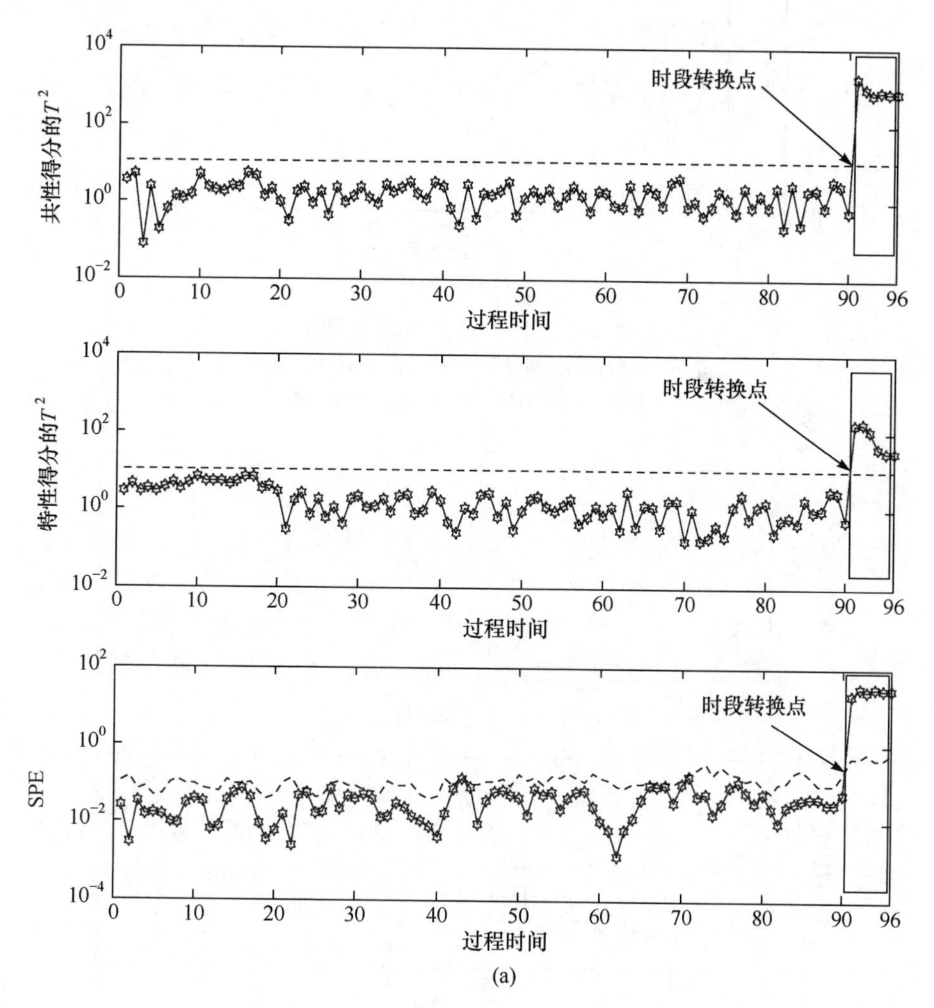

(a)

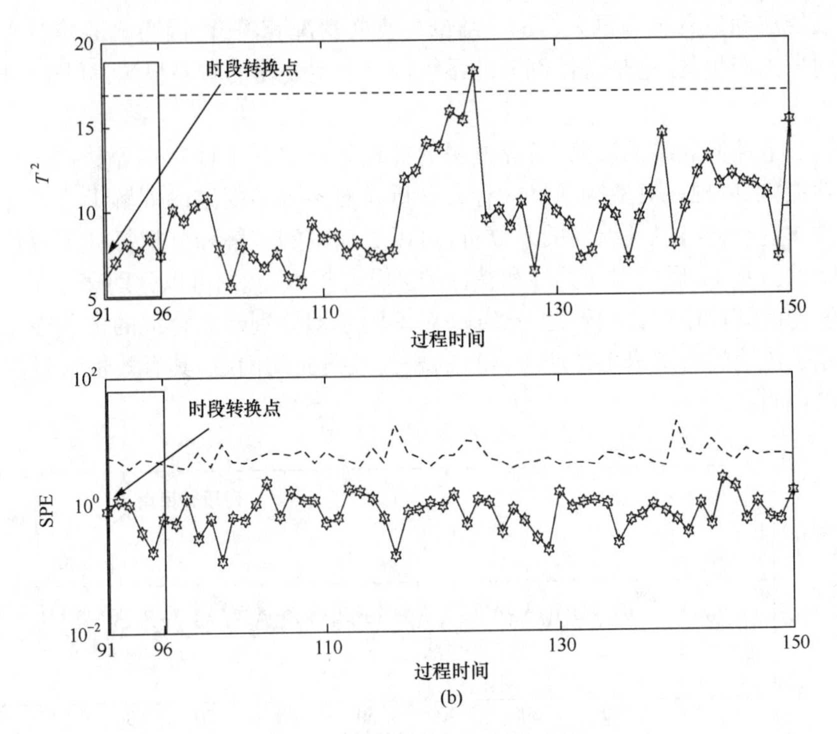

图 6.19　正常批次的在线监测图

(a)不等长的注塑时段　(b)不等长的保压时段

(虚线:99%控制限;六角星线:监测统计量)

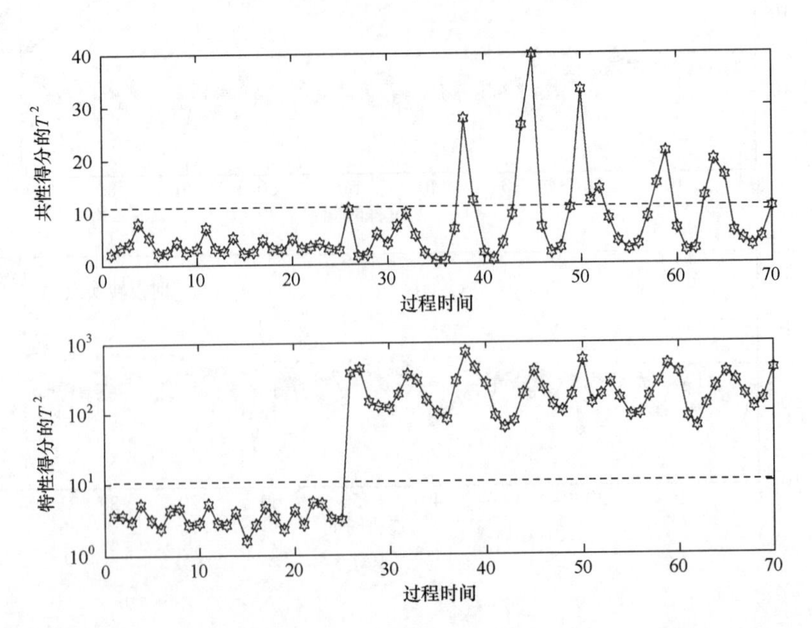

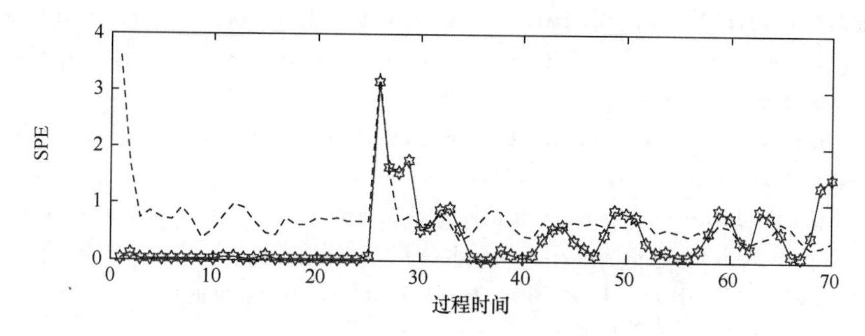

图6.20 故障批次在注射段的在线故障检测结果
(虚线:99%控制限;六角星线:监测统计量)

6.7 结 束 语

本章针对间歇过程不等长问题进行了深入研究。一方面,针对一般的不等长问题提出了一种改进的时段划分方法,以及基于时段的统计建模和在线监测方法。该方法建立了两个PCA模型,一个用于进行时段划分,另一个用于进行过程监测。另一方面,考虑到具有严重不等长问题的间歇过程在各时刻会出现严重的运行模式不匹配问题,即不等长批次间过程特性的不同,进行了批次组划分,并对批次组间过程相关关系进行了分析;在线应用时不仅确定了运行批次所属的批次组和时段,而且可以准确判断其运行状态。这两种算法均在注塑过程中得到了成功应用,证明了方法的可行性和有效性,完全可以推广应用于其他复杂的间歇工业过程。

参 考 文 献

[1] Wold S. Multi-way principal components and PLS-analysis. Journal of Chemometrics, 1987, 1(1): 41-56

[2] Dong D, McAvoy T J. Multistage batch process monitoring. The Proceedings of American control conference, 1995: 1857-1861

[3] Nomikos P, MacGregor J F. Monitoring batch processes using multiway principal component analysis. AIChE Journal, 1994, 40(8): 1361-1375

[4] Martin E B, Morris A J. An overview of multivariate statistical process control in continuous and batch process performance monitoring. Transactions of the institute of measurement and control, 1996, 18(1): 51-60

[5] Kosanovich K A, Piovoso M J, Dahl K S. Multi-way PCA applied to an industrial batch process. The Proceedings of American Control Conference, 1994: 1294-1298

[6] Boque R, Smilde A K. Monitoring and diagnosing batch processes with multiway covariates regression models. AIChE Journal, 1999, 45(7): 1504-1520

[7] Rothwell S G, Martin E B, Morris A J. Comparison of methods for dealing with uneven length batches. Proceedings 7th international conference on computer applications in biotechnology, 1998: 387-392

[8] Kassidas A, MacGregor J F, Taylor P A. Synchronization of batch trajectories using dynamic time warping. AIChE Journal, 1998, 44(4): 864-875

[9] Kourti T. Multivariate dynamic data modeling for analysis and statistical process control of batch processes, start-ups and grade transitions. Journal of Chemometrics, 2003(17): 93-109

[10] Nomikos P, MacGregor J F. Multivariate SPC charts for monitoring batch processes. Technometrics, 1995, 37 (1): 41-59

[11] Kourti T, Lee J, MacGregor J F. Experience with industrial applications of projection methods for multivariate statistical process control. Computers & Chemical Engineering, 1996, 20(supplement 1): 745-750

[12] Tates A A, Louwerse D J, Smilde A K. Monitoring a PVC batch process with multivariate statistical process control charts. Industrial Engineering & Chemical Research, 1999, 38(12): 4769-4776

[13] Neogi D, Schlags C E. Multivariate statistical analysis of an emulsion batch process. Industrial Engineering & Chemical Research, 1998, 37(10): 3971-3979

[14] Kaistha N, Moore C F. Extraction of event times in batch profiles for time synchronization and quality predictions. Industrial Engineering & Chemical Research, 2001, 40(1): 252-260

[15] Itakura F. Minimum prediction residual principle applied to speech recognition. IEEE Trans. on Acoustics, Speech and Signal Processing, 1975, 23(1): 67-72

[16] Sakoe H, Chiba S. Dynamic programming algorithm optimization for spoken word recognition. IEEE Trans. on Acoustics, Speech and Signal Processing, 1978, 26(1): 43-49

[17] Giorgio T, Frans van den B, Claus A. Correlation optimized warping and dynamic time warping as preprocessing methods for chromatographic data. Journal of chemometrics, 2004, 18(5): 231-241

[18] Nielsen N P V, Carstensen J M, Smedsgaard J. Aligning of single and multiple wavelength chromatographic profiles for chemometric data analysis using correlation optimised warping. Journal of Chromatogr, 1998, 805(1-2): 17-35

[19] Pravdova V, Walczak B, Massart D L. A comparison of two algorithms for warping of analytical signals. Analytica Chimica Acta, 2002, 456(1): 77-92

[20] Kiers H A L, Ten B J M F, Bro R. PARAFAC2-part I. A direct fitting algorithm for the PARAFAC2 model. Journal of Chemometrics, 1999, 13(3-4): 275-294

[21] Wise B M, Gallagher N B, Martin E B. Application of PARAFAC2 to fault detection and diagnosis in semiconductor etch. Journal of Chemometrics, 2001, 15(4): 285-298

[22] Rubin I. I. Injection molding theory and practice. New York: Wiley, 1972

[23] D. V. 罗萨托．现代模塑成型手册．王以华，等编译．上海：上海交通大学出版社，1993

[24] Yang Y. Injection Molding: From process to quality control. Hong Kong: The Hong Kong

University of Science & Technology, 2004

[25] Lu N Y, Yang Y, Wang F L, et al. A stage-based monitoring method for batch processes with limited reference data. 7th International Symposium on Dynamics and Control of Process Systems, 2004

[26] Zhao C H, Gao F R, Niu D P, et al. A two-step basis vector extraction strategy for multiset variable correlation analysis. Chemometrics and Intelligent Laboratory Systems, 2011, 107(1): 147-154

[27] Lu N Y, Gao F R, Yang Y, et al. PCA-based modeling and on-line monitoring strategy for uneven-length batch processes. Industrial & Engineering Chemistry Research, 2004, 43(13): 3343-3352

[28] Lowry C A, Montgomery D C. A review of multivariate control charts. IIE Transactions, 1995, 27(6): 800-810

[29] Jackson J E. Multivariate quality control. Communications in Statistics: Theory and Methods, 1985, 14(10): 2657-2688

[30] Johnson R A, Wichern D W. Applied multivariate statistical analysis. New Jersey: Prentice Hall, 2002

附录 A　组间共性分析算法

对于多集合测量数据组$\boldsymbol{X}^i(N_i \times J)(i=1,2,\cdots,C)$，为了提取集合间变量相关性的共性结构，这里我们通过定义一种新的统计量进行分析。即在每个测量空间中，通常可以找出一个子集，该子集完全可以代表其他的样本，且所有样本都可以用该子集样本的线性组合来表示；原始测量空间的主要潜在变量相关性也可以由该子集表示。这里，我们将该子集的元素称为子基向量。这样组间共性结构便可以通过提取不同集合间尽可能相似的子基向量来进行分析。

A.1　子基向量的定义

由于每个数据集空间的任意子集$\boldsymbol{p}_j^i(j=1,2,\cdots,J)$必然处于输入数据所构成的空间中，那么则存在一个线性组合系数$\boldsymbol{a}_j^i=[a_{1,j}^i, a_{2,j}^i, \cdots, a_{n,j}^i]$，有

$$\boldsymbol{p}_j^i=\sum_{n=1}^{N_i} a_{n,j}^i \boldsymbol{x}_n^i=\boldsymbol{X}^{i\mathrm{T}} \boldsymbol{a}_j^i \tag{A1}$$

即每一个子基向量 $\boldsymbol{p}_j^i$ 实际上是每个数据集原始测量样本的线性组合。

子基向量间的相似度应当以“它们在集合间的接近程度”来衡量。然而，同时衡量所有集合间的内在关系是很复杂的。这里，我们通过引入一个第三方辅助向量，统一的共性基向量 $\boldsymbol{P}_g$。$\boldsymbol{P}_g$ 可以认为是补充的第 $C+1$ 个伪子基向量，并与所有 C 个子基尽可能地接近。为了找出共性基，我们设计了一种两步的提取方法。第一步，通过协方差衡量相似性指标计算出共性基；第二步，对共性基进行进一步

的压缩和精简,提高它们之间的相关性。两个步骤中虽然分别使用了不同的优化目标以及约束条件,但都可以获得简单的解析解。

A.2 第一步基向量提取

定义第一步提取基向量的过程为如下形式,期望能够找到一个统一的共性基向量以及对应不同数据集的子基向量,其代价函数和约束条件如下所示:

$$\max R^2 = \max\sum_{i=1}^{C}(\boldsymbol{p}_g^{\mathrm{T}}\boldsymbol{X}^{i\mathrm{T}}\boldsymbol{a}^i)^2$$
$$\text{s.t.}\begin{cases}\boldsymbol{p}_g^{\mathrm{T}}\boldsymbol{p}_g = 1\\ \boldsymbol{a}^{i\mathrm{T}}\boldsymbol{a}^i = 1\end{cases} \tag{A2}$$

使用拉格朗日算子,可以得到该问题的简单解析解:

$$\sum_{i=1}^{C}(\boldsymbol{X}^{i\mathrm{T}}\boldsymbol{X}^i)\boldsymbol{p}_g = \lambda_g\boldsymbol{p}_g$$
$$\boldsymbol{Q}\boldsymbol{p}_g = \lambda_g\boldsymbol{p}_g \tag{A3}$$

其中,$\boldsymbol{Q}=\sum_{i=1}^{C}(\boldsymbol{X}^{i\mathrm{T}}\boldsymbol{X}^i)$。这是一个标准的代数问题。为了求解最大的目标函数的值,即最大的 λ_g,求解问题就转化为对子集合的协方差和矩阵($\boldsymbol{Q}$) 的特征根分解。

子基向量则按如下计算:

$$\boldsymbol{p}_i=\boldsymbol{X}^{i\mathrm{T}}\boldsymbol{a}^i=\sqrt{\frac{1}{\lambda_i}}\boldsymbol{X}^{i\mathrm{T}}\boldsymbol{X}^i\boldsymbol{p}_g \tag{A4}$$

其中,参数 λ_i 通过 $\boldsymbol{p}_g^{\mathrm{T}}\boldsymbol{X}^{i\mathrm{T}}\boldsymbol{X}^i\boldsymbol{p}_g=\lambda_i$ 计算获得。

通过公式(A3),可以获得 $\bar{R}$ 个统一基向量,所表征的集合间相似性根据 λ_g 值依次递减。相应的,相同数量的子基向量可根据公式(A4)计算得到。上述分解将数据集间的共性结构衡量压缩至在由 $\bar{R}$ 个子基向量所构成的新子空间 $\bar{\boldsymbol{P}}^i(\bar{R}\times J)$。

A.3 第二步基向量提取

为了获得数据集间紧密相关的共性子基向量,则需要用相关性分析指标取代协方差指标。与公式(A2)所示的优化函数及约束条件对比,第二步子基提取构造和求解了不同的优化问题。该步骤的实施是在第一步分析结果($\bar{\boldsymbol{P}}^i(\bar{R}\times J)$)基础之上进行的,它的目标是最大化相关性的均方:

$$\max R^2 = \max\sum_{i=1}^{C}r^2(\boldsymbol{p}_g,\bar{\boldsymbol{P}}^{i\mathrm{T}}\boldsymbol{a}^i) = \max\sum_{i=1}^{C}(\boldsymbol{p}_g^{\mathrm{T}}\bar{\boldsymbol{P}}^{i\mathrm{T}}\boldsymbol{a}^i)^2$$
$$\text{s.t.}\begin{cases}\boldsymbol{p}_g^{\mathrm{T}}\boldsymbol{p}_g = 1\\ \boldsymbol{a}^{i\mathrm{T}}\bar{\boldsymbol{P}}^i\bar{\boldsymbol{P}}^{i\mathrm{T}}\boldsymbol{a}^i = 1\end{cases} \tag{A5}$$

同样采用拉格朗日算子,上述问题的解转变为一个标准的代数问题:

$$\sum_{i=1}^{C}(\overline{\boldsymbol{P}}^{iT}(\overline{\boldsymbol{P}}^{i}\overline{\boldsymbol{P}}^{iT})^{-1}\overline{\boldsymbol{P}}^{i})\boldsymbol{p}_g=\lambda_g\boldsymbol{p}_g$$
$$\boldsymbol{S}\boldsymbol{p}_g=\lambda_g\boldsymbol{p}_g \tag{A6}$$

因此，该优化问题最终可以得到一个简单的解析解，$\boldsymbol{P}_g$ 应是矩阵 $\boldsymbol{S}=\sum_{i=1}^{C}(\overline{\boldsymbol{P}}^{iT}(\overline{\boldsymbol{P}}^{i}\overline{\boldsymbol{P}}^{iT})^{-1}\overline{\boldsymbol{P}}^{i})$ 对应最大特征根的特征向量。子基向量则通过下式计算获得：

$$\boldsymbol{p}_i=\overline{\boldsymbol{P}}^{iT}\boldsymbol{a}^i=\frac{1}{\sqrt{\lambda_i}}\overline{\boldsymbol{P}}^{iT}(\overline{\boldsymbol{P}}^{i}\overline{\boldsymbol{P}}^{iT})^{-1}\overline{\boldsymbol{P}}^{i}\boldsymbol{p}_g \tag{A7}$$

其中，子优化目标参数 λ_i 计算方法为 $\boldsymbol{p}_g^{T}\overline{\boldsymbol{P}}^{iT}(\overline{\boldsymbol{P}}^{i}\overline{\boldsymbol{P}}^{iT})^{-1}\overline{\boldsymbol{P}}^{i}\boldsymbol{p}_g=\lambda_i$。

依次计算获得 R 个全局基向量，并构成了全局基向量的子空间 $\boldsymbol{P}_g(R\times J)$，对应的则可以得到 C 个子基向量子空间 $\boldsymbol{P}^i(R\times J)$。根据公式(A7)，这些子基向量实际上是从 $\boldsymbol{P}_g(R\times J)$ 到 $\overline{\boldsymbol{P}}^{iT}$ 的投影。

附录B　搜索算法

该算法通过寻找相似样本，集合这些相似样本用于建立紧密的置信区间。

输入：

(i) 以批次组 u_p 内第 p 时段的第 k 时刻时间片作为当前查询点，其时间片共性和特性得分为 $\boldsymbol{B}^c_{k,u_p,p}(I_{k,u_p}\times R^c_p)$ 和 $\boldsymbol{T}^s_{k,u_p,p}(I_{k,u_p,p}\times R^s_{u_p,p})$ 以及它们的中心和协方差分别为 $\bar{\boldsymbol{b}}^c_{k,u_p,p}$ 和 $\bar{\boldsymbol{t}}^s_{k,u_p,p}$；$\sum^{c}_{k,u_p,p}$；和 $\sum^{s}_{k,u_p,p}$。

(ii) 时段 p 内，各不等长组组间(u_p)，在两个系统子空间中的参考时间片得分：$\boldsymbol{B}^c_{u_p,p}=\left\{\boldsymbol{B}^c_{1,u_p,p},\ \boldsymbol{B}^c_{2,u_p,p},\ \cdots,\ \boldsymbol{B}^c_{k,u_p,p},\ \cdots,\ \boldsymbol{B}^c_{K_{u_p,p},u_p,p}\right\}$，$\boldsymbol{T}^s_{u_p,p}=\left\{\boldsymbol{T}^s_{1,u_p,p},\boldsymbol{T}^s_{2,u_p,p},\cdots,\boldsymbol{T}^s_{k,u_p,p},\cdots,\boldsymbol{T}^s_{K_{u_p,p},u_p,p}\right\}$。

(iii) 设置计数器 L 的初始值为 0。L_q 为所需搜索获得的相似样本数，通常这一值设置为原始变量数的 2～3 倍，以保证统计模型的可靠性[30]。

输出：

与当前查询点相似的运行模式以及它们的控制限：$\boldsymbol{B}^c_{k,u_p,p}$ 和 $\boldsymbol{T}^c_{k,u_p,p}$；$\mathrm{Ctr}B^c_{k,u_p,p}$ 和 $\mathrm{Ctr}T^s_{k,u_p,p}$。

B.1　针对系统共性信息

(1) 对于某一不等长组的查询时间片得分 $\boldsymbol{B}^c_{k,u_p,p}$，选取与之相似的共性时间片得分，计算每个候选共性时间片得分与所查询时间片得分的马氏距离：

$$\mathrm{dis_k} = \frac{1}{I^r_{k,u_p,p}} \sum_{i \in I^r_{k,u_p,p}} (\boldsymbol{b}_i - \bar{\boldsymbol{b}}^c_{k,u_p,p})^{\mathrm{T}} \left(\sum\nolimits^c_{k,u_p,p} \right)^{-1} (\boldsymbol{b}_i - \bar{\boldsymbol{b}}^c_{k,u_p,p}) \quad \text{(B1)}$$

其中,下标 i 表示每个候选共性时间片得分的可用批次($I^r_{k,u_p,p}$)。

(2) 选取与当前查询时间片得分 $\boldsymbol{B}^c_{k,u_p,p}$距离最近的时间片得分 $\boldsymbol{B}^{*c}_{k,u_p,p}$,并将其批次数加入计数器中,$L=L+I^*_{k,u_p}$。然后,更新查询数据的中心以及协方差,搜索下一个相似的时间片。这里需要说明的是,一旦选取出相似时间片,那么属于该时间片的 I^*_{k,u_p} 个批次都需要加入到原始样本中。

(3) 迭代上述步骤直到所选取的模式个数 L 不少于 L_q。然后根据所搜索获得的时间片以及最初的查询时间片,计算它们的新中心和协方差,求取 Hotelling-T^2 值。控制限则可以根据某种特定分布来建立[28,29],或者设定为比建模数据中最大 Hotelling-T^2 值稍大。

从每个不等长组的时段初始开始,针对每个时间点均执行上述步骤,则可以在每个时刻获取相似的共性模式用以建立局部紧密的置信区间。

B.2 针对系统特性信息

特性信息的选取步骤与共性信息选取相似。值得注意的是对于特性信息,搜索区间仅仅局限于当前组的相邻时间区域,这是因为系统特性信息在不同组间相差较大。而在针对系统共性信息的搜索步骤(1)中,搜索区间可能跨越不同的批次组,因为不同组间的共性得分是通过一个统一的时段模型计算出来的。讨论:

(1) 与传统的计算方法比较,该搜索算法分析的对象是压缩后的特征子空间,而不是初始过程测量空间,这样可以充分考虑数据的潜在变量相关性。此外,使用马氏距离指标衡量当前时间片与候选时间片之间的相似性,其实质就是计算 Hotelling-T^2 指标。通过这种方式,T^2 监测图可以检测到更小的故障波动。

(2) 在搜索步骤中,最终所选择的样本个数为 $L=\sum I^*_{k,u_p}$,其中 I^*_{k,u_p} 是所选取的时间片中可用的批次数。可见,每个不等长组包含的批次数越多,搜索区间的时间区域则越狭窄。这意味着所选取的相似模式可以更好地服从批次方向上的正态分布。相反,每个不等长组包含的批次数越少,搜索区间的时间区域则越宽。获得的相似模式由于包含了更多时间方向上的动态特征,过程波动相对更大。由此可见,每个批次组的批次数多少将决定置信区间的精度。可以通过以下两个极端例子来加以说明。

(1) 每个不等长批次组的批次数量是充足的。控制限可根据组内的每个单独时间片建立,此时 Hotelling-T^2 统计量服从 F 分布[28,29]。

(2) 每个不等长批次组的批次数很少,这意味着组内在每个时刻上不具备批次间的正常波动。搜索算法将通过在组间或者时间方向上选取相似的的运行模式来补充相关数据,这些批次可以勉强认为是服从 F 分布的。

第 7 章　基于过渡的软时段划分、统计建模及在线监测

前面介绍的建模和监测方法分析了间歇过程的多时段特性，根据过程特性的变化进行了时段划分，并针对不同时段分别建立了不同统计模型进行过程监测。这种硬性的时段划分方法虽然考虑了不同时段过程特性的不同，却忽视了过程特性在从一个时段变化到下一个时段时的动态性。随着过程运行，时段间的过程特性往往呈现了一种动态的渐变趋势，具有与相邻时段不同的过程特性。传统的子时段划分和建模方法[1-19]没有考虑时段间的过渡问题，对模型精度和监测性能会产生一定影响。本章将对间歇过程的多时段特性进一步深入分析，研究时段间的过渡特性，并提出了一种软时段划分和建模方法[20]用于时段及过渡过程监测。可以说，本章的工作是对第 4 章子时段建模方法的进一步研究和深入，更充分考虑了过程特性的多时段特性，及其在时段间切换时的发展变化。

7.1　引　　言

Lu、Zhao 等[5-19]指出，多时段间歇过程具有一个非常有价值的现象——间歇过程中潜在的变量相关关系并非随时间时刻变化，而是跟随过程操作进程或过程机理特性的变化呈现分段性。在不同的时段中，变量相关性有着显著的差异；但是在同一个时段中，不同采样时刻的过程变量相关关系却近似一致。基于该认识，他们提出了一种基于 k-means 聚类的子时段划分及统计建模算法[5-17]，将整个生产过程按照潜在相关特性的变化分成若干子时段，并分别建立了各个时段的 sub-PCA 统计分析模型用于表征局部过程信息，模型结构简单、实用，可以很容易地实现在线监测。此外，sub-PCA 建模方法可以发掘关于过程运行机制的信息及其变化特点，加深对复杂工业过程的了解；可以提高故障检测速度和精度，并有利于故障隔离和诊断。

本章承接前人对多时段间歇过程的认识与研究成果，并在此基础之上进一步研究后发现，在一些多时段间歇过程中，从一个时段到另一个时段，过程相关特性往往是从一种模式逐渐向另一种模式过渡，并不是“一蹴而就”的。这种过渡现象的存在使得相邻时段间并不适合划分出严格的时段分界点，而是对应过程特性的模糊过渡区域。过渡区域的过程特性与各时段的运行模式不同，随着过程运行它们呈现了一种动态的渐变趋势，无法也不应该与各时段混为一谈。Lu、Zhao 等的 k-means 聚类算法[5-17]实际上是一种硬时段划分方法，它仅仅将整个运行过程硬性

地分成几个局部时段，各个采样时刻都严格地隶属于某一个子时段，并没有考虑到相邻时段之间的过渡，这也是之前传统的时段划分算法共有的硬伤。在过程相关性发生变化的过渡区域，如果属于这段时间内的过程模式被硬性地分到了两个子类中，有可能导致“误分类”。一方面过渡模式包含在子时段数据中将会影响子时段表征模型的准确性；另一方面，过渡模式被湮没在子时段中，在线监测时段过渡区域时会增加第一类监测误差（误警）的概率。Lu 等[5,6]指出有两种方法可以补救这一问题，一是放宽这段时间监测程序的控制限；另一是寻找一个合适的过程变量代替采样时间，用来辅助定义间歇过程子时段，但是他们并没有给出确切的解决方案。

考虑到多时段间歇工业过程时段间过渡的真实存在，针对过渡现象的研究具有重要的实际意义。针对间歇过程多时段特性及时段间过渡行为，我们将深入研究潜在的过程相关特性随操作时间的变化趋势，通过过程相关性的变化反过来推断过程内部运行机制的变化，将间歇过程按其潜在相关特性的不同详细分解成若干子时段及主要时段之间的过渡区域，并针对子时段及过渡区域不同的的数据特征分别建立不同的统计分析策略，这无疑将能更好地揭示过程的运行状态和变化规律。软时段划分的思想克服了传统硬分类算法的缺陷，完善与补充了子时段划分算法体系，将会大大增强统计建模及在线监测的可信度，从而为过程安全运行及产品质量的进一步改进提供了可能。

7.2 基于硬时段划分的 sub-PCA 建模方法

Lu、Zhao 等的时段划分及 sub-PCA 建模方法[5-17]事先假定统计分析唯一可用信息是历史上正常操作工况下的过程数据，没有其它关于过程机理的辅助知识。他们的算法可以自动将一个间歇过程根据过程特性的变化划分为不同时段。这里为了方便介绍和理解我们的软划分方法，我们将他们用于时段划分的 k-mean 聚类硬时段划分算法简单介绍如下。

聚类算法的分析单元是间歇过程的时间片数据。考虑一个间歇过程，其建模数据为三维数组$\underline{\boldsymbol{X}}(I\times J\times K)$，三个维数分别表示间歇操作次数($i=1,\cdots,I$)、过程变量个数($j=1,\cdots,J$)以及每一次间歇操作中采样时刻($k=1,\cdots,K$)，如图 3.1 示。本书所有工作没有特殊声明，均假设各个批次都是等长的。将该三维矩阵沿着时间方向进行垂直切割，得到二维数据薄片，$\boldsymbol{X}_k(I\times J)$，它由第 k 采样时刻上所有间歇操作的过程测量值组成，这里称之为间歇过程的“时间片矩阵”。K 个采样时刻共产生 K 个时间片矩阵，对每一个时间片矩阵$\boldsymbol{X}_k(I\times J)$利用 PCA 方法建立统计分析模型$\boldsymbol{X}_k=\boldsymbol{T}_k(\boldsymbol{P}_k)^{\mathrm{T}}$，获得 K 个负载矩阵$\boldsymbol{P}_k$，它们表征了 K 个采样时刻过程变量之间的相关性信息，成为时段划分及 sub-PCA 建模方法的基本数据单元。

考虑到每个主元的重要性，赋予每个主成分不同的权重从而获得加权的负载矩阵

$$\begin{aligned}\breve{\boldsymbol{P}}_k &= [\boldsymbol{P}_{1,k}\cdot g_{1,k},\boldsymbol{P}_{1,k}\cdot g_{2,k},\cdots,\boldsymbol{P}_{J,k}\cdot g_{J,k}]\\ &=\boldsymbol{P}_k\cdot \mathrm{diag}(g_{1,k},\cdots,g_{J,k})\end{aligned} \tag{7-1}$$

其中，$g_{j,k}=\dfrac{\lambda_{j,k}}{\sum\limits_{j=1}^{J}\lambda_{j,k}}$，$\lambda_{j,k}$ 为对应 k 时刻所抽取的第 j 个主元（即主元矩阵 $\boldsymbol{T}_k$ 的第 j 列）的方差。

通过上式计算，获得了 K 个加权的时间片负载矩阵 $\breve{\boldsymbol{P}}_k$。它们的变化代表了统计特征的变化，从中可以推断过程内部运行机制的变化。因此可以对这 K 个加权负载矩阵，即 K 个变量相关性模式，利用改进的 k-means 聚类算法[19]进行子时段划分。该聚类算法的具体实施步骤简述如下[10−16]。

算法的输入是加权后的负载矩阵集合 $\{\breve{\boldsymbol{P}}_1,\breve{\boldsymbol{P}}_2,\cdots,\breve{\boldsymbol{P}}_K\}$，以及两个子类中心的最小距离阈值 θ。算法的输出是子类数量 C，子类中心 $\{\boldsymbol{W}_1,\boldsymbol{W}_2,\cdots,\boldsymbol{W}_C\}$，以及每个模式属于不同子类的隶属关系 $m(k)$：$\breve{\boldsymbol{P}}_k\to\{1,2,\cdots,C\}$。变量 i、k 及 c 分别是算法中迭代次数、分类模式以及聚类中心的索引。

(1) 从 K 个被分类的模式中，任意选择 C_0 个模式作为初始聚类中心 $\boldsymbol{W}_{i,c}$ $(c=1,2,\cdots,C_0)$。常用方法是从被分类模式中均匀抽取 C_0 个模式，建议 $C_0=(K/3\sim K/2)$。

(2) 若两个子类中心的距离 $\mathrm{dist}(\boldsymbol{W}_{i,c1},\boldsymbol{W}_{i,c2})$ 小于预定的阈值 θ，剔除其中一个聚类中心。

(3) 计算每个模式 $\breve{\boldsymbol{P}}_k(k=1,\cdots,K)$ 到所有聚类中心的距离 $\mathrm{dist}(\breve{\boldsymbol{P}}_k,W_{i,c})$，若 $\breve{\boldsymbol{P}}_k$ 和第 c^* 类的中心 $\boldsymbol{W}_{i,c^*}$ 的距离最小，则将 $\breve{\boldsymbol{P}}_k$ 的隶属关系定义为 $m(k)=c^*$。

(4) I_{num} 次迭代后（如 $I_{\mathrm{num}}=5$），若某子类中心没有俘获一定数量的模式（如没有超过 5 个模式），则剔除该奇类。

(5) 更新子类数量为 C_{i+1}，并根据模式的隶属关系重新计算新的聚类中心 $\boldsymbol{W}_{i+1,c}(c=1,2,\cdots,C_{i+1})$。

(6) 如果算法满足收敛条件则结束，否则返回步骤(2)，进行下一次迭代计算。收敛条件有：两次迭代中的聚类中心距离的变化小于一个很小的阈值 ε，或者每个子类中模式 $\breve{\boldsymbol{P}}_k$ 到子类中心的距离平方和以及子类之间的距离平方和达到最小。

上述分类算法最终可以将间歇过程的 K 个模式，即 K 个 PCA 加权负载矩阵 $\breve{\boldsymbol{P}}_k$，分成 C 个子类，分别表征了 C 种不同的过程相关性特征。由于聚类算法的输入模式按照时间顺序排列，如果过程相关性在某段时间内保持一致，这段时间上的负载矩阵 $\breve{\boldsymbol{P}}_k$ 将会被聚类算法划分在同一个子类中。而如果过程变量之间的相关

关系在时刻 k^* 发生了变化,那么 k^* 时刻前后的负载矩阵将被分在两个子类中,表示它们具有不同的潜在模式特征。通过分析聚类算法的结果,可以获得过程相关特性的变化。

通常,每个子类中含有一系列的负载矩阵,但是当过程在不同的时段具有非常相似的变量相关性时,一个子类也可能包含有几个不同时间段的负载矩阵,这使得同一个子类中模式呈现出时间不连续性。这种情况下,采用分类结果与过程操作时间相结合的方法共同定义间歇过程的子时段。例如,如果两个时间上不连续的时段具有相似的过程相关性时,聚类算法会将它们分在同一个聚类中,此时结合过程采样时间仍将它们划分为两个不同的子时段。另外,分类过程中有可能出现某一个或连续几个时刻的数据和其前后时间段的数据不属于同一子类而形成“跳跃”现象。这种情况通常是由噪声或测量误差引起的,当作聚类过程中的劣点问题处理,仍然将之归到时间上毗邻的子时段中。通过上述分析,使那些具有相似特性的连续时间点被包含在同一个时段中,而具有不同特性的采样点被分到不同的时段中,即时段内部呈现出时间的连续性,而各个不同时段按照时间方向有序排列,这可以使分类结果具有很好的解释性,由此定义间歇过程的子时段,并建立起不同的时段代表性监测模型。

7.3 基于过渡的软时段划分、统计建模及在线监测

7.3.1 基本思想

针对间歇过程的时段过渡现象,我们深入研究后发现[20],相较于各子时段的主要运行模式,相邻时段间的过渡虽然并不代表主流的过程操作机理特性,但却是一种普遍现象并且是一种重要的过程行为。从总的趋势看来,在过渡开始初期,各时间点的过程特性与前一时段的运行模式比较接近;随着运行的不断进行,在过渡后期,过程特性与后一时段的运行模式更为相似。但同时应该指出,过渡中的过程潜在特性并不一定总是处于严格递变中,中间完全可能会出现反复与例外。此外,对于不同的相邻时段,它们之间的过渡轨迹可能不同,过渡特性不同,历时也不相同。

不难想象,不同于各个子时段,过渡区域内的过程动特性更强,也更复杂。由于过渡运行模式的不稳定性,极易受到外界干扰而偏离正常的过程运行轨迹,进而影响生产安全和最终的产品质量,因此确保时段间的平稳过渡具有重要的意义。此外,鉴于过渡区域与各子时段显著不同的运行模式和潜在特性,有必要将过渡区域从其相邻子时段中分离出来并给与额外的关注,具体分析其过程特性的发展变化。这里我们引入模糊时段的概念,建立了一种基于过渡的软时段划分与建模方法。

鉴于各采样时刻的过程相关特性可以由该时刻的时间片 PCA **P**-loading 矩阵表征，本书的软时段划分算法仍然借助于时间片 **P**-loading 矩阵作为基本的分析单元，通过定量评估各时间片 **P**-loading 与各主要时段的代表 **P**-loading 的相似度，从中揭示过程潜在特性沿着时间方向的发展变化，进而捕捉相邻两个时段间的过渡范围与过渡趋势。克服以往{0,1}严格隶属的缺陷，该软划分算法建立了一种模糊的隶属关系(0～1)[21-23]，用不同的隶属度代表过渡模式与各时段之间的亲疏远近，从而有助于更好地把握过渡模式的发展变化。获得过渡区域及子时段信息后，针对它们不同的数据特征，很自然地想到子时段与过渡区域建模的出发点与角度是不同的。其中在每个子时段中，由于过程相关关系类似一致，可建立一个统一的代表性模型表征该时段的整体运行特性；而对过渡区域，为了更确切地揭示过程特性从一种运行模式向另一种模式“动态”渐变的趋势，有必要针对过渡中的每个时间点建立不同的“动态”统计模型，表征其与相邻子时段相似关系的变化。

7.3.2　基于过渡的软时段划分

一般的时段划分算法将每个采样时刻都明确地划归到某个子时段中，定义了严格的隶属关系，也就是说每个时间片相对于各个时段的隶属度值非 0 即 1，从而将各时段之间的边界严格地划分开来。但是正如我们前面分析的那样，相邻时段之间并没有严格的界限，而是存在着一个范围未知的过渡区域。这里基于过渡的软时段划分算法就是要通过定性及定量的分析来确定这个过渡区域，借用模糊规则[21-23]，将时段间的边界模糊化。

7.3.2.1　基于过渡的软划分算法

首先，利用 k-means 聚类算法[5-17,24,25]，整个过程被初步地划分出了各个不同的子时段，并获得了各个时间点上的加权负载矩阵$\breve{\boldsymbol{P}}_k$。这为下面的过渡分析及软时段划分算法提供了基础。

定义每个时段的时段代表性模型为$\boldsymbol{P}_c^*$ ($c=1,2\cdots,C$)，用于表征该时段中心

$$\boldsymbol{P}_c^* = \frac{1}{K_c}\sum_{k=1}^{K_c}\breve{\boldsymbol{P}}_k \tag{7-2}$$

其中，K_c 是隶属于该时段的采样时间点数。

接下来我们可以很容易地计算得出各时间片负载$\breve{\boldsymbol{P}}_k$ 与各时段代表性模型$\boldsymbol{P}_c^*$之间的欧氏距离：

$$d_{k,c} = \|\breve{\boldsymbol{P}}_k - \boldsymbol{P}_c^*\| \quad (k=1,2,\cdots,K;c=1,2,\cdots,C) \tag{7-3}$$

距离 $d_{k,c}$定量地指示了各采样时刻过程相关特性与各时段中心间的相似度，

距离由小及大代表了相似关系由亲到疏，恰好能够反映过程运行模式在不同时段间的发展变化。沿着时间方向，过程相关特性逐渐远离前一时段逼近下一时段，相应地，其与前一时段中心的距离也逐渐增大，而其与下一时段中心的距离值逐渐减小；当确切进入下一时段的运行模式时距离值便会呈现稳定的状态，不再发生明显的变化。通过对距离相似度的变化趋势进行详细的分析，我们可以初步对相邻时段间过渡区域的范围有一个感性的认识。

软过渡划分算法中最为关键的问题是如何合理定量地确定相邻时段间的过渡区域范围。借助于由 $d_{k,c}$ 所提供的过程运行模式的变化信息，我们定义了各个时段的类半径（r_c）与核半径（r'_c）这两个重要的参数，它们表征了每个运行时段的跨度大小：

$$r_{c,i}=\gamma_{c,i}\cdot\|\boldsymbol{P}_c^*-\boldsymbol{P}_i^*\|\quad(0.5<\gamma_{c,i}<1)\tag{7-4}$$

$$r'_{c,i}=\gamma r'_{c,i}\cdot\|\boldsymbol{P}_c^*-\boldsymbol{P}_i^*\|\quad(0<\gamma r'_{c,i}<0.5)\tag{7-5}$$

其中，$\gamma_{c,i}$ 和 $r'_{c,i}$ 是可调参数，$i=c-1,c+1$；$\boldsymbol{P}_c^*$ 是当前的时段中心；$\boldsymbol{P}_i^*$ 代表了与 $\boldsymbol{P}_c^*$ 相邻的两个子时段的中心。这里需要指出的是，针对每一个子时段中心 $\boldsymbol{P}_c^*$，只需要计算其与相邻两个时段中心 $\boldsymbol{P}_i^*$（$i=c-1,c+1$）之间的距离。

从上述定义式可以看出，根据可调参数的取值不同，各个时段的类半径或者核半径可以是不对称的。这是由于每个时段前后分别与不同的时段相邻，而前面我们已经分析了时段间过渡的具体运行特性取决于相邻两个时段的行为模式，不同时段间的过渡范围可能是不同的。

接下来，借助核半径与类半径这两个参数的定义，按照如下的隶属准则分析判断各采样时刻的归属问题：

(1) 如果 $\breve{\boldsymbol{P}}_k$ 位于时段 $\boldsymbol{P}_c^*$ 的核半径内，或者 $\breve{\boldsymbol{P}}_k$ 位于 $\boldsymbol{P}_c^*$ 的类半径内但同时不在其他任何时段的类半径内，则定义 $\breve{\boldsymbol{P}}_k$ 严格地属于 $\boldsymbol{P}_c^*$，即该采样时刻被严格划分到第 c 时段中。其数学表达式可简单表示为：

$$\mu_{k,c}=1,\ \mu_{k,j}=0\ \text{if}\ d_{k,c}<r'_c\ \text{or}\ (d_{k,c}<r_c\ \text{and}\ d_{k,j}>r_j)\quad(j=1,2,\cdots,C;j\neq c)\tag{7-6}$$

(2) 如果 $\breve{\boldsymbol{P}}_k$ 不属于上述两种情况，则将其划归到时段间的过渡区域中。也就是说，$\breve{\boldsymbol{P}}_k$ 位于前后两个子时段（$\boldsymbol{P}_{c-1}^*$ 与 $\boldsymbol{P}_c^*$）的模糊连接区域内，其与两个时段关系的亲疏则由定义的模糊隶属度来表示：

$$\mu_{k,c}=d_{k,c-1}/(d_{k,c}+d_{k,c-1}),\quad \mu_{k,c-1}=1-\mu_{k,c},\quad \mu_{k,j}=0$$
$$(j=1,2,\cdots,C;j\neq c,c-1)\tag{7-7}$$

通过上述严格隶属度与模糊隶属关系的定义，每个时间片的运行模式 $\breve{\boldsymbol{P}}_k$ 都被划分到相应的时段或是过渡区域中，其相对于 C 个子时段的隶属度取值可以综合的表示为 $\mu_k=[0,0,\cdots,\mu_{k,c-1},\mu_{k,c},\cdots,0]$。这里需要指出的是，针对过渡区域内的各个采样时刻只需分析其与前后两个相邻时段间的隶属关系即可，而与其他非相邻时段的隶属度值直接简单地定义为 0(即完全不属于)。

7.3.2.2　软过渡例证分析

不失一般性，我们简单地以一个理想的两时段间歇过程为例对基于过渡的软划分算法给出示意性的解释。如图 7.1 所示，首先，假设利用 k-means 聚类算法已经将整个过程运行周期沿时间方向初步地划分成两个子时段，其中 OS 区间为第一个子时段，而 SK 区间为第二子时段，"P"点是两个时段的分界点。然后根据软划分的思想，计算每个采样时刻 k 上的过程运行模式与两个时段中心之间的距离，得到 $d_{k,1}$ 和 $d_{k,2}$。时间方向上欧氏距离的变化代表了过程相关特性的变化，形象地揭示了时段间过渡区域的真实存在以及过程特性在两个时段间的逐渐发展变化与过渡。从图中可以看出，"P"点周围的过程运行模式和两个主要子时段都有一定程度的相似。借助于核半径和类半径的定义，按照公式(7-6)与(7-7)所示的准则，将过渡区域从子时段交界处分离出来，如表 7.1 中所示。

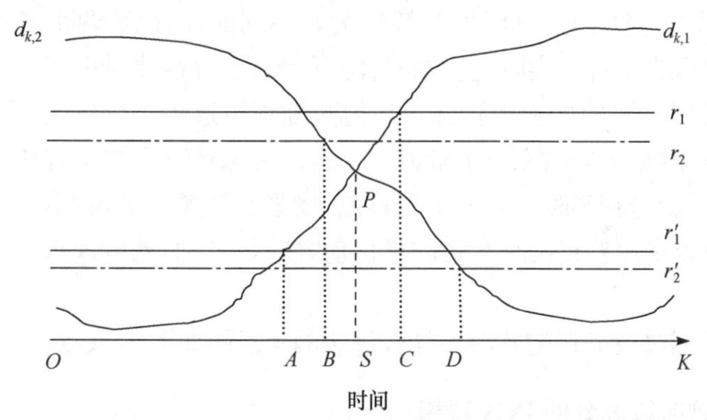

图 7.1　两时段间歇过程基于过渡的软划分算法示意图

($d_{k,1}$ 和 $d_{k,2}$ 分别是每个时间片模式 $\breve{\boldsymbol{P}}_k$ 与其相邻两个子时段中心的距离相似度；r 和 r' 分别代表了两个子时段的类半径和核半径)

表 7.1　子时段及过渡区域划分结果

区间	归属判断	判断条件
OA	第 1 子时段	$d_{k,1}<r_1'$
AB	第 1 子时段	$d_{k,1}<r_1$ 且 $d_{k,2}>r_2$
BS	过渡区域	其他
SC	过渡区域	其他
CD	第 2 子时段	$d_{k,2}<r_2$ 且 $d_{k,1}>r_1$
DK	第 2 子时段	$d_{k,c}<r_2'$

从上述例证分析中我们可以看出,过渡区域的识别与类半径、核半径的定义有着密切的联系。类半径及核半径定义的松紧将直接导致过渡区域时间跨度的长短。从图 7.1 中我们可以看出,一般来说,类半径越大,核半径越小,则定义的过渡区域时间跨度越大,此时更多的样本点将被划归到过渡区域中,而各子时段所含样本数相应减少,可能不足以建立一个能够充分表征该时段运行模式的稳定的子时段模型。此外,过渡区域中某些时刻的隶属度取值将非常接近于 1,这表明其与时段的运行模式近似相等,完全没有必要将其划归到过渡区域中,反而增加了计算的复杂度和负担。相反,如果类半径定义得较小,各主要时段将涵盖较多的样本及其潜在的过程运行信息,丰富了时段内容,而过渡区域将相应地收缩,一些具有明显过渡特性的采样样本被强制性地划归到各子时段中,其过渡特性被掩盖,并会影响到各子时段的建模精度。总之,基于过渡的软划分算法的关键在于通过定义适当的类半径与核半径确定过渡区域的范围,从而将各采样时刻合理地划归到各子时段或是过渡区域中,一方面要确保各子时段具备足够的运行模式从而提取出足具代表性的时段模型;而另一方面也要能够真实地反映过程运行特性在相邻时段间的逐渐过渡。

对于不同的间歇过程,其时段过渡行为是不同的,因此这两个半径参数的选择很大程度上要取决于各个实际过程的具体运行特性,并需要借助于对过渡行为细节的了解。公式(7-3)计算的距离指标可以定量地提供过程运行模式在时间方向上的变动趋势,而对过程机理的充分了解以及丰富的专家经验也将会提供重要的参考信息。此外,为了促进相邻时段间的平滑过渡,增强在线监测的可靠性,可以通过交叉检验的方法反复试凑获得两种半径的最优值,使得在线监测的误报率及漏报率降至最低。

基于时段间过渡分析的软时段划分算法的示意图如图 7.2(a)所示。

7.3.3 基于软时段划分的 PCA 建模

将过渡区域与各时段合理划分开之后,鉴于二者明显不同的潜在运行模式,需要建立不同的监测模型。对于各子时段可以用一个统一的时段代表性模型从整个时段的角度来表征过程变量之间稳定的相关性特征;而对于过渡区域,更应侧重于反映过程运行模式的动态渐变趋势。这里我们利用前面计算的 0～1 模糊隶属度来表述过渡概念。它们表征了过渡模式与相邻两个时段之间的亲疏关系,同时也客观地反映了它们从一个时段(即一种过程模式)到另一个时段(即另一种过程运行模式)的过渡演化。将这些 0～1 的模糊隶属度值作为与过渡模式相邻的两个子时段的模型加权系数,通过简单的累加计算获得过渡模式的监测模型,从而综合了相邻两个时段的过程特征,并通过隶属度分别赋予它们不同的权重,增强了过渡监测模型的鲁棒性。具体解释如下。

(1) 在各个子时段，如图 7.2(b) 所示，将过渡模式从中分离出去后，标准化后的时间片数据阵 $\boldsymbol{X}_k(I \times J)$ 按照变量展开方式重新组成二维数据单元，$\boldsymbol{X}_c(K_c^* I \times J)$，其中 $K_c{}^*$ 是软划分后该时段的运行时间长度。提取该时段代表性负载矩阵$\widetilde{\boldsymbol{P}}_c(J \times J)$，其中代表主元子空间的$\overline{\widetilde{P}}_c(J \times R_c)$ 作为时段监测模型。这里，R_c 是根据累积贡献率方法[26] 确定的需要保留的主成分个数$\sum_{j=1}^{R_c}\lambda_{j,c}/\sum_{j=1}^{J}\lambda_{j,c}$。

(2) 在过渡区域内，如图 7.2(c) 所示，将各个采样时间与其相邻子时段的隶属关系作为各时段模型的权重系数，则表征各个过渡模式的监测模型可以很容易地由子时段负载矩阵$\widetilde{\boldsymbol{P}}_c(J \times J)$ 通过加权和的形式获得，$\widehat{\boldsymbol{P}}_k = \sum_{c=1}^{C}\mu_{k,c}\widetilde{\boldsymbol{P}}_c$。其保留的主元个数 R_k 同样根据累积贡献率方法[26] 确定，从而得到过渡监测模型$\overline{\widehat{\boldsymbol{P}}}_k(J \times R_k)$。

综上所述，过程的每一个采样时刻都对应着时段监测模型$\overline{\widetilde{\boldsymbol{P}}}_c(J\times R_c)$或是过渡监测模型$\overline{\widehat{\boldsymbol{P}}}_k(J\times R_k)$，为了表述方便，在这里将其统一表示为$\boldsymbol{P}_k^{\cdot}(J\times R_k)$。在各个子时段内部，该监测模型保持不变，而在过渡区域内则依据隶属关系的不同呈现出一种相随而动的渐变趋势。这样，对应间歇过程每一时刻的 PCA 监测模型定义如下：

$$\begin{cases}\boldsymbol{T}_k=\boldsymbol{X}_k\boldsymbol{P}_k^{\cdot}\\ \hat{\boldsymbol{X}}_k=\boldsymbol{T}_k\boldsymbol{P}_k^{\cdot\,\mathrm{T}}\\ \boldsymbol{E}_k=\boldsymbol{X}_k-\hat{\boldsymbol{X}}_k\end{cases} \tag{7-8}$$

此外，利用各时间片主元得分，$\boldsymbol{T}_k(I\times R_k)$，可以很容易计算得出各采样时刻上的协方差关系$\boldsymbol{S}_k(R_k\times R_k)$。

对于主元子空间，Hotelling-T^2 统计指标用来测量各采样时刻过程变量偏离正常工况下平均轨迹的距离，根据 Jackson 提出的泛化的概念[27,28]，其在显著性水平 α 下的控制限计算为：

$$T_{i,k}^2=(\bar{\boldsymbol{t}}_{i,k}-\bar{\boldsymbol{t}}_k)^{\mathrm{T}}\boldsymbol{S}_k^{-1}(\boldsymbol{t}_{i,k}-\bar{\boldsymbol{t}}_k)\sim\frac{R_k(I-1)}{I-R_k}F_{R_k,I-R_k,\alpha} \tag{7-9}$$

其中，R_k 是各个时刻的 PCA 模型中所保留的主成分个数；$\boldsymbol{t}_{i,k}(R_k\times1)$是第 k 时刻第 i 个批次的主元得分，即时间片得分矩阵$\boldsymbol{T}_k(I\times R_k)$的第 i 行；而 $\bar{\boldsymbol{t}}_k(R_k\times1)$是$\boldsymbol{T}_k(I\times R_k)$的均值向量，由于各时间片测量数据已经在数据预处理时中心化为零均值，这里的$\bar{\boldsymbol{t}}_k(R_k\times1)$其实就是零向量。

对于残差子空间，各个时刻所有批次的 SPE 统计量可以构成一个 $I\times1$ 向量 $[\mathrm{SPE}_{1,k},\mathrm{SPE}_{2,k},\cdots,\mathrm{SPE}_{I,k}]^{\mathrm{T}}$，其中 $\mathrm{SPE}_{i,k}=(\boldsymbol{x}_{i,k}-\hat{\boldsymbol{x}}_{i,k})^{\mathrm{T}}(\boldsymbol{x}_{i,k}-\hat{\boldsymbol{x}}_{i,k})$。借鉴 MPCA 模型的 SPE 指标在线统计控制限的确定方法，第 k 时刻的 $\mathrm{SPE}_{i,k}(i=1,2,\cdots,I)$近似服从加权 χ^2 分布[29]，即 $\mathrm{SPE}_{k,\alpha}=g^k\chi^2_{h^k,\alpha}$，权重 g^k 和自由度 h^k 的估计方法详见 3.3.2 节。

7.3.4 基于软时段划分的在线监测

在线监测时，对于新的过程测量数据，$\boldsymbol{x}_{\text{new}}(J\times1)$，首先调用该时刻的标准化信息进行数据预处理，然后向对应该时刻的监测模型上投影可以很容易地计算得到主元得分，估计残差及其对应的 Hotelling-T^2 与 SPE 两个监测统计指标：

$$\begin{cases}\boldsymbol{t}_{\text{new}}{}^{\text{T}}=\boldsymbol{x}_{\text{new}}{}^{\text{T}}\boldsymbol{P}_k^{\bullet}\\ \hat{\boldsymbol{x}}_{\text{new}}=\boldsymbol{P}_k^{\bullet}\ \boldsymbol{t}_{\text{new}}\\ T_{\text{new}}^2=(\boldsymbol{t}_{\text{new}}-\bar{\boldsymbol{t}}_k)^{\text{T}}\boldsymbol{S}_k{}^{-1}(\boldsymbol{t}_{\text{new}}-\bar{\boldsymbol{t}}_k)\\ \text{SPE}_{\text{new}}=(\boldsymbol{x}_{\text{new}}-\hat{\boldsymbol{x}}_{\text{new}})^{\text{T}}(\boldsymbol{x}_{\text{new}}-\hat{\boldsymbol{x}}_{\text{new}})\end{cases}\tag{7-10}$$

实时比较两个监测指标与其各自的统计控制限。如果过程运行正常，这两个监测指标应该都位于正常范围之内；当过程有异常状况发生，至少其中一个监测指标将超出正常控制限。这时就需要采用适当的故障诊断方法，比如贡献图方法[30,31]分析隔离出可能的故障变量。

基于软时段划分的 PCA 建模和在线监测算法总结如下（如图 7.2 所示）：

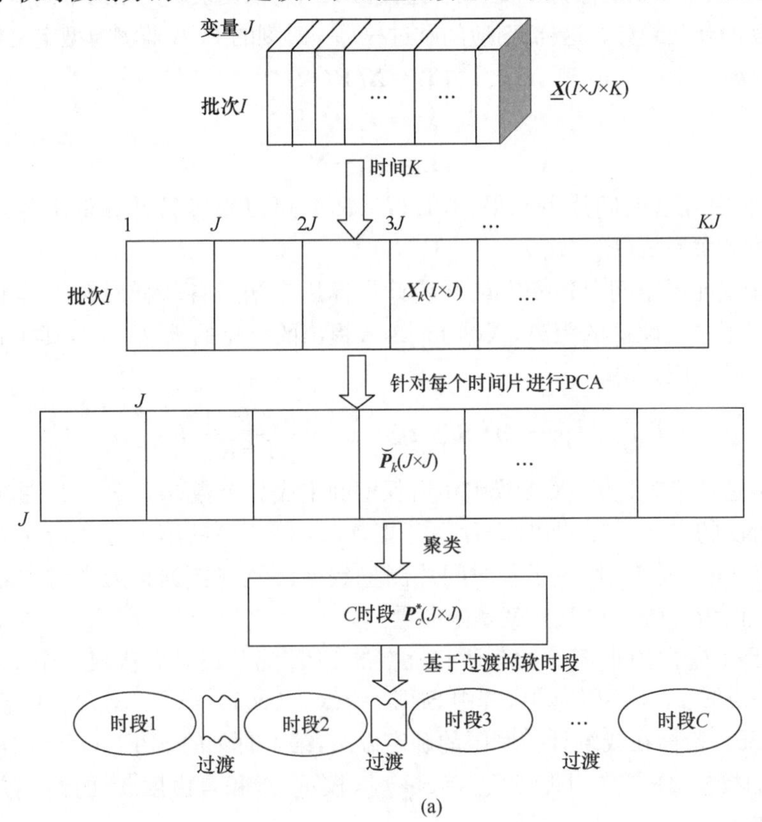

(a)

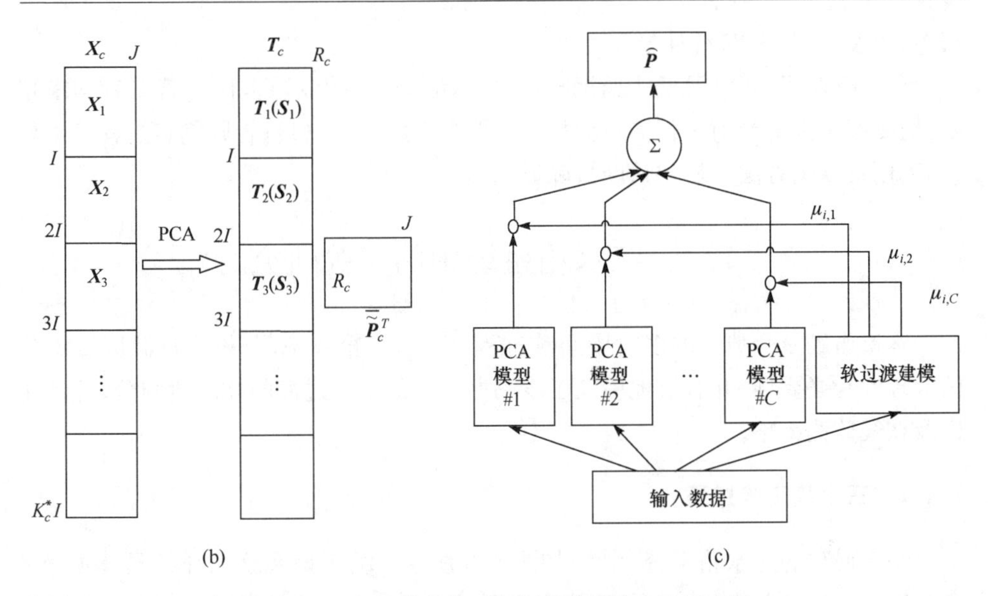

(b)　(c)

图 7.2　基于过渡的软时段划分及建模方法示意图

(a) 基于过渡的软时段划分算法　(b) 子时段建模　(c)过渡区域建模

7.3.4.1　建模步骤

(1) 将正常工况下收集的间歇操作三维数据组$\underline{\boldsymbol{X}}(I\times J\times K)$沿着时间轴方向切割得到 K 个时间片矩阵并标准为$\boldsymbol{X}_k(I\times J)$。

(2) PCA 应用于每个时间片矩阵，计算每个采样时刻的加权负载矩阵$\breve{\boldsymbol{P}}_k$，它们代表了各采样时刻过程的相关特性。

(3) 利用 k-means 聚类算法将这 K 个加权负载矩阵划分成 C 个子时段，得到该时段的代表性模型$\boldsymbol{P}_c^*$。

(4) 定义各时段的类半径与核半径，依据公式(7-6)与(7-7)所示的隶属判定准则，确定过渡区域，将其从各子时段中分离出去。

(5) 在各子时段内，建立时段代表性的统一 PCA 模型，$\bar{\boldsymbol{P}}_c(J\times R_c)$；而对于各过渡区域，在每个时刻，利用时变的模糊隶属度采用加权和的形式获得过渡模型，$\overset{\frown}{\boldsymbol{P}}_k(J\times R_k)$。整个运行过程各采样时刻上的监测模型可统一表示为$\boldsymbol{P}_k^{\cdot}(J\times R_k)$。

(6) 计算各时间点上的 T^2 和 SPE 统计控制限。

7.3.4.2　在线监测步骤

(1) 获取当前时刻的新测量数据$\boldsymbol{x}_{\text{new}}(J\times 1)$，并进行数据标准化预处理。

(2) 根据过程时间的指示，可以判断出新数据具体属于哪个子时段或是哪个过渡区间，直接调用相应的监测模型根据公式(7-10)计算新数据的主成分和预测误差，以及 T^2 和 SPE 统计量。

(3) 检查 T^2 和 SPE 两个监测指标是否超出正常控制限范围。若二者均未超限，监测程序判定当前过程测量数据是正常的，返回步骤(1)；否则判定过程发生异常，利用贡献图方法分析并诊断故障原因。

7.4　三水箱系统中的实验研究

本章借助一个典型的多时段间歇过程——三水箱系统，分析了过渡区域划分的合理性与必要性，并有效地验证了本书所提出的基于过渡的软时段划分、统计建模及在线监测策略。

7.4.1　三水箱实验过程

一个典型的三水箱系统[5,19,32]如图 4.3 所示。关于该系统的介绍具体见第 4 章。实际运行中各水箱上升的液位产生了时变的过程动特性而对于两个水箱液位的闭环控制产生了各变量之间的强耦合作用。其过程运行轨迹如图 7.3 所示，当三个水箱的液位都达到稳定时过程结束。实验过程中，针对 5 个过程变量每秒采样一次，每一次正常间歇操作采集 120 个样本，24 次实验操作共可获得建模数据 $\underline{\boldsymbol{X}}(24\times5\times120)$。

7.4.2　软时段划分及过程分析

首先，采用聚类算法将整个间歇操作周期按照过程相关特性的变化初步划分成了 4 个子时段(这里的聚类参数设定和第 4 章中有所不同)，结合过程轨迹，如图 7.3所示。各子时段的过程运行状况描述如下。

时段 I：两个输入流量 F1 和 F2 均处于最大流量状态，即死区状态，三个水箱的液位均处于持续稳定增长中；

时段 II：输入 F1 继续保持最大流量，而流量 F2 开始下降，三个水箱液位继续增长；

时段 III：两个输入流量 F1 和 F2 均在减少，三个水箱液位继续增长，但在接近该时段结束时，变化速度放缓或是发生微小波动；

时段 IV：5 个过程变量在微小波动后均趋于平稳，液位 L1 与 L2 均达到设定点。

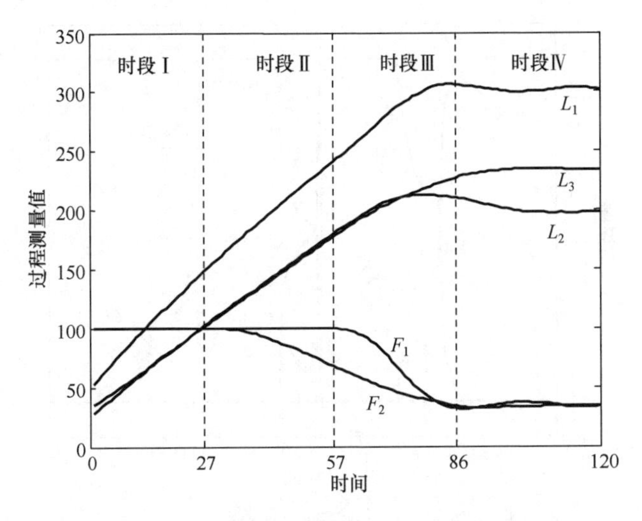

图 7.3　三水箱系统过程轨迹及时段硬划分结果

接下来，利用加权负载矩阵根据公式(7-3)算各采样时刻运行模式与各时段中心的距离相似度 $d_{k,c}$，如图 7.4 所示，它揭示了过程特性沿时间方向的变化趋势：接近当前 c 时段时逐渐变小；基本稳定期；逐渐远离该时段时逐渐增大。借助于 $d_{k,c}$ 可以对过渡现象获得一个初步的了解。依据公式(7-4)和(7-5)定义类半径与核半径，并依据模糊隶属度判定准则确定出两相邻时段间的过渡区域。图 7.5 显示了各采样时刻相对于各个子时段隶属关系的变化，其中过渡区域中的模糊隶属关系形象地描述了过程特性从一个时段逐渐向另一个时段过渡的演化趋势。

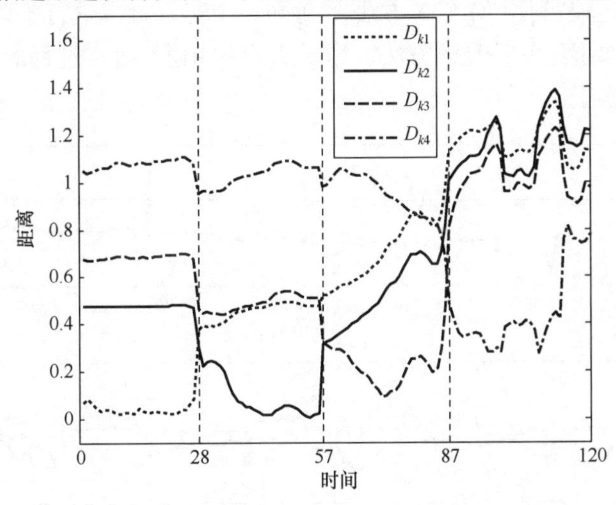

图 7.4　基于距离相似度的过程特性变化趋势

(D_{kc} 代表 k 时刻的运行模式与第 c 时段中心之间的距离)

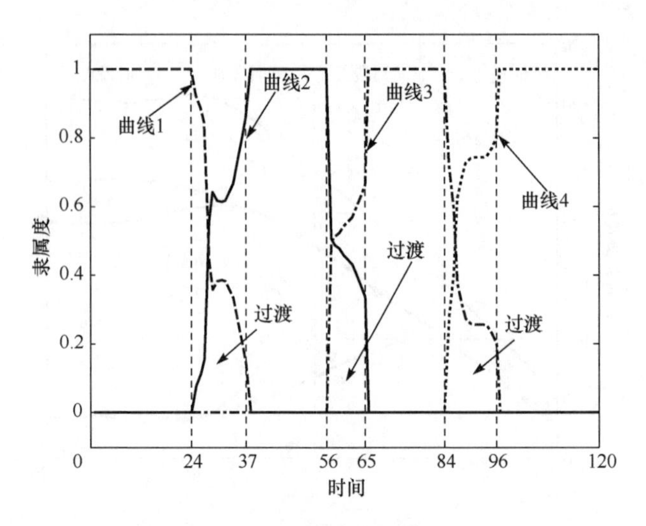

图 7.5　隶属关系示意图

（曲线 1～4 分别为各采样时刻运行模式与第 1～4 子时段的隶属关系）

7.4.3　过程监测及故障诊断

过渡区域划分出来后，针对各个子时段和过渡区域分别建立不同的监测模型，每个监测模型中仅需要保留 2～3 个主元便可以解释 90%的波动信息。针对一个正常间歇操作的在线监测结果如图 7.6(a)所示。从图中可以看出，两个监测指标 T^2 与 SPE 都处于正常的统计控制限之下，对当前过程的正常运行状况作出了正确的指示。作为比较，利用 MPCA 方法[33]对同一个正常批次进行了监测，其中缺失的未知数据采取了用 0 补足的方法。如图 7.6(b)中所示，在过程的初始阶段出现了较为明显的误报。

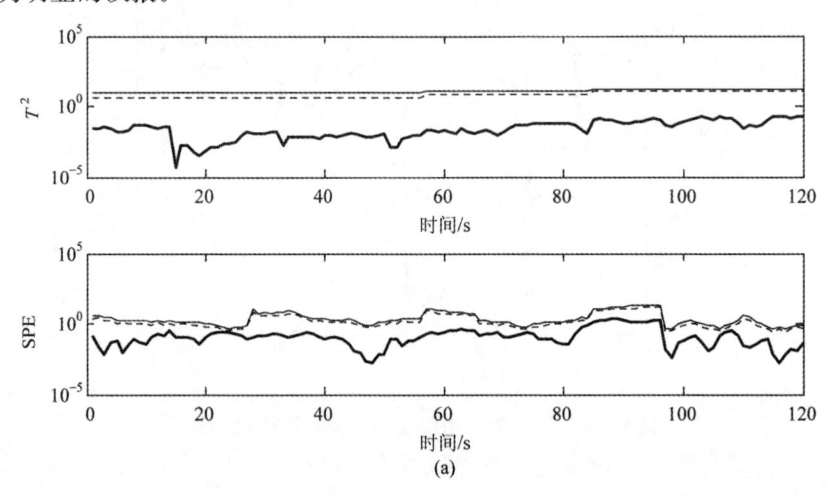

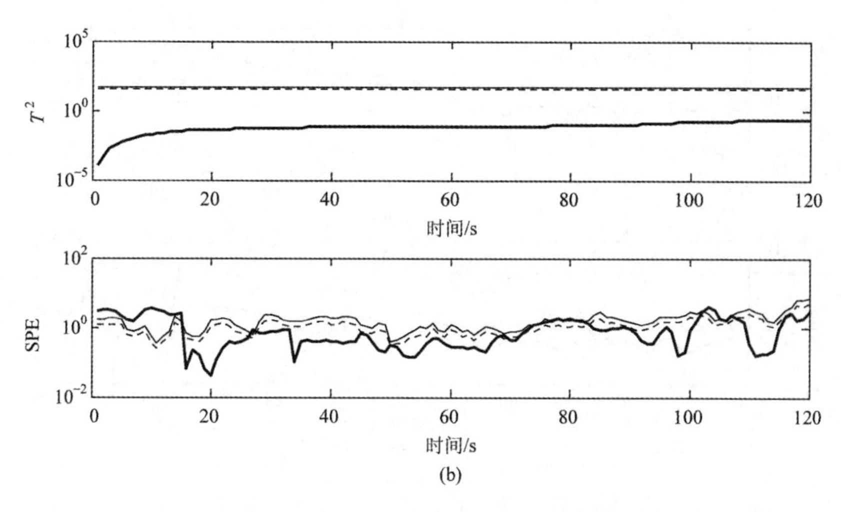

图 7.6　正常过程在线监测图——基于(a)软划分建模方法(b)MPCA 方法
(细实线:99%控制限;虚线:95%控制限;粗实线:在线监测指标)

对于第二组实验,我们在第 50s 时同时打开水箱 2 和 3 的泄漏阀模拟两个水箱的漏水故障。从图 7.7(a)的监测结果来看,SPE 监测指标在第 50 个采样时刻几乎立刻响应故障作出报警指示,而 T^2 统计量则仅仅延迟几个采样时间也较为及时地显示了故障发生。作为对比,利用 Lu 等的 sub-PCA 建模方法[6]以及 MPCA 建模方法[33]的监测结果如图 7.7(b)及(c)中所示。对于同样的故障,在过程初始阶段 MPCA 方法显示了明显的错误报警信号,而在故障发生后 sub-PCA 方法与 MPCA 方法又分别有不同程度的检测延迟,尤其是 T^2 统计指标直到接近过程结束时才超出控制限。显然,利用本书所提出的方法,其故障检测能力要比基于硬时段划分的 sub-PCA 方法和整体建模的 MPCA 方法灵敏。尤其是主成分空间的 T^2 监测图,本书提出的算法借助于过渡区域的提取以及时变协方差的使用,增强了模型的动特性,明显改善了故障检测的灵敏度。此外,在 40s 时刻水箱 2 的液位传感器发生故障,利用本书所提出的方法,其监测结果如图 7.8 所示,受该异常扰动影响,两个监测指标均比较明显地产生增长突变,并很快超限报警。

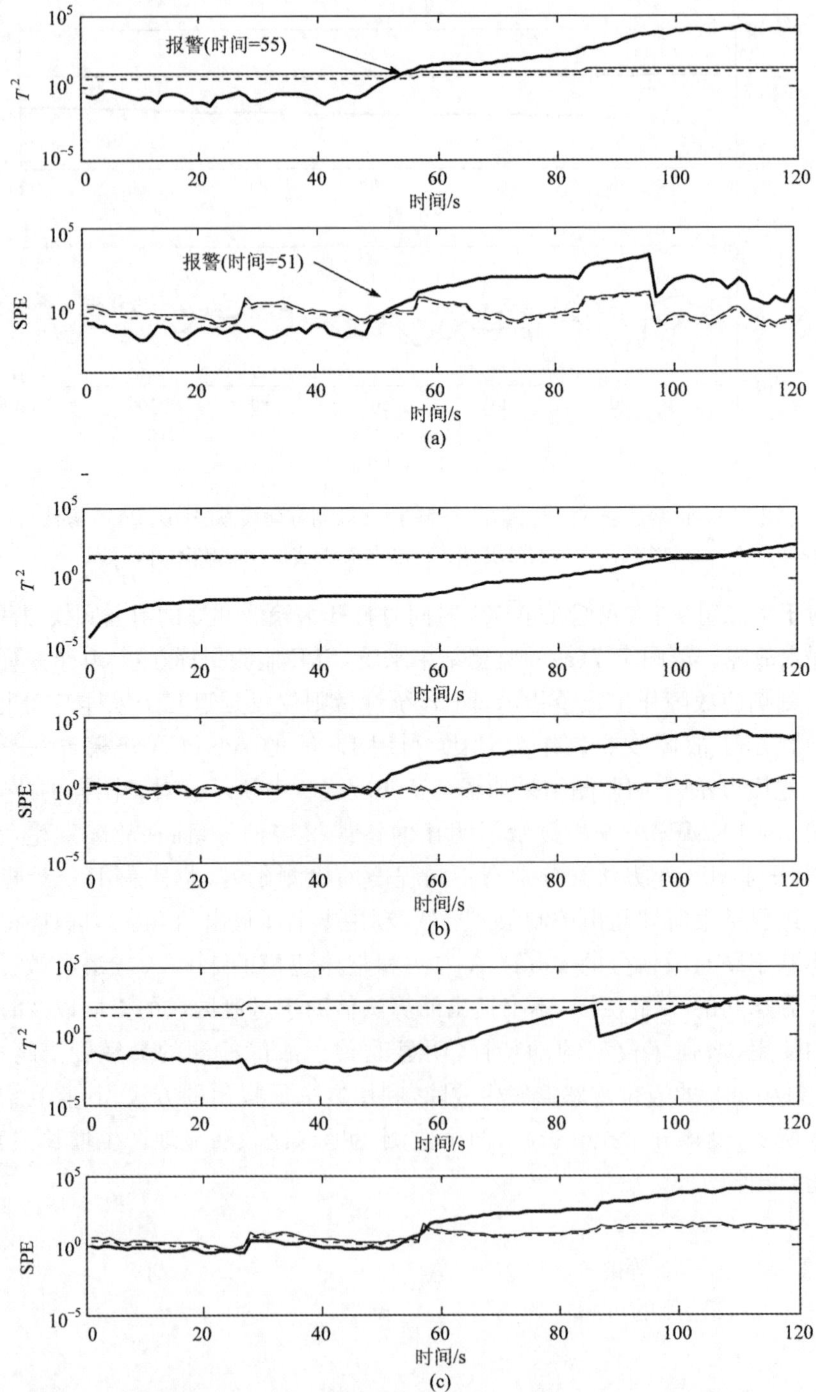

图 7.7　故障 1 在线监测图——基于(a) 软划分建模方法(b) MPCA 方法(c) Lu 等的 sub-PCA 方法

(细实线:99%控制限;虚线:95%控制限;粗实线:在线监测指标)

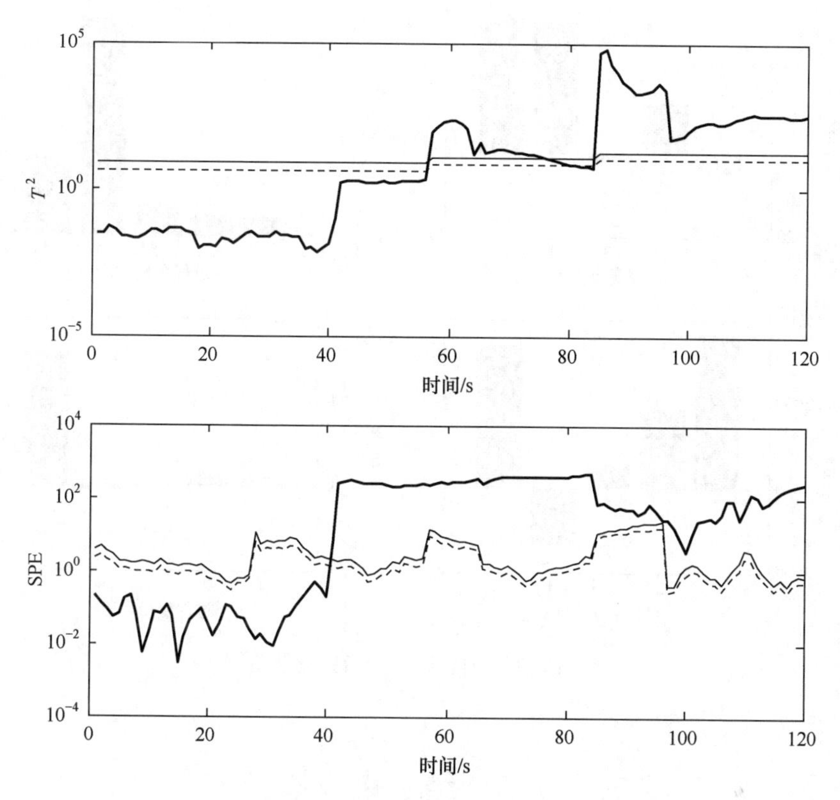

图 7.8　基于软划分建模方法的故障 2 在线监测图

（细实线：99%控制限；虚线：95%控制限；粗实线：在线监测指标）

对第一种漏水故障（故障变量为 4 与 5），利用贡献图方法的诊断结果如图 7.9 所示，在故障发生早期，贡献图清楚准确地显示了故障变量 4 与 5 对于 T^2 指标的贡献值较大，诊断结果较为可靠；而在故障后期，由于过程变量之间的强耦合作用，故障影响传递到整个过程中，各个过程变量均不同程度地偏离原有正常运行轨迹，真正的故障变量极有可能被湮没，这无疑将增大故障诊断的难度。因此为了及时有效地分析故障原因，监测图应该及时检测出过程异常状况的发生。

从上述一系列实验结果，利用本书提出的基于过渡的软时段划分算法能够更贴切地分析过程运行模式的动态变化，过程监测及故障诊断结果较好地吻合了实际状况。相比于 Lu 等的 sub-PCA[6] 及 MPCA[33] 两种建模方法，降低了误报漏报率，提高了在线监测的可靠性与准确度。

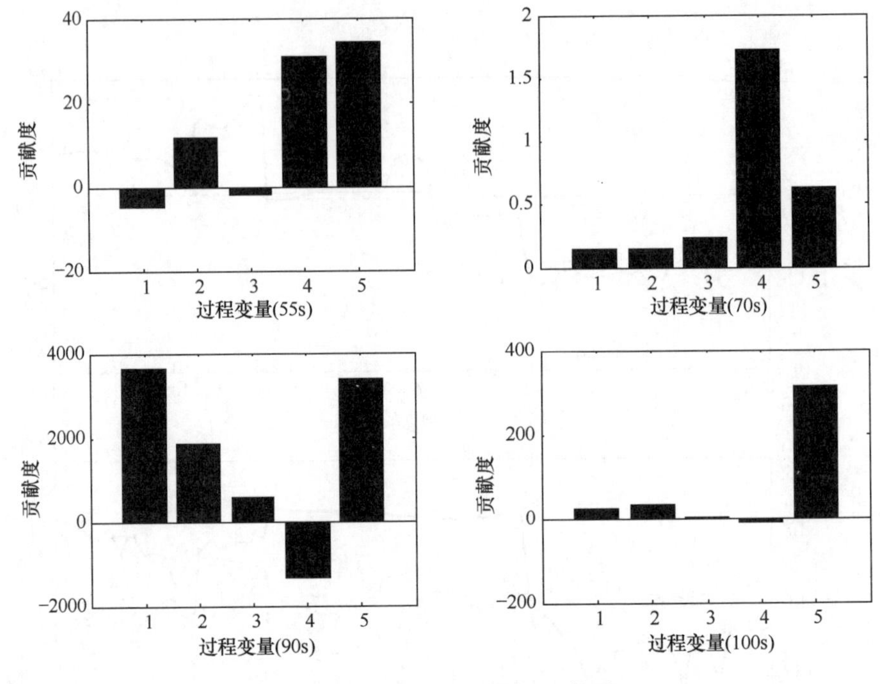

图 7.9　故障 1 的 T^2 指标贡献图

7.5　结　束　语

针对多时段间歇过程中的时段过渡现象，本书提出了一种基于过渡的软时段划分、统计建模和在线监测策略，克服了传统硬时段划分算法误分类的缺陷。其基本思想是通过分析潜在过程特性在时间方向上的发展变化趋势，从中获取时段间过渡的相关信息；借助两个半径参数的定义，引入模糊隶属度的概念，将过程划分成不同的子时段及时段间的平滑过渡区域；针对各子时段与过渡区域分别建立了不同的监测模型，表征了其潜在过程特性的内在联系与动态的发展变化，从而增强了我们对过程的多时段特性及其过渡行为的理解。本算法在三水箱实验系统中得到了很好的证明，完全可以推广应用到其他具有时段过渡行为的复杂间歇工业过程中。我们有理由相信，针对时段过渡动态行为进行研究、确保时段间的平稳过渡对间歇过程生产安全与质量改进具有重要意义。

参 考 文 献

[1] Kosanovich K A, Piovoso M J, Dahl K S. Multi-way PCA applied to an industrial batch process. The Proceedings of American Control Conference, 1994: 1294-1298

[2] Dong D, McAvoy T J. Multi-stage batch process monitoring. The Proceedings of American Control Conference, 1995: 1857-1861

[3] Ündey C, Çinar A. Statistical monitoring of multistage, multiphase batch processes. IEEE Control Systems Magazine, 2002, 22(55): 40-52

[4] Doan X T, Srinivasan R, Bapat P M, Wangikar P P. Detection of phase shifts in batch fermentation via statistical analysis of the online measurements: A case study with rifamycin B fermentation. Journal of Biotechnology, 2007, 132(2): 156-166

[5] 陆宁云. 间歇工业过程的统计建模、在线监测和质量预测. 沈阳:东北大学博士论文

[6] Lu N Y, Gao F R, Wang F L. A sub-PCA modeling and on-line monitoring strategy for batch processes. AIChE Journal, 2004, 50(1): 255-259

[7] Lu N Y, Gao F R. Stage-based process analysis and quality prediction for batch processes. Industrial & Engineering Chemistry Research, 2005, 44(10): 3547-3555

[8] Lu N Y, Gao F R. Stage-based online quality control for batch processes. Industrial & Engineering Chemistry Research, 2006, 45(7): 2272-2280

[9] Lu N Y, Yang Y, Wang F L, et al. Stage-based multivariate statistical analysis for injection molding. Proceedings of International Symposium on Advanced Control of Chemical Processes, 2003: 471-476

[10] Lu N Y, Gao F R, Yang Y, et al. PCA-based modeling and on-line monitoring strategy for uneven-length batch processes. Industrial & Engineering Chemistry Research, 2004, 43(13): 3343-3352

[11] Lu N Y, Yang Y, Wang F L, et al. A Stage-based monitoring method for batch process with limited reference data. 7th International Symposium on Dynamics and Control of Process Systems, 2004

[12] Zhao C H, Wang F L, Mao Z Z, et al. Quality prediction based on phase-specific average trajectory for batch processes. AIChE Journal, 2008, 54(3): 693-705

[13] Zhao C H, Wang F L, Mao Z Z, et al. Improved knowledge extraction and phase-based quality prediction for batch processes. Industrial & Engineering Chemistry Research, 2008, 47(3): 825-834

[14] Zhao C H, Wang F L, Mao Z Z, et al. Improved batch process monitoring and quality prediction based on multi-phase statistical analysis. Industrial & Engineering Chemistry Research, 2008, 47(3): 835-849

[15] Zhao C H, Wang F L, Mao Z Z, et al. Adaptive monitoring based on independent component analysis for multiphase batch processes with limited modeling data. Industrial & Engineering Chemistry Research, 2008, 47(9): 3104-3113

[16] Zhao C H, Wang F L, Gao F R, et al. Enhanced process comprehension and statistical analysis for slow-varying batch processes. Industrial & Engineering Chemistry Research, 2008, 47(24): 9996-10008

[17] Zhao C H, Mo S Y, Gao F G, et al. Statistical analysis and online monitoring for handling

multiphase batch processes with varying durations. Journal of Process Control，2011，21(6)：817-829

[18] Zhao C H，Sun Y X. Step-wise sequential phase partition (SSPP) algorithm based statistical modeling and online process monitoring. Chemometrics and Intelligent Laboratory Systems，2013，125：109-120

[19] 赵春晖. 多时段间歇过程统计建模、在线监测及质量预报，沈阳：东北大学博士论文，2011

[20] Zhao C，Wang F，Lu N，et al. Stage-based soft-transition multiple PCA modeling and on-line monitoring strategy for batch processes. Journal of Process Control，2007，17(9)：728-741

[21] Zadeh L A. Fuzzy algorithms. Information and Control，1968，12(2)：94-102

[22] Zadeh L A. Fuzzy sets. Information and Control，1965，8(3)：338-353

[23] Zadeh L A. Fuzzy logic. IEEE Computer，1988，21(4)：83-93

[24] Jain A K，Murty M N，Flynn P J. Data clustering：A review. ACM Computing Surveys，1999，31(3)：264-323

[25] MacQueen J. Some methods for classification and analysis of multivariate observations. Proceedings of the 5th Berkeley Symposium on Mathematical Statistics and Probability，1967，1：281-297

[26] Jackson J E. A User's Guide to Principal Components. New York：Wiley，1991

[27] Lowry C A，Montgomery D C. A review of multivariate control charts. IIE Transactions，1995，27(6)：800-810

[28] Jackson J E. Multivariate quality control. Communications in Statistics：Theory and Methods，1985，14(10)：2657-2688

[29] Nomikos P，MacGregor J F. Multivariate SPC charts for monitoring batch processes. Technometrics，1995，37(1)：41-59

[30] Miller P，Swanson R E，Heckler C E. Contribution plots：A missing link in multivariate quality control. Applied Mathematics and Computation Science，1998，8(4)：775-792

[31] Westerhuis J A，Gurden S P，Smilde A K. Generalized contribution plots in multivariate statistical process monitoring. Chemometrics and Intelligent Laboratory Systems，2000，51(1)：95-114

[32] 陆宁云. 多变量过程在线监测算法的研究以及在三水箱实验装置中的应用. 沈阳：东北大学，2000

[33] Nomikos P，MacGregor J F. Monitoring batch processes using multiway principal components analysis. AIChE Journal，1994，40(8)：1361-1375

第 8 章　多模态间歇过程多时段建模与监测

之前介绍的自动时段划分以及基于时段的监测方法[1-21]都局限于单一模态的多时段间歇过程。实际上，由于各种因素的影响，如原料和组分的变更、外部环境的变化以及不同的产品的要求，制造过程往往在不同模态间转化。尤其是为了满足日益变化的市场需求，生产策略以及运行条件需要频繁地调整，这也导致多模态问题的普遍存在。当所估测的运行模式并不是运行在参考模型的运行条件下时，传统的建模策略往往会遇到模型失配的问题。运行模态的变化会导致频繁的报警，即使过程仍处于另一种正常的运行模态。目前广泛应用的多时段分析与建模方法都仅仅局限于单一模态的间歇过程。结合间歇过程多时段特性，为了更合理地解决多模态下的建模与监测问题，应该深入分析多模态间的相关关系以及子时段特性的变化，研究针对多模态间歇过程的时段分析、建模与监测方法。

8.1　引　　言

前面章节中我们针对单一工作模态下的间歇过程时段特性进行了深入分析，提出了时段自动划分与建模方法，实现了在线过程监测。但是，实际过程中往往具有多模态特性，针对多模态过程的统计建模与监测是一个非常有挑战的问题，近些年得到越来越多的关注[22-24]，但其中大部分都是针对于连续过程，而对于间歇过程的研究则很少见诸于报。针对多模态间歇过程，如果简单地针对每种模态分别进行单独分析与建模，虽然可以获得多时段信息和实施过程监测，但是很多有用的过程特性没有得到深入挖掘和理解。多模态运行情况下，每种模态下过程特性如何变化，揭示多时段特性，以及不同模态间有什么样的关系，它们之间的相似与不同，都是非常有意义的研究问题。

图 8.1 给出了一个两模态间歇过程的多时段特性示意图。其中一种模态包含三个过程时段，另一种模态包含两个过程时段。在不同模态中，受不同运行条件和过程机理驱动，过程特性的变化可能会有所不同。如果仅仅是针对每个模态分别单独实施时段划分，单个模态时段划分的结果在模态间是有差异的。不同模态间，每个时段开始和结束的时刻可能会有所不同，而各时段的长度也可能有所不同。因此，对于多模态的子时段划分是一个非常有意义的议题。如果同时考虑两个模态中过程特性的变化进行时段划分，则可以得到一个统一的四个时段的划分结果。通过同时考虑所有模态，划分结果可以反映在一定时间区域内较快的特性变化。

例如,当第二种模态过程特性发生显著变化从第一时段切换到第二时段的时候,第一模态的过程特性实际上仍旧保持在第一时段。如果综合考虑这两种模态的特性变化,可以将第一模态的第一时段进一步划分为两个子时段,从而得到一个两模态间统一的时段划分结果。这为基于时段进行模态间相关关系的分析奠定了基础,具体细节将在下面具体介绍。从另一方面来看,单一模态的独立时段划分可以认为是多模态时段划分的一个极端情况。

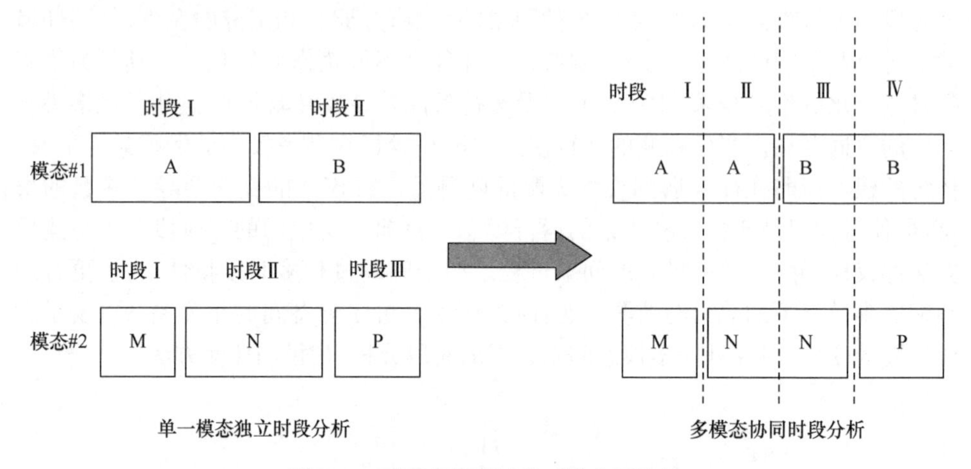

图 8.1　两模态间歇过程时段分析结果

本章承接前面章节中对多操作阶段间歇过程的研究结果,对间歇过程多模态问题进行深入的研究。不仅深入分析了多模态之间的关系,而且分析了不同运行模态对时段特性的影响,从而针对多模态问题建立了一种协同时段划分、模态间相对关系建模和监测方法[25,26]。该方法针对多时段特性的考虑同时兼顾了时间方向和模态方向上的过程特性变化;此外,其根据模态间的相关关系分解了不同过程波动并用于建立监测模型。该方法包括两个关键部分:对所有模态进行协同时段划分以及基于模态间相对变化进行子空间分解。协同时段划分是针对所有模态同时进行自动时段划分,其目标是得到一个统一的时段划分结果。基于各模态间一致的时段划分结果,我们将进行模态间的相对变化分析来解释模态间相关关系。选择其中一种模态作为参考模态,其他作为备选模态。在每个时段分析备选模态与参考模态的相对变化,每个备选模态的潜在过程特征被分解到四个子空间中,分别反映了其相对于参考模态的不同类型的过程波动。随后在四个子空间分别进行建模与监测。本书所提出的方法不仅有效区分了正常与故障情况,并且提高了对多模态过程的理解。它的适用性和可靠性能通过一个典型的多时段间歇过程得以证明。

8.2　多模态协同时段分析、建模与监测

考虑到过程的时变特性以及在一定时间区域内的相似性，我们自然地想到对间歇过程进行时段划分并建立不同的模型描绘它们不同的过程特性。对于单一模态间歇过程，已经存在多种基于不同思想的时段划分方法[1-21]。假设过程的先验知识不可知，多时段信息可以通过捕捉过程潜在特性的变化来进行自动识别。第 4 章中我们已经具体介绍了一种步进有序时段划分方法[13]，能够自动获得时间连续的多时段划分结果。在这里，考虑到批次多模态的特性，时段划分方法实际上是之前版本的进一步发展和改进。

8.2.1　协同时段划分

设每种模态下的间歇操作过程具有 J 个测量变量和 K 个采样点，则每一个测量批次可得到一个 $K\times J$ 的矩阵 $\boldsymbol{X}(K\times J)$。在本书中，若没有特别声明批次都是等长的，故可以根据具体的过程时刻对数据进行预处理。对于每一种模态重复 I 批次的测量步骤后，得到的数据可以表述为一个三维矩阵 $\underline{\boldsymbol{X}}_m(I\times J\times K)$，其中，$m=1,2,\cdots,M$，即一共 M 个模态。

每个模态的基本数据分析与建模单元是时间片。协同时段划分的基本思想是对于所有模态同时找到时段划分点，以保证它们同时进入或者离开同一时段。为了达到这个目的，自动时段划分需要考虑三个方面，各模态内同一时段的相似特性、划分结果的时间连续性以及所有模态的协同分析。概括地说，从过程的初始时刻开始，步进式地在每个模态内按照时序性同时检查过程相关性的变化，从而获得各模态统一的时段划分的标签。因此该方法称为协同多模态步进有序时段划分算法。

具体的基本步骤如下：

步骤 1　在每个模态内，从过程的初始时刻开始，在每个时刻都有时间片 $\boldsymbol{X}_{m,k}(I\times J)$。将其标准化为零均值单位标准差，$\overline{\boldsymbol{X}}_{m,k}(I\times J)$。

步骤 2　对标准化后的每一个时间片矩阵 $\overline{\boldsymbol{X}}_{m,k}(I\times J)$进行 PCA 分解，得到初始时间片 PCA 模型 $\boldsymbol{P}_{m,k}(J\times R_{m,k})$，其中：$R_{m,k}$是每个模态内的时间片模型所保留的主元个数，这里所保留的主元个数 $R_{m,k}$按照累积贡献率方法[27]能够反映原过程中 90%的过程波动信息。针对每种模态分别将整个批次周期内出现次数最多的主元个数作为该模态的统一主元个数 R_m。根据统一维数 R_m 后的模型计算残差空间中各时间片 k 对应各个批次的 SPE 指标。基于加权 χ^2 分布[28]，从而确定出每个时间点上的控制限 $\mathrm{Ctr}_{m,k}$，它反应了时间片 PCA 模型针对每个时间片的数据重构能力。

步骤 3　从过程的初始时刻开始，依次将下一个时间片与之前的时间片组合

在一起并按变量方式[29-32]展开得到时间块矩阵 $\boldsymbol{X}_{m,k}^{v}(Ik\times J)$，其中上标 v 代表变量展开方式。对新时间块矩阵进行 PCA 分析，提取出负载矩阵 $\boldsymbol{P}_{m,k}^{v}(J\times R_m)$。计算该时间块内所有时间片的 SPE 值并根据加权 χ^2 分布[28]确定出每个时间点上的控制限 $\mathrm{Ctr}_{m,k}$，它反映了时间块模型针对每个时间片的数据重构能力。

步骤 4　比较在相同时间区域内每个时间点上 $\mathrm{Ctr}_{m,k}$ 和 $\mathrm{Ctr}_{m,k}^{v}$ 的大小，对于任意一个模态，如果发现连续三个样本呈现 $\mathrm{Ctr}_{m,k}^{v}>\alpha_m\cdot\mathrm{Ctr}_{m,k}$，则表示新加入的时间片对原有时间块 PCA 模型及相应的监测性能都有严重影响，即该新时间片与之前的过程特性有显著不同。记加入新时间片前的时刻为 k^*。其中，α_m 是依附于 $\mathrm{Ctr}_{m,k}$ 的常数，称作松弛因子，它反映的是与时间片模型相比，利用时间块模型解释时间片的时候允许精度损失的程度。则对于所有 M 个模态，k^* 时刻之前的时间片可化归为同一个子时段。

步骤 5　对于所有 M 个模态，根据步骤 4 中所获得的时刻 k^* 的指示，移除第一个子时段，把余下的过程数据作为新的输入数据带入到第 3 步中并重复上述步骤 3～4，不断进行时段划分，直到没有数据余留。

综上所述，通过上述步骤，我们可以获得针对所有模态的一致时段划分结果，一是不同时段在时间方向上是连续的，另一个是时段划分点在模态间是一致的。在该算法中，针对各个模态，通过不断有序地加入新的时间片并按变量展开方式构建建模单元，通过比较所构成的时间块模型与各时间片模型的重构能力，识别出过程特性是否发生显著变化从而确定每个模态的时段。其中，时间块模型的维度和时间片模型保持一致，故而可以客观地进行重构能力比较。所依据的原理是如果该时间块内所有时间片的特性相似，它们能用一个统一的时间块模型来表征，且该时间块模型与有相同维度的时间片模型具有相似的重构能力。

此外，α_m 是与具体模态 m 相关的重要参数，它反映了模型精度和建模复杂度的一种折中。一般来说，α_m 可以通过试凑法进行设定，因而每个时段代表模型不会包含太多的运行模式以保证对过程特性变化的灵敏度。然而，到目前为止，并没有一个明确的准则或统一的标准去定量描述。因此，该参数的选取或多或少受人为因素的影响。针对不同过程研究如何选取 α_m 是非常有意义的，值得在之后的研究工作中进一步分析。

8.2.2　模态间相对变化分析

对于多模态过程，与单个模态独立建模不同，模态间相关分析的一般思想是分析模态间的相对变化，其中一个重要的问题就是如何提取这种相对变化。本书随机选取了一个参考模态，其他作为备选模态，并分析备选模态与参考模态间的相对变化。根据过程监测的具体应用目的，模态间的相对变化实际上体现为：当使用参考模态对备选模态进行监测时，监测统计量将会有报警信号指示两种模态过程波动的不同。其中，相对于参考模态，沿着某监测方向，如果波动显著增大，则会导致故障报警；如果波动没有显著增大，则表示这些过程波动在两种模态中没有显著变化。由此可知，当用参考模型对备选模态进行监测时，报警信号是由备选模态中那些相对增大的波动导致的。根据上述分析，参考模态的每个监测空间，包括系统空间和残差空间，可进一步分解为两个监测子空间，反映了两种不同类型的模态间相对变化。针对不同的相对变化可以分别建模用以对备选模态进行监测。

模态间相对变化分析的具体步骤如下所示：

根据 8.2.1 节中的协同时段划分结果，对参考模态和各备选模态将每个时段内的时间片按变量方式展开组合成子时段代表性建模数据 $\boldsymbol{X}_{c,r}^{v}(I_rK_c\times J)$ 和 $\boldsymbol{X}_{c,a}^{v}(I_aK_c\times J)$，如图 8.2 所示。其中，下标 r 和 a 表示参考模态和备选模态，c 表示时段，上标 v 标是按变量方式展开，K_c 表示时段持续的时间，I_r 和 I_a 分别是两种模态各自的批次数。每个模态都拥有相同的变量数，而批次数则有可能不同。其中，$\boldsymbol{X}_{c,r}^{v}$ 和 $\boldsymbol{X}_{c,a}^{v}$ 中的时间片已经标准化为零均值单位标准差。

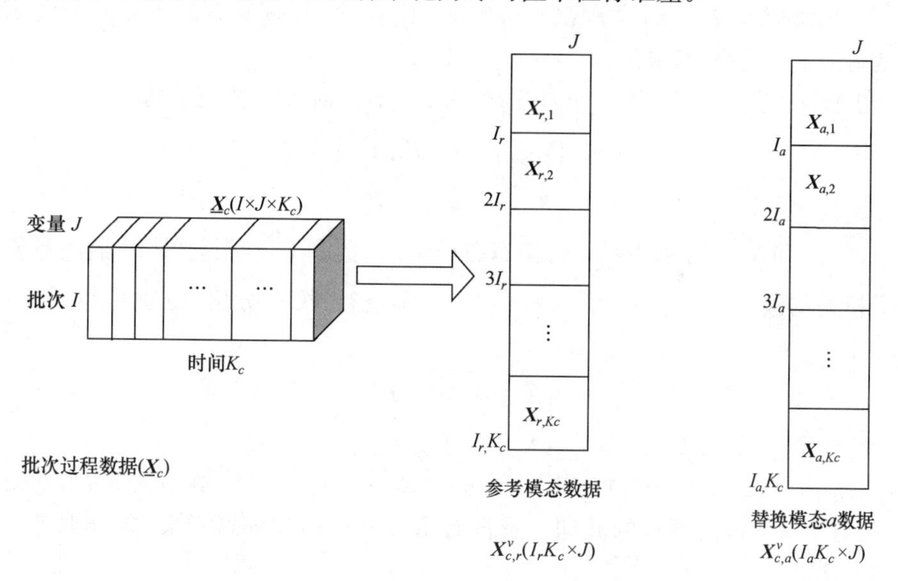

图 8.2　用于模态间相对变化分析的时段数据展开

8.2.2.1　在 PCA 监测系统的主元空间

步骤 1　对数据标准化处理后的 $\boldsymbol{X}_{c,r}^{v}(I_rK_c\times J)$ 进行如下 PCA 分解：

$$
\begin{aligned}
\boldsymbol{T}_{c,r}^{v} &= \boldsymbol{X}_{c,r}^{v}\boldsymbol{P}_{c,r} \\
\boldsymbol{E}_{c,r}^{v} &= \boldsymbol{X}_{c,r}^{v}\boldsymbol{P}_{c,r}^{e}\boldsymbol{P}_{c,r}^{e\ \mathrm{T}}
\end{aligned}
\tag{8-1}
$$

其中，$\boldsymbol{T}_{c,r}^{v}(I_rK_{c,r}\times R_{c,r})$ 和 $\boldsymbol{P}_{c,r}(J\times R_{c,r})$ 是主元空间中的主元及其相应的负载；$\boldsymbol{E}_{c,r}^{v}(I_rK_{c,r}\times J)$ 和 $\boldsymbol{P}_{c,r}^{e}(J\times R_{c,r}^{e})$ 是残差空间的残差和相应的负载，上标 e 表示残差

空间。$R_{c,r}$是由累积贡献率[27]所决定的主元个数,它表示参考模态过程数据波动最大的几个方向同时也是 T^2 的监测方向。$R^e_{c,r}$是残差空间 RS 中保留的成分个数,$R^e_{c,r}=J-R_{c,r}$。

步骤 2　将 $\boldsymbol{X}^v_{c,a}$投影到$\boldsymbol{P}_{c,r}$方向上,得到参考模态的主元得分 $\boldsymbol{T}^v_{c,a}$:

$$\boldsymbol{T}^v_{c,a}=\boldsymbol{X}^v_{c,a}\boldsymbol{P}_{c,r} \tag{8-2}$$

在主元空间中定义一个 $R_{c,r}$维向量 $\mathbf{Ratio}_{c,a}$,表示备选模态和参考模态波动的比值。其中,$\mathbf{Ratio}_{c,a}$中的每一个元素定义如下:

$$\text{Ratio}_{c,a,i}=\frac{\text{var}(\boldsymbol{T}^v_{c,a}(:,i))}{\text{var}(\boldsymbol{T}^v_{c,r}(:,i))}\quad (i=1,2,\cdots,R_{c,r}) \tag{8-3}$$

其中,var(•)表示围绕参考模态中心的波动方差;(:,i)表示矩阵的第 i 列。

步骤 3　$\mathbf{Ratio}_{c,a}$中的值大于 1 则说明备选模态中对应该方向上的波动比参考模态中的要大,这部分波动是导致在参考模态主元模型监测下备选模态 T^2 超限的原因。选取 $\mathbf{Ratio}_{c,a}$中值大于 1 的元素所对应的方向 $\boldsymbol{P}_{c,r,i}$,组成 $\boldsymbol{P}^*_{c,a}(J\times R^*_{c,a})$,$\boldsymbol{P}_{c,r}$中剩余的方向$\boldsymbol{P}_{c,r,i}$组成$\boldsymbol{P}^n_{c,a}(J\times R^n_{c,a})$。其中,$R^*_{c,a}$是所选取的主元的个数,$R^n_{c,a}$则是剩余主元的个数,显然,$R^n_{c,a}=R_{c,r}-R^*_{c,a}$。

步骤 4　在主元空间中,分别沿 $\boldsymbol{P}^*_{c,a}$和 $\boldsymbol{P}^n_{c,a}$方向对 $\boldsymbol{X}^v_{c,r,i}$进行重构:

$$\begin{cases}\hat{\boldsymbol{X}}_{c,a,f}=\boldsymbol{X}_{c,a}\boldsymbol{P}^*_{c,a}\boldsymbol{P}^{*\mathrm{T}}_{c,a}\\ \hat{\boldsymbol{X}}_{c,a,o}=\boldsymbol{X}^v_{c,a}\boldsymbol{P}^n_{c,a}\boldsymbol{P}^{n\mathrm{T}}_{c,a}\end{cases} \tag{8-4}$$

其中,$\hat{\boldsymbol{X}}_{c,a,f}$和$\hat{\boldsymbol{X}}_{c,a,o}$分别表示备选模态在模型$\boldsymbol{P}_{c,r}$监测下,与报警的 T^2 监测量相关和不相关的波动部分。对 $\hat{\boldsymbol{X}}_{c,a,f}$和 $\hat{\boldsymbol{X}}_{c,a,o}$分别进行 PCA 分解,分别保留 $R_{c,a,f}$和 $R_{c,a,o}$个主元:

$$\begin{cases}\hat{\boldsymbol{X}}_{c,a,f}=\boldsymbol{T}_{c,a,f}\boldsymbol{P}^{\mathrm{T}}_{c,a,f}\\ \hat{\boldsymbol{X}}_{c,a,o}=\boldsymbol{T}_{c,a,o}\boldsymbol{P}^{\mathrm{T}}_{c,a,o}\end{cases} \tag{8-5}$$

其中,$R_{c,a,f}=\text{rank}(\boldsymbol{X}^v_{c,a}\boldsymbol{P}^*_{c,a})$且 $R_{c,a,o}=\text{rank}(\boldsymbol{X}^v_{c,a}\boldsymbol{P}^n_{c,a})$。通过上述方式,在备选模态中,相对于参考模态增长的波动以及没有增长的波动被分离开来,并分别进行了 PCA 建模。

8.2.2.2　在 PCA 监测系统的残差空间

步骤 1　与针对 PCA 监测系统主元空间的步骤 1 相同。

步骤 2　将 $\boldsymbol{X}^v_{c,a}$投影到 $\boldsymbol{P}^e_{c,r}$方向上,得到参考模态残差空间中的波动 $\boldsymbol{E}^v_{c,a}$:

$$\boldsymbol{E}^v_{c,a}=\boldsymbol{X}^v_{c,a}\boldsymbol{P}^e_{c,r}\boldsymbol{P}^{e\mathrm{T}}_{c,r}=\sum_{j=1}^{R^e_{c,r}}\boldsymbol{X}^v_{c,a}\boldsymbol{p}^e_{c,r,j}\boldsymbol{p}^{e\mathrm{T}}_{c,r,j} \tag{8-6}$$

在残差空间中定义一个 $R^e_{c,r}$维的向量$\Delta_{c,a}$,表示备选模态和参考模态波动的差值。其中

$$\Delta_{c,a,i}=\|\boldsymbol{X}_{c,a}^{v}\boldsymbol{p}_{c,r,j}^{e}\boldsymbol{p}_{c,r,j}^{e\mathrm{T}}\|^{2}-\|\boldsymbol{X}_{c,r}^{v}\boldsymbol{p}_{c,r,j}^{e}\boldsymbol{p}_{c,r,j}^{e\mathrm{T}}\|^{2}(i=1,2,\cdots,R_{c,r}^{e}) \tag{8-7}$$

其中，$\|\cdot\|$表示欧氏距离。

步骤 3　选取 $\Delta_{c,a}$ 指标。如果 $\Delta_{c,a}$ 中的值大于零，则说明备选模态中对应该方向上的波动比参考模态中的要大，这部分波动是导致在参考模态残差模型监测下备选模态 SPE 超限的原因。选取 $\Delta_{c,a}$ 中大于零的元素所对应的方向 $\boldsymbol{p}_{c,r,i}^{e}$，构成 $\boldsymbol{P}_{c,a}^{e*}(J\times R_{c,a}^{e*})$，$\boldsymbol{P}_{c,r}^{e}$ 中剩余的方向 $\boldsymbol{p}_{c,r,i}^{e}$ 构成 $\boldsymbol{P}_{c,a}^{en}(J\times R_{c,a}^{en})$。其中，$R_{c,a}^{e*}$ 是所选取的主元的个数，$R_{c,a}^{en}$ 则是剩余主元的个数，显然 $R_{c,a}^{en}=R_{c,a}^{e}-R_{c,a}^{e*}R_{c,a}^{en}=R_{c,r}^{e}-R_{c,a}^{e*}$。

步骤 4　在残差空间中，沿 $\boldsymbol{P}_{c,a}^{e*}$ 方向对 $\boldsymbol{X}_{c,a}^{v}$ 进行重构：

$$\widehat{\boldsymbol{X}}_{c,a,f}^{e}=\boldsymbol{X}_{c,a}^{v}\boldsymbol{P}_{c,a}^{e*}\boldsymbol{P}_{c,a}^{e*\mathrm{T}} \tag{8-8}$$

显而易见，备选模态在模型 $\boldsymbol{P}_{c,a}^{e*}$ 监测下，超限的 SPE 统计量仅仅与 $\widehat{\boldsymbol{X}}_{c,a,f}^{e}$ 相关。对 $\widehat{\boldsymbol{X}}_{c,a,f}^{e}$ 进行 PCA 分解，保留 $R_{c,a,f}^{e}$ 个主元：

$$\hat{\widehat{\boldsymbol{X}}}_{c,a,f}^{e}=\boldsymbol{T}_{c,a,f}^{e}\boldsymbol{P}_{c,a,f}^{e\mathrm{T}} \tag{8-9}$$

其中，$R_{c,a,f}^{e}$ 是由累积贡献率[27]决定的。通过上述方式，在备选模态中，相对于参考模态残差部分增长的波动与其余残差信息分离开来，并进行了 PCA 建模。那么最终的残差为

$$\boldsymbol{E}_{c,a}^{f}=\boldsymbol{E}_{c,a}^{v}-\hat{\widehat{\boldsymbol{X}}}_{c,a,f}^{e}=\boldsymbol{X}_{c,a}^{v}\boldsymbol{P}_{c,r}^{e}\boldsymbol{P}_{c,r}^{e\mathrm{T}}-\widehat{\boldsymbol{X}}_{c,a,f}^{e}\boldsymbol{P}_{c,a,f}^{e}\boldsymbol{P}_{c,a,f}^{e\mathrm{T}} \tag{8-10}$$

可以看出，$\boldsymbol{P}_{c,a,f}^{e}$ 实质是 $\boldsymbol{P}_{c,a}^{e*}$ 的线性组合，因此有 $\widehat{\boldsymbol{X}}_{c,a,f}^{e}\boldsymbol{P}_{c,a,f}^{e}\boldsymbol{P}_{c,a,f}^{e\mathrm{T}}=\boldsymbol{X}_{c,a}^{v}\boldsymbol{P}_{c,a}^{e*}\boldsymbol{P}_{c,a}^{e*\mathrm{T}}\boldsymbol{P}_{c,a,f}^{e}\boldsymbol{P}_{c,a,f}^{e\mathrm{T}}=\boldsymbol{X}_{c,a}^{v}\boldsymbol{P}_{c,a,f}^{e}\boldsymbol{P}_{c,a,f}^{e\mathrm{T}}$。

基于上述相对分析建模方法，参考模态的 PCS 和 RS 监测空间根据模态间的相对变化分别被进一步分解为两个监测子空间。对于每个备选模态，通过分析模态间的相对变化，可以得到三个系统子空间，其中，两个来自原来参考模态的 PCS，第三个来自原来参考模态的 RS。$\boldsymbol{P}_{c,a,f}$ 和 $\boldsymbol{P}_{c,a,f}^{e}$ 分别表征了在 PCA 系统子空间和残差子空间中，每个备选模态相对于参考模态波动最大的方向。

8.2.3　基于相对变化的多模态建模

基于前面的相对变化分析，已经将各个模态进行了子空间分解。时段 c 内备选模态与参考模态的监测统计量计算如下。

参考模态：

$$\begin{cases}\boldsymbol{T}_{c,r}^{v}=\boldsymbol{X}_{c,a}^{v}\boldsymbol{P}_{c,r}\\ \boldsymbol{E}_{c,r}^{v}=\boldsymbol{X}_{c,a}^{v}\boldsymbol{P}_{c,r}^{e}\boldsymbol{P}_{c,r}^{e\mathrm{T}}\end{cases} \tag{8-11}$$

其中，$\boldsymbol{T}_{c,r}^{v}$ 表示系统波动的主元得分；$\boldsymbol{E}_{c,r}^{v}$ 是残差。

对于备选模态：

$$\begin{cases}\boldsymbol{T}_{c,a,f}=\boldsymbol{X}_{c,a}^{v}\boldsymbol{P}_{c,a,f}\\ \boldsymbol{T}_{c,a,o}=\boldsymbol{X}_{c,a}^{v}\boldsymbol{P}_{c,a,o}\\ \boldsymbol{T}_{c,a,f}^{e}=\boldsymbol{X}_{c,a}^{v}\boldsymbol{P}_{c,a,f}^{e}\\ \boldsymbol{E}_{c,a}^{f}=\boldsymbol{X}_{c,a}^{v}\boldsymbol{P}_{c,r}^{e}\boldsymbol{P}_{c,r}^{e\mathrm{T}}-\boldsymbol{X}_{c,a}^{v}\boldsymbol{P}_{c,a,f}^{e}\boldsymbol{P}_{c,a,f}^{e\mathrm{T}}\end{cases} \tag{8-12}$$

其中，$\boldsymbol{T}_{c,a,f}$，$\boldsymbol{T}_{c,a,o}$和$\boldsymbol{T}_{c,a,f}^{e}$分别是由$\boldsymbol{P}_{c,a,f}$，$\boldsymbol{P}_{c,a,o}$和$\boldsymbol{P}_{c,a,f}^{e}$构成的系统子空间的得分；$\boldsymbol{E}_{c,a,o}^{f}$是最终的残差。它们分别表示备选模态相对于参考模态的不同变化。从中，可以根据过程时间的指示将相应的时间片统计量分离出来。例如，$\boldsymbol{T}_{a,f,k}$表示在当前时段c内从$\boldsymbol{T}_{c,a,f}$中分离出来的对应于第k时刻的主元时间片。

在各采样时间点k计算参考模态与备选模态k的监测指标如下。

针对每个参考模态：

$$\begin{cases}T_{r,k,i}{}^{2}=(\boldsymbol{t}_{r,k,i}-\bar{\boldsymbol{t}}_{r,k})^{\mathrm{T}}\boldsymbol{\Sigma}_{r,k}-1(t_{r,k,i}-\bar{\boldsymbol{t}}_{r,k})\\ \mathrm{SPE}_{r,k,i}=\boldsymbol{e}_{r,k,i}{}^{\mathrm{T}}\boldsymbol{e}_{r,k,i}\end{cases} \tag{8-13}$$

其中，下标r表示参考模态；下标i表示每个时间片的第i个批次；$\bar{\boldsymbol{t}}_{r,k}$表示$\boldsymbol{T}_{r,k}$的平均向量；$\boldsymbol{\Sigma}_{r,k}$是对角阵，对角线上每个元素表示时间片得分$\boldsymbol{T}_{r,k}$的主元波动。

针对每个备选模态：

$$\begin{cases}T_{a,f,k,i}^{2}=(\boldsymbol{t}_{a,f,k,i}-\bar{\boldsymbol{t}}_{a,f,k})^{\mathrm{T}}\ \boldsymbol{\Sigma}_{a,f,k}-1(\boldsymbol{t}_{a,f,k,i}-\bar{\boldsymbol{t}}_{a,f,k})\\ T_{a,o,k,i}^{2}=(\boldsymbol{t}_{a,o,k,i}-\bar{\boldsymbol{t}}_{a,o,k})^{\mathrm{T}}\ \boldsymbol{\Sigma}_{a,o,k}-1(\boldsymbol{t}_{a,o,k,i}-\bar{\boldsymbol{t}}_{a,o,k})\\ \mathrm{T}_{a,f,k,i}^{e2}=(\boldsymbol{t}_{a,f,k,i}^{e}-\boldsymbol{t}_{a,f,k}^{e})^{\mathrm{T}}\ \boldsymbol{\Sigma}_{a,f,k}^{e}-1(\boldsymbol{t}_{a,f,k,i}^{e}-\bar{\boldsymbol{t}}_{a,f,k}^{e})\\ \mathrm{SPE}_{a,k}^{f}=\boldsymbol{e}_{a,k,i}^{f\mathrm{T}}\boldsymbol{e}_{a,k,i}^{f}\end{cases} \tag{8-14}$$

其中，$\bar{\boldsymbol{t}}_{a,f,k}$，$\bar{\boldsymbol{t}}_{a,o,k}$，$\bar{\boldsymbol{t}}_{a,f,k}^{e}$分别表示$\boldsymbol{T}_{a,f,k}$，$\boldsymbol{T}_{a,o,k}$，$\boldsymbol{T}_{a,f,k}^{e}$的平均向量，经过数据预处理后均为零向量；$\boldsymbol{\Sigma}_{a,f,k}$，$\boldsymbol{\Sigma}_{a,o,k}$，$\boldsymbol{\Sigma}_{a,f,k}^{e}$为对角阵，其对角元素分别为对应于$\boldsymbol{T}_{a,f,k}$，$\boldsymbol{T}_{a,o,k}$，$\boldsymbol{T}_{a,f,k}^{e}$中的主元方差。对于每个备选模态$a$，每个时段$c$中分解的各子空间的意义如表8.1中所示。

表8.1　备选模态a中时段c内分解的不同监测子空间说明

子空间	描述	维度	监测统计量
$\boldsymbol{P}_{c,a,f}$	PCA监测系统主元子空间中备选模态相对于参考模态显著增大的波动	$R_{c,a,f}$	$T_{a,f}^{2}$
$\boldsymbol{P}_{c,a,o}$	PCA监测系统主元子空间中备选模态相对于参考模态无显著增大的波动	$R_{c,a,o}$	$T_{a,o}^{2}$
$\boldsymbol{P}_{c,a,f}^{e}$	PCA监测系统残差子空间中备选模态相对于参考模态显著增大的波动	$R_{c,a,f}^{e}$	$T_{a,f}^{e2}$
$E_{c,a}^{f}$	最终残差子空间	$R^{\#}-R_{c,a,f}-R_{c,a,o}-R_{c,a,f}^{e}$	SPE_{a}^{f}

$R^{\#}$表示初始的全维空间

根据上述计算获得的各不同统计监测指标，可以分别建立不同的监测图和控制限。T^2统计指标用来测量各采样时刻过程变量偏离正常模态平均轨迹的波动，根据 F 分布[33,34]计算其控制限；同理，SPE 近似服从加权 χ^2分布[28]计算其控制限。

8.2.4　在线多模态监测

在线监测时，针对 k 时刻的新过程测量数据 $\boldsymbol{x}_{\text{new}}(J\times 1)$，首先需要进行数据预处理。根据过程时间的指示调用对应该时刻的均值和标准差对现有数据进行标准化预处理。数据预处理后，调用对应该采样时刻所在时段的模型 $\boldsymbol{P}_{c,r}$，按照如下方式计算得到主元得分，估计残差及其对应的 Hotelling-T^2 与 SPE 两个监测统计指标：

$$\begin{cases}\boldsymbol{t}_{r,\text{new}}^{\text{T}}=\boldsymbol{x}_{\text{new}}^{\text{T}}\boldsymbol{P}_{c,r}\\ \boldsymbol{e}_{r,\text{new}}^{\text{T}}=\boldsymbol{x}_{\text{new}}^{\text{T}}\boldsymbol{P}_{c,r}^{e}\boldsymbol{P}_{c,r}^{e\text{T}}\end{cases}\tag{8-15}$$

$$\begin{cases}T_{r,\text{new}}^{2}=(\boldsymbol{t}_{r,\text{new}}-\bar{\boldsymbol{t}}_{r,k})^{\text{T}}\boldsymbol{\Sigma}_{r,k}^{-1}(\boldsymbol{t}_{r,\text{new}}-\bar{\boldsymbol{t}}_{r,k})\\ \text{SPE}_{r,\text{new}}=\boldsymbol{e}_{\text{new}}^{\text{T}}\boldsymbol{e}_{\text{new}}\end{cases}\tag{8-15}$$

其中，$\boldsymbol{x}_{\text{new}}$是新的过程测量数据；$\bar{\boldsymbol{t}}_{r,k}$是训练数据主元得分 $\boldsymbol{T}_{r,k}$ 的均值向量；$\boldsymbol{\Sigma}_{r,k}$是 $\boldsymbol{T}_{r,k}$的协方差矩阵。

比较两监测指标与各自的控制限，如果 $T_{r,\text{new}}^2$和 $\text{SPE}_{r,\text{new}}$监测指标均在控制限内，则当前运行在该参考模态的正常状态范围内。如果有超限报警信号，为了区分当前过程是处于备选模态的正常运行状态还是故障状态，需要调用备选模态的模型，依次计算其不同子空间内的监测量来判断哪个备选模态与当前运行状态最匹配：

$$\begin{cases}\boldsymbol{t}_{a,f,\text{new}}^{\text{T}}=\boldsymbol{x}_{\text{new}}^{\text{T}}\boldsymbol{P}_{c,a,f}\\ \boldsymbol{t}_{a,o,\text{new}}^{\text{T}}=\boldsymbol{x}_{\text{new}}^{\text{T}}\boldsymbol{P}_{c,a,o}\\ \boldsymbol{t}_{a,f,\text{new}}^{e\text{T}}=\boldsymbol{x}_{\text{new}}^{\text{T}}\boldsymbol{P}_{c,a,f}^{e}\boldsymbol{P}_{c,a,f}^{e\text{T}}\\ \boldsymbol{e}_{a,\text{new}}^{f\text{T}}=\boldsymbol{x}_{\text{new}}^{\text{T}}\boldsymbol{P}_{c,r}^{e}\boldsymbol{P}_{c,r}^{e\text{T}}-\boldsymbol{x}_{\text{new}}^{\text{T}}\boldsymbol{P}_{c,a,f}^{e}\boldsymbol{P}_{c,a,f}^{e\text{T}}\end{cases}\tag{8-17}$$

$$\begin{cases}T_{a,f,\text{new}}^{2}=(\boldsymbol{t}_{a,f,\text{new}}-\bar{\boldsymbol{t}}_{a,f,k})^{\text{T}}\boldsymbol{\Sigma}_{a,f,k}^{-1}(\boldsymbol{t}_{a,f,\text{new}}-\bar{\boldsymbol{t}}_{a,f,k})\\ T_{a,o,\text{new}}^{2}=(\boldsymbol{t}_{a,o,\text{new}}-\bar{\boldsymbol{t}}_{a,o,k})^{\text{T}}\boldsymbol{\Sigma}_{a,o,k}^{-1}(\boldsymbol{t}_{a,o,\text{new}}-\bar{\boldsymbol{t}}_{a,o,k})\\ T_{a,f,\text{new}}^{e2}=(\boldsymbol{t}_{a,o,\text{new}}-\bar{\boldsymbol{t}}_{a,o,k})^{\text{T}}\boldsymbol{\Sigma}_{a,f,k}^{e-1}(\boldsymbol{t}_{a,f,\text{new}}^{e}-\bar{\boldsymbol{t}}_{a,f,k}^{e})\\ \text{SPE}_{a,\text{new}}^{f}=\boldsymbol{e}_{a,\text{new}}^{f\text{T}}\boldsymbol{e}_{a,\text{new}}^{f}\end{cases}\tag{8-18}$$

比较每个新的监测指标与其预先定义的控制限。如果所有新监测指标都处于某一个备选模态的控制限之内，则称新样本与该备选模态匹配，即新过程运行在该备选模态正常状态下；相反，如果没有找到任一备选模态与新测量样本匹配，则该新样本已发生故障或者处于一种全新的运行模态，该新模态未包含在现有的模态模型库内。图 8.3 是本书所提出的针对多模态多时段间歇过程建模与在线监测的流程图。

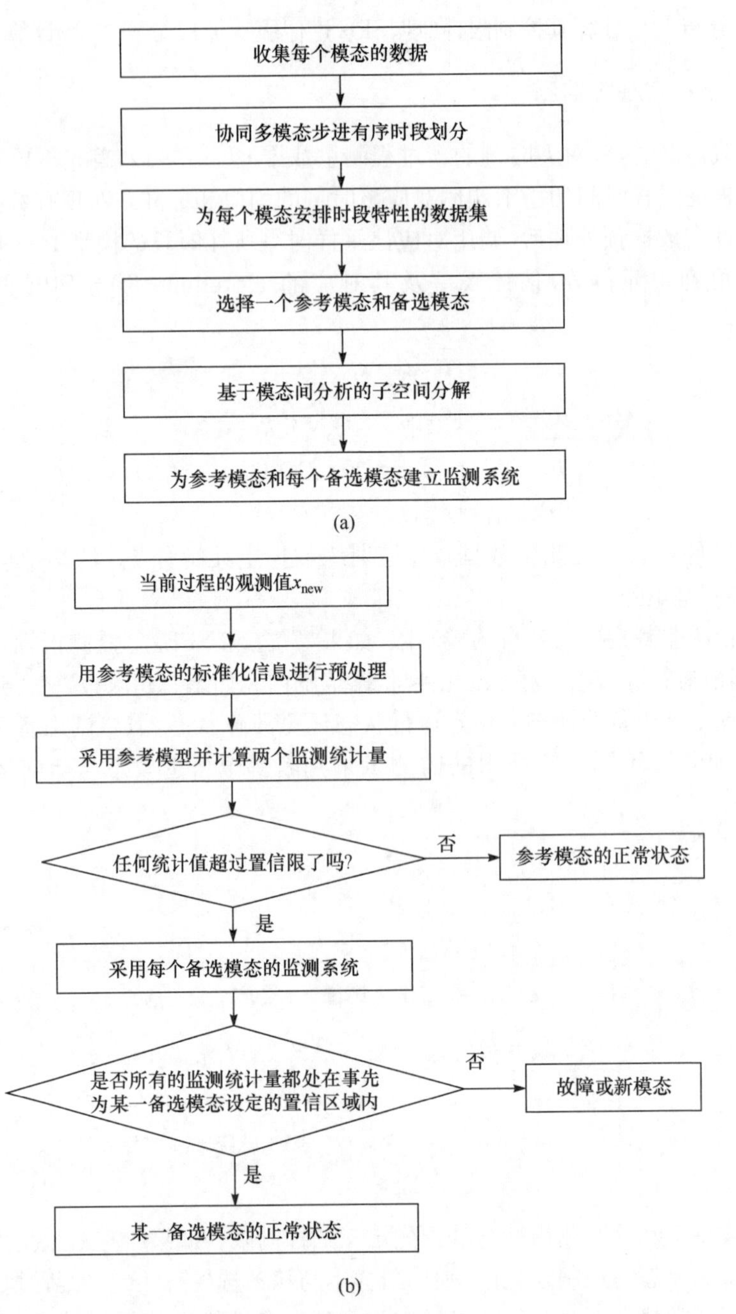

图 8.3 多模态多时段间歇过程（a）建模与(b) 在线监测的流程图

8.3 案例研究

8.3.1 过程描述

这里我们进行多模态分析的实验对象仍旧是注塑成型过程。注塑机的基本构造以及注塑过程的主要工作原理详见 1.4 节。实验所使用的材料为高密度聚乙烯(HDPE),选取 3 组不同的机桶温度和保压压力设定(如表 8.2 所示),而保持其他工作条件不变,从而获得 3 种工作模态。对于每种模态,通过实验获得 28 个批次,前 20 个批次用于建模,后 8 个批次用以测试。每个批次周期内可以采集 529 个样本,11 个过程变量(均通过传感器实时测量而得)。其中,11 个过程变量如表 8.3 所示。

表 8.2　注塑过程三种模态的运行条件设定

模态#	运行条件	
	料桶温度 B. T. /℃	保压压力 P. P. /bar
1	180	25
2	200	30
3	220	35

表 8.3　注塑过程中使用的 11 个建模变量

编号	变量描述	单位
1	阀门 1	%
2	阀门 2	%
3	螺杆行程	mm
4	螺杆速率	mm/s
5	顶出行程	mm
6	合模行程	mm
7	合模速率	mm/s
8	注射压力	bar
9	料桶第 3 区域温度	℃
10	料桶第 2 区域温度	℃
11	料桶第 1 区域温度	℃

8.3.2 协同时段划分与建模

首先,对于每个模态,每个时刻都有对应的时间片矩阵 $\boldsymbol{X}_{m,k}(I\times J)$。使用本书提出的协同时段划分方法，对三个模态同时分析过程潜在相关性的变化。图 8.4(a)显示了三模态协同时段划分的结果，其中，缓和因子 α_m 对于三个模态均设定为 3。而单模态独立时段划分可以视为多模态协同时段划分的一个极端情况，即只考虑一个模态。作为对比，对每种模态单独进行时段划分的结果如图 8.4(b)所示。从结果可以看出，使用本书所提出的方法，可以得到在时间上连续并且在模态间一致的时段划分结果，而针对单一模态进行独立时段划分，各时段则在模态间呈现出差异性，这给后续的模态间相对变化分析带来了不便。需要指出的是在长时段之间的短时间块实质是一些时段过渡过程，它们由于特性快速变化被从稳定的时段中划分出来。协同时段划分算法综合考虑了所有模态在时间上的过程变化特性，因此可以得到一个模态间统一的时段划分结果。在本实验中，根据单一模态的独立时段划分结果，模态 2 呈现出更明显的动态特性，当使用相同的松弛因子时，划分为更多的时段，而其他两个模态划分出的时段较少。当采用本书所提出的协同时段划分方法，图 8.4(b)中模态 1 与模态 3 原来的时段被进一步划分为多个子时段，以获得与模态 2 一致的时间块。

在协同时段划分的基础上，我们基于时段进行模态间相对变化分析。模态 1 被选为参考模态，并对其建立 PCA 监测模型。根据参考模型，各备选模态根据相对变化分析，可以划分为三个系统子空间 $\boldsymbol{P}_{c,a,f}$，$\boldsymbol{P}_{c,a,o}$ 和 $\boldsymbol{P}^{e}_{c,a,f}$ 和一个残差子空间。图 8.5 显示了两备选模态不同时段内 $\boldsymbol{P}_{c,a,f}$ 和 $\boldsymbol{P}^{e}_{c,a,f}$ 的第一主元方向的负载系数。可以看出，在不同时段，每种备选模态占主导的变量(对应较大的系数)是不同的。此外，即使在同一时段，不同模态间的负载系数也是不相同的。为了揭示相对变化分析步骤 4 中 PCA 分解的作用，我们通过相关性分析对每种模态每个子空间的第一主元进行了相似性的衡量，结果如图 8.6 所示。在某些时段，第一主元间的相关系数非常低，如第一时段内的 $\boldsymbol{P}^{e*}_{c,a}$ 与 $\boldsymbol{P}^{e}_{c,a,f}$。这说明了步骤 4 中 PCA 分解可以将模态间不同类型的相对变化融合在一起。图 8.7 显示了使用本书所提出的模态间相对变化分析方法，参考模态和备选模态的子空间的维数。总的来说，对于所有备选模态，$\boldsymbol{P}_{c,a,o}$ 的维度比 $\boldsymbol{P}_{c,a,f}$ 要高，例如，备选模态 2 的第 10 时段，并没有分解出 $\boldsymbol{P}_{c,a,f}$ 子空间。

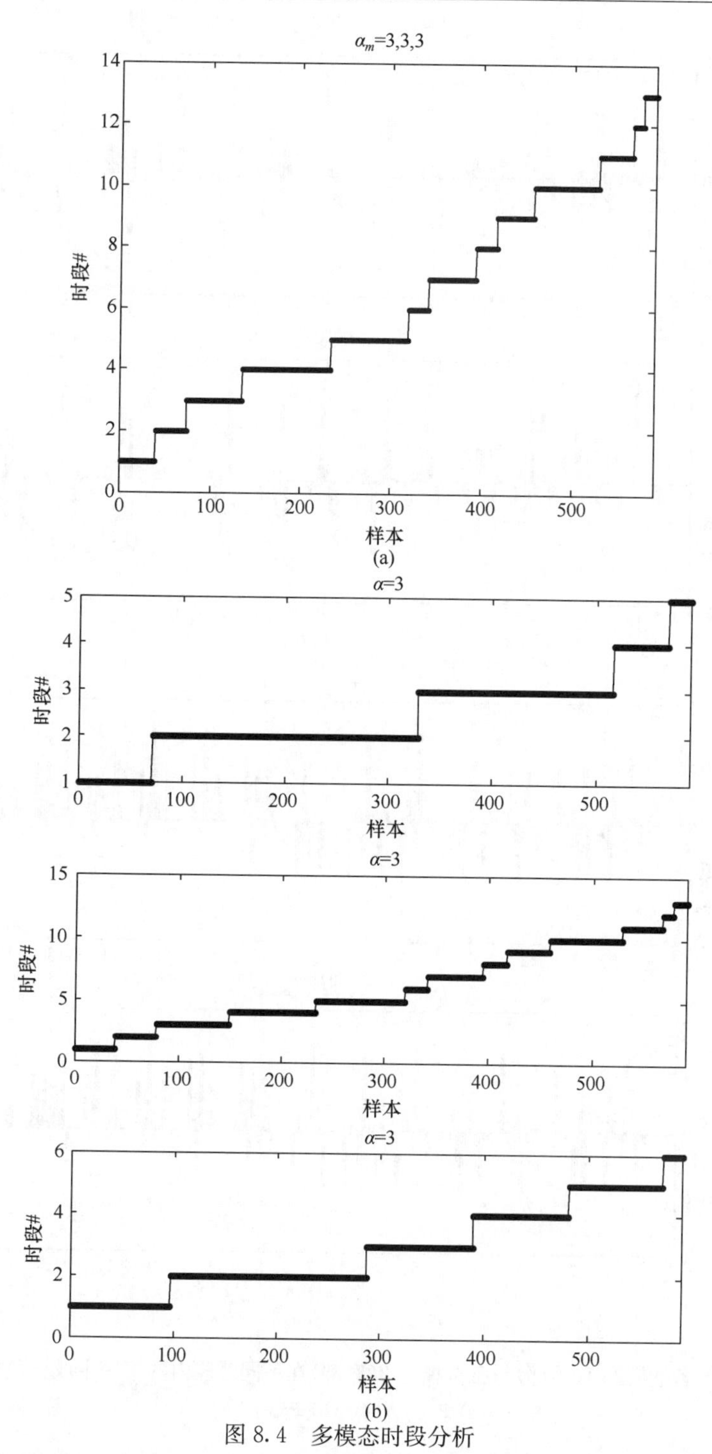

图 8.4　多模态时段分析

(a) 协同时段划分结果　(b) 单一模态独立时段划分结果(从上至下:从模态 1 到模态 3)

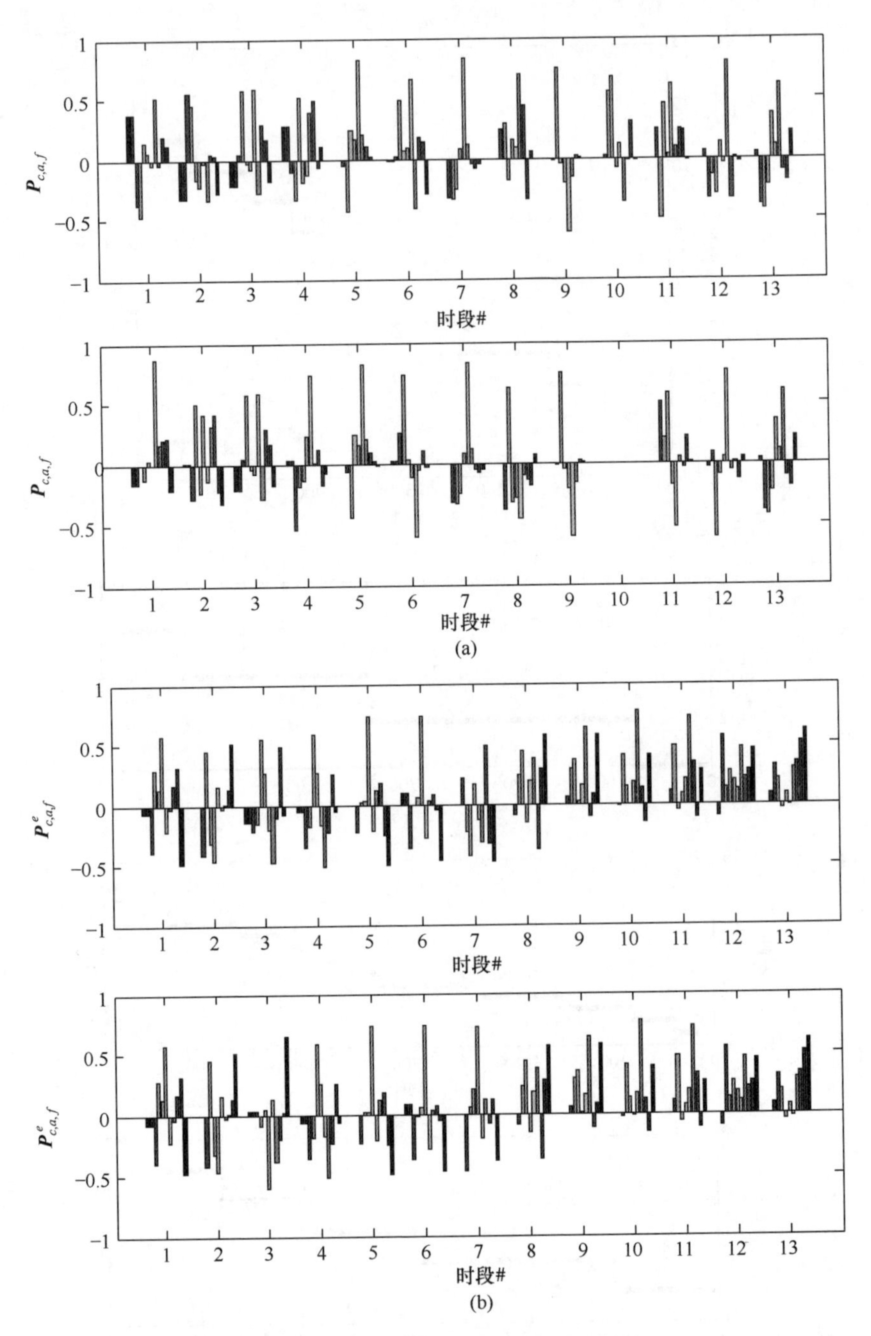

图 8.5 备选模态 1(顶部)与备选模态 2(底部)在不同时段内的第一主成分负载系数

(a) $\boldsymbol{P}_{c,a,f}$ 方向　(b) $\boldsymbol{P}^e_{c,a,f}$ 方向

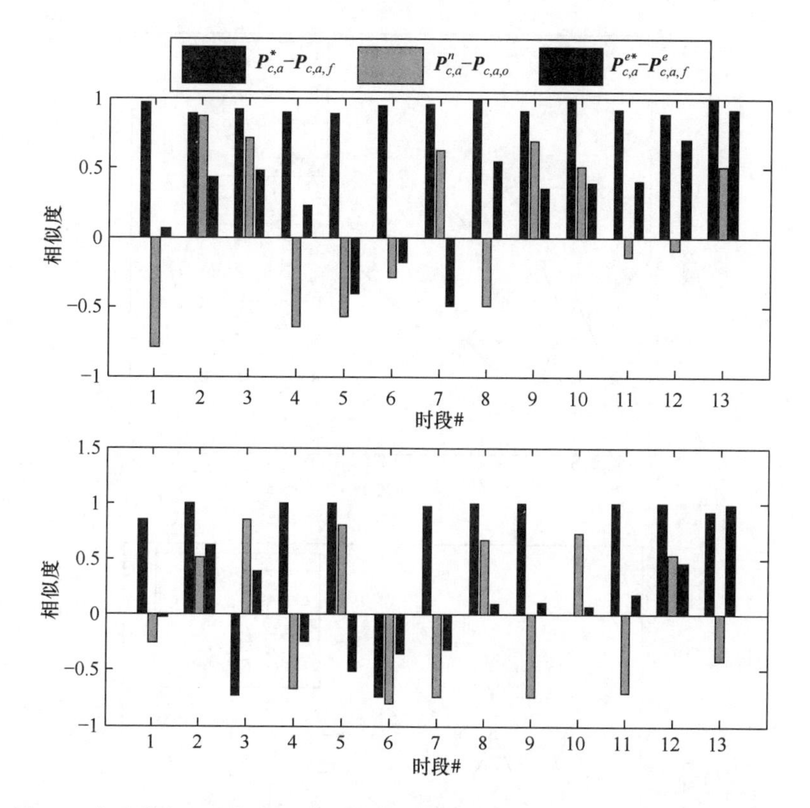

图8.6　备选模态 1(顶部)和备选模态 2(底部)沿第一主成分方向的相似性衡量

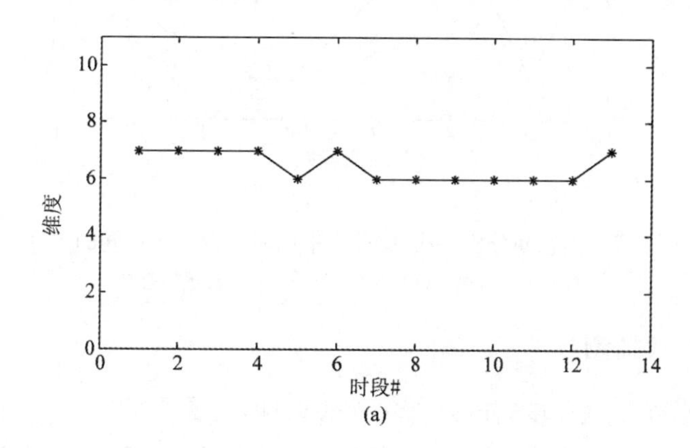

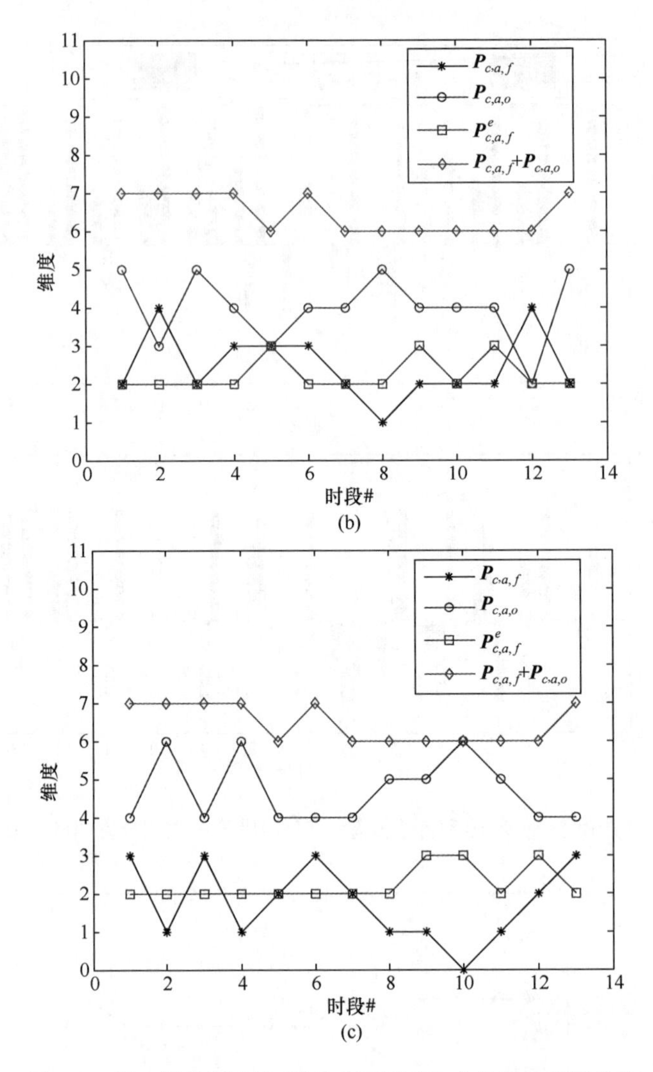

图 8.7　模态间分析方法(BM)中不同时段内各子空间的维度
(a) 参考模态　(b) 备选模态 1　(c) 备选模态 2

8.3.3　在线过程监测

基于所建立的模型,我们可以进行在线监测以验证所提出方法的监测性能。首先,为了检测所提方法的在线模态判断能力,我们采用了两种监测策略:

(a) 同一模态监测:针对参考模态和备选模态建立测模型,并用于监测与建模数据相同的模态,即建模所用的模态和应用对象所处的模态一致。

(b) 交叉模态监测:针对参考模态和备选模态建立监测模型,并用于监测其他不同模态,即建模所用的的模态和应用对象所处的模态不同。

基于注塑过程正常批次数据，同一模态监测中，报警越少则表示模型的精度越高；而在交叉模态监测时，报警越多则表示模型的精度越高。故在同一模态监测时，使用误报率(FAR, False Alarm Ratio)来评价模型性能；在交叉模态监测时，使用漏报率(MAR, Missing Alarm Ratio)来评价模型性能。图 8.8 显示了针对某一正常批次进行同一模态监测和交叉模态监测的结果，其监测模型分别通过参考模态、模态 1 和模态 2 建立。显而易见，当调用正确的监测模型时，监测量均处于控制限之内，如图 8.8(a)所示；而调用错误模型进行监测时，大部分监测量都超出控制限，如图 8.8(b)和(c)所示。通过上述方式，当前运行模态被准确识别出来，因为只有调用与当前模态匹配的监测模型才不会有监测报警。图 8.9 和图 8.10 分别显示了用参考模态、备选模态 1 和 2 建模，对备选模态 1 和备选模态 2 中正常测试数据进行监测的结果。对于同一模态监测，监测量都处于控制区间之内；而使用交叉模态监测时，监测量则会超出控制限，在线监测结果与实际情况是一致的。

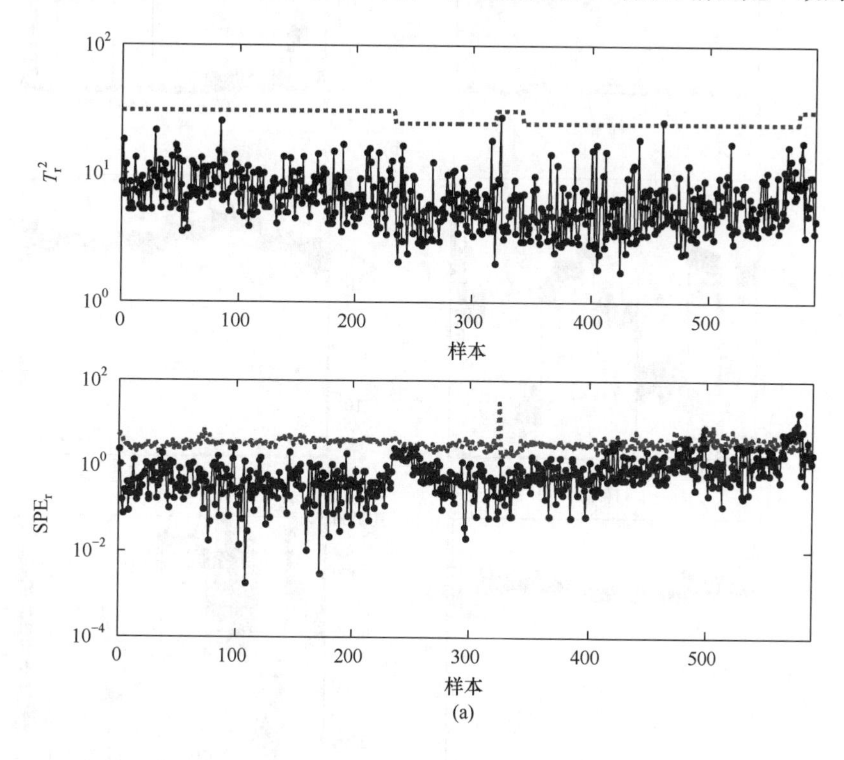

(a)

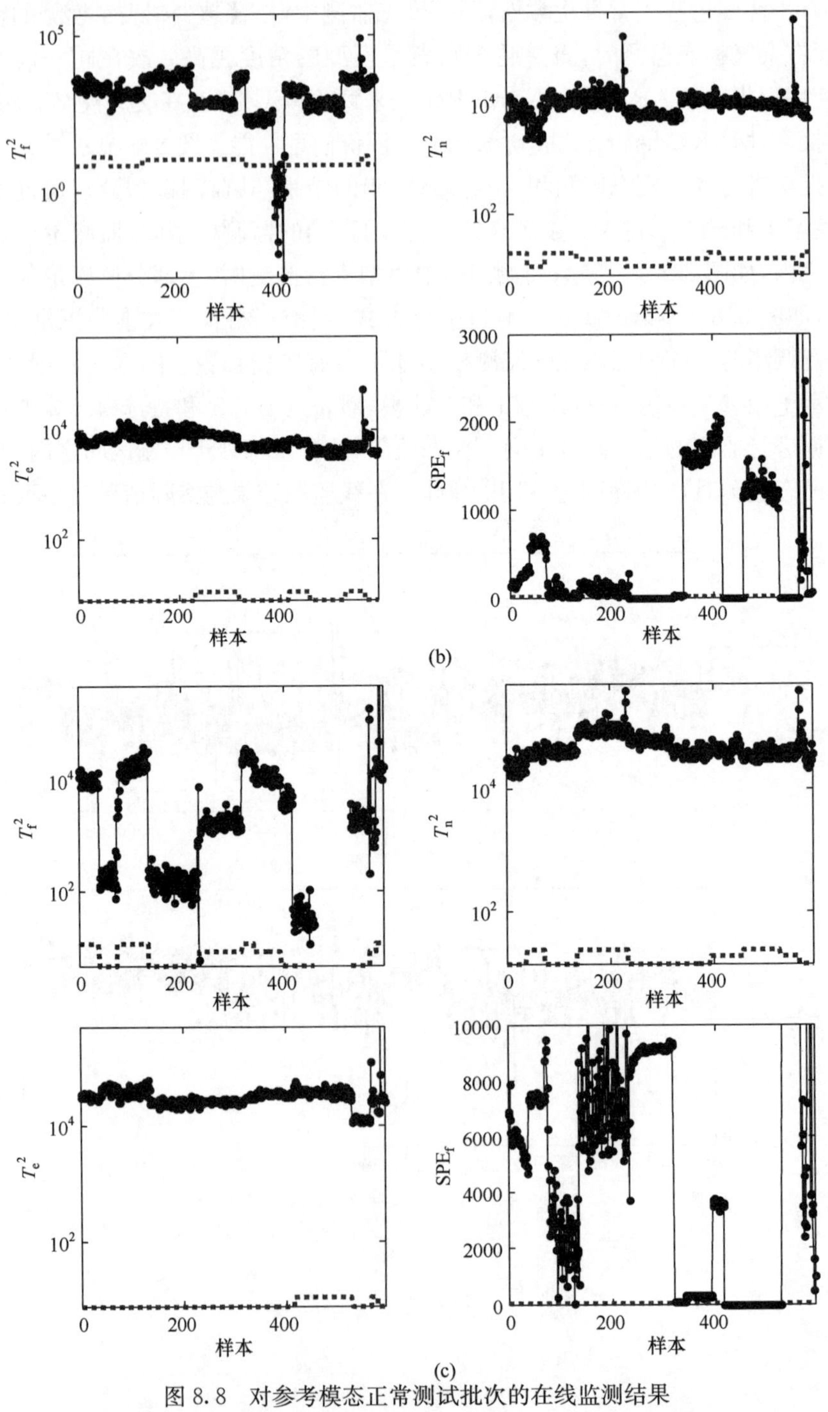

图 8.8　对参考模态正常测试批次的在线监测结果

(a) 使用参考模态建模　(b) 使用备选模态 1 建模　(c) 使用备选模态 2 建模

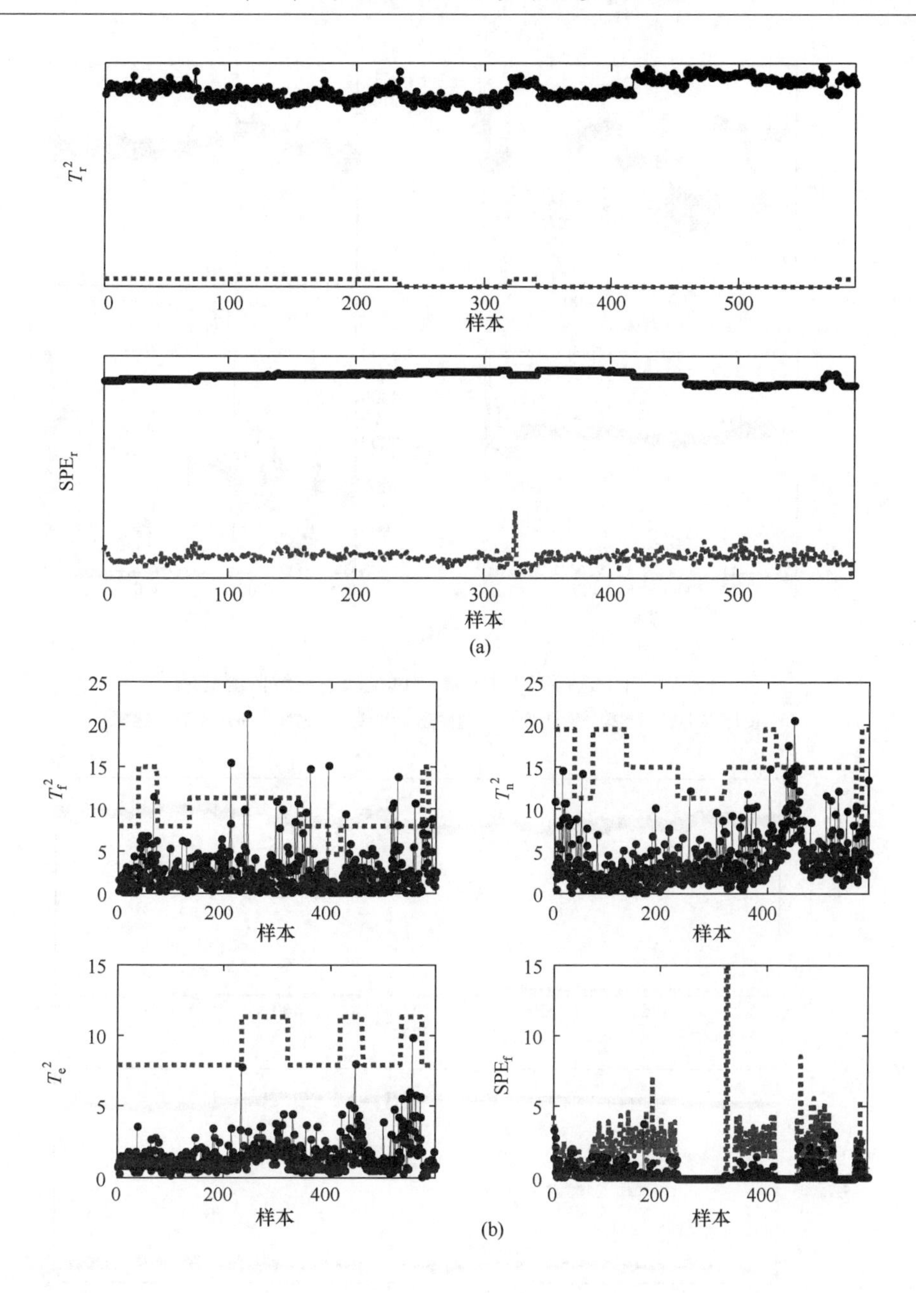

T_r^2
0
100
200
300
400
500
样本
SPE_r
0
100
200
300
400
500
样本
(a)
T_f^2
T_n^2
T_e^2
SPE_f
25
20
15
10
5
0
200
400
样本
(b)

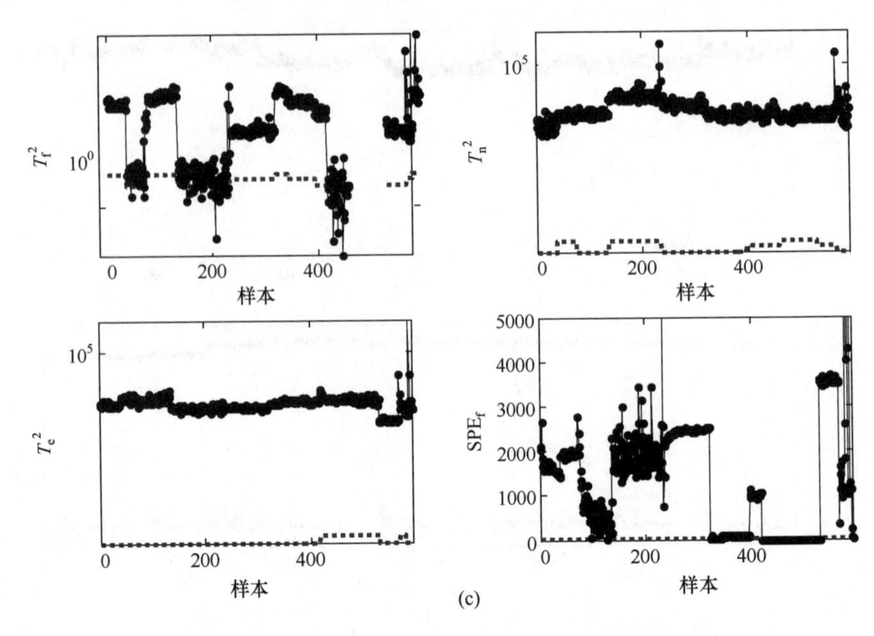

(c)

图 8.9 对备选模态 1 中正常测试批次的在线监测结果

(a) 使用参考模态建模 (b) 使用备选模态 1 建模 (c) 使用备选模态 2 建模

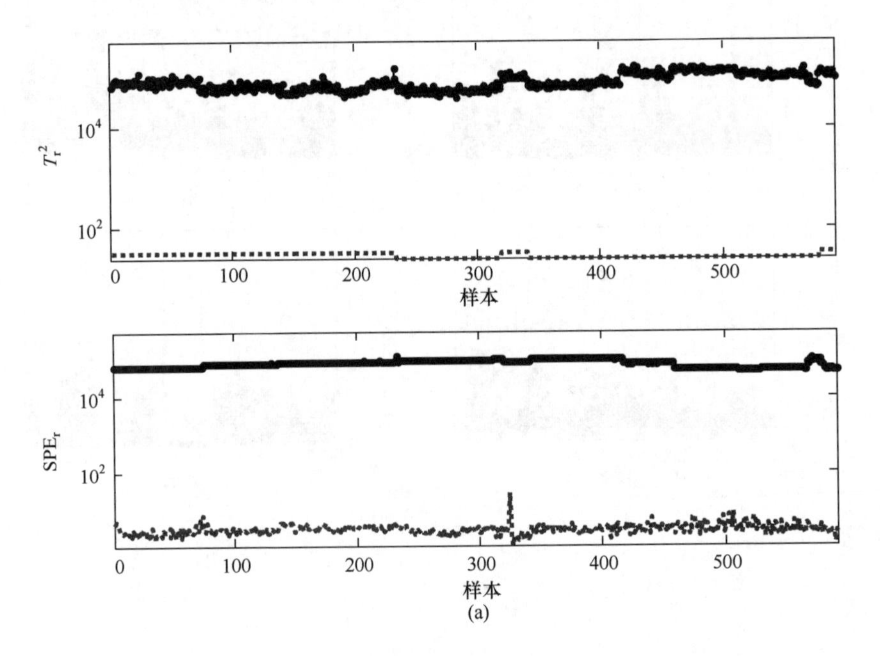

(a)

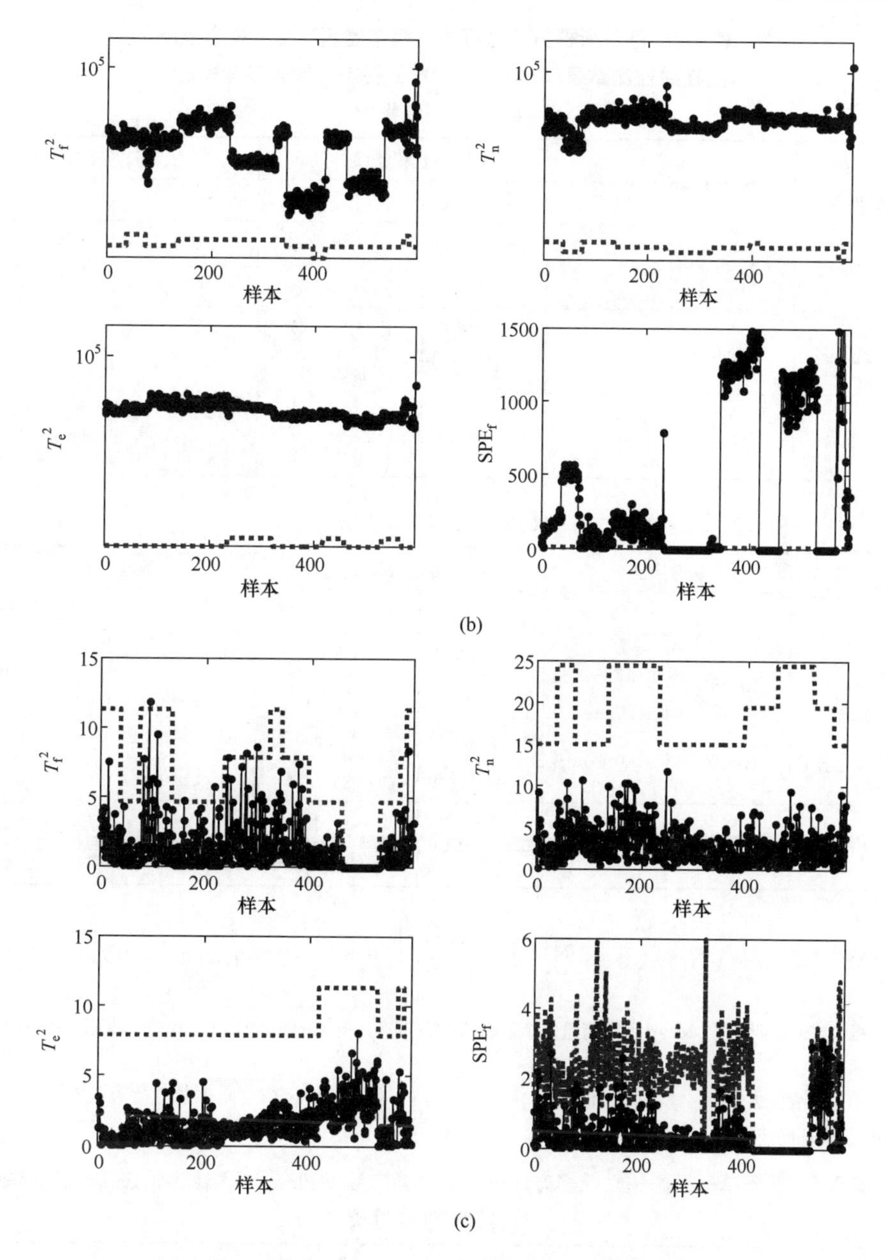

图 8.10　对备选模态 2 中正常测试批次的在线监测结果

(a) 使用参考模态建模　(b) 使用备选模态 1 建模　(c) 使用备选模态 2 建模

表 8.4　基于所提方法进行同一模态监测和交叉模态监测的在线监测结果(Mean±MAD①)(模态 1 作为参考模态)

(a) 针对训练批次

模型 / 数据	参考模态		备选模态 1		备选模态 2	
	T_r^2	SPE_r	T_f^2　T_o^2	T_e^2　SPE	T_f^2　T_o^2	T_e^2　SPE
参考模态	0.02±0.03②	4.02±4.93	2.47±0.41 0±0	0±0 1.91±0.28	0.10±0.08 0±0	0±0　0±0
备选模态 1	0±0	0±0	0.85±0.84 0.05±0.07	0.30±0.41 3.16±2.40	5.42±1.67 0±0	0.18±0.05 0±0
备选模态 2	0±0	0±0	0±0　0±0	0±0 0.92±0.39	1.23±0.70 0.09±0.16	0.27±0.36 3.13±2.39

(b)针对正常测试批次

模型 / 数据	参考模态		备选模态 1		备选模态 2	
	T_r^2	SPE_r	T_f^2　T_o^2	T_e^2　SPE	T_f^2　T_o^2	T_e^2　SPE
参考模态	1.71±2.41	9.67±9.46	2.71±0.30 0±0	0±0 1.92±0.38	0.13±0.06 0±0	0±0　0±0
备选模态 1	0±0	0±0	4.82±1.86 4.46±1.88	1.50±1.87 8.46±5.54	4.59±0.82 0±0	0±0 0.17±0.00
备选模态 2	0±0	0±0	0±0　0±0	0±0 0.63±0.25	7.17±2.75 21.64±15.08	43.30±29.29 39.42±16.12

①MAD：平均绝对偏差，计算式为$\frac{1}{I}\left(\sum_{q=1}^{I}\left|Z_q-\frac{\sum_{i=1}^{I}Z_i}{I}\right|\right)$。其中，$Z$ 表示不同批次的 FAR 或 MAR 值，I 表示训练批次或测试批次数。Mean 用以衡量每个监测指标在批次方向上的平均监测性能；MAD 用以衡量每个监测指标在批次方向上监测性能的波动情况。

②带阴影的数值表示同一模态监测的结果，其性能通过 FAR(%)衡量；不带阴影的数值表示交叉模态监测的结果，其性能通过 MAR(%)衡量。

表 8.5　基于单一模态独立建模方法进行同一模态监测和交叉模态监测的在线监测结果

(a)针对训练批次

模型 / 数据	模态 1		模态 2		模态 3	
	T^2	SPE	T^2	SPE	T^2	SPE
模态 1	0.02±0.03	4.02±4.93	0±0	0±0	0±0	0±0
模态 2	0±0	0±0	0.01±0.02	3.57±3.44	0±0	0±0
模态 3	0±0	0±0	0±0	0±0	0.01±0.02	3.37±2.50

(b)针对正常测试批次

模型 / 数据	模态 1		模态 2		模态 3	
	T^2	SPE	T^2	SPE	T^2	SPE
模态 1	1.71±2.41	9.67±9.46	0±0	0±0	0±0	0±0
模态 2	0±0	0±0	1.54±0.99	26.92±21.30	0±0	0±0
模态 3	0±0	0±0	0±0	0±0	5.16±4.99	70.20±24.48

带阴影的数值表示同一模态监测的结果，其性能通过 FAR(%)衡量；不带阴影的数值表示交叉模态监测的结果，其性能通过 MAR(%)衡量。

表 8.4 和表 8.5 总结了使用本书所提出的方法，对训练数据和正常测试数据采用同一模态监测和交叉模态监测的结果。该结果并与基于单一模态独立建模方法的监测结果做了对比。在同一模态监测时，使用误报率(FAR)来评价模型性能，其值用带阴影的数字表示；在交叉模态监测时，使用漏报率(MAR)来评价模型性能。总的来说，两种监测方法具有相似的监测性能。例如，对于正常批次，两种方法可以相似的精度识别出当前运行模态。表 8.4 中结果是以模态 1 为参考模态的检测结果。为了反映参考模态选取的影响，选取模态 2 作为参考模态，重新使用本书所提方法建模并进行监测。以 FAR 和 MAR 为衡量指标，针对所有训练批次与测试批次的同一模态与交叉模态的监测结果总结在表 8.6 中。对于训练批次，所得结果与表 8.4 类似；对于测试批次，与选取模态 1 作为参考模态相比，大部分监测结果显示出相似的精度。从结果很难看出选取哪个模态作为参考模态具有更好的监测性能。

表 8.6　基于所提方法进行同一模态监测和交叉模态监测的在线监测结果(Mean±MAD①)(模态 2 为参考模态)

(a)针对训练批次

模型 / 数据	参考模态		备选模态 1				备选模态 2			
	T_r^2	SPE_r	T_f^2	T_o^2	T_e^2	SPE	T_f^2	T_o^2	T_e^2	SPE
参考模态	0.01±0.02②	3.57±3.44	0±0	0±0	0.08±0.09	1.81±0.16	0±0	0±0	0±0	0±0
备选模态 1	0±0	0±0	1.08±0.67	0.14±0.20	0.09±0.15	3.21±3.03	0±0	0±0	0±0	0±0
备选模态 2	0±0	0±0	0±0	0±0	0±0	1.02±0.14	0.47±0.44	0.42±0.46	0.45±0.51	2.38±2.96

(b)针对正常测试批次

模型 数据	参考模态		备选模态 1				备选模态 2			
	T_{r}^2	$\mathrm{SPE}_{\mathrm{r}}$	T_{f}^2	T_{o}^2	T_{e}^2	SPE	T_{f}^2	T_{o}^2	T_{e}^2	SPE
参考模态	1.54±0.99	26.92±21.30	0±0	0±0	0.13±0.13	1.71±0.32	0±0	0±0	0±0	0±0
备选模态 1	0±0	0±0	3.26±2.89	4.65±6.51	1.82±1.72	8.16±5.04	0±0	0±0	0±0	0±0
备选模态 2	0±0	0±0	0±0	0±0	0±0	1.08±0.22	18.85±11.73	23.03±19.65	27.43±21.68	61.44±28.19

①MAD：平均绝对偏差，计算式为$\frac{1}{I}\left(\sum_{q=1}^{I}\left|Z_q-\frac{\sum_{i=1}^{I}Z_i}{I}\right|\right)$其中，$Z$ 表示不同批次的 FAR 或 MAR 值，I 表示训练批次或测试批次数。Mean 用以衡量每个监测指标在批次方向上的平均监测性能；MAD 用以衡量每个监测指标在批次方向上监测性能的波动情况。

②带阴影的数值表示同一模态监测的结果，其性能通过 FAR(%)衡量；不带阴影的数值表示交叉模态监测的结果，其性能通过 MAR(%)衡量。

8.3.4 在线故障检测

这里，引入 3 种人为故障(Artificial Fault，AF)来证明所提方法的可靠性。其中，三种人为故障分别通过对 3 个系统子空间($\boldsymbol{P}_{c,a,f}$，$\boldsymbol{P}_{c,a,o}$ 和$\boldsymbol{P}^{e}_{c,a,f}$)施加扰动而产生。为了简化，我们对每个批次施加一个指数曲线的扰动($f(K\times1)$)，指数曲线的形式为 $K(1-\mathrm{e}^{-t/\tau})$，其中，时间常数 $\tau=100$，增益 $K=5$。为了使每种故障只影响一个子空间，扰动定义为

$$\boldsymbol{x}_i^{f\mathrm{T}}=\boldsymbol{x}_i^{\mathrm{T}}+\Delta_k^{\mathrm{T}}=\boldsymbol{x}_i^{\mathrm{T}}+\boldsymbol{\theta}_{c,1}^{\mathrm{T}}f_k \quad (i=1,2,3) \tag{8-19}$$

其中，$\boldsymbol{x}_i(J_{x,i}\times1)$是每个时刻正常状态下的初始测量值构成的向量；$\Delta_k(J\times1)$表示施加的扰动；$f_k$ 表示指数曲线 k 时刻的值；$\boldsymbol{\theta}_{c,1}$表示三个系统子空间中的第一个负载方向。可以看出，三种人为故障类型取决于$\boldsymbol{\theta}_{c,1}$的选取。由于三个系统子空间相互正交，故三种故障互不影响。

表 8.7 基于模态间相对变化分析(以模态 1 为参考模态)与单一模态独立建模方法的在线故障检测性能(FDT)(Mean±MAD)比较(采用同一模态监测策略)

方法 AF#	备选模态 1		备选模态 2	
	BM	MS	BM	MS
AF1	84.05±14.05	119.40±44.04	55.45±13.69	125.35±87.72
AF2	147.45±48.12	173.65±69.15	188.55±61.79	268.25±40.50
AF3	170.00±122.30	306.50±92.00	197.65±145.68	252.20±124.74

表 8.7 对两种建模方法(两种方法均基于协同时段划分结果进行建模,一种采用所提出的模态间相对分析建模方法(Between-mode modelling,BM),另一种采用单一模态独立建模方法(Mode-specific separate modelling,MS),将二者在线故障检测性能进行了比较,采用首次故障报警时间(First Detection Time,FDT)进行衡量,即第一次有连续三个监测值超出控制限的时刻。对比结果反映的是模态间相对分析的作用。采用模态 1 作为参考模态,其他作为备选模态。对于人工故障 1～3,扰动分别施加于通过 BM 方法获得的子空间$\boldsymbol{P}_{c,a,f}$,$\boldsymbol{P}_{c,a,o}$和$\boldsymbol{P}^{e}_{c,a,f}$。显而易见,使用 BM 方法其 FDT 比 MS 方法的 FDT 指标要小,表明 BM 方法可以更快地检测故障发生,故 BM 方法明显优于 MS 方法。为了简单起见,图 8.11 中仅仅显示了使用$\boldsymbol{P}_{c,a,f}$作为监测模型的监测结果。通过局部放大图可以看出,BM 方法在第 80 个采样点明显检测到故障,而 MS 方法检测时间则有很大的时延。

作为比较,选取模态 2 作为参考模态,其他作为备选模态,根据相对变化分析可以得到新的系统子空间和新的人为扰动。如表 8.8 所示,对于所有人为故障 BM 方法的 FDT 值更小,表明本书所提出的 BM 方法仍然优于 MS 方法,显示出更快的故障检测能力。

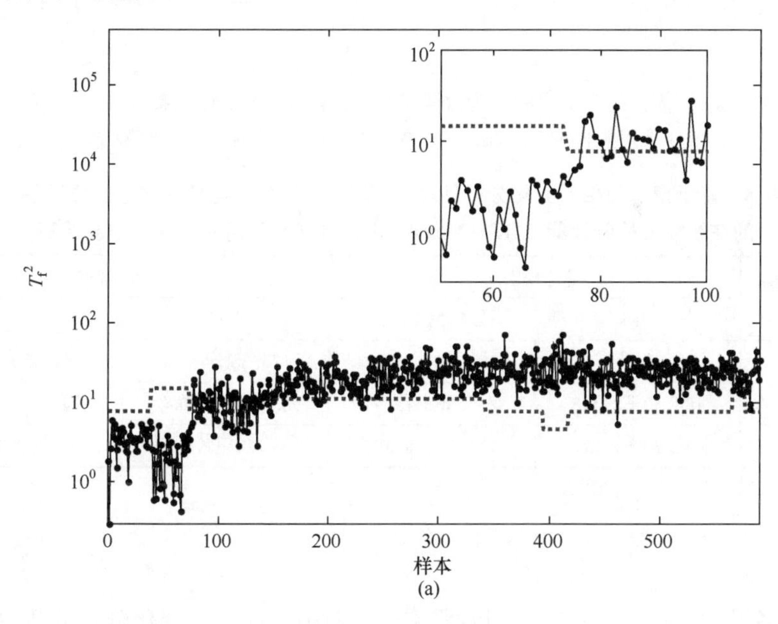

(a)

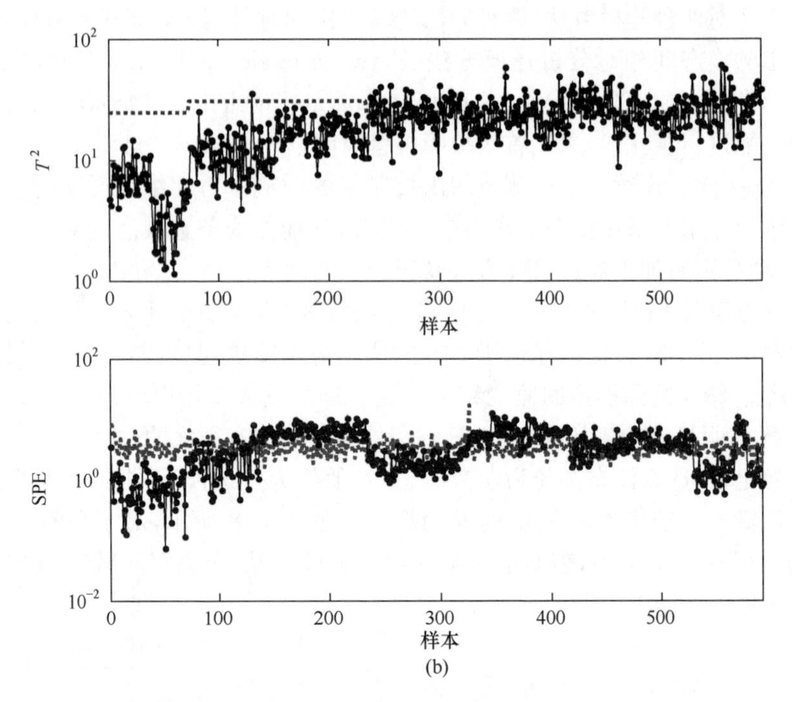

图 8.11　备选模态 1 中的人为故障 AF1 的在线故障检测结果

(a) 使用本书所提出方法　(b) 使用单一模态独立时段划分建模方法

表 8.8　基于模态间相对变化分析(以模态 2 为参考模态)与单一模态独立建模方法的在线故障检测性能(FDT)(Mean±MAD)比较(采用同一模态监测策略)

AF# \ 方法	备选模态 1		备选模态 2	
	BM	MS	BM	MS
AF1	64.15±16.44	104.80±41.52	173.35±53.02	183.25±89.55
AF2	188.50±34.15	235.30±15.94	98.60.30±40.22	171.25±128.68
AF3	39.70±4.77	191.05±53.24	70.15±17.30	88.80±39.62

8.4　结　束　语

本书提出了一种多模态协同时段划分以及模态间相对变化分析的建模算法用于对多模态多时段间歇过程进行监测。通过自动的协同时段划分算法，可以针对所有模态得到一个统一的时段划分结果，该结果反映了运行模式在时间上的连续性且确保了各时段内所有模态的过程特性都没有发生显著变化。基于协同时段划分结果，在同一时段内，通过定义不同的衡量指标分析模态间相对变化，将不同类型的过程波动进行分解并用于在线监测。该方法的有效性和适用性通过一个典型的多时段多模态间歇过程得以证明。实验结果表明,本书所提出的方法不仅能有效检测故障,并且加深了对多模态过程的理解。

参考文献

[1] Kosanovich K A, Piovoso M J, Dahl K S. Multi-way PCA applied to an industrial batch process. The Proceedings of American Control Conference, 1994: 1294-1298

[2] Dong D, McAvoy T J. Multistage batch process monitoring. The Proceedings of American control conference, 1995: 1857-1861

[3] Ündey C, Çinar A. Statistical monitoring of multistage, multiphase batch processes. IEEE Control Systems Magazine, 2002, 22(55): 40-52

[4] Kosanovich K A. Dahl K S, Piovoso M J. Improved process understanding using multiway principal component analysis. Industrial & Engineering Chemistry Research, 1996, 35(1): 138-146

[5] Lennox B, Hiden H, Montague G, et al. Application of multivariate statistical process control to batch operations. Computers & Chemical Engineering, 2000, 24(2-7): 291-296

[6] Doan X T, Srinivasan R, Bapat P M, et al. Detection of phase shifts in batch fermentation via statistical analysis of the online measurements: A case study with rifamycin B fermentation. J Biotechnology, 2007, 132(2): 156-166

[7] Lu N Y, Gao F R, Wang F L. Sub-PCA modeling and on-line monitoring strategy for batch processes. AIChE Journal, 2004, 50(1): 255-259

[8] Lu N Y, Gao F R. Stage-based process analysis and quality prediction for batch processes. Industrial & Engineering Chemistry Research, 2005, 44(10): 3547-3555

[9] Lu N Y, Gao F R. Stage-based online quality control for batch processes. Industrial & Engineering Chemistry Research, 2006, 45(7): 2272-2280

[10] Lu N Y, Yang Y, Wang F L, et al. Stage-based multivariate statistical analysis for injection molding. Proceedings of International symposium on advanced control of chemical processes, 2003: 471-476

[11] Lu N Y, Gao F R, Yang Y, et al. PCA-based modeling and on-line monitoring strategy for uneven-length batch processes. Industrial & Engineering Chemistry Research, 2004, 43(13): 3343-3352

[12] Lu N Y, Yang Y, Wang F L, et al. A Stage-based monitoring method for batch process with limited reference data. 7th International Symposium on Dynamics and Control of Process Systems, 2004

[13] Zhao C H, Sun Y X. Step-wise sequential phase partition(SSPP) algorithm based statistical modeling and online process monitoring. Chemometrics and Intelligent Laboratory Systems, 2013, 125: 109-120

[14] Zhao C H, Gao F R. Statistical modeling and online fault detection for multiphase batch processes with analysis of between-phase relative changes. Chemometrics and Intelligent La-

boratory Systems,2014,130:158-67

[15] Zhao C H,Wang F L,Lu N Y,et al. Stage-based soft-transition multiple PCA modeling and on-line monitoring strategy for batch processes. Journal of Process Control,2007,17(9):728-741

[16] Zhao C H,Wang F L,Mao Z Z,et al. Improved batch process monitoring and quality prediction based on multiphase statistical analysis. Industrial & Engineering Chemistry Research,2008,47(3):835-849

[17] Zhao C H,Wang F L,Gao F R,et al. Adaptive monitoring method for batch processes based on phase dissimilarity updating with limited modeling data. Industrial & Engineering Chemistry Research,2007,46(14):4943-4953

[18] Zhao C H,Wang F L,Gao F R. Improved calibration investigation using phase-wise local and cumulative quality interpretation and prediction. Chemometrics and Intelligent Laboratory Systems,2009,95(2):107-121

[19] Yao Y,Gao F R. Phase and transition based batch process modeling and online monitoring. Journal of Process Control,2009,19(5):816-826

[20] Yao Y,Gao F R. A survey on multistage/multiphase statistical modeling methods for batch processes. Annual Review of Control,2009,33(2):172-183

[21] Zhao C H,Gao F R. Subspace decomposition-based reconstruction modeling for fault diagnosis in multiphase batch processes. Industrial & Engineering Chemistry Research,2013,52(41):14613-146

[22] Lee Y H,Jin H D,Han C H. On-line process state classification for adaptive monitoring. Industrial & Engineering Chemistry Research,2006,45(9):3095-3107

[23] Zhao S J,Zhang J,Xu Y M. Monitoring of processes with multiple operating modes through multiple principal component analysis models. Industrial & Engineering Chemistry Research,2004,43(22):7025-7035

[24] Zhao C H,Yao Y,Gao F R,et al. Statistical analysis and online monitoring for multimode processes with between-mode transitions. Chemical Engineering Science. 2010,65(22):5961-5975.

[25] Zhao C H. Concurrent phase partition between-mode statistical analysis for multimode and multiphase batch process monitoring. AIChE Journal,2014,60(2):559-573

[26] Zhao C H,Zhang W D. Reconstruction based fault diagnosis using concurrent phase partition and analysis of relative changes for multiphase batch processes with limited fault batches. Chemometrics and Intelligent Laboratory Systems,2014,130:135-150

[27] Jackson J E. A user's guide to principal components. New York:John Wiley & Sons. 1991

[28] Nomikos P,MacGregor J F. Multivariate SPC charts for monitoring batch processes. Techmometrics,1995,37(1):41-59

[29] Smilde A K. Three-way analyses problems and prospects. Chemometrics and Intelligent Laboratory Systems,1992,15(2-3):143-157

[30] Ündey C, Ertunc S, Çinar A. Online batch/fed-batch process performance monitoring, quality prediction, and variable-contribution analysis for diagnosis. Industrial & Engineering Chemistry Research, 2003, 42(20): 4645-4658

[31] Wold S, Kettaneh N, Friden H, et al. Modeling and diagnostics of batch processes and analogous kinetic experiments. Chemometrics and Intelligent Laboratory Systems, 1998, 44(1-2): 331-340

[32] Zhao C H, Wang F L, Mao Z Z, et al. Improved knowledge extraction and phase-based quality prediction for batch processes. Industrial & Engineering Chemistry Research, 2008, 47(3): 825-834

[33] Lowry C A, Montgomery D C. A review of multivariate control charts. IIE Transactions, 1995, 27(6): 800-810

[34] Jackson J E. Multivariate quality control. Communications in Statistics: Theory and Methods, 1985, 14(10): 2657-2688

第9章 基于相对变化分析与有限批次的故障建模与诊断

过程中多维故障信息往往可以表示为一个子空间。故障重构技术基于故障子空间对多维故障数据进行必要的调整修正，消除故障影响，使之回到正常的控制区域，并同时估计了故障幅值。通过分析哪个故障子空间能从故障样本中成功恢复正常的部分，可以确定当前的故障原因。一般来说，如果故障批次充足，可以较好地理解和提取故障特征建立重构子空间，这为之后的故障诊断奠定了重要基础。但是，大多数情况下，要求故障工况下获得充足的故障建模批次是比较困难的而且往往不现实。因此，对故障诊断来说，如何基于有限批次提取故障子空间从而获得可靠的故障信息是非常重要的问题。考虑到故障工况下有限批次问题的普遍性和显著性，本章基于有限批次，提出了基于重构方法的多时段故障建模与诊断策略。

9.1 引言

统计过程监测(SPM)[1]所涉及的任务通常包括故障检测、故障估计、故障识别和诊断等。在发现监测统计量超限，指示故障发生后，人们希望可以快速识别异常原因并采取必要的调整或纠正措施使之回到正常的控制区域。目前已有很多不同的基于历史测量数据的故障诊断方法[2-9]，如 Fisher 判别分析[3,4]、支持向量机[4]等方法。在多元统计过程监测领域，贡献图[9]方法常用于隔离根源故障变量，其基于的基本思想是这些故障变量对超限的监测统计量的贡献更显著。因此，该方法仅仅需要正常的统计监测模型，不需要先验故障知识或故障数据。但是，由于过程变量之间的相关性，一个变量的影响可能会传播到其他变量，从而导致无法准确区分各个变量的不同贡献，造成混乱的结果。如果知道了实际故障方向，可以进一步分析故障，包括恢复故障数据的正常部分并估计故障幅度大小。基于 PCA 模型[10]，Dunia 和 Qin[11]提出了故障重构的思想，即从故障数据提取故障子空间(即故障方向)作为重构模型来纠正故障数据。其中，实施数据纠正恢复其正常部分的过程称为故障重构；通过故障重构识别故障原因的过程称为基于重构的故障诊断[7]。基于该方法，从已知的故障集合中选取每一个故障子空间都进行一次故障重构；如果被选的故障子空间恰好是真实的故障方向，那么基于重构后的数据重新计算的监测统计量将落回在控制限制内，由此可以确定故障原因。该方法是在大量的统计数据的基础上完成的，关键是获取不同故障下的子空间模型。基于故障数据建模，比不利用故障数据的方法能更有效地捕获故障波动信息，从而实现更精确的故障诊断。然而这需要每个故障工况都能得到充足建模批次，也就是要求统计意义上涵盖了充足的批次方向上的故障波动。但是，大多数情况下，要求每种故障工况下获得充足的故障建模批次往往并不现实。此外，从故障重构的角度，其本质是希望能够更有效地消除超限的监测统计量，因此需要充分分析和挖掘导致故障报警的关键故障波动来构建故障子空间。基于上述分析，如何基于有限批次有效提取精确的故障子空间是非常重要的问题。

第 5 章中我们已经针对正常工况建立了基于有限批次的子时段子时段划分、建模及在线监测方法。这里故障诊断的目的与过程监测的目的不同，建模要求也不同。因此，第 5 章中的方法不能直接套用到这里，但可以作为数据准备的基础。考虑到故障工况下有限批次问题的普遍性和显著性，本章针对有限批次的问题，基于故障重构方法，提出了多时段故障建模与诊断策略。其中包括两部分重要的建模工作：一是对每个故障工况，结合正常工况下的过程特性变化，进行协同的时段划分，同时识别并分析了故障和正常工况下的多时段特性；二是采用相对变化分析策略，基于 PCA 监测系统，通过对比分析故障工况相对于正常工况过程波动的变化，在不同时段中揭示了主要故障影响，提取了关键故障信息从而建立了故障诊断的多时段统计模型。考虑到对每种故障工况常常难以保证获得充足批次，所以提出的算法对间歇过程的故障诊断有显著意义。另一方面充足批次的情况可以看成该问题的极限情况。

9.2　基于主成分分析的故障检测与故障重构诊断方法

本节描述了基于主成分分析的故障检测与故障重构诊断传统方法。通常 PCA[10,12,13] 建模方法会用两个监测子空间：主元子空间(PCS)和残差子空间(RS)，来检测不同类型的过程波动。对应的，他们用到了两个不同的监测统计量，T^2 和 SPE，来反映每个子空间的异常变化。

$\boldsymbol{X}$ 是 $N\times J$ 维的正常数据矩阵，其中各行表示观测值，各列表示过程变量，假设 $\boldsymbol{X}$ 已经经过数据预处理为 0 均值 1 标准差的矩阵。通过 PCA 从 $\boldsymbol{X}$ 中分解出系统信息和残差：

$$\begin{cases}\boldsymbol{T}=\boldsymbol{X}\boldsymbol{P}\\ \boldsymbol{X}=\boldsymbol{T}\boldsymbol{P}^{\mathrm{T}}+\boldsymbol{E}=\boldsymbol{X}\boldsymbol{P}\boldsymbol{P}^{\mathrm{T}}+\boldsymbol{E}\end{cases} \tag{9-1}$$

其中，$\boldsymbol{T}(N\times R)$ 是基于负载 $\boldsymbol{P}(J\times R)$ 从测量数据 $\boldsymbol{X}$ 中得到的 PCA 得分，其中 R

表示保留的主元(PC)个数。这样 $\boldsymbol{TP}^{\mathrm{T}}$ 表示 $\boldsymbol{X}$ 中的系统信息，分离出的残差信息表示为 $\boldsymbol{E}$，被认为是噪声。

从投影的角度，PCA 模型可以用另一个方程表示为

$$\boldsymbol{X}=\boldsymbol{XPP}^{\mathrm{T}}+\boldsymbol{X}(\boldsymbol{I}-\boldsymbol{PP}^{\mathrm{T}})=\boldsymbol{X\Omega}+\boldsymbol{X}\widetilde{\boldsymbol{\Omega}}=\hat{\boldsymbol{X}}+\widetilde{\boldsymbol{X}} \tag{9-2}$$

其中，$\boldsymbol{I}$ 是 $J\times J$ 维的单位矩阵；$\boldsymbol{\Omega}(\boldsymbol{PP}^{\mathrm{T}})$是对应于 $\boldsymbol{P}$ 的列空间的投影；而 $\widetilde{\boldsymbol{\Omega}}(\boldsymbol{I}-\boldsymbol{PP}^{\mathrm{T}})$是对应的反投影。$\boldsymbol{X}$ 在不同投影方向上进行投影，原始的测量空间被分成两个不同的子空间，分别是主元子空间(PCS)$\hat{\boldsymbol{X}}$ 和残差子空间(RS)$\widetilde{\boldsymbol{X}}$。

当故障发生时，错误的采样向量($\boldsymbol{x}$)可以表示为

$$\boldsymbol{x}=\boldsymbol{x}^{*}+\boldsymbol{\Sigma f} \tag{9-3}$$

其中，$\boldsymbol{x}^{*}$ 是正常数据部分；Σ 是 $J\times R_f$ 维的贯穿故障系统子空间的正交矩阵，其中 R_f 表示主要的故障方向的维度；$\boldsymbol{f}$ 表示在故障系统子空间中的故障得分，这样 $\|\boldsymbol{f}\|$ 表示故障的大小。

这样 $\boldsymbol{x}$ 在 PCS 和/或 RS 上的投影可能会显著增加，可以通过两个不同的监测统计量检测到。Hoteling-T^2 用于检测 PCS 中的偏差：

$$T^2=\boldsymbol{x}^{\mathrm{T}}\boldsymbol{P\Lambda}^{-1}\boldsymbol{P}^{\mathrm{T}}\boldsymbol{x}=\|\boldsymbol{\Lambda}^{-1/2}\boldsymbol{P}^{\mathrm{T}}(\boldsymbol{x}^{*}+\boldsymbol{\Sigma f})\|^2=\|\boldsymbol{\Lambda}^{-1/2}\boldsymbol{P}^{\mathrm{T}}\boldsymbol{x}^{*}+\boldsymbol{\Lambda}^{-1/2}\boldsymbol{P}^{\mathrm{T}}\boldsymbol{\Sigma f}\|^2 \tag{9-4}$$

其中，$\boldsymbol{\Lambda}$ 是正常训练数据 PC 的协方差，用 $\boldsymbol{\Lambda}=\boldsymbol{T}^{\mathrm{T}}\boldsymbol{T}/(N-1)$计算。

SPE 用于检测 RS 中的偏差：

$$\mathrm{SPE}=\|\widetilde{\boldsymbol{\Omega}}\boldsymbol{x}\|^2=\|\widetilde{\boldsymbol{\Omega}}(\boldsymbol{x}^{*}+\boldsymbol{\Sigma f})\|^2=\|\widetilde{\boldsymbol{\Omega}}\boldsymbol{x}^{*}+\widetilde{\boldsymbol{\Omega}}\boldsymbol{\Sigma f}\|^2 \tag{9-5}$$

从公式(9-4)和(9-5)中可以清楚地看到故障得分 $\boldsymbol{f}$ 的值可能会导致上述两个监测统计量发生变化。当 $\boldsymbol{f}$ 显著增大使监测统计量超出置信区间，我们就可以检测到故障。这里可以分别用显著性水平为 $\alpha(\alpha=0.01)$的 F 分布[14,15]和加权 $\chi 2$ 分布[16]计算监测统计量 T^2 和 SPE 的置信限：

$$T^2\sim\frac{R(N^2-1)}{N(N-R)}F_{R,N-R,\alpha} \tag{9-6}$$

$$\mathrm{SPE}\sim g\chi^2_{h,\alpha} \tag{9-7}$$

其中，$g=v/2m$；$h=2(m)^2/v$；m 是根据式(9-5)计算的正常训练数据的所有 SPE 值的平均；v 是对应的方差。

故障重构[7,8,11]的任务就是从故障样本中恢复正常的部分，从而消除监测统计量的故障报警。假设实际故障的系统子空间已知为 $\boldsymbol{\Sigma}$，正常数据部分 $\boldsymbol{x}^{*}$ 可以重构计算为

$$\boldsymbol{x}^{*}=\boldsymbol{x}-\boldsymbol{\Sigma f} \tag{9-8}$$

将 $\boldsymbol{x}^{*}$ 重新投影到 PCA 的残差监测子空间中：

$$\tilde{\boldsymbol{x}}^{*}=\tilde{\boldsymbol{\Omega}}\boldsymbol{x}^{*}=\tilde{\boldsymbol{\Omega}}(\boldsymbol{x}-\boldsymbol{\Sigma f})=\tilde{\boldsymbol{x}}-\tilde{\boldsymbol{\Sigma}}\boldsymbol{f} \tag{9-9}$$

其中，$\tilde{\boldsymbol{\Sigma}}=\tilde{\boldsymbol{\Omega}}\boldsymbol{\Sigma}$。

对 $\boldsymbol{x}^{*}$ 的估计可以通过最小化 $\boldsymbol{x}^{*}$ 到主元子空间的距离得到，即 $\|\tilde{\boldsymbol{x}}^{*}\|^{2}$。因此，进行故障重构即搜索 $\boldsymbol{f}$：

$$\boldsymbol{f}=\operatorname{argmin}\|\tilde{\boldsymbol{x}}-\tilde{\boldsymbol{\Sigma}}\boldsymbol{f}\|^{2}=(\tilde{\boldsymbol{\Sigma}}^{\mathrm{T}}\tilde{\boldsymbol{\Sigma}})^{-1}\tilde{\boldsymbol{\Sigma}}^{\mathrm{T}}\tilde{\boldsymbol{x}} \tag{9-10}$$

其中，Dunia 等[11]已经针对重构的完全性和部分性做了相关分析以此阐述故障重构方法的可行性。具体细节可参考文献[11]，这里不做相关解释。

此外，针对故障对于 T^2 监测统计量的影响也可以通过故障纠正进行消除，这里采用与 SPE 重构相似的计算方法。将 $\boldsymbol{x}^{*}$ 重新投影到 PCA 的系统监测子空间中：

$$\hat{\boldsymbol{x}}^{*}=\boldsymbol{\Omega}\boldsymbol{x}^{*}=\boldsymbol{\Omega}(\boldsymbol{x}-\boldsymbol{\Sigma f})=\hat{\boldsymbol{x}}-\hat{\boldsymbol{\Sigma}}\boldsymbol{f} \tag{9-11}$$

其中，$\hat{\boldsymbol{\Sigma}}=\boldsymbol{\Omega}\boldsymbol{\Sigma}$。

对 $\boldsymbol{x}^{*}$ 的估计可以通过最小化 $\boldsymbol{x}^{*}$ 到残差子空间的距离得到，即 $\|\boldsymbol{\Lambda}^{-1/2}\boldsymbol{P}^{\mathrm{T}}\hat{\boldsymbol{x}}^{*}\|^{2}$。因此，重构即搜索 $\boldsymbol{f}$：

$$\begin{aligned}\boldsymbol{f}&=\operatorname{argmin}\|\boldsymbol{\Lambda}^{-1/2}\boldsymbol{P}^{\mathrm{T}}(\hat{\boldsymbol{x}}-\hat{\boldsymbol{\Sigma}}\boldsymbol{f})\|^{2}=(\hat{\boldsymbol{\Sigma}}^{\mathrm{T}}\boldsymbol{P\Lambda}^{-1}\boldsymbol{P}^{\mathrm{T}}\hat{\boldsymbol{\Sigma}})^{-1}\hat{\boldsymbol{\Sigma}}^{\mathrm{T}}\boldsymbol{P\Lambda}^{-1}\boldsymbol{P}^{\mathrm{T}}\hat{\boldsymbol{x}}\\&=(\boldsymbol{\Sigma}^{\mathrm{T}}\boldsymbol{P\Lambda}^{-1}\boldsymbol{P}^{\mathrm{T}}\boldsymbol{\Sigma})^{-1}\boldsymbol{\Sigma}^{\mathrm{T}}\boldsymbol{P\Lambda}^{-1}\boldsymbol{P}^{\mathrm{T}}\boldsymbol{x}\end{aligned} \tag{9-12}$$

通过公式(9-10)和公式(9-12)进行故障数据纠正计算获得的正常数据部分可能有所不同，原因在于二者是为了消除不同监测统计量上的故障报警，因此二者分别执行了不同的重构动作。

9.3　基于相对变化分析与有限批次的故障诊断

9.3.1　基本思想

本书工作依据的初始建模数据为充分的正常间歇操作批次以及每种故障工况下少量几个(I)故障批次，$\boldsymbol{X}_i(K\times J)$(其中 $i=1,2,\cdots,I$，K 为一次间歇操作的采样样本总数，而 J 为过程变量数)，它们在形式上仍旧能够构成三维数据阵 $\underline{\boldsymbol{X}}(I\times J\times K)$，只不过这里针对故障工况的 I 取值很小。

对于少量建模数据进行统计分析，有以下两方面的问题需要深入研究和分析：

(1) 如何对故障工况下的时段特性进行挖掘与分析？

(2) 如何基于少量故障批次准确充分的提取故障影响?

考虑到过程的多时段特性,自然地想到对间歇过程进行时段划分并建立不同的模型描绘它们不同的过程特性。在第 4 章中,对于间歇过程故障检测,我们已经分析并建立了多种时段划分及建模方法[17-33]。对于故障诊断来说,和正常工况下相比,多时段特性是否发生改变,故障工况下的间歇过程时段特性如何分析,需要进行深入研究和探讨。另外,故障重构技术中,重要的是获得故障子空间的精确描述,即建立精确的故障诊断模型用于恢复正常数据部分,以便监测统计量可以恢复正常。这通常需要大量且完备的故障批次以便准确可靠地提取出其潜在的统计特征进而揭示故障工况下的相关特性。但是,对于故障工况来说,通过反复实验来获取充足的建模批次往往是不切实际的。此外,由于故障重构是借助于消除监测统计量的故障报警信号来判断故障原因,从故障检测的角度看,与失控监测统计量有关的显著故障波动(即故障影响)实际上与故障过程本身的波动大小是不同的。传统的重构建模方法仅仅针对故障数据进行分析,揭示故障波动的大小,实际上并不能准确提取故障影响。这里,我们针对上述若干问题进行了深入研究和分析,建立了基于协同时段划分与相对变化分析的有限故障批次建模方法用于故障重构与诊断。

9.3.2 有限批次的建模数据

在每个批次中(分别记为 $i=1,2,\cdots,I$),假设在整个操作周期的 $k=1,2,\cdots,K$ 时刻在线测量 J 个过程变量,从而组成单个批次的二维数据阵,表示为 $\boldsymbol{X}(K\times J)$。在当前研究工作中,如果没有特别说明则默认批次长度相等,从而可以将过程时间作为指示变量进行数据预处理。总共有 M 种工况,这里只有正常工况可以获得充足批次,作为参考工况,其涵盖了充足的批次方向上的波动信息。从 I_r 个批次收集数据可以得到三维的数据矩阵 $\underline{\boldsymbol{X}}_r(I_r\times J\times K)$,其中 r 表示参考的正常工况。作为备选工况,每个故障工况也可以获得一个三维的数据矩阵 $\underline{\boldsymbol{X}}_a(I_a\times J\times K)$,其中 a 表示备选的故障工况,该三维数据阵仅含有有限个批次。如图 9.1 所示,对正常参考工况而言,时间片 $\boldsymbol{X}_{r,k}(I_r\times J)$ 可以很好地反应每个时间点上批次方向上的变化和过程特性;相反地,对故障工况而言,短时间片 $\boldsymbol{X}_{a,k}(I_a\times J)$ 由于批次不足所以不能准确充分地反映每个时刻批次方向上的波动信息。因此在进行统计分析与建模前,需要针对每种故障工况组建新的数据分析单元。

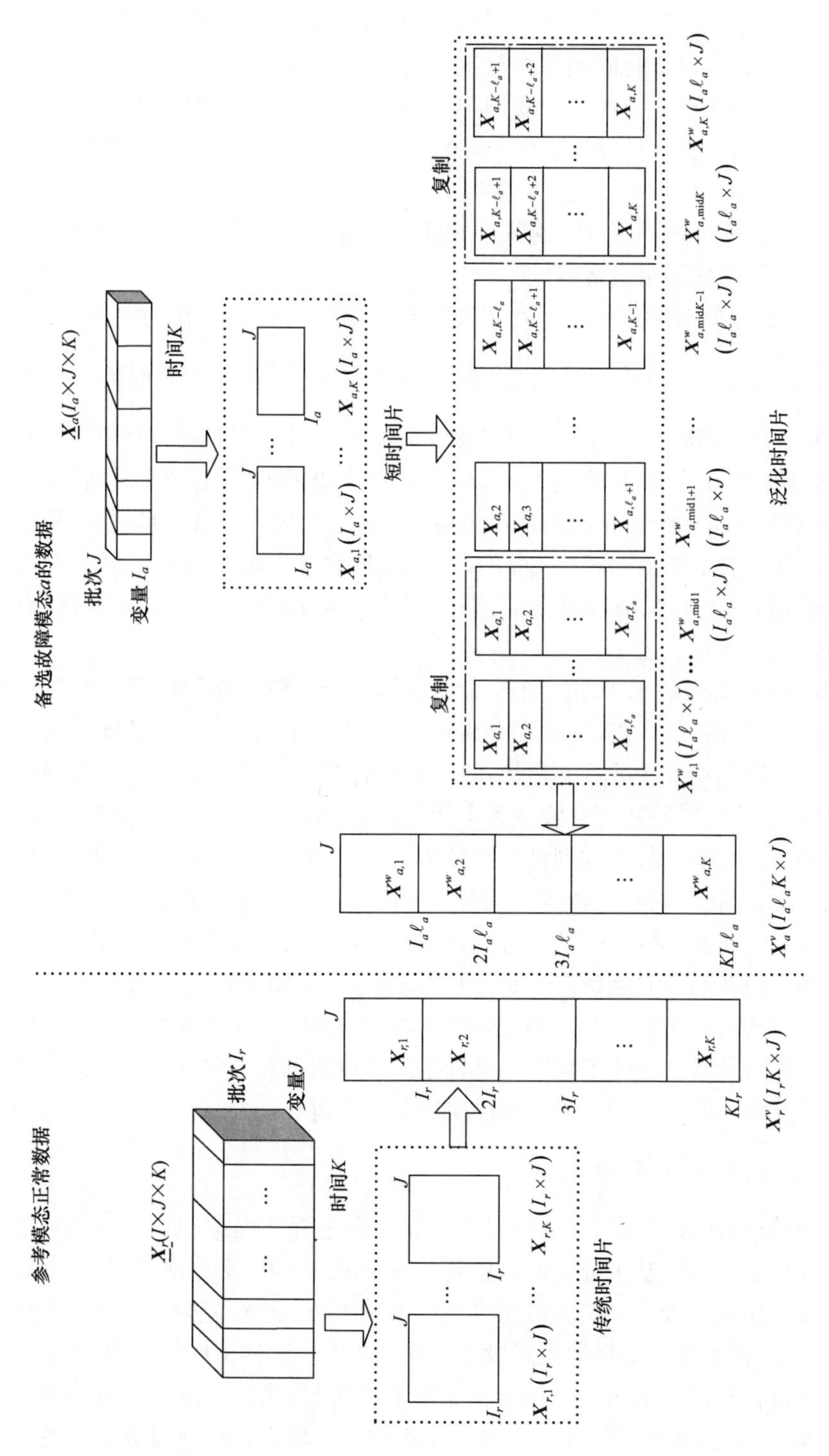

图 9.1　正常参考工况和每种备选故障工况的数据分析单元

如图 9.1 所示，每个故障工况下连续几个短时间片组合在一起构成泛化时间片 $\boldsymbol{X}_{a,k}^{w}(\ell_a I_a \times J)$，其中 ℓ_a 是泛化时间片的时域长度，也就是 $\boldsymbol{X}_{a,k}^{w}$ 中包含的短时间片的个数，所以 $\ell_a I_a$ 是每个泛化时间片中观测样本的个数。无特别说明则默认时间片就是传统意义上的时间片，只包含了每个时间点的批次信息，而泛化时间片则是指重组的时间片，包含了若干传统意义上的时间片，最初可以获得 $K-\ell_a+1$ 个泛化时间片。为了确保整个过程(K)中的每个时间间隔都有泛化时间片与之对应，我们使用图 9.1 所示的数据组合策略。

首先，对应于每个原始泛化时间片中间时刻的特定过程时刻作为时间指标。如果 ℓ_a 是偶数，那么 $\frac{\ell_a}{2}$ 表示中间时刻；如果 ℓ_a 是奇数，$\frac{\ell_a+1}{2}$ 表示中间时刻。mid1 表示对应于第一个中间时刻的特定过程时刻，mid$K$ 表示对应于最后一个中间时刻的特定过程时刻。对于在 mid1 之前和 mid$K$ 之后的时间间隔则没有泛化时间片。

然后，分别复制第一个泛化时间片和最后一个泛化时间片，这样可以用原始的第一个泛化时间片表示所有 mid1 之前的时间间隔，而可以用原始的最后一个泛化时间片表示 mid$K$ 之后的时间间隔。这样，对应于整个过程(K)的每个时间点都可以获得泛化时间片。

这里需要选择适当的 ℓ_a 取值，使得 $\ell_a I_a$ 能够提供比较可靠的数据标准化信息，一般为过程变量的 2～3 倍，这是多元统计分析中的惯常选择。通常随着备选故障工况下每个时间点批次数目的增加，时间长度 ℓ_a 随之减小。而当每个时间点获得了充足批次，泛化时间片则会收敛到统计意义上的时间片，包含了传统的批次方向上的波动变化。随着每个时刻批次数量的减少，时间长度 ℓ_a 则随之增大。当只有一个批次时，泛化时间片会收敛到只含有时间方向上过程波动的纯时间滑动窗口。因此充足批次和单批次的情况可以认为是有限批次的两个极端情况。

考虑到测量值在局部时域(ℓ_a)内变化并不显著，可以将它们进行数据标准化预处理为具有 0 均值和 1 标准差。根据过程采样时间的指示，这些数据标准化信息可以用于处理每种备选故障工况中的新样本。经过数据标准化后的正常工况时间片和故障工况泛化时间片将用于下面的协同时段分析。

9.3.3　有限批次协同时段划分

考虑到间歇过程时段的多样性，时段划分是间歇过程建模中的重要问题。之前人们已经提出了自动的基于聚类的时段划分方法和基于时段的建模方法[22,23]，并很好的在线应用到过程监测中。然而聚类结果往往需要进行复杂的后处理才能得到最终的时段，而且聚类结果很大程度上会受到相似性评估指标的影响，这与过程监测的特定目标不是直接相关的。为了克服上述问题，我们提出了步进式有序时段划分[28]算法，从过程开始一步一步地连续检测时段标志。它通过分析时变潜在过程特性对监测模型性能的影响确定不同时段。但是，两种方法为了实施故障检测都只考虑了正常工况下过程特性的变化，且都是基于充足批次的。这里，考虑到特定的故障诊断的目的，要有效利用故障过程信息并与正常过程一起进行时段特性分析。

前面我们提到过，结合短时间范围内的一些连续时间片构造泛化时间片，来探索局部过程的相关性；同时分析正常和故障状态的时变特征，这样可以同时识别所有故障和正常工况下的多个连续时段。与正常工况相比，在扰动的影响下，故障过程的时段信息可能会更复杂或相同。考虑到它们对模型性能的影响，将同时在正常和故障工况下对过程特性的变化进行探索。例如一段时域内正常过程特性保持相似但故障过程特性发生了变化，这一区域将被进一步分为不同的时段。这样在每个时段内，正常和故障工况的过程特性会保持相似。这为下面的基于时段的从正常到故障的相关分析提供了基础。这里，基于正常工况的传统时间片和各故障工况的泛化时间片，采用第 8 章中的协同多模态步进有序时段划分算法[29]可以进行有效的多时段划分。其区别在于，这里我们分析的是时段划分结果对故障重构性能的影响。

这里再简单阐述下其基本思想。从过程开始时刻，通过连续加入每种工况下的新时间片（正常工况的传统时间片和各故障工况的泛化时间片），并将生成的时间段模型对所含相关时间片的重构能力与原有时间片模型对自身的重构能力进行对比：如果这些时间片的过程特性相似，它们就可以用统一的时间段模型解释，且二者的重构能力相似，以此来确定时段划分点。需要注意的是时间段模型和时间片模型的维数要保持一致，从而可以平等地比较它们的重构能力。

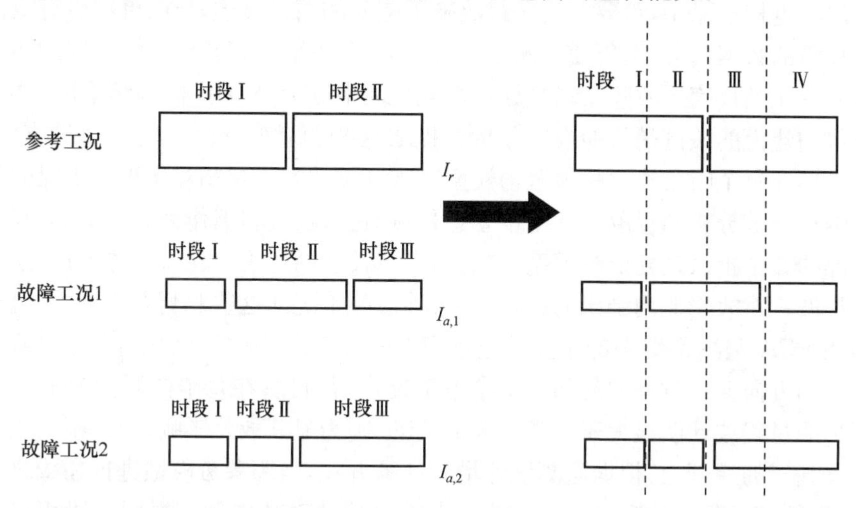

图 9.2　正常工况（充足批次）和故障工况（有限批次）的协同时段划分示意图

输出是所有工况下沿时间方向的有序时段划分结果，具有两个显著特点：一是每种工况中不同时段的交替是沿时间方向连续的；二是所有工况的时段边界是一致的。图 9.2 中基于间歇过程中的正常参考工况和两种故障工况简单说明了协同时段划分的思想。其中，正常工况有 2 个时段，故障工况 1 和 2 分别有 3 个时段，同时考虑三种工况则会得到 4 个时段。因此，划分的结果往往反映了一定时间区域内所有工况中更快的过程动态性。从另一个角度看，单工况独立时段划分可以看作是协同划分算法的极端情况。协同时段划分的目的是沿时间方向依次并同时自动识别不同操作状态的不同时段，从而保证正常和故障工况在同一时段内均各自有类似的特性，即过程特性没有发生显著变化，也为下面基于时段的相对变化分析提供了基础。时段划分后，就可以深入挖掘与分析正常工况和故障工况间的关系，从而更好地理解故障的影响。

9.3.4　基于时段的相对变化分析

基于前面的时段划分结果，基于变量展开方式，利用每个时段的所有传统时间片分别构建了正常参考工况和各备选故障工况下的时段代表性数据集：$\boldsymbol{X}_{c,r}^{v}(I_rK_c\times J)$和 $\boldsymbol{X}_{c,a}^{v}(I_aK_c\times J)$(其中，下标 c 表示时段，上标 v 表示变量展开，K_c 表示每个工况下的时段长度，I_r 和 I_a 分别是参考正常工况和每个备选故障工况下的批次数)。二者的变量数量相同，样本数量则可能会不同。$\boldsymbol{X}_{c,r}^{v}$和 $\boldsymbol{X}_{c,a}^{v}$中的时间片已经分别进行了数据标准化处理。要注意的是对正常参考批次而言预处理后的时间片数据具有 0 均值和单位标准差，而备选故障工况的时间片数据由于前面采用泛化时间片进行数据预处理，因此这里的时间片不具有 0 均值和单位标准差。

故障重构技术中，重要的是获得故障子空间的精确描述，从而可以更有效地恢复无故障的数据部分，以便使监测统计量恢复正常；而从正常到故障工况的相对过程波动变化则代表了故障波动是如何影响正常状态从而干扰监测结果的。因此，故障重构建模的关键是要能准确分析并提取这些相对变化。这里，我们针对每种故障工况在每个时段建立故障重构模型时需要该故障工况相对于正常工况的相对变化进行有效分析与提取。其基本思想是：把正常过程状态作为参考工况，基于正常工况的充足批次建立监测模型，它们代表了关注的过程波动监测方向；考虑到相对过程波动对故障监测结果的影响，将每种故障工况向这些监测方向上进行投影，分别在 PCA 监测系统中的主元子空间(PCS)和残差子空间(RS)中，将故障工况在各监测方向上的过程波动与正常参考工况进行对比；在每个监测方向上如果故障工况的过程波动明显大于正常工况的波动，则为显著故障影响，否则则为正常波动。其基于的原理为：根据监测统计量的计算方式，当用参考模型进行在线过程监测时，报警信号是由故障工况下显著增大的过程波动造成的。根据上述相对变化分析方法，我们可以提取对超限报警起主要作用的故障偏差并用于建立故障重构模型，这样可以更有效的恢复数据正常部分并识别故障原因。这里需要强调的是：

相对分析不是针对每种故障工况分别独立建模，而是分析正常工况和故障工况间的相对变化，这样可以提取和利用更重要的故障信息。

具体的相对变化分析算法可参见第 8 章内容。基于该相对变化分析，在两个不同的监测子空间中，分别提取了显著故障影响用于故障重构建模。两个重构模型，$\boldsymbol{P}_{c,a,f}$和$\boldsymbol{P}^{e}_{c,a,f}$，它们各自代表了在系统监测子空间和残差监测子空间中每种备选故障工况相对于正常工况的显著故障波动，从而可以用于 T^2 和 SPE 监测统计量报警信号的修正。

9.3.5　基于时段的故障重构与诊断

基于前面建立的故障检测与重构模型，可以实施在线故障诊断。每当获得新观测值，$\boldsymbol{x}_{\text{new}} J\times 1$，首先根据过程时间的指示调用来自正常参考工况下的数据标准化信息进行预处理。同时，基于过程时间的指示，可知当前时刻所属时段 c。将标准化的新观测值投影到由正常参考工况建立的时段 PCA 监测模型上，进行过程运行状态的监测：

$$\begin{aligned}\boldsymbol{t}^{\text{T}}_{\text{new}}&=\boldsymbol{x}^{\text{T}}_{\text{new}}\boldsymbol{P}_{c,r}\\ \boldsymbol{e}^{\text{T}}_{\text{new}}&=\boldsymbol{x}^{\text{T}}_{\text{new}}\boldsymbol{P}^{e}_{c,r}\boldsymbol{P}^{e\text{T}}_{c,r}\end{aligned} \tag{9-13}$$

其中，$\boldsymbol{t}_{\text{new}}$是通过投影 $\boldsymbol{x}_{\text{new}}$ 到 PCA 监测模型 $\boldsymbol{P}_{c,r}$ 上得到的新的主元；通过投影 $\boldsymbol{x}_{\text{new}}$ 到残差子空间 $\boldsymbol{P}^{c}_{c,r}$来计算新残差 $\boldsymbol{e}_{\text{new}}$。然后计算监测统计量为

$$\begin{aligned}T^2_{\text{new}}&=(\boldsymbol{t}_{\text{new}}-\bar{\boldsymbol{t}}_{r,k})^{\text{T}}\boldsymbol{\Sigma}^{-1}_{r,k}(\boldsymbol{t}_{\text{new}}-\bar{\boldsymbol{t}}_{r,k})\\ \text{SPE}_{\text{new}}&=\boldsymbol{e}^{\text{T}}_{\text{new}}\boldsymbol{e}_{\text{new}}\end{aligned} \tag{9-14}$$

其中，$\bar{\boldsymbol{t}}_{r,k}$表示由正常工况的训练数据计算得到的主元时间片的均值，通常为零向量，这是因为预处理中进行了中心化处理；$\boldsymbol{\Sigma}_{r,k}$是由正常工况的训练数据计算得到的主元协方差矩阵。

分别比较主元空间和残差空间的两个监测统计量 T^2_{new}和 SPE_{new}的值与对应的正常工况的控制限。如果两个监测统计量都处在预先定义的正常区域内，当前样本被视为正常工况。相反地，如果任何一个监测统计量出现报警信号，则表明当前样本为故障工况。调用针对不同故障工况建立的重构模型，以此确定哪个重构模型可以最好地纠正当前故障，从而实施在线故障诊断。根据下面的公式进行故障数据纠正：

$$\begin{aligned}\boldsymbol{x}^{\cdot\text{T}}_{\text{new}}&=\hat{\boldsymbol{x}}^{\text{T}}_{\text{new}}(\boldsymbol{I}-\boldsymbol{P}_{c,a,f}(\boldsymbol{P}^{\text{T}}_{c,a,f}\boldsymbol{P}_{c,a,f})^{-1}\boldsymbol{P}^{\text{T}}_{c,a,f})\\ \boldsymbol{e}^{\cdot\text{T}}_{\text{new}}&=\boldsymbol{e}^{\text{T}}_{\text{new}}(\boldsymbol{I}-\boldsymbol{P}^{e}_{c,a,f}(\boldsymbol{P}^{e\text{T}}_{c,a,f}\boldsymbol{P}^{e}_{c,a,f})^{-1}\boldsymbol{P}^{e\text{T}}_{c,a,f})\end{aligned} \tag{9-15}$$

其中，$\boldsymbol{I}$ 是 $J\times J$ 维的单位矩阵；$\boldsymbol{I}-\boldsymbol{P}_{c,a,f}(\boldsymbol{P}^{\text{T}}_{c,a,f}\boldsymbol{P}_{c,a,f})^{-1}\boldsymbol{P}^{\text{T}}_{c,a,f}$是相对于 $\boldsymbol{P}_{c,a,f}$ 子空间的反映射算子；$\boldsymbol{I}-\boldsymbol{P}^{e}_{c,a,f}(\boldsymbol{P}^{e\text{T}}_{c,a,f}\boldsymbol{P}^{e}_{c,a,f})^{-1}\boldsymbol{P}^{e\text{T}}_{c,a,f}$是相对于 $\boldsymbol{P}^{e}_{c,a,f}$ 子空间的反映射算子。通过该计算方式，可以从该故障数据的 $\hat{\boldsymbol{x}}_{\text{new}}$ 中消除 $\boldsymbol{P}_{c,a,f}$ 的影响，从 $\boldsymbol{e}_{\text{new}}$ 中消除 $\boldsymbol{P}^{e}_{c,a,f}$的影响。

然后将已纠正的数据分别重新投影到监测模型上，更新两个监测统计量：

$$\boldsymbol{t}_{\text{new}}^{*\text{T}}=\boldsymbol{x}_{\text{new}}^{\cdot\text{T}}\boldsymbol{P}_{c,r}$$
$$\boldsymbol{e}_{\text{new}}^{*\text{T}}=\boldsymbol{e}_{\text{new}}^{\cdot\text{T}}\boldsymbol{P}_{c,r}^{e}\boldsymbol{P}_{c,r}^{e\text{T}} \tag{9-16}$$
$$T_{\text{new}}^{*2}=(\boldsymbol{t}_{\text{new}}^{*}-\bar{\boldsymbol{t}}_{r,k})^{\text{T}}\boldsymbol{\Sigma}_{r,k}^{-1}(\boldsymbol{t}_{\text{new}}^{*}-\bar{\boldsymbol{t}}_{r,k})$$
$$\text{SPE}_{\text{new}}^{*}=\boldsymbol{e}_{\text{new}}^{*\text{T}}\boldsymbol{e}_{\text{new}}^{*} \tag{9-17}$$

基于已纠正的数据，根据式(9-16)和式(9-17)计算更新的监测统计量 T_{new}^{*2} 和 $\text{SPE}_{\text{new}}^{*}$。式(9-16)和式(9-17)的说明可以参照式(9-13)和式(9-14)。与原始超限的监测统计量相比，如果故障数据已经经过有效的纠正消除了故障影响部分，那么这两个更新后的监测统计量应该回到预先定义的置信限内。基于上述计算，通过从所有的备选故障重构模型中进行筛选，找到可以最好的纠正故障影响从而使失控信号回归正常的模型，可以有效地确定故障原因，实施故障诊断。

本章工作的重点是，如何更好地从有限故障批次中挖掘关键故障信息，获取故障子空间建立重构模型实施故障诊断。这里我们没有深入探讨模型更新进行故障信息补充的问题。模型更新问题可能涵盖了一些重要的议题，例如判断何时该更新重构模型，怎么实现模型更新以避免误更新问题。这里我们仅仅针对每种故障工况实施了批次方向的步进模型更新。即每当获得一个新故障批次，将其加入到该对应故障工况的建模批次中；然后基于新的故障批次信息更新数据标准化信息和故障重构模型。随着新的故障批次的增加，每个泛化时间片(ℓ_a)的时间长度将减小，这样新的泛化时间片可以更多地关注批次方向上的过程变化。

图 9.3 是该方法的流程图，其中(a)是建模流程，(b)是在线应用步骤。在该算法中，主要解决了两个重要问题，一是对正常和故障工况下的过程动特性变化进行了协同的分析以此确定多工况下的多时段，二是分析了正常和故障工况下的过程波动差异，以此提取显著故障影响建立故障重构模型。基于这两方面的分析，可以更有效的消除故障影响，实现在线故障诊断。

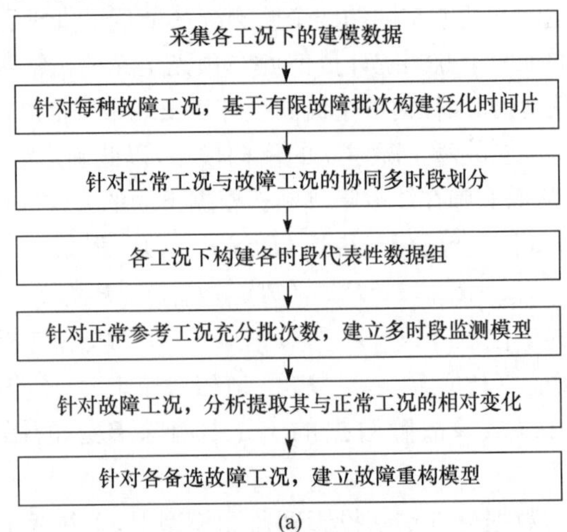

(a)

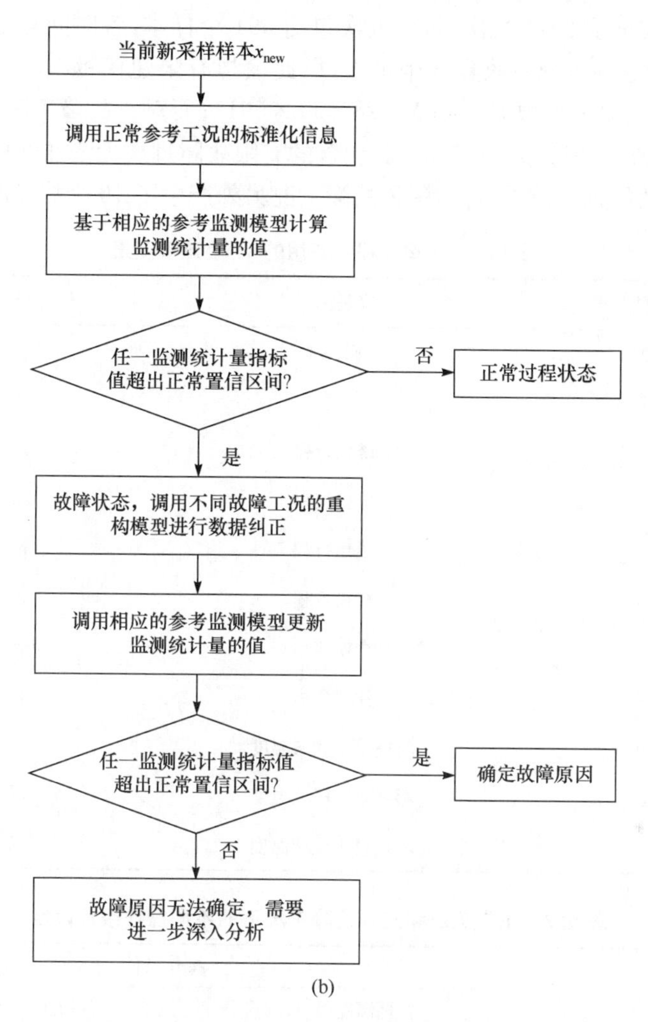

图 9.3　算法流程图(a) 建模步骤(b) 在线故障诊断

9.4　注塑过程中的应用研究

9.4.1　注塑过程描述

注塑过程的基本原理及介绍详见 4.4.2 节。表 9.1 中列出了注塑过程中用到的 11 个过程变量。工作中用到的材料是高密度聚乙烯(HDPE)。如表 9.1 显示的,选择了 11 个过程变量建模,这 11 个过程变量通过传感器在线收集。如表 9.2 所示,除了正常操作过程外,保持其他操作条件不变,改变料桶温度和保压压力,产生了 3 种不同的操作工况。与正常操作过程相比,可认为这三种工况为故障工况。

正常工况下收集了28个批次,每个批次包括591个样本,各时间点上建模变量数为11;而每种故障工况只收集5个批次,以此模拟有限建模批次的问题。对于正常工况,可以获得三维数据矩阵 $\underline{\boldsymbol{X}}_1(28\times 11\times 591)$;而对于故障工况,获得的三维矩阵 $\underline{\boldsymbol{X}}_a(5\times 11\times 591)(a=1,2,3)$,其包含的有限故障批次无法准确提供批次方向上的过程波动信息。此外,针对每种故障工况另外产生了10个故障测试批次。

表9.1　注塑过程中使用的11个建模变量

编号	变量描述	单位
1	阀门1	%
2	阀门2	%
3	螺杆行程	mm
4	螺杆速率	mm/s
5	顶出行程	mm
6	合模行程	mm
7	合模速率	mm/s
8	注射压力	bar
9	料桶第3区域温度	℃
10	料桶第2区域温度	℃
11	料桶第1区域温度	℃

表9.2　正常工况和三种故障工况下的不同操作条件设定

工况 #	操作条件	
	料桶温度B.T. /℃	保压压力P.P. /bar
正常数据	200	30
故障1	180	30
故障2	200	25
故障3	220	35

9.4.2　协同时段划分和相对变化分析

首先,针对该正常工况,获取传统时间片数据矩阵 $\boldsymbol{X}_{1,k}(28\times 11)$;针对每种故障工况,获取泛化时间片 $\boldsymbol{X}_{m,k}(5\ell_m\times J)$。这里,泛化时间片的时间长度($\ell_m$)设置为5,其中每个泛化时间片中包含了25个建模样本。基于前面描述的建模数据构建方法，确保每种工况的每个时间点上都有一个对应的时间片。利用协同时段划分算法[29]，同时分析四种工况潜在的过程特性变化。图 9.4(a)显示了协同时段划分结果，其中正常工况的松弛因子设置为 3，所有备选故障工况的松弛因子统一设置为 3.5。因为沿时间方向的过程动特性比沿批次方向的更复杂，所以这里我们针对有限批次的故障工况定义了更大的松弛因子。需要注意的是参数 α 反映了模型精度和模型复杂性间的平衡。通常，考虑到 α 对建模结果和诊断性能的影响，可以通过交叉检验的方法来设置 α 的值，从而确保每个代表性的时段模型不会涵盖太多的过程动态性模式，以保证其对过程动特性变化的敏感性。使用所提出的协同时段划分算法，无需任何先验过程知识，可以把所有工况的间歇过程按时间顺序，获取工况间一致的时段边界，将其自动地划分为不同的子时段。作为对比，图 9.4(b)中显示了针对各正常和故障工况单独进行时段划分的结果，其中每个工况或多或少具有不同的时段边界。对比这两种时段划分思想方法，协同时段划分算法同时考虑了不同工况的时变特性，从而获得了统一的划分结果。

在时段划分结果的基础上，对于正常工况，可以基于充足批次建立过程监测模型。对于每种故障工况，基于有限批次，将其各自与正常工况进行对比分析，确定其相对波动变化，以此确定其显著故障影响，从而分别从 PCA 监测系统的主元子空间和残差子空间中分离出故障子空间 $\boldsymbol{P}_{c,a,f}$ 和 $\boldsymbol{P}^{e}_{c,a,f}$。

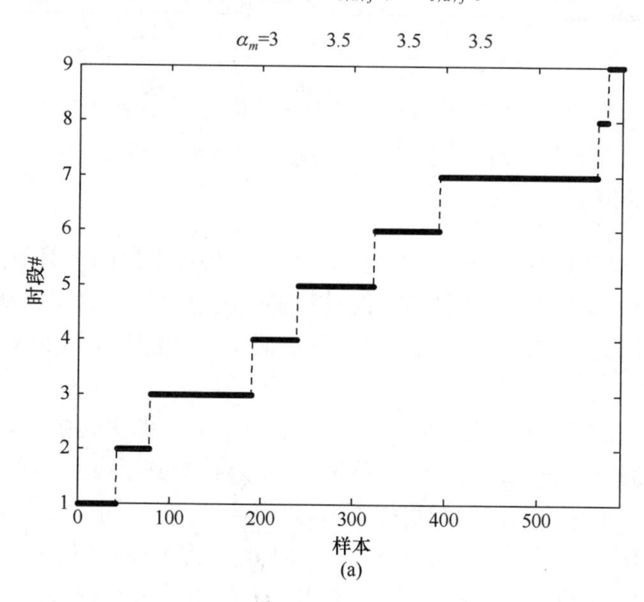

(a)

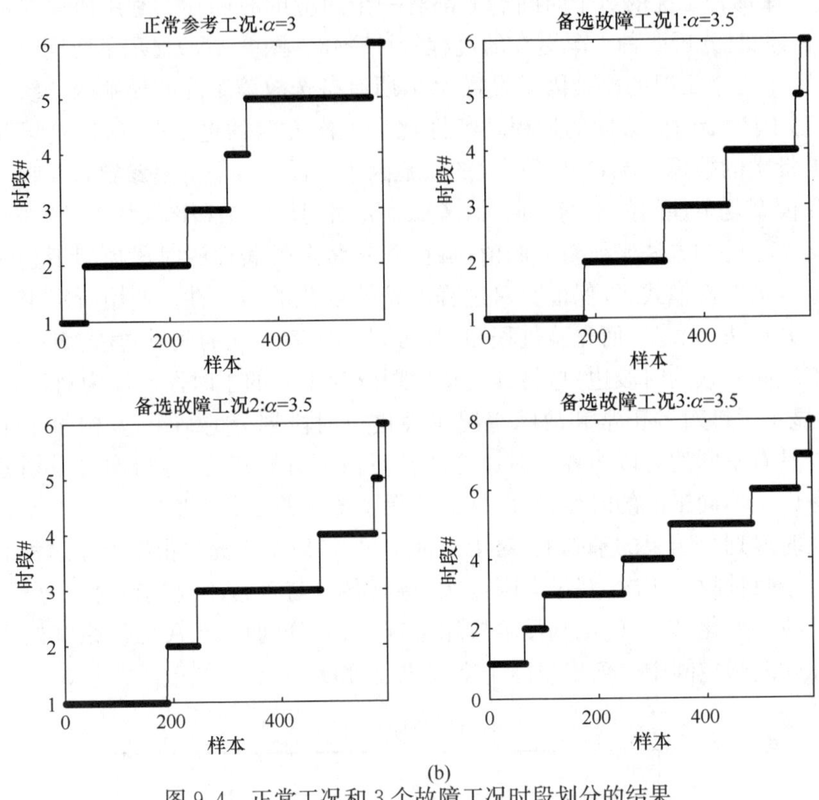

(b)

图 9.4 正常工况和 3 个故障工况时段划分的结果

(a)基于协同时段划分算法 (b)基于各工况独立时段划分算法

9.4.3 在线故障诊断

图 9.5 显示了针对不同故障工况下的某一个训练批次的在线故障检测和重构结果。可以很清楚地看出,两种监测统计量都能明显检测到故障扰动。此外,基于相对变化分析提取的故障子空间可以很好地消除每个故障训练批次的所有监测报警信号。

图 9.6(a)中显示了针对故障工况 1 中的一个测试批次的在线监测结果,可以看出,两个监测统计量远远超出置信区间,很明显检测到了故障异常。针对该故障批次,尝试不同备选故障类型的重构模型,进行故障数据纠正,进行在线故障诊断。如图 9.6(b)到(d)中显示的,调用故障工况 1 的重构模型可以得到最好的纠正结果。此外,从 9.6(b)中可以发现,即使调用正确的重构模型(故障工况 1),在有些时段也不能完全将失控的 SPE 统计量带回到正常区域,尤其是在过程后面的运行时段中。这表明,不同时段对故障重构所发挥的作用不同。根据上述重构结果可以正确地判断故障原因是故障 1。

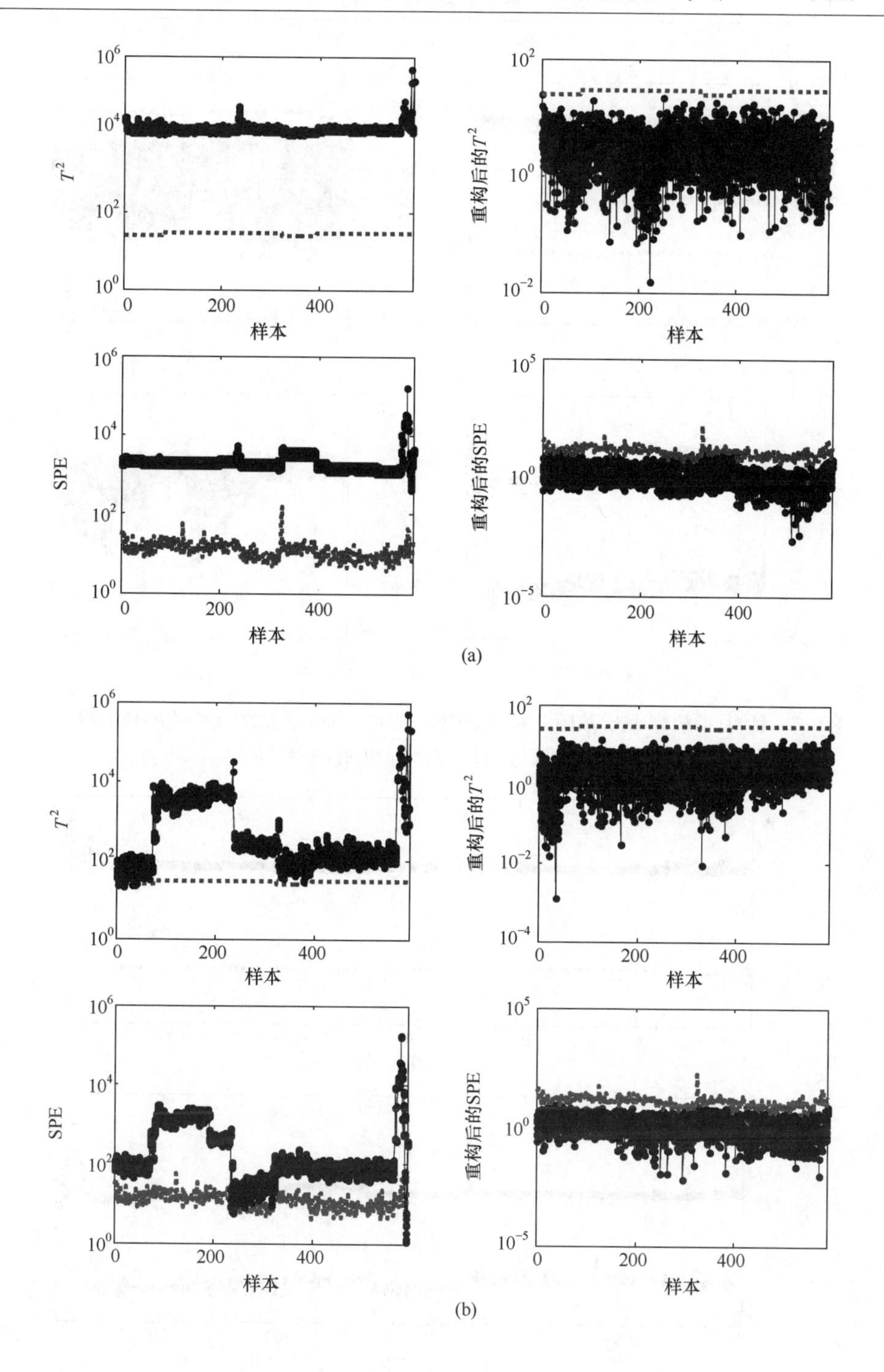

10^6
10^4
T^2
10^2
10^0
0
200
400
样本
10^2
重构后的T^2
10^0
10^{-2}
SPE
重构后的SPE
10^5
10^{-5}
10^{-4}

(a)

(b)

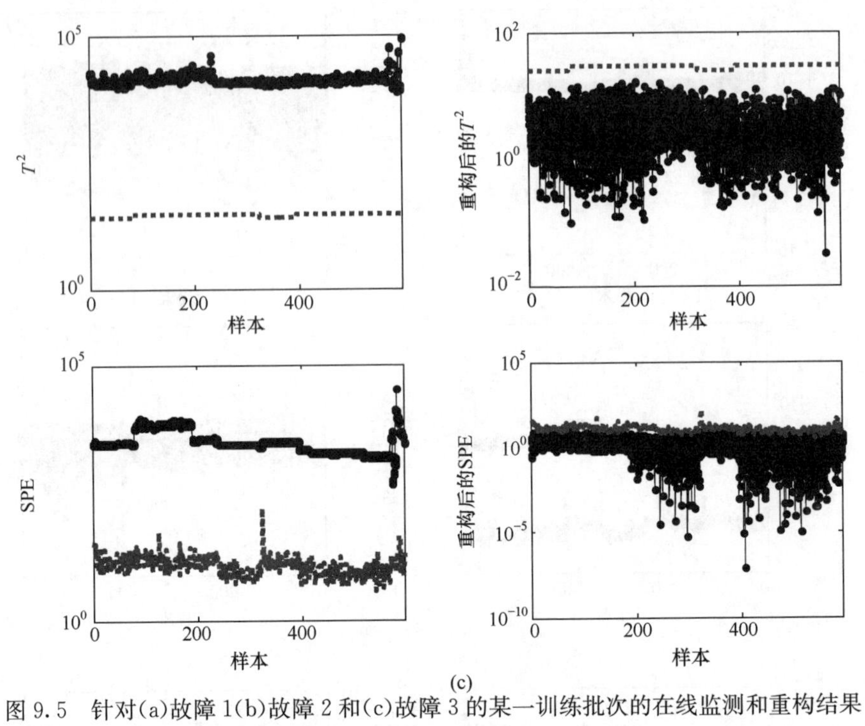

(c)

图 9.5 针对(a)故障 1(b)故障 2 和(c)故障 3 的某一训练批次的在线监测和重构结果

(虚线:控制限;点虚线:原始/重构的监测统计量)

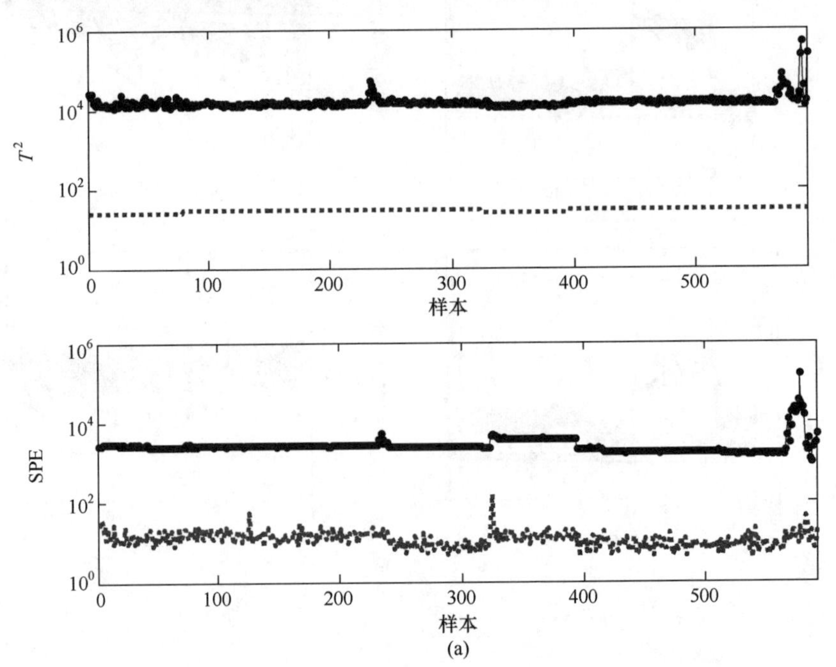

(a)

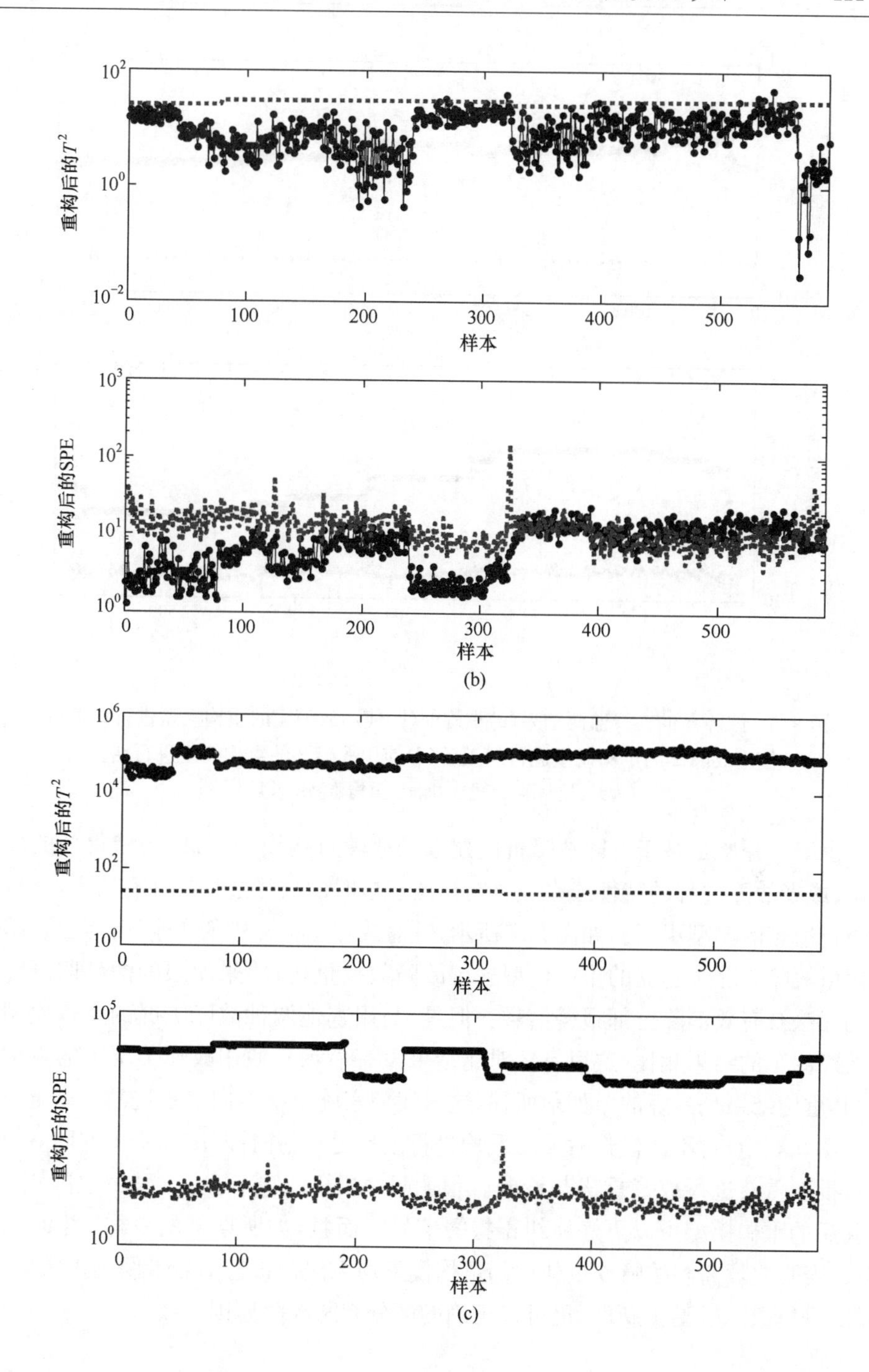

(b)

(c)

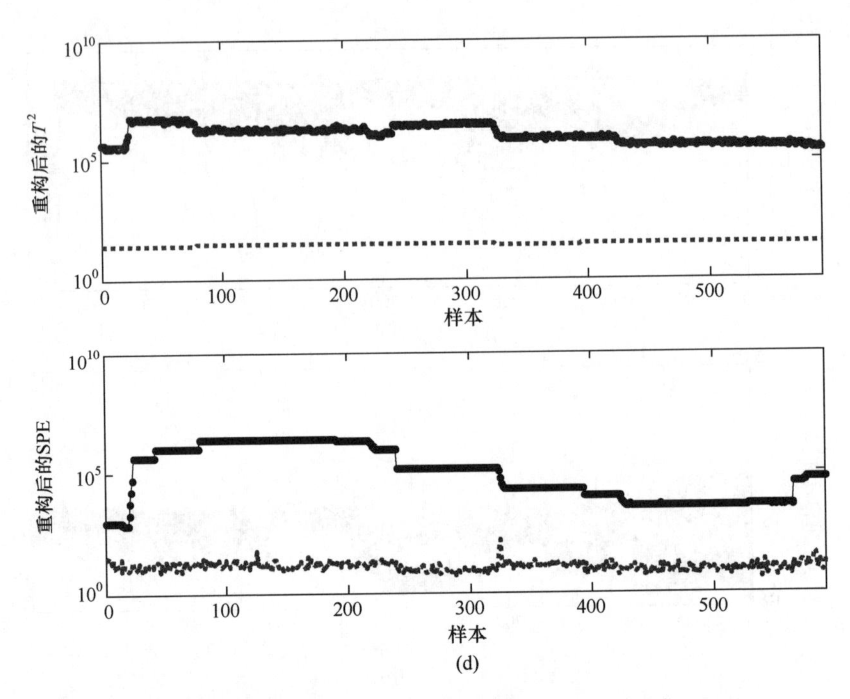

图 9.6　故障 1 的在线监测结果(a)重构前(b)使用故障 1 的重构模型进行纠正后(c)使用故障 2 的重构模型进行纠正后(d)使用故障 3 的重构模型进行纠正后

(虚线:控制限;点虚线:原始/重构监测统计量)

由于一开始是基于有限故障批次建立的故障重构模型,所以当获得新的故障批次,或者故障过程的特性或多或少与初始建模时的故障过程特性有所不同时,需要进行适当的模型更新。如图 9.7 所示,针对故障工况 1 中的一个测试批次,即使调用由故障工况 1 建立的重构模型进行故障数据重构,原来超限的两种监测统计量均无法被有效消除全部报警信号。但是,与用其他两种故障工况的重构模型进行故障纠正的结果相比(这里具体对比结果没有显示),使用故障工况 1 的重构模型,其重构结果是最好的。如前所述,这里我们实施批次方向上步进的模型更新策略。图 9.8 中,对不同候选故障工况均进行模型更新,并针对图 9.7 中的同一故障测试批次重新进行故障重构与诊断。很明显,如图 9.8(a)显示,采用故障工况 1 更新后的重构模型可以更好地纠正报警信号。而且,如所期望的一样,图 9.8(b)和(c)表明故障 2 和故障 3 更新后的重构模型均无法把报警信号带回到正常区域。因此,进行故障模型更新后,仍可以正确的区分判断故障原因。

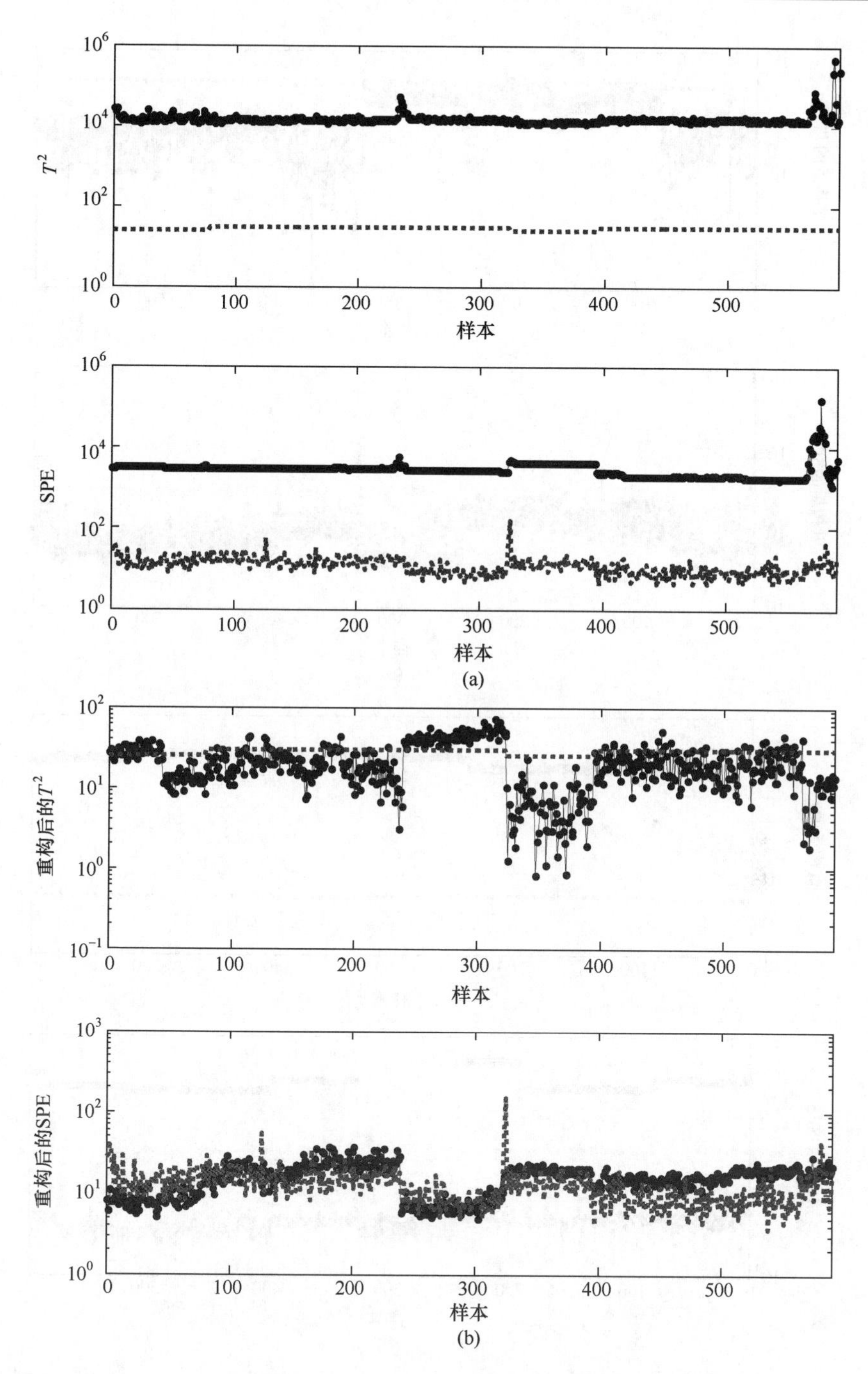

图9.7　故障 1 的在线监测结果(a)重构前(b)使用故障 1 更新前的重构模型进行纠正后

(虚线:控制限;点虚线:原始/重构监测统计量)

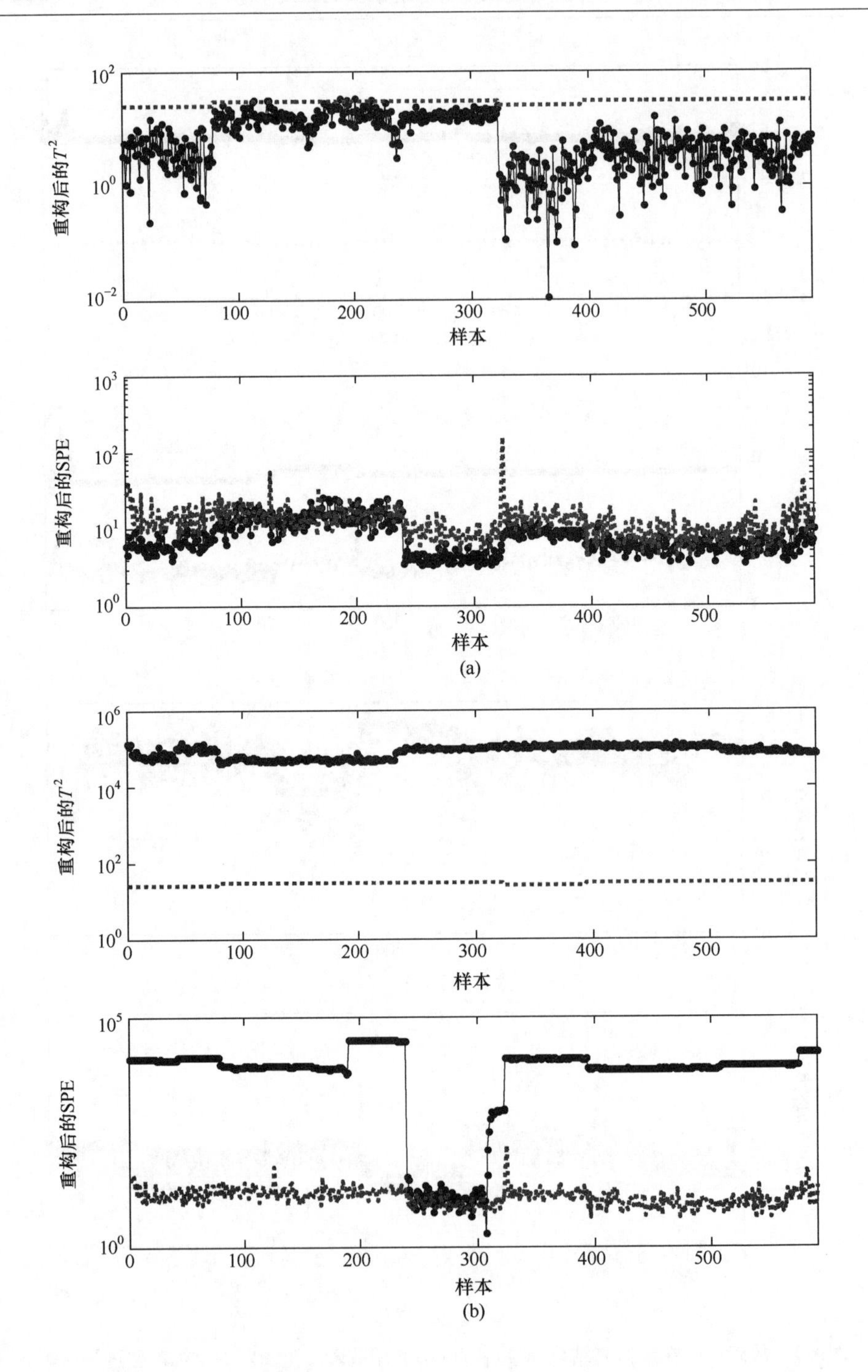

10^2
10^0
10^{-2}
重构后的T^2
0
100
200
300
400
500
样本
10^3
10^2
10^1
10^0
重构后的SPE
0
100
200
300
400
500
样本
(a)
10^6
10^4
10^2
10^0
重构后的T^2
0
100
200
300
400
500
样本
10^5
10^0
重构后的SPE
0
100
200
300
400
500
样本
(b)

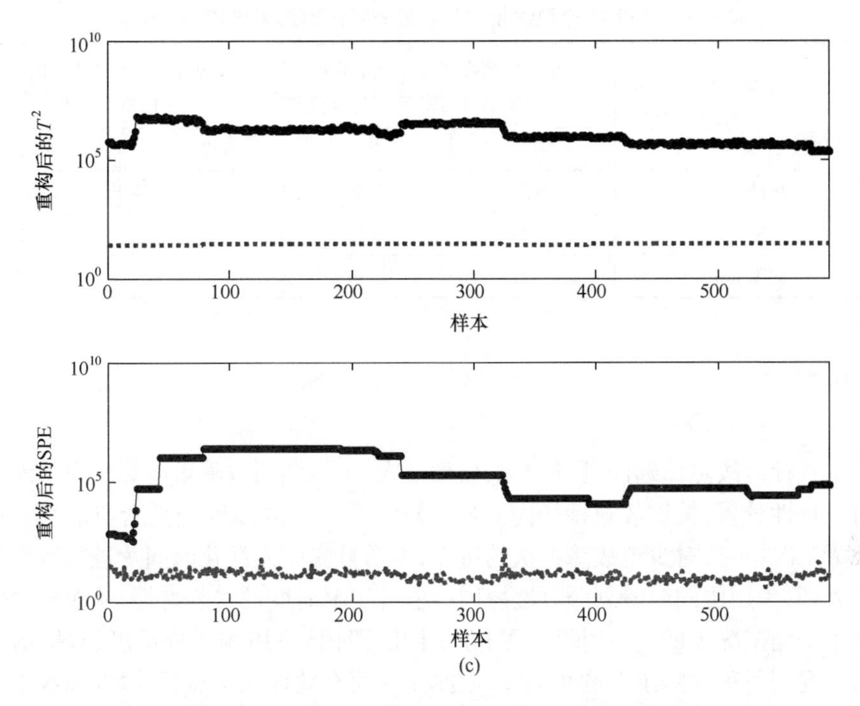

图 9.8 故障 1 的在线监测结果(a)使用故障 1 更新后的重构模型进行纠正后(b)使用故障 2 更新后的重构模型进行纠正后(c)使用故障 3 更新后的重构模型进行纠正后
(虚线:控制限;点虚线:原始/重构监测统计量)

对于 3 种故障工况,表 9.3 总结了 10 个测试批次的重构结果,并比较了基于有限故障批次和批次方向步进模型更新的重构建模方法与基于充足批次的重构建模方法。这里,定义了失构率(Missing reconstruction ratio,MRR)指标来评估故障诊断性能。该指标将所有故障测试批次中不能有效得到纠正的报警信号数量除以 10 个测试批次的样本总数。可见,MRR 指标越小代表故障重构性能越高。为简单起见,这里模型更新的时候,并不进行时段划分结果的更新,只根据新得到的故障批次迭代更新重构模型的参数和故障数据标准化信息。此外,将其结果与针对每个备选故障工况足够的批次数(这里为 20 个批次)建立的重构模型进行对比。为避免不同时段划分结果的影响,针对充足故障批次,采用了与有限批次相同的时段信息。如表 9.3 所示结果,很明显,对三种故障工况下的两个监测统计量而言,基于有限故障批次和采用步进模型更新方法进行故障重构,其 MRR 值都小于 10。尽管故障 3 的 MRR 值要略大些,其故障诊断性能可以与基于充足批次建立的故障重构模型的诊断性能相媲美。这个结果表明所提出的建模方法基于有限批次可以有效获取多时段信息,并提取显著故障波动信息建立重构模型进行故障诊断,并得到可靠的在线故障诊断性能。

表 9.3　针对 10 个测试批次的在线故障诊断结果比较(MRR%)

方法 / 故障#	基于有限故障批次与步进模型更新的重构建模方法		基于充足故障批次的重构建模方法	
	T^2	SPE	T^2	SPE
故障 1	0.27	5.85	0.17	0.05
故障 2	0.20	0.88	0.12	0.36
故障 3	9.71	8.44	0.07	0.00

9.5　结　束　语

本章针对故障诊断问题,从有限故障批次入手,利用故障重构算法完整地实现了时段特性分析、关键故障特征提取与建模以及在线故障模型更新与诊断。在每种故障工况中,针对少量故障批次的特点,本书首先引入泛化时间片进行数据标准化预处理;采用协同时段划分算法协同分析各工况时变的过程特性,从而自动同时识别了不同工况下的统一时段边界;在不同时段内,采用相对分析思想,揭示了从正常工况到每种故障工况的相对波动变化,从而有效提取了显著故障影响,建立了基于时段的初始重构模型用于故障诊断;利用简单的更新算法,不断包容故障信息,完善初始诊断系统,以便更精确地实现间歇过程的在线故障诊断。案例研究证明了该算法可以基于有限故障批次有效分析时段特性并建立故障模型,确保了在线故障诊断的可靠性。考虑到故障工况下有限批次问题的普遍性,基于有限批次进行故障特征分析、探索相应的故障建模方案具有潜在的研究价值和重要意义。

参 考 文 献

[1] Qin S J. Statistical process monitoring: Basics and beyond. Journal of Chemometrics, 2003, 17: 480-502

[2] Qin S J, Li W. Detection, identification, and reconstruction of faulty sensors with maximized sensitivity. AIChE Journal, 1999, 45(9): 1963-1976

[3] Chiang L H, Russell E L. Fault diagnosis in chemical processes using Fisher discriminant analysis, discriminant partial least squares, and principal component analysis. Chemometrics and Intelligent Laboratory Systems, 2000, 50: 243-252

[4] Chiang L H, Kotanchek M E. Fault diagnosis based on Fisher discriminant analysis and support vector machines. Computers & Chemical Engineering, 2004, 28(8): 1389-1401

[5] Qin S J, Li W. Detection and identification of faulty sensors in dynamic processes. AIChE Journal, 2001, 47(7): 1581-1593

[6] Yoon S, MacGregor J F. Fault diagnosis with multivariate statistical models part I: using

steady state fault signatures. Journal of Process Control, 2001, 11(4): 387-400

[7] Yue H H, Qin S J. Reconstruction-based fault identification using a combined index. Industrial & Engineering Chemistry Research, 2001, 40(20): 4403-4414

[8] Zhao C H, Sun Y X, Gao F R. A Multiple-Time-Region (MTR)-based fault subspace decomposition and reconstruction modeling strategy for online fault diagnosis. Industrial & Engineering Chemistry Research, 2012, 51(34): 11207-11217

[9] Westerhuis J A, Gurden S P. Generalized contribution plots in multivariate statistical process monitoring. Chemometrics and Intelligent Laboratory Systems, 2000, 51(1): 95-114

[10] Wold S, Esbensen K, Geladi P. Principal component analysis. Chemometrics and Intelligent Laboratory Systems, 1987, 2: 37-52

[11] Dunia K, Qin S J. Subspace approach to multidimensional fault identification and reconstruction. AIChE Journal, 1998, 44(8): 1813-1831

[12] Dunteman G H. Principal component analysis. London: SAGE publication LTD, 1989

[13] Jackson J E. A user's guide to principal components. New York: Wiley, 1991

[14] Lowry C A, Montgomery D C. A review of multivariate control charts. IIE Transactions, 1995, 27(6): 800-810

[15] Jackson J E. Multivariate quality control. Communications in Statistics: Theory and Methods, 1985, 14(10): 2657-2688

[16] Nomikos P, MacGregor J F. Multivariate SPC charts for monitoring batch processes. Technometrics, 1995, 37(1): 41-59

[17] Dong D, McAvoy T J. Multistage batch process monitoring. The Proceedings of American control conference, 1995: 1857-1861

[18] Ündey C, Çinar A. Statistical monitoring of multistage, multiphase batch processes. IEEE Control Systems Magazine, 2002, 22(55): 40-52

[19] Kosanovich K A, Dahl K S, Piovoso M J. Improved process understanding using multiway principal component analysis. Industrial & Engineering Chemistry Research, 1996, 35(1): 138-146

[20] Lennox B, Hiden H, Montague G, et al. Application of multivariate statistical process control to batch operations. Computers & Chemical Engineering, 2000, 24(2-7): 291-296

[21] Doan X T, Srinivasan R, Bapat P M, et al. Detection of phase shifts in batch fermentation via statistical analysis of the online measurements: A case study with rifamycin B fermentation. Journal of Biotechnology, 2007, 132(2): 156-166

[22] Lu N Y, Gao F R, Wang F L. Sub-PCA modeling and on-line monitoring strategy for batch processes. AIChE Journal, 2004, 50(1): 255-259

[23] Lu N Y, Gao F R. Stage-based process analysis and quality prediction for batch processes. Industrial & Engineering Chemistry Research, 2005, 44(10): 3547-3555

[24] Lu N Y, Gao F R. Stage-based online quality control for batch processes. Industrial & Engineering Chemistry Research, 2006, 45(7): 2272-2280

[25] Lu N Y, Yang Y, Wang F L, et al. Stage-based multivariate statistical analysis for injection molding. Proceedings of International symposium on advanced control of chemical processes, 2003: 471-476

[26] Lu N Y, Gao F R, Yang Y, et al. PCA-based modeling and on-line monitoring strategy for uneven-length batch processe. Industrial & Engineering Chemistry Research, 2004, 43(13): 3343-3352

[27] Lu N Y, Yang Y, Wang F L, et al. A Stage-based monitoring method for batch process with limited reference data. 7th International Symposium on Dynamics and Control of Process Systems, 2004

[28] Zhao C H, Sun Y X. Step-wisesequential phase partition (SSPP) algorithm based statistical modeling and online process monitoring. Chemometrics and Intelligent Laboratory Systems, 2013, 125: 109-120

[29] Zhao C H. Concurrent phase partition between-mode statistical analysis for multimode and multiphase batch process monitoring. AIChE Journal, 2014, 60(2): 559-573

[30] Zhao C H, Gao F R. Statistical modeling and online fault detection for multiphase batch processes with analysis of between-phase relative changes. Chemometrics and Intelligent Laboratory Systems, 2014, 130: 158-67

[31] Zhao C H, Zhang W D. Reconstruction based fault diagnosis using concurrent phase partition and analysis of relative changes for multiphase batch processes with limited fault batches. Chemometrics and Intelligent Laboratory Systems, 2014, 130: 135-150

[32] Camacho J, Picó J. Online monitoring of batch processes using multi-phase principal component analysis. Journal of Process Control, 2006, 16(10): 1021-1035

[33] Camacho J, Picó J. Multi-phase principal component analysis for batch processes modeling. Chemometrics and Intelligent Laboratory Systems, 2006, 81(2): 127-136

第 10 章　基于时段的回归建模、质量分析及在线预测

前面的工作主要是针对间歇过程多时段过程监测进行了相关研究。本章提出的基于时段 PLS 回归模型的质量分析方法是前面的子时段 PCA 建模及监测方法的延伸。既然间歇过程的过程变量相关关系具有分时段特性[1,2]，那么我们是否可以假定过程变量和最终产品的质量变量之间的相关关系也具有同样的特征。在此基础上，我们可以进一步分析哪些子操作时段是质量控制和质量改进的关键，在各个子操作时段中过程变量和质量变量存在什么样具体的因果关系，以及如何实现质量的在线预测。结合间歇过程多时段特性，为了更合理地解决间歇过程的质量分析问题，应该深入分析质量相关的多时段特性以及质量预测关系在子时段间的变化，研究质量相关的时段划分以及基于多时段的回归建模、质量分析及在线预测方法。

10.1　引　　言

在间歇过程实际生产中，产品的质量很难在线测量，许多质量指标通常需要在一次间歇操作周期结束后几分钟甚至几天的时间里，经过质量分析实验室的各种测试，才能够被离线采集并存贮在数据库中。因此，间歇过程的产品质量测量值具有严重的时间滞后性，无法在当前间歇操作周期内，给过程控制系统反馈质量信息，这个问题已经成为间歇过程工业质量控制领域的瓶颈。

为了实现间歇过程产品质量的闭环控制，质量相关的分析方法不断涌现并迅速发展起来。虽然间歇过程的产品质量指标无法实时测得，但是大部分的过程变量却可以轻松地在线测量。这些易获取的过程变量测量数据反映了潜在的过程运行特性，也蕴含了能够反映最终产品质量的丰富信息。正因为产品质量实际上很大程度上取决于过程变量轨迹的发展变化，我们可以从间歇过程的历史数据中追寻过程变量与最终产品质量之间的具体作用关系[2-5]，通过研究过程变量轨迹的变化，来分析并在线预测最终产品的质量情况，以期实现间歇过程产品质量的闭环控制。

用容易测量的可高频采样的过程数据来预测难以在线测量的低频采样的质量数据这一思想应属于推断估计(inferential estimation)[3]的范畴。该领域中，现有的在线质量指标的估计算法可大致分成两类：基于状态空间模型的估计方法[4-6]，如扩展卡尔曼估计器；和基于过程数据经验建模的估计方法[7-9]，如多变量最小二

乘回归、主成分回归、偏最小二乘回归方法等。基于状态空间模型的方法需要准确的过程机理，而获取过程机理模型需要耗费大量的时间和资源。尤其对于具有反应复杂、产品多样化、市场占有周期短等特点的间歇工业过程，基于机理模型的在线质量预测方法并不可行。相比之下，利用历史过程数据建模的多变量统计方法，因其不需要详细的过程运行机理，且容易获取的过程变量测量值中含有丰富的产品质量信息，这一类方法逐渐成为过程工程师和质量工程师的得力助手。

在过去的几年里，多元回归建模技术[7-17]已经被成功并广泛地用于定量化提取过程变量与质量变量之间相随而动的因果关系。利用这种回归模型，在线应用时就可以通过研究过程变量轨迹的变化来分析并在线预测最终产品的质量情况。借助于这些质量预测值，一方面我们可以提前获知该批次生产的产品是否合格并提前终结那些产生次品的操作批次而不必等到生产结束；另一方面可以及时调整相应的过程变量，纠正其对产品质量的不利影响与作用，从而实现间歇过程产品质量的闭环控制。在回归建模及质量预测分析中，Nomikos 与 MacGregor 提出的多向偏最小二乘方法(MPLS)[18]是一个广为人知并加以利用的有效工具。同基于 MPCA 模型[19]的过程监测一样，MPLS 将间歇操作周期内所有过程数据作为预测变量，和最终的产品质量建立回归关系。这样的模型除了模型结构复杂、计算负荷大等缺点外，也不能保证达到最好的质量预测精度。此外，其很难揭示间歇操作周期内过程变量与质量变量之间的作用关系的变化，并不适用于多时段间歇过程。

时段概念的提出对质量预测的深入研究与算法改进带来了新的思路与发展契机。经过对实际工业过程数据的系统分析，我们发现间歇过程的过程变量和质量变量之间的预测关系也不是随着操作时间时刻变化，确实具有明显的分时段性。同一子操作时段的不同采样时刻的过程变量和质量变量之间的相关关系并没有显著变化；但是在不同子操作时段中，间歇过程体现出不同的统计关系。可见，过程变量对产品质量的预测关系和间歇过程的子操作时段密切相关，具有非常错综复杂的关系。例如，注塑过程中，塑料制件的重量是由注塑段和保压段共同决定的；而某些表观质量却只决定于注塑段，和后面的操作阶段关系甚小[20]。这里我们将间歇过程产品的质量指标可以大致分成两类：某些质量指标只决定于某一个或几个特定的时段，其他时段对其没有显著影响，本书将这一类质量指标称为“时段型质量指标”。对于“时段型质量指标”，模型中包含和产品质量并无密切关系的子时段的过程数据不仅会增加模型的复杂程度、降低模型的可解释性，还会影响模型对产品质量的预测精度。而另一类质量指标受整个间歇操作周期内所有时段过程行为的影响，各个独立时段无法完整地描述质量波动信息，本书将这一类质量指标称为“过程型质量指标”。对于过程型质量指标，在建立质量预测模型时，我们需要和其相关的所有子操作时段的过程数据；而对于时段型质量指标，用于预测的数据越多预测精度反而会越差。本章提出的间歇过程子时段 PLS 建模方法只针对时段型质量指标，用来分析质量指标和子操作时段的具体关系，研究质量改进和质量控制的关键子时段及关键过程变量。

基于上面对间歇过程产品质量指标的划分，要做好多时段间歇过程的质量预测，其中的关键就是如何从质量分析的角度确定过程多时段，这将为之后基于时段的质量分析奠定基础。10.2节中提出针对时段型质量指标的时段划分与子时段PLS回归建模方法，并建立了提出一种基于子时段PLS模型的在线质量预测方法。10.4节提出了一种基于时段的质量分析方法，从两个层面分析了质量相关的时段特性。该算法分别从两个不同层面对质量进行分析，前者侧重于各个采样时刻的实时在线质量预测，揭示了过程行为对质量指标的实时影响作用效果；后者则侧重于分析各个时段的过程行为对于质量指标的平均作用水平，提供更为稳定可靠的质量预测关系。本章研究内容的主要创新之处在于，我们详细探讨了间歇过程的过程变量和质量变量的预测关系是否具有分时段性；质量指标和子操作时段之间的内部关联关系；哪些子时段是质量控制和质量改进的关键；各个子操作时段的过程变量对最终产品的质量有什么样具体的影响关系；以及如何实现间歇过程产品质量的在线预测等。

10.2　质量相关的子时段划分、子时段PLS建模与在线预测

第4章中我们已经具体介绍了用于过程监测的几种重要时段划分方法。本章中，从质量相关的角度，我们重点将介绍两种时段划分方法[20,21]，其基本思想都是通过分析间歇过程运行中潜在质量相关特性变化将整个批次运行过程自动划分为不同建模子时段。基于时段划分结果，建立了简单的子时段PLS回归模型并实施了在线质量预测。

10.2.1　基于时间片聚类的时段划分方法[20]

在这里需要补充说明，本章的研究背景是产生等长数据的间歇过程，其建模数据集的过程数据部分可表示为典型的三维矩阵格式$\underline{\boldsymbol{X}}(I\times J_x\times K)$，对应的产品质量数据为$\boldsymbol{Y}(I\times J_y)$，其中$J_x$是过程变量的个数，$J_y$是最终产品的质量指标个数。用$D$-标准化方法处理三维过程数据$\underline{\boldsymbol{X}}$，使得每个时间片上的过程变量的均值为0方差为1；二维质量数据k也标准化为均值为0、方差为1。和子时段PCA建模方法一样，沿着时间方向，三维过程数据$\underline{\boldsymbol{X}}(I\times J_x\times K)$被切割成$K$个时间片矩阵$\boldsymbol{X}_k(I\times J_x)(k=1,2,\cdots,K)$。用PLS方法提取每个时间片矩阵$\boldsymbol{X}_k$和最终产品的质量数据$\boldsymbol{Y}$之间存在的预测关系，可得到$K$个时间片PLS回归模型，

$$\boldsymbol{X}_k=\boldsymbol{T}_k\boldsymbol{P}_k^{\mathrm{T}}+\boldsymbol{E}_k,\boldsymbol{Y}=\boldsymbol{U}_k\boldsymbol{Q}_k^{\mathrm{T}}+\boldsymbol{F}_k \tag{10-1}$$

其中，$\boldsymbol{P}_k(J_x \times A_{x,k})$与$\boldsymbol{Q}_k(J_y \times A_{y,k})$分别是$\boldsymbol{X}_k(I \times J_x)$和$\boldsymbol{Y}(I \times J_y)$的负载矩阵；$\boldsymbol{T}_k(I \times A_{x,k})$与$\boldsymbol{U}_k(I \times A_{y,k})$分别是$\boldsymbol{X}_k(I \times J)$和$\boldsymbol{Y}(I \times J_y)$的得分；$\boldsymbol{E}_k(I \times J_x)$和$\boldsymbol{F}_k(I \times J_y)$分别是$\boldsymbol{X}_k(I \times J_x)$和$\boldsymbol{Y}(I \times J_y)$的建模残差；$\boldsymbol{A}_{x,k}$与$\boldsymbol{A}_{y,k}$分别是$\boldsymbol{X}_k(I \times J_x)$和$\boldsymbol{Y}(I \times J_y)$保留的潜变量个数，可通过交叉检验方法确定。

广义形式的PLS回归模型为

$$\begin{aligned} \boldsymbol{Y} &= \boldsymbol{X}_k \cdot \boldsymbol{\Theta}_k + \boldsymbol{F}_k \\ \hat{\boldsymbol{Y}}_k &= \boldsymbol{X}_k \cdot \boldsymbol{\Theta}_k \end{aligned} \tag{10-2}$$

正如子时段PCA建模方法中各采样时刻的负载矩阵$\boldsymbol{P}_k$中包含有过程变量之间的相关关系一样，上述PLS模型的回归系数矩阵$\boldsymbol{\Theta}_k(J_x \times J_y)$也体现了第$k$个采样时刻过程变量和质量变量的相关关系。显然，当过程的内部运行机制没有发生本质的改变时，过程数据所体现出来的统计特征，例如，过程变量之间的相关关系以及过程变量和质量变量之间的相关关系也不会发生明显的变化。这里再次重复，数据的统计关系不应该随着时间时刻变化，而是跟随过程的内部运行机制的变化而变化；而反过来，数据统计关系的变化恰恰体现了过程运行机制的变化，根据过程统计关系的变化将间歇过程分时段进行子时段回归建模、质量分析和在线质量预测。

基于上述认知，为了分析过程变量和质量变量相关关系的变化，将每个采样时刻的PLS回归矩阵$\boldsymbol{\Theta}_k(k=1,\cdots,K)$进行聚类分析，该聚类算法与第4章中所介绍的方法步骤类似，只不过分析的对象不再是时间片PCA负载矩阵，而是时间片PLS回归系数矩阵。通过聚类，我们最终得到具有不同数据特征的C个子类，可代表间歇过程的C个子操作时段。同一子时段内过程变量和质量变量之间的相关关系近似一致，但不同子时段具有显著不同的过程统计特征。定义每个子操作时段的表征PLS模型参数

$$\boldsymbol{\Theta}_c^* = \frac{1}{K_c}\sum_k \boldsymbol{\Theta}_k \quad (c = 1,2,\cdots,C; k = 1,2,\cdots,K_c) \tag{10-3}$$

以及每个子操作时段的PLS模型

$$\hat{\boldsymbol{y}}_k = \boldsymbol{x}_k \cdot \boldsymbol{\Theta}_c^* \quad (c=1,2,\cdots,C; k=1,\cdots,K_c) \tag{10-4}$$

其中，x_k为第k时刻过程测量值；K_c为该时段的长度。

上述经过k-mean聚类获得子时段模型的建模方法称为sub-PLS方法。其建模原理如图10.1所示。

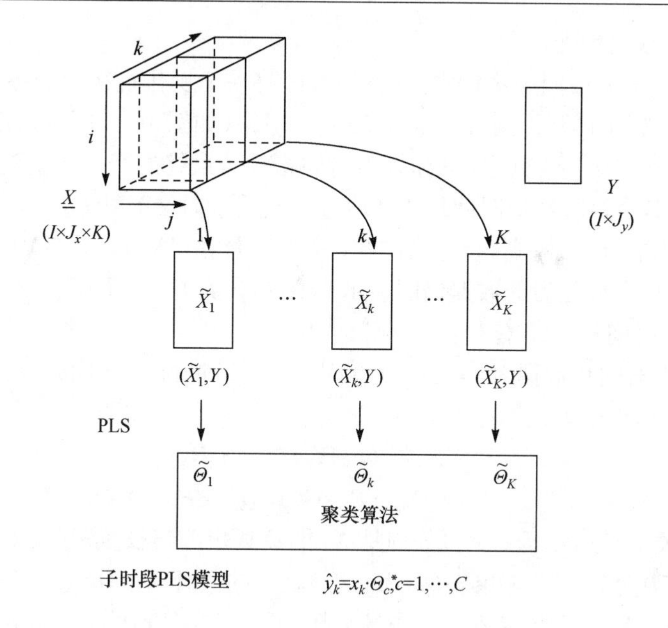

图 10.1 sub-PLS 建模的基本原理

10.2.2 步进有序时段划分方法[21]

正如第 4 章中所分析的，k-means 聚类算法没有考虑间歇过程时段运行的时序性，因此划分结果中会出现时间上不连续的具有相似过程相关性的时间片被分在同一个聚类中。时段划分结果可读性有所欠缺，需要针对划分结果进行进一步的后续处理。此外，该划分方法根据距离定义衡量过程相关特性的相似度，而距离的相似不代表这些时间片可以由一个同一回归模型表征，即该算法没有根据具体的应用目的(质量预测)来考虑如何建立划分评估指标确定时段划分点。这里我们提出了一种质量相关的步进式有序时段划分(quality-relevant step-wise sequential phase partition，QSSPP)方法[21]，它是之前面向过程监测的 SSPP 算法[2,22]的另一个版本。其特征在于兼顾考虑了过程特性变化时序性及其对产品质量的影响，通过评估时段划分对质量预测性能的影响确定合适的时段划分点。该方法包括以下步骤。

步骤 1 数据收集。

获取过程分析数据：设一个间歇操作具有 J 个测量变量和 K 个采样点，则每一个测量批次可得到一个 $K\times J_x$ 的矩阵，重复 I 批次的测量步骤后，得到的数据可以表述为一个三维矩阵 $\underline{\boldsymbol{X}}(I\times J_x\times K)$，其中，测量变量为批次运行过程中可被测量的状态参数。对应的产品质量数据为 $\boldsymbol{Y}(I\times J_y)$，$J_y$ 是最终产品的质量指标个数。

步骤 2　数据预处理。

将三维矩阵 $\underline{\boldsymbol{X}}$ 按照采集批次方向展开，即将一个操作批次内的各采样点上的变量按照时间顺序排开得到二维矩阵 $\boldsymbol{X}(I\times J_xK)$（如图 10.2 所示），由 K 个时间片矩阵 $\boldsymbol{X}_k(I\times J_x)$ 组成，其中，下标 k 为时间指标。最终的产品质量测量向量为 $\boldsymbol{Y}(I\times J_y)$。将各个过程数据时间片 $\boldsymbol{X}_k(I\times J_x)$ 及质量向量 $\boldsymbol{Y}(I\times J_y)$ 均预处理为具有 0 均值 1 标准差，并构成标准化后的时间片数据对 $\{\boldsymbol{X}_k(I\times J_x),\boldsymbol{Y}(I\times J_y)\}$，这里为简单起见，标准化后的数据仍旧表示为 $\boldsymbol{X}_k(I\times J_x)$ 与 $\boldsymbol{Y}(I\times J_y)$。

步骤 3　时间片 PLS 建模。

针对每组时间片数据对 $\{\boldsymbol{X}_k(I\times J_x),\boldsymbol{Y}(I\times J_y)\}$ 进行 PLS 回归分析，可得到 K 个时间片 PLS 回归模型，

$$\begin{aligned}\boldsymbol{T}_k&=\boldsymbol{X}_k\boldsymbol{W}_k(\boldsymbol{P}_k^{\mathrm{T}}\boldsymbol{W}_k)^{-1}=\boldsymbol{X}_k\boldsymbol{R}_k\\ \boldsymbol{Y}&=\boldsymbol{T}_k\boldsymbol{Q}_k^{\mathrm{T}}+\boldsymbol{F}_k=\boldsymbol{X}_k\boldsymbol{R}_k\boldsymbol{Q}_k^{\mathrm{T}}+\boldsymbol{F}_k=\boldsymbol{X}_k\boldsymbol{\Theta}_k+\boldsymbol{F}_k\end{aligned}\tag{10-5}$$

其中，$\boldsymbol{P}_k(J_x\times A_k)$ 与 $\boldsymbol{W}_k(J_x\times A_k)$ 分别是 $\boldsymbol{X}_k$ 的负载矩阵与权重矩阵；$\boldsymbol{R}_k(J_x\times A_k)$ 是直接从 $\boldsymbol{X}_k$ 计算得分的权重矩阵；$\boldsymbol{Q}_k(A_k\times J_y)$ 是 $\boldsymbol{Y}$ 的负载向量；$\boldsymbol{\Theta}_k(J_x\times J_y)$ 是最终的质量预测模型；A_k 是 CP_c^2 保留的潜变量个数，可通过交叉检验方法确定；$\boldsymbol{F}_k(I\times J_y)$ 是回归建模的质量残差。

计算每个时间片上的预测均方误差指标 MSE_k：

$$\mathrm{MSE}_k=\frac{1}{I}\sum_{j=1}^{J_y}\sum_{i=1}^{I}(y_{i,j}-\hat{y}_{i,j})\tag{10-6}$$

其中，$y_{i,j}$ 是针对第 i 个批次，第 j 个产品质量指标的真实测量结果；$\hat{y}_{i,j}$ 是则是对应的质量预测结果。MSE_k 反映了时间片 PLS 回归模型的质量预测能力。

步骤 4　时间块 PLS 回归建模。

从间歇过程初始点开始，依次将下一个时间片与之前的时间片按照变量展开方式（即变量维数 J_x 不变，自上而下按照时间顺序叠加到一起）组合在一起得到时间块 $\boldsymbol{X}_{v,k}(Ik\times J_x)$，其中，下标 v 代表变量展开方式，k 代表当前过程时间。相应的，将质量数据亦如此处理，使其具有和过程数据同样的样本维数 Ik。这样我们可以获得变量展开的时间块回归数据组 $\{\boldsymbol{X}_{v,k}(Ik\times J_x),\boldsymbol{Y}_{v,k}(Ik\times J_y)\}$。对时间块回归数据组进行 PLS 分析，提取出时间块回归预测模型 $\boldsymbol{\Theta}_{v,k}(J_x\times J_y)$。利用该时间块模型计算不同时刻上的质量预测结果，并重新计算每个时间片上的预测均方误差 $\mathrm{MSE}_{v,k}$。

步骤 5　对比模型精确性，确定时段划分点。

比较在该时间块内的每个时间点上 MSE_k 和 $\mathrm{MSE}_{v,k}$ 的大小，如果发现连续三个样本呈现 $\mathrm{MSE}_{v,k}>\alpha\cdot\mathrm{MSE}_k$，那么新加入的时间片对该时间块的 PLS 回归模型精度及相应的质量预测性能都有显著的影响，使得当前时间块回归模型已无法足够精确地表征该时间块内所有时间片的质量预测关系。则认为当前 i 时刻之前的

时间片是隶属于同一个子时段。其中 α 是附加于 MSE_k 的常数，称作松弛因子，它反映的是与时间片回归模型相比，允许时间块回归模型对质量预测精度损失的程度。

步骤 6　数据更新，确定所有划分时段。

根据步骤 5 中所获得的时刻 k 的指示，移除第一个子时段，把余下的间歇过程数据作为新的数据初始点，带入到第 4 步中并重复上述步骤 4～6，直到所有时段都被划分出。

通过上述步骤，我们可以沿着时间方向顺序获得多个质量预测的子时段。在同一时段内各预测变量对质量具有相似的解释能力与贡献能力，即二者之间的回归关系近似一致，可以建立一个统一的子时段代表性模型。如图 10.2(b)所示，在各时段，时段长度为 K_c 个采样样本，则可以根据变量展开方式组合得到回归建模数据对$\{\boldsymbol{X}_c(K_cI\times J_x),\boldsymbol{Y}_c(K_cI\times J_y)\}$，对其进行回归分析获得子时段 PLS 模型$\boldsymbol{B}_c(J_x\times J_y)$：

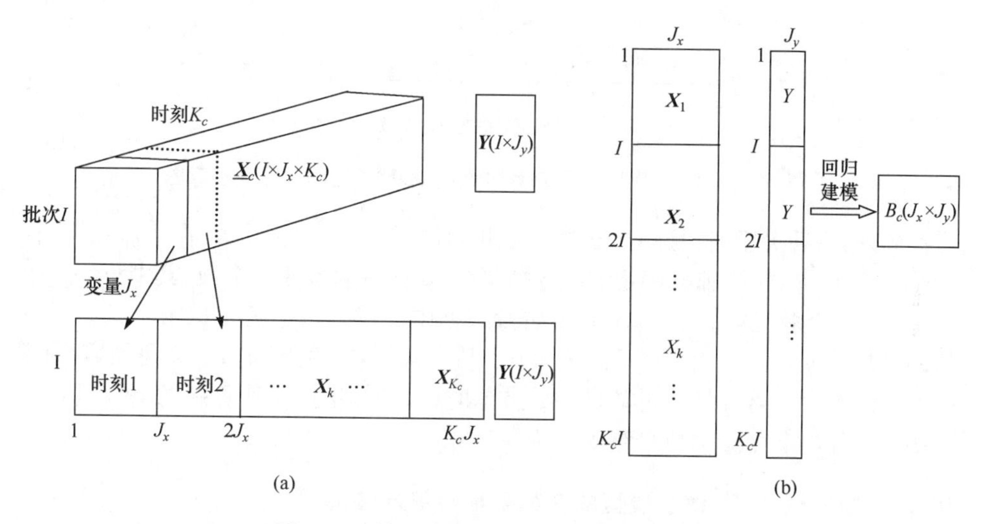

图 10.2　基于时段的 PLS 建模算法示意图
(a)批次展开及数据预处理　(b)基于变量展开的回归建模

$$\boldsymbol{B}_c=\boldsymbol{W}_c(\boldsymbol{P}_c^{\mathrm{T}}W_c)^{-1}\boldsymbol{Q}_c^{\mathrm{T}}=\boldsymbol{R}_c\boldsymbol{Q}_c^{\mathrm{T}} \tag{10-7}$$

其中，$\boldsymbol{W}_c(J_x\times L_c)$和 $\boldsymbol{P}_c(J_x\times L_c)$分别是对应该时段过程数据 $\boldsymbol{X}_c(K_cI\times J_x)$的权重矩阵和负载矩阵；$\boldsymbol{Q}_c(L_c\times J_y)$是对应该时段质量数据 $\boldsymbol{Y}_c$ 的负载向量。模型中保留的潜变量的个数 L_c 通过交叉检验的方法获得[23]。

前面曾提及，间歇过程的某些质量指标可能只和某一个或某几个特定的子操作时段相关，和其余的子时段关系甚微。那么，在那些和产品质量关系不密切的子操作时段，增加潜变量的个数虽然可以提取更多的过程数据中的方差信息，但并不会解释更多的质量数据中的方差信息，即不会显著提高 PLS 模型的预测精度。如图 10.3 所示，随着潜变量个数的逐渐增加，过程数据中的残差越来越少，但是质量数据中的残差并没有显著降低。对于图示的过程，保留 2 个潜变量应该是个合理的选择。

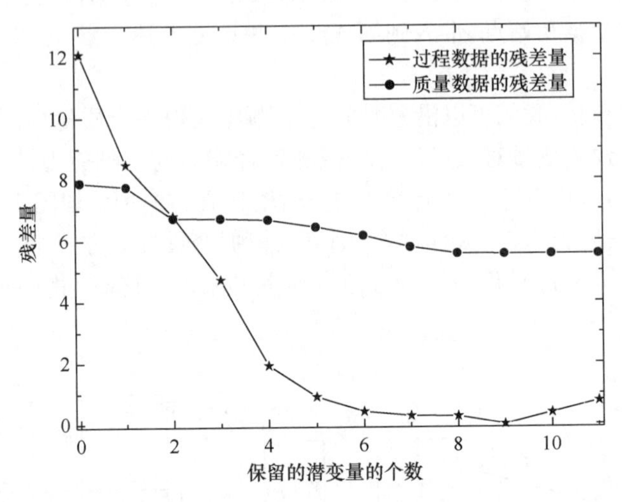

图 10.3　PLS 模型的潜变量个数和模型残差之间的关系示意图

此外，在各关键时段建立子时段模型的时候，我们定义指标，$C_{F,A+1/A}=\|F_{A+1}-F_A\|/\|Y\|$，用以辅助确定 PLS 模型中需要保留的潜变量个数，其中 F_{A+1} 为保留了 $A+1$ 个潜变量的 PLS 模型中质量数据中的残差，F_A 则是保留了 A 个潜变量的质量数据残差。当指标 $C_{F,A+1/A}$ 小于某个阈值，如 0.05 时，也就是说，增加新的潜变量不会显著降低质量数据中的方差时，PLS 算法停止计算新的潜变量，PLS 模型中保留的潜变量个数最终确定为 A。

10.2.3　基于子时段 PLS 模型的在线质量预测方法

由于子时段型质量指标和过程型质量指标具有显著不同的特点，针对子时段型质量指标，本节给出基于子时段 PLS 模型的在线质量预测模型，其中，基于 k-mean 聚类或者 QSSPP 获取多时段特性建立回归模型的方法都称之为子时段 PLS 建模；而对于过程型质量指标，基于 MPLS 模型的在线预测算法是一个合理的选择，具体算法参见文献[18]。

根据过程型质量指标的特点，其在线预测算法是分时段进行的，在特定的子操作时段给出受该子操作时段影响的质量指标的预测值。数学模型表述如下：

$$\hat{y}_{j,k}=\begin{cases}\boldsymbol{x}_k\cdot\boldsymbol{\Theta}_c^*(:,j), & \text{H 满足}\\ \text{无预测值}, & \text{H 不满足}\end{cases}$$

$$j=1,2,\cdots,J_y;c=1,2,\cdots,C;k=1,2,\cdots,K_c \quad (10\text{-}8)$$

其中，$\boldsymbol{\Theta}_c^*(:,j)$代表第 c 个子时段 PLS 模型回归系数矩阵的第 j 列；条件 H 是“第 c 个子操作时段和质量指标 y_j 显著相关”。只有条件 H 满足，第 c 个子时段 PLS 模型才能够给出稳定可靠的质量预测值；反之，第 c 个子时段和质量指标 y_j 并没有直接的紧密的关系时，我们没有必要在这个子时段去关注这个质量指标，因此也不必给出这个质量指标的预测。关于关键时段的判断将在 10.2.3 节具体介绍。

利用该子时段 PLS 模型 $\boldsymbol{\Theta}_c^*$ 可以很方便地在每个采样时刻实时进行质量预测而无需预估数据。通过实时的质量预测，我们可以获悉质量指标在该关键时段内时间方向上的发展变化，这种变化是由测量误差以及过程变量在时间方向上的随机系统波动引起的，它们实际上揭示了该时段各个时刻的过程行为对质量的实时影响作用。

关于本章提出的基于子时段 PLS 模型的质量分析和在线预测算法，下述几点内容需要稍作讨论。

(1) 本节提出的基于子时段 PLS 模型的质量分析和在线预测算法适用于多操作时段、多质量指标、数据等长的间歇过程。

(2) 基于子时段 PLS 模型的质量分析方法可以揭示出产品质量和子操作时段以及子时段中具体的过程变量间的具体关联关系，这将为以后的质量改进和控制提供非常必要且重要的过程知识。

(3) 假设第 c 个子操作时段决定着质量指标 y_j，质量在线预测模型所给出的 K_c 个预测值 $\hat{y}_{j,k}(k=1,2,\cdots,K_c)$并不是完全相同，受对应时刻过程变量的影响它们之间存在差异。

(4) 异常工况下的质量预测值会受到故障的影响，但是不能作为故障监测和诊断的依据。

(5) 数据不等长的间歇过程可以通过特定的手段，如指示变量方法，将不同间歇周期的数据校正成同样的长度，然后实施基于子时段 PLS 模型的质量分析方法。

10.2.4　质量分析的辅助指标

为了衡量质量预测模型式(10-4)中子时段 PLS 模型的预测精度，判断式(10-8)中条件 H 是否满足，并计算过程变量中能用来解释质量变量变动的比例，这里我们借用多变量线性回归领域的用于描述回归模型拟合优度的指标 R^2[24]，定义第 k 个采样时刻，质量预测模型对质量指标 y_j 的预测精度 $R_{j,k}^2$如下式：

$$R_{j,k}^2 = \frac{\sum_{i=1}^{I} (\hat{y}_{i,j,k} - \bar{y}_j)^2}{\sum_{i=1}^{I} (y_{i,j} - \bar{y}_j)^2} \quad (j = 1,\cdots,J_y) \tag{10-9}$$

其中，$y_{i,j}$ 是第 i 次间歇操作的第 j 个质量变量测量值；$\hat{y}_{i,j,k}$ 是第 k 时刻的模型预测值；$\bar{y}_j$ 则是多个批次质量测量值的平均，$\bar{y}_j = \sum_i y_{i,j}$。

$R_{j,k}^2$的取值范围为 0～1。$R_{j,k}^2$趋近于 1 时，表明质量预测模型的精度高；反之，$R_{j,k}^2$趋近于 0 则说明过程变量中的变动不能很好地解释质量指标中的变动。反过来，通过观察 $R_{j,k}^2$ 在整个间歇操作周期内的变化趋势，我们可以从中发现各个质量指标 J_2 和间歇过程不同子操作时段的相关关系。借用相关系数的显著性检验中的概念，查表得到在置信因子为 0.1 时显著相关系数的临界值为 0.657，因此定义：$R_{j,k}^2$大于 0.657 时，对应子时段和质量指标 y_j 显著相关。显然，这些和 y_j 紧密相关的子操作时段是质量分析、改进以及质量控制的关键时段。另外，我们可以从中定义质量指标的属性，即时段型质量指标还是过程型质量指标，以便在线质量预测时调用正确的质量预测模型进行质量的在线预测估计。

除了用来衡量模型预测精度的 $R_{j,k}^2$ 指标外，为了观察过程变量对最终产品的质量变动有什么具体的影响关系，我们还需要定义一个指标用来描述每一个过程变量对质量预测模型的贡献率。

将质量预测模型(10-4)式展开如下：

$$\hat{\boldsymbol{y}}_{j,k} = [\boldsymbol{x}_{1,k}, \boldsymbol{x}_{2,k}, \cdots \boldsymbol{x}_{J_x,k}] \cdot \boldsymbol{\Theta}_c^*(:,j) \tag{10-10}$$

建模数据的第 j 个质量指标在第 k 个时刻的预测值实际上是过程变量的加权累积和，那么单独由过程变量 x_{j_x} 所计算出来的质量预测值可以通过下式计算得到：

$$\hat{\boldsymbol{y}}_{j,k} | \boldsymbol{x}_{j_x} = [0, \cdots, \boldsymbol{x}_{j_x,k}, \cdots, 0] \cdot \boldsymbol{\Theta}_c^*(:,j) \tag{10-11}$$

由此，定义过程变量 X_{j_x} 对第 k 时刻质量预测模型的贡献率为

$$C_{x_{j_x} | \hat{y}_{j,k}} = 1 - \frac{\| y_j - \hat{y}_{j,k} | x_{j_x} \|}{\| y_j \|} \tag{10-12}$$

$R_{j,k}^2$和 $C_{x_{j_x} | \hat{y}_{j,k}}$ 是两个非常重要的质量分析指标，前者主要用于分析质量和子操作时段的关系，而后者则强调特定子操作时段中过程变量与质量的关系。这两个指标的具体功能详见注塑过程的质量分析结果。

10.2.5　小结

上述具体介绍的两种用于质量预测的自动时段划分方法均事先假定统计分析

唯一可用信息是历史上正常操作工况下的过程数据，没有其他关于过程机理的辅助知识。从质量分析的角度进行时段划分有助于人们对质量相关过程特性变化的了解。k-means 聚类算法与质量相关的步进有序时段划分(QSSPP)算法是比较常用的两种时段划分方法。其中 k-means 聚类方法侧重于根据距离相似度的度量直接分析追踪质量相关的过程相关特性的变化，而 QSSPP 算法则侧重于通过分析划分结果对时段模型质量预测能力的影响来确定时段。根据子时段自动划分结果，可以建立简单的子时段 PLS 回归模型用于在线质量预测。

10.3　注塑过程中的应用研究

本节将主要用于验证前面提出的 sub-PLS 建模方法的在线质量预测性能。其中，子时段通过简单的 k-means 聚类方法获得并经过后续处理获得清晰的时段信息，根据平均算法获得子时段代表性的预测模型。

10.3.1　注塑过程的主要质量参数

生产流程中的时段特性以及过程变量与质量变量之间复杂的相关关系使得注塑过程成为质量预测与控制一个不可多得的研究背景。注塑制品的质量只能在注塑过程结束后，通过一定的手段测量或是化验取得。通常来说，注塑制品的质量包含两个方面:性能质量和表观质量[25]。性能质量也称为内部质量，是指与塑料制品内部结构、力学性质、形状、重量等相关的各种质量指标。塑料制品的表观质量，又称表面质量或外部质量，是直接展现在用户眼中的质量，包括各种表面缺陷，如溅射、唱片凹纹、飞边等[26]。这些质量指标通常无法在线测量，尤其是力学性能。即使是制件的重量、长度这样的易于测量的指标也一般需要离线测量。因此，注塑过程的质量控制目前仍处于起步阶段，其中一个主要困难就是无法在线获取塑料制品的质量指标测量值。

加工材料的特性、设备变量、螺杆和模具设计及环境干扰[27,28]等多种因素决定了注塑过程的过程变量，并最终影响着塑料制品的最终质量[29]。由于影响最终产品质量的因素很多，很难建立过程变量和质量变量之间确切的机理模型。另外，注塑过程又是一个典型的多操作时段间歇过程，不同操作时段的过程变量和最终产品的不同质量指标之间有着极为复杂的关联关系，如图 10.4 所示。这给传统的基于数据的经验建模方法带来前所未有的挑战。但是，如果能够从过程数据中找出每个子操作时段的过程变量对产品某一具体质量指标的具体影响关系，这无疑会极大地推动注塑过程的质量控制。

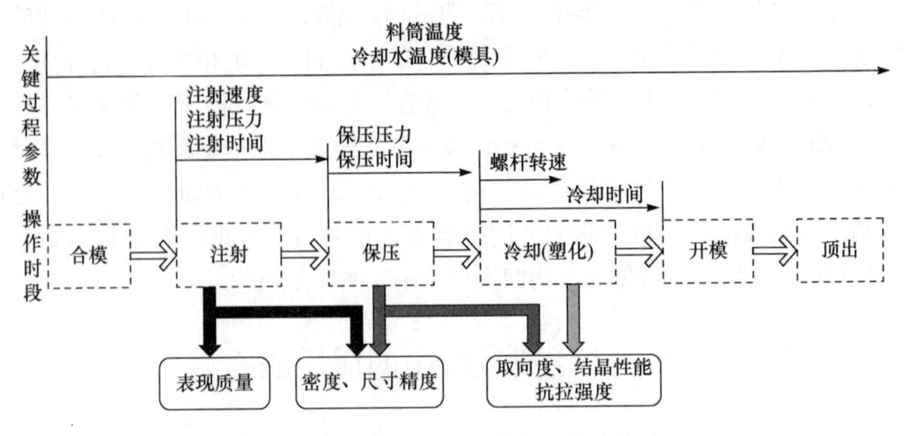

图 10.4 注塑过程制品质量的影响关系

10.3.2 实验设计和建模数据

论文前几章中,用注塑过程验证各种子时段 PCA 模型的在线监测算法时,用于建模的过程数据均是在某个固定操作条件下正常操作周期内采集的。但是,在建立质量预测模型时,为了全面考虑不同操作条件下过程变量的变化轨迹对最终产品质量的关联关系,我们用正交实验设计(DOE)方法[30]来确定建模数据的操作条件。

关于产品质量,我们选用了注塑过程的两个常用的质量指标,一个性能质量指标——制件重量,一个表观质量指标——溅射现象。制件的形状如图 10.5 所示。重量可通过仪器直接测量,但是溅射现象是一种主观的判断,没有具体的测量值。这类质量指标通常采用模糊表征,由有经验的专家测定给出一个制品的表观质量“好”、“一般”、“不好”这样的定义。而最终的质量分析和在线预测算法中,定性表达的表观质量被定量化。根据过程经验,注射速度和溅射现象的关系密切,注射速度高的时候容易出现溅射现象,而速度低的时候容易出现制品的唱片纹现象。溅射和唱片纹是两个完全对立的表观质量指标,不会同时出现。因此,我们将注射速度为 24mm/s 时塑料制品溅射现象的质量指标用 0～1 的实数表达,如图 10.6 所示;速度为 40mm/s 时的溅射质量取值 1.5;速度为 8mm/s 时制品出现唱片纹现象,对应的溅射质量取值－1。质量分析算法中采用的过程变量列于表 10.1 中。

Yang 等[29]曾通过 DOE 方法分析得到注塑过程中对上述两个质量指标影响最大的三个过程参数设定,分别为保压压力 (Packing Pressure, P. P.)、机桶温度 (Barrel Temperature, B. T.)和模具温度 (Mold Temperature, M. T.)。因此,我们对这三个因子做了 3-level 的 DOE 实验,取了完全正交的 15 组操作条件

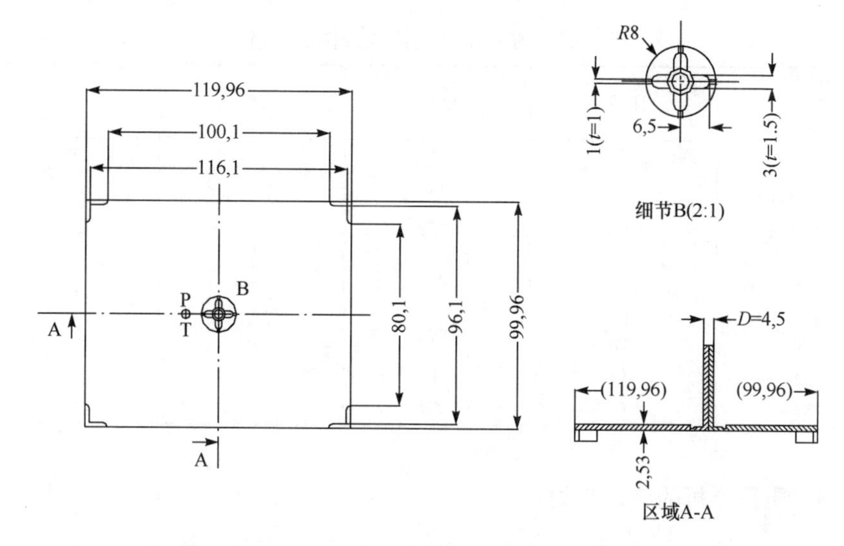

图 10.5　模具的形状及几何尺寸[29]

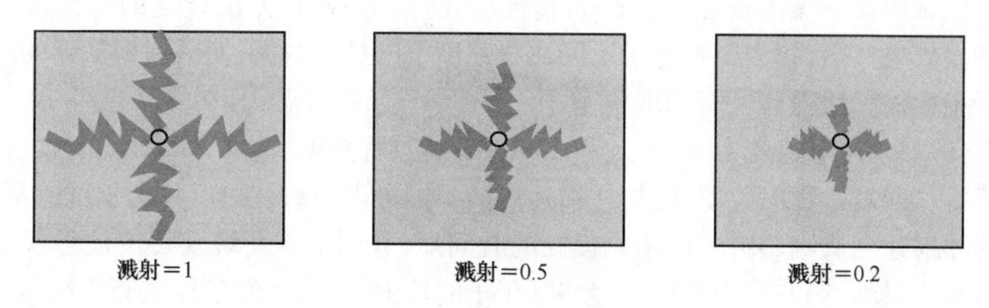

图 10.6　溅射质量的定量取值

(A～O)下 1～2 组数据组成建模数据。操作条件的设定如表 10.2 所示，建模数据的操作条件以及质量测量值见表 10.3。

表 10.1　注塑过程质量分析模型中的过程变量

序号	变量描述	单位
1	模腔温度 (Cavity Temperature, C. T.)	℃
2	喷嘴压力 (Nozzle Pressure, N. P.)	bar
3	螺杆行程 (Stroke)	mm
4	注射速度 (Injection Velocity, Inj. V.)	mm/s
5	油缸压力 (Hydraulic Pressure, Hyd. P.)	bar
6	塑化压力 (Plastication Pressure, Plast. P.)	bar
7	模腔压力 (Cavity Pressure, C. P.)	bar
8	机桶温度 (Barrel Temperature, B. T.)	℃

表 10.2　建模数据的操作条件设定描述

B. T. / P. P.	180℃	200℃	220℃	M. T.
150	A	—	J	
300　bar	—	G	—	15℃
450	B	—	K	
150	C	—	L	
300　bar	—	H	—	35℃
450	D	—	M	
150	E	—	N	
300　bar	—	I	—	55℃
450	F	—	O	

10.3.3　质量分析的结果与讨论

为了使基于子时段 PLS 模型的质量分析和预测模型能够准确地估计出给定操作区域中某一操作条件下的产品质量，在前面由 DOE 方法设定的操作区域的某些操作条件下，我们又补充了不同注射速度下的过程数据，使得建模数据的溅射质量指标能够涵盖其可能的取值范围。从表 10.3 中可看出，在操作条件 A、C 和 D 下，增加了注射速度为 8mm/s 和 40mm/s 的过程数据。在第 6 章用注塑过程模拟不等长间歇过程时曾解释过，注射速度的不同可以导致注射段数据长度的不同，因为注射速度快则塑料流体填充模腔的时间短，数据采集系统获得的注射段数据个数少。虽然，第 6 章中我们已经将基于子时段 PCA 模型的过程监测方法延伸到不等长间歇过程，但是本章提出的基于子时段 PLS 模型的质量分析方法目前只适用于等长的间歇过程。这里，我们采用"指示"变量方法[31]来处理不等长时段的过程数据。根据过程知识，我们用螺杆行程作为指示变量，用数据插值方法将建模数据注射段长度统一成 240 个数据点。保压和冷却段的操作时间被严格控制在 6s 和 15s，因此除了注射段外其他操作时段的长度保持一致。建模数据集包含 15 个操作条件下 19 组数据、8 个过程变量、2 个质量变量、1300 个采样数据，因此处理后的建模数据集为 $\underline{\boldsymbol{X}}(19\times8\times1300)$ 和 $Y(19\times2)$。

表 10.3　建模数据的操作条件和质量测量值

数据编号	操作条件	重量/g	溅射	注射速度/(mm/s)
1	A	27.08	−1	8
2	A	26.86	0.3	24
3	A	26.83	1.5	40
4	B	28.23	0.4	24
5	C	27.00	−1	8

续表

数据编号	操作条件	重量/g	溅射	注射速度/(mm/s)
6	C	26.71	0.5	24
7	D	28.25	-1	8
8	D	27.90	0.5	24
9	E	26.48	0.5	24
10	F	27.53	0.33	24
11	G	27.86	0.2	24
12	H	27.00	0.1	24
13	I	26.65	0.2	24
14	J	26.54	0	24
15	K	27.41	0.1	24
16	L	26.36	0	24
17	M	27.03	0.1	24
18	N	26.23	0	24
19	O	26.58	0	24

基于 PLS 模型的子时段划分结果见图 10.7。整体看来，这个子时段划分结果和基于 PCA 模型的子时段划分结果基本雷同；但是注塑过程的起始时段，也就是注射操作的起始段(1-24)，在聚类算法中独立成类，成为一个新的子操作时段(Cluster No. 1)。这个子时段和塑料制品的重量的变动有着某种关联，后面将给出解释。

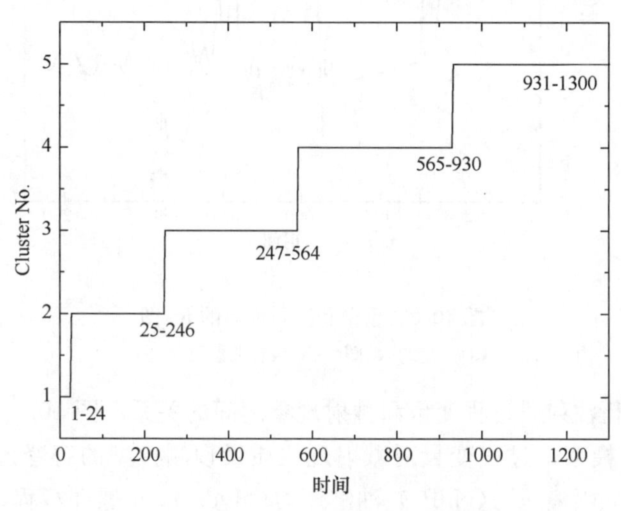

图 10.7　基于 PLS 模型的子时段划分结果

图 10.8 给出了整个间歇操作周期内子时段 PLS 模型对重量和溅射现象这两

个质量指标的预测精度，即 R^2 指标。结合图 10.7 给出的子时段划分，我们可以清楚的观察到，产品的溅射质量几乎只决定于注射段(Cluster No. 2)；而产品的重量差异主要决定于保压段(Cluster No. 3)。

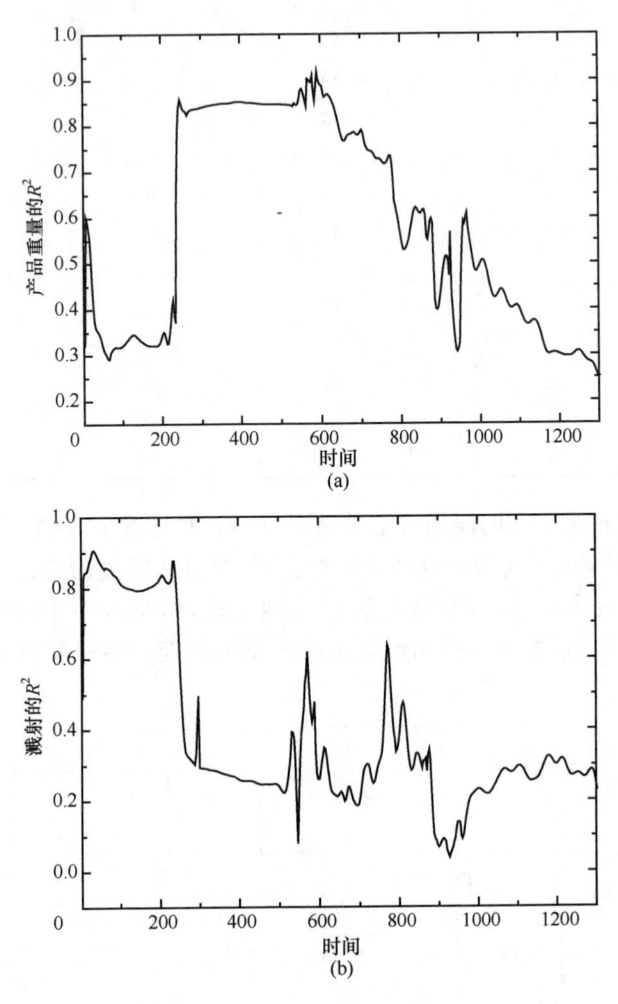

图 10.8 重量和溅射现象的 R^2 图

(a)重量的 R^2 图 (b)溅射现象的 R^2 图

下面先分析注射段过程变量和溅射现象之间的关系。图 10.9 给出了第二子操作时段 PLS 模型中过程变量对溅射现象质量预测模型的解释比例，从中可看出，压力变量，如喷嘴压力(N. P.)、油缸压力(Hyd. P.)，螺杆行程(Stroke)、注射速度(Inj. V.)以及机桶温度(B. T.)和溅射质量都有密切关系。由子时段 PLS 模型的回归系数，如图 10.10 所示，可以察看过程变量和质量变量的相关关系。由

图 10.10,可知喷嘴压力、注射速度、油缸压力以及机桶温度和溅射质量成正相关关系,即注射子时段中注射速度越快、压力越大、温度越高的间歇操作越容易出现制品溅射现象。

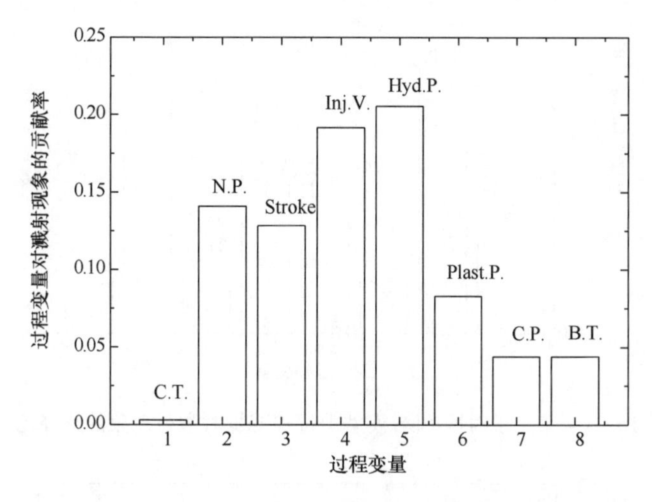

图10.9　第二子时段 PLS 模型中过程变量对溅射现象的解释比例

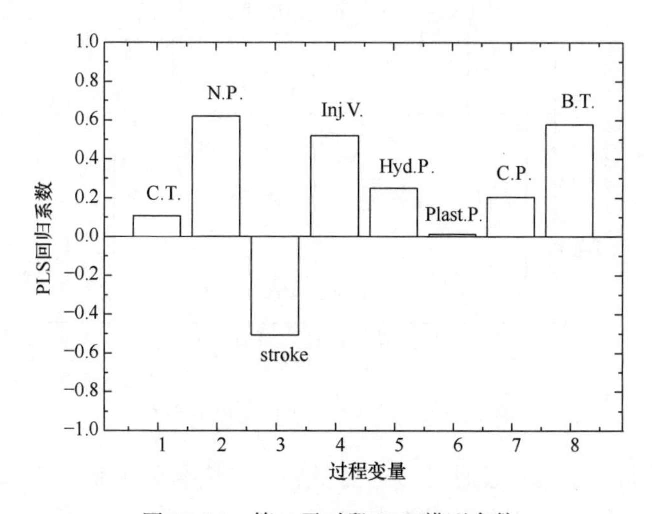

图 10.10　第二子时段 PLS 模型参数

第三子操作时段,即保压段,主要影响制品重量。结合图 10.11 和图 10.12 可以得出结论——制品重量的变动主要决定于保压段喷嘴压力、油缸压力和模腔压力的过程曲线,压力越大重量越大;两个温度变量也影响制品的重量,温度越低重量越大。这个结论完全符合注塑过程的基本原理,温度低时聚合物黏流体的密度相对大,注入同样体积的材料得到的制品重量偏大;压力越大被挤入模腔的材料越多，显然制品重量也增大。

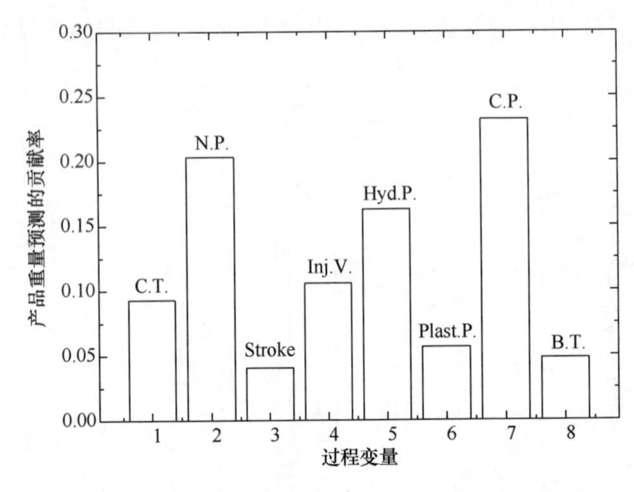

图 10.11　第三子时段 PLS 模型中过程变量对溅射现象的解释比例

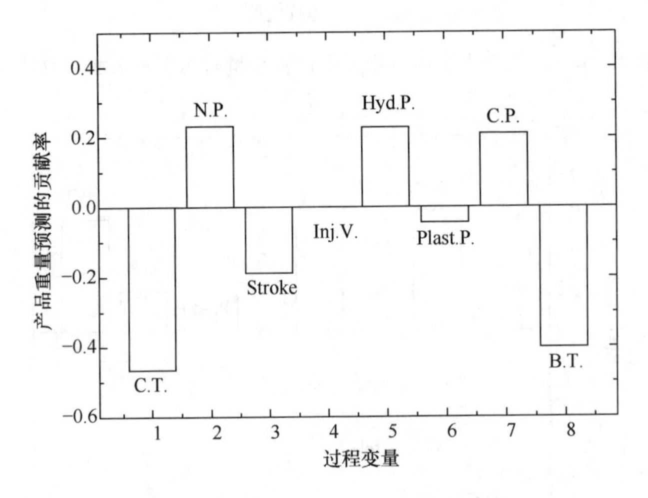

图 10.12　第三子时段 PLS 模型参数

最后来分析一下第一子时段过程变量和质量变量的关系。从图 10.8(a)，重量的 R^2 图中可看到，注射操作的起始时段对产品重量有一定的关联关系。通过和第二、三子时段同样的分析，我们发现第一子时段中的注射速度和机桶温度和最终产品重量的变动有着密切关系。整体趋势上看，机桶温度越高，产品重量越低，关于这一点前面已经给出机理解释。从细节上看，注射速度上升的越快，产品重量越大，如图 10.13 所示。图中给出五个具有相同注射速度设定的操作周期下的过程数据，右下角的小图中给出对应的产品重量。速度上升曲线和重量的对应关系非常明显。显然，在同样的注射速度设定下(24mm/s)，动态响应过程越快注入量越多，产品重量越大。

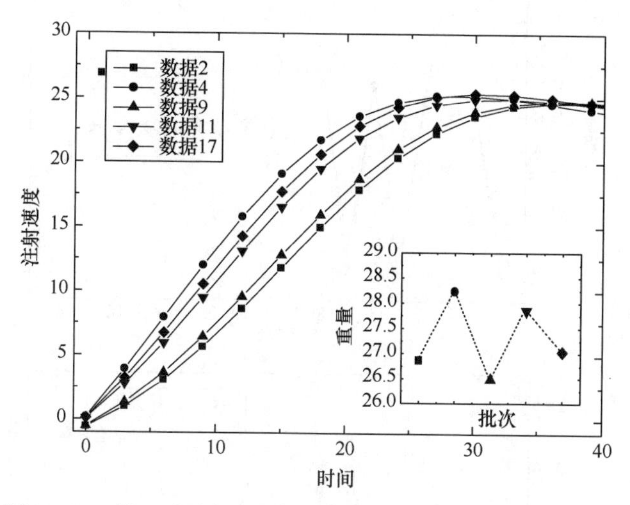

图 10.13　第一子时段中注射速度动态响应曲线和重量的关系

10.3.4　离线及在线质量预测的结果与分析

首先简单介绍一下何谓基于子时段 PLS 模型的离线质量预测。以溅射质量为例，溅射质量和第二子操作时段密切相关，用 10.3.3 节中提出的分时段质量在线预测模型给出第二时段所有采样时刻对应的溅射质量预测结果后，输出子时段预测结果的平均值作为离线预测值。图 10.14 给出了参与建模的 19 个间歇操作周期的过程数据的离线质量预测结果。总体看来，基于子时段 PLS 模型的离线预测方法给出了非常令人满意的整体趋势预测；但是针对每个具体的操作条件，其预测精度并不是非常理想。原因有两个方面，一是由于注塑过程不同操作条件下过程数据存在的非线性特性引起的精度低，但另一方面也是因为子时段模型只考虑了每个时间片过程数据和质量数据的关系，丢失了过程数据时间序列上可能存在的关系。由于论文的篇幅以及时间上的限制，本章提出的方法在非线性以及自相关数据问题上的改进研究工作将在将来开展。

为了验证基于子时段 PLS 模型的在线预测方法，在 C 操作条件下，我们重新做了一组实验作为测试数据，其中，注射速度设定为 24mm/s。在和质量相关的子操作时段，在线预测模型在每个采样周期都给出一个质量预测值，如图 10.15 所示。对于制件重量，测试数据的真实质量测量值、模型的离线预测值在图中已有标注，离线预测值的预测误差为 0.097%，在线质量预测值的最大预测误差为 0.52%，这是个工业上完全可以接受的重量预测精度。溅射质量是一个定性描述的表观质量，图 10.15(b)给出的预测是一个非常精确的预测结果。

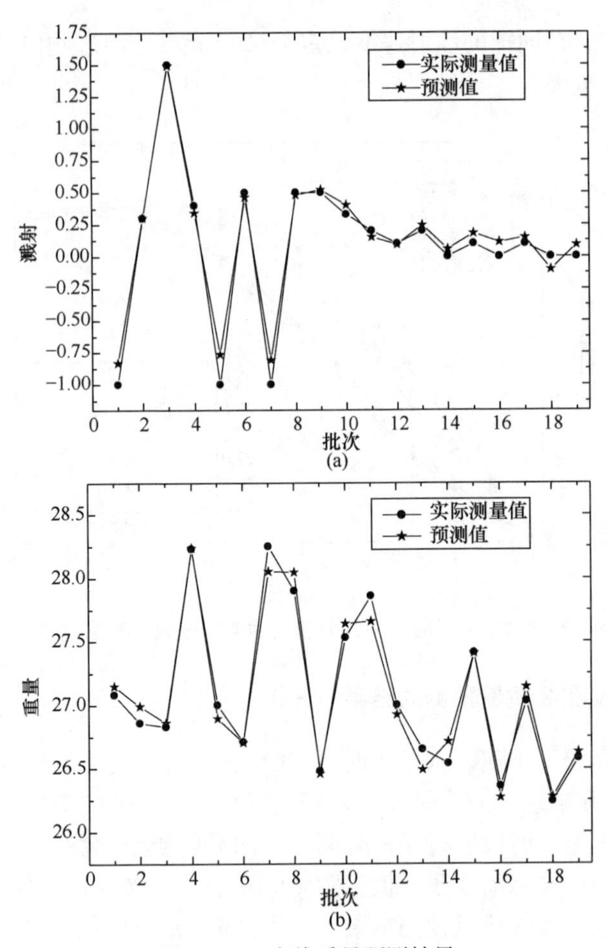

图 10.14　离线质量预测结果

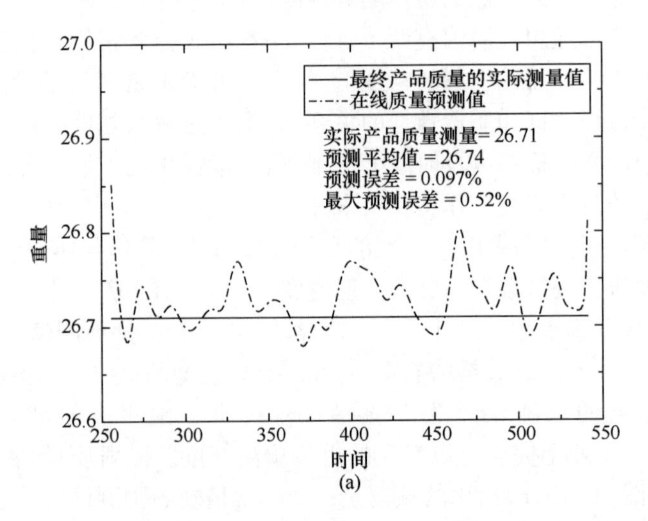

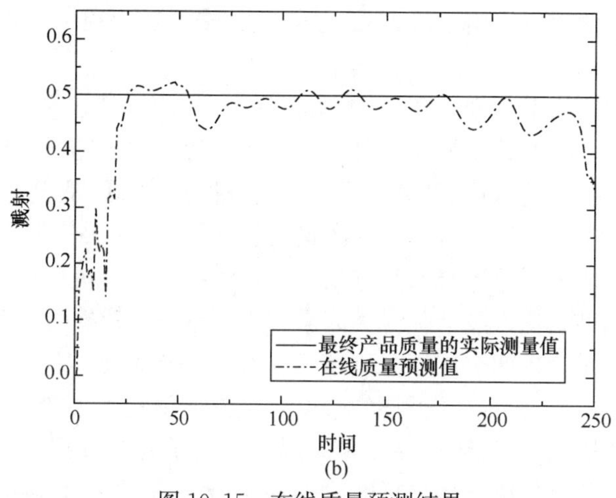

图 10.15　在线质量预测结果

10.3.5　小结

根据间歇过程的特点，本章提出将间歇过程的产品质量指标划分为“时段型”和“过程型”两类；并针对非累积型质量指标，提出基于子时段 PLS 模型的质量分析和在线质量预测方法。基于子时段的质量分析可以找出产品质量指标和特定子操作时段的关联关系，以及在特定子时段中影响产品质量的关键过程变量；基于子时段的在线质量预测方法不仅模型结构简单实用，而且精度可靠。本章方法成功地应用于注塑过程，通过详尽的质量分析给出影响产品重量和溅射现象这两个重要质量参数的关键子操作时段及过程变量。注塑过程的在线质量预测结果也验证了基于子时段 PLS 模型的可行性和有效性。

10.4　改进的子时段回归建模与质量分析

10.4.1　引言

在前面介绍的算法中，根据时段划分算法，我们或者将属于同一时段的所有时间片 PLS 回归矩阵简单取平均得到一个代表性的 sub-PLS 回归模型(如图 10.1 所示)，或者利用时段内所有时间片数据按照变量展开(如图 10.2 所示)建立用于表征该时段质量预测关系的子时段 PLS 模型。通过上述两种方法建立的子时段 PLS 模型结构简单、实用，基于该模型可以很容易度量各个子时段的质量预测精度从而识别其中的关键时段，并成功实现了在线质量预测而无需预估数据。但是，“时段型质量指标”虽然只和某一个或几个子时段密切相关，在子时段内部仍然呈现时间上的累积效应，是由该子时段的总体过程行为决定的而不是仅仅取决于各采样时刻的偶然行为。上述子时段建模方法[20]丢失了同一时段内部过程数据时间序列对于质量的累积作用效果，因此该算法并未能获得更为精确的质量预测分析结果。

基于对多时段间歇过程中“时段型质量指标”的深入认识和分析，本书提出了一种改进的基于多时段的质量分析与预测算法。为了增强过程变量与质量变量之间的因果关系，首先结合时段划分结果，基于变量展开方式，从整个时段的角度，建立“相关度指标”用于识别质量预测的关键时段，并在各个关键时段中，结合“相关性”分析与“预测均方误差”分析，筛选出质量预测的关键变量。这些预处理策略有助于简化回归模型结构以及消除无关因素的不利影响。建模时从实时的在线预测与“平均水平”效果分析两个层面分别着手。在第一层面上，从整个时段的角度建立起时段代表性的 PLS 实时预测模型，可以很方便地在线实施，避免了数据预估的负担。在第二层面上，鉴于产品质量实际上是由子时段过程行为的平均运行水平决定的而不是仅仅取决于各采样时刻的偶然行为，在关键时段分析并建立了基于“时段平均轨迹”的质量预测模型，用一个简单的二维 PLS 回归模型提取了各个时段的平均运行水平对于质量指标的平均影响力与作用效果。可以说，该算法分别从两个不同层面对质量预测进行分析，前者侧重于各个采样时刻的实时在线质量预测，揭示了过程行为对质量指标的实时影响作用效果；后者则侧重于分析各个时段的过程行为对于质量指标的平均作用水平，提供更为稳定可靠的质量预测关系。

综上所述，本书分别针对各采样时刻的过程行为与各子时段的过程平均运行水平，建立了不同层面的质量预测模型，详细分析了它们各自与质量指标的相关特性以及对质量预测的作用，从而增强了质量相关的过程分析与理解。

10.4.2 基于子时段的质量相关分析

考虑一个间歇过程，其建模数据为三维数组 $\underline{\mathbf{X}}(I\times J\times K)$，三个维数分别表示间歇操作次数($i=1,\cdots,I$)、过程变量个数($j=1,\cdots,J$)以及每一次间歇操作中的采样时间($k=1,\cdots,K$)。此外最终的产品质量测量向量为 $\mathbf{y}(I\times 1)$。将各个过程数据时间片 $\mathbf{X}_k(I\times J)$及质量向量 $\mathbf{y}(I\times 1)$均预处理为 0 均值 1 标准差，并构成了标准化后的时间片数据对$\{\mathbf{X}_k(I\times J),\ \mathbf{y}(I\times 1)\}$，这里为简单起见，标准化后的数据仍旧表示为 $\mathbf{X}_k(I\times J)$与 $\mathbf{y}(I\times 1)$。如图 10.2(a)所示。这里我们仅仅考虑了单变量产品质量指标的情况，对于多产品质量指标，可以分别进行相关分析。

针对每组时间片数据对$\{\mathbf{X}_k(I\times J),\ \mathbf{y}(I\times 1)\}$进行 PLS 回归分析，可得到 K 个时间片 PLS 回归模型，

$$\begin{aligned}\mathbf{X}_k&=\mathbf{T}_k\mathbf{P}_k+\mathbf{E}_k\\ \mathbf{y}&=\mathbf{T}_k\mathbf{q}_k+\mathbf{F}_k\\ \mathbf{T}_k&=\mathbf{X}_k\mathbf{W}_k(\mathbf{P}_k^{\mathrm{T}}\mathbf{W}_k)^{-1}\end{aligned} \tag{10-13}$$

其中，$\boldsymbol{P}_k(J\times A)$与$\boldsymbol{W}(J\times A)$分别是$\boldsymbol{X}_k(I\times J)$的负载矩阵与权重矩阵；$\boldsymbol{q}_k(J\times A)$是$\boldsymbol{y}(I\times 1)$的负载向量。$A$是保留的潜变量个数。

这里我们利用前面介绍的简单的聚类方法[20]，将整个间歇过程划分成不同的时段。接下来，将针对每个时段，深入分析其与质量的具体作用关系。

10.4.2.1　关键时段识别

在时段划分时利用 PLS 算法我们已经获得了各采样时刻的潜变量$\boldsymbol{T}_k(I\times J)$，它们表征了各时间点上与质量相关的那部分过程潜在特征。时段划分出来后可以获得属于该时段的K_c个时间片潜变量矩阵$\boldsymbol{T}_k(I\times J)$($K_c$是该时段的运行时间长度)，其中，各潜变量的方差信息揭示了它们的波动大小。此外，考虑到它们与质量之间的不同相关关系，分别赋予不同的权重，得到下面加权后的潜变量矩阵$\tilde{\boldsymbol{T}}_k$：

$$\begin{aligned}\tilde{\boldsymbol{T}}_k &= [\boldsymbol{t}_{k,1}\cdot \ell_{k,1}, \boldsymbol{t}_{k,2}\cdot \ell_{k,2}, \cdots, \boldsymbol{t}_{k,J}\cdot \ell_{k,J},] \\ &= \boldsymbol{T}_k \cdot \mathrm{diag}(\ell_{k,1}, \ell_{k,2}, \cdots, \ell_{k,J})\end{aligned} \tag{10-14}$$

其中，$\ell_{k,j}$是第k采样时刻第j个潜变量与质量变量之间的相关系数的绝对值。加权后的潜变量兼顾了本身的方差信息及其与质量之间的相关关系。

在各个时段内，将属于该时段的所有加权时间片潜变量矩阵$\tilde{\boldsymbol{T}}_k$按照变量展开方式构建为时段代表性的潜变量矩阵$\boldsymbol{T}^c(K_cI\times J)$，它实际上描述了与质量相关的该时段的整体过程行为特征。据此，我们可以建立一个综合的时段潜成分向量来表征整个时段的过程波动信息：

$$\tilde{\boldsymbol{t}}_c(K_cI\times 1) = \sum_{j=1}^{J}\boldsymbol{t}_j^c(K_cI\times 1) \tag{10-15}$$

其中，$\boldsymbol{t}_j^c(K_cI\times 1)$是该时段$\boldsymbol{T}^c(K_cI\times J)$的第$j$列。

此外，为了保持质量变量与该时段潜成分向量$\tilde{\boldsymbol{t}}_c(K_cI\times 1)$的维数统一，将标准化后的质量向量$\boldsymbol{y}(I\times 1)$进行了$K_c$倍扩展，得到$\boldsymbol{y}_c(K_cI\times 1)$，如图 10.2(b)所示。

接下来，从时段整体的角度，对时段代表性的潜变量$\tilde{\boldsymbol{t}}_c(K_cI\times 1)$与质量变量$\boldsymbol{y}_c(K_cI\times 1)$进行相关性分析，以此识别与质量相关的关键时段。这里，我们利用相关系数的平方，CP_c^2，来衡量在该时段过程信息与质量信息的相关度大小，即过程运行行为对于质量指标的解释能力：

$$\mathrm{CP}_c^2(\tilde{\boldsymbol{t}}_c, \boldsymbol{y}_c) = \left(\frac{\mathrm{cov}(\tilde{\boldsymbol{t}}_c, \boldsymbol{y}_c)}{\sqrt{D(\tilde{\boldsymbol{t}}_c)\cdot D(\boldsymbol{y}_c)}}\right)^2 = \frac{\mathrm{cov}^2(\tilde{\boldsymbol{t}}_c, \boldsymbol{y}_c)}{D(\tilde{\boldsymbol{t}}_c)\cdot D(\boldsymbol{y}_c)} \tag{10-16}$$

这里函数 cov(　)计算了两个变量之间的协方差，而D(　)求取的是向量的方差信息。

这个指标的意义非常清楚。我们知道，PLS 回归算法中，提取的过程潜变量$c=1,2,\cdots,C$要求能尽可能充分地代表数据表$\boldsymbol{X}$，同时对因变量的成分又要有很强的解释能力。在CP_c^2指标的定义中，时段代表性的潜变量$\tilde{\boldsymbol{t}}_c(K_cI\times 1)$综合地提取了该时段的主要过程波动信息,而计算的相关系数则揭示了该时段与质量的相关度。因此 CP_c^2 指标兼顾了以上两方面因素。很明显,CP_c^2 为0到1之间的实数。不同的时段具有不同的 CP_c^2 值,揭示了各个时段过程行为与质量之间相关关系的变化。一般来说,CP_c^2 值越大,表示该时段过程变量可以更好地解释质量的波动,该时段对于质量预测来说更为重要,可以提供一个更为可靠的质量预测结果。很自然地,需要定义一个参考标准来确定该指标的重要性的临界水平。由于相关系数的平方实际上是简单线性回归分析中的决定系数[32-34],因此可以用 F_A^*-检验[32-34]来评估 CP_c^2 指标:

$$\frac{CP_c^2}{(1-CP_c^2)/(I-2)} \sim F_\alpha(1, I-2) \tag{10-17}$$

其中,I 代表批次数;α 是置信因子。

根据上式反推,可以获得 CP_c^2 的临界水平,其中 F-统计量在不同置信因子 $\alpha=0.01$或0.05下的值可以很容易在 F-分布统计表中查到。如果 CP_c^2 大于临界水平,可以确定该时段为质量分析的关键时段,否则为非关键时段。

10.4.2.2 关键变量选择

之前的工作我们仅仅是进行了质量预测的关键时段的识别和分析。此外,考虑到产品质量主要是由关键时段的关键变量决定的,与质量无关的过程变量的变化对于质量预测来说是系统波动噪声,将它们引入到回归模型中不仅不会改善质量预测性能,相反,它们的波动可能会引起质量预测精度下降。因此,我们有必要在各关键时段中进一步分析,选择那些与质量相关的关键过程变量,建立它们与产品质量间的回归关系。作为一种重要的知识提取工具,变量选择的重要性在许多文章中已经做了相应的阐述[35-43]。将那些与质量无关的过程变量从回归模型中剔除,剩余的过程变量与质量变量之间的因果关系将会得到增强,从而可以建立一个更为精简而紧密的质量预测回归模型。

同一时段内过程变量对质量变量具有类似一致的作用效果,也就是说它们之间的相关关系是近似相等的,这为利用基于时段的变量展开方式进行相关分析提供了基础。时段划分后,我们将所有属于该时段的时间片数据按照变量展开方式构建为时段代表性数据分析单元 $\boldsymbol{X}_c(K_cI\times J)$,针对原始的 J 个过程变量,将它们在整个时段内的波动情况作为一个分析整体。

任何的变量选择策略都包括两方面因素:选择指标与搜索步骤。大多数变量选择搜索算法在计算精度与计算速度方面存在不可调和的矛盾。它们往往片面追求训练数据对于质量指标的拟和能力,忽视了预测模型的泛化能力,容易造成过拟和问题。已有的关键变量选择步骤,诸如后向选择,前向选择,步进回归等[33,34],

是逐一搜索所有可能的过程变量，例如，对于 J 个待选过程变量，每个都有可能作为预测变量参与回归建模或是排除在回归模型之外，相应地需要建立 2^J 个回归模型并对其进行评估，这是不切实际的，从而导致了巨大的计算负担。

为了克服上述缺陷，首先，我们定义每个过程变量 $\boldsymbol{X}_{c,j}(K_cI \times J)$（对应 $\boldsymbol{X}_c(K_cI \times J)$ 的第 j 列）对于质量变量 $\boldsymbol{y}_c(K_cI \times 1)$ 的相关贡献率指标：

$$\mathrm{CV}_j^c = \frac{r(\boldsymbol{X}_{c,j}, \boldsymbol{y}_c)}{\sqrt{\sum_j^J r^2(\boldsymbol{X}_{c,j}, \boldsymbol{y}_c)}} \tag{10-18}$$

其中，下标 j 和 c 分别指示了过程变量与关键时段。

显然，根据相关系数的波动范围，指标 CV_j^c 的取值在[−1, 1]区间。假设所有变量与质量变量具有相同的相关度 CV_j^c 值，可以很容易地计算出相关贡献率 CV_j^c 的中间水平 $\pm\sqrt{1/J}$。一般来说，CV_j^c 的绝对值越大，代表第 j 个过程变量相对于其他变量来说对质量变量波动的贡献越大。另外需要指出的是，仅仅依据相关度指标并不能确切可靠地表征模型的预测能力，它只是给出了一种初步的判断，那些具有较小 c 值的过程变量如果作为输入变量用于回归建模也有可能改善质量预测性能。因此我们有必要进一步评估这些变量的质量预测能力来最终确认它们是否应该作为预测变量用于回归建模。为此，引入该时段的预测均方误差指标 MSE_c 计算如下：

$$\mathrm{MSE}_c = \frac{1}{K_cI}\sum_i^{K_cI}(y_i - \hat{y}_i^c)^2 \tag{10-19}$$

其中，下标 c 和 i 分别指示了时段以及该时段内的采样样本；y_i 和 $\hat{y}_i^c$ 则分别是真实的质量测量值与质量预测结果。

这里需要指出的是，计算 CV_j^c 指标时利用的是训练数据，而 MSE_c 指标则是针对测试数据进行分析。通常按照 2∶1 的比例将参考数据观测样本随机分成训练数据与测试数据，这二者的结合确保了质量预测模型的拟和能力与泛化能力。

具体实施变量选择时，将待选过程变量根据预先定义的 CV_j^c 指标判断优先等级并相应地划分成几个等分区间，将这些区间作为分析的基本单元代替独立的变量个体逐一进行评估，这样可以减少需要建立的评估模型的数目，降低计算复杂度。当然，如果待选变量的个数不多的话，也可以针对每个变量进行逐一分析。

该变量选择步骤总结如下。

(1) 以 CV_j^c 指标的中间水平大小 $\sqrt{1/J}$ 为参考标准，保留那些 CV_j^c 绝对值大小超过 $\sqrt{1/J}$ 的过程变量，从而建立最初的 PLS 回归模型，并利用测试数据计算模型的 MSE_c 指标。

(2) 在剩余的过程变量中找到具有最大 CV_j^c 绝对值的过程变量,将低于该值的所有过程变量划分为几个小等分区间,并按照 CV_j^c 值由大到小优先等级依次下降。区间划分的个数是根据具体的实际情况确定的:区间划分较多则对应于更详细的变量选择分析但计算量较大;相反,区间个数划分较少则可以减少计算量但相应地也会降低变量选择分析的精度。

(3) 将具有最高优先等级的小区间中的过程变量加入到建模变量中并计算得到新的 PLS 回归模型。这里为简单起见,回归模型中统一保留 2 个潜成分即可。利用测试数据计算新的均方误差 MSE_c,并将此时计算的 MSE_c 值与之前没有加入这些变量时的预测精度进行对比,如果 R^2 下降,说明这些变量的加入有助于改善模型预测能力,则保留这些预测变量,继续搜索下一个小区间;否则停止,在此之前的回归模型作为最终的质量预测模型。

通过上述变量选择步骤,我们可以简化预测变量组,在每个关键时段仅仅保留 J_c 个过程变量,增强了预测变量与质量变量之间的因果关系,并强调了回归模型的泛化预测能力。

10.4.3 基于子时段的 PLS 建模

前面我们已经划分出了各个子时段并识别出各个关键时段以及关键时段内的关键变量。考虑到在同一时段内各预测变量对质量具有相似的解释能力与贡献能力,即二者之间的回归关系近似一致,可以建立一个统一的子时段代表性模型。为了分析时段内部累积作用,这里我们建立了两层次的质量分析模型。

10.4.3.1 实时质量预测模型

首先,如图 10.2(b)所示,在各关键时段,对$\{\boldsymbol{X}_c(K_cI\times J_c),\boldsymbol{y}_c(K_cI\times 1)\}$进行回归分析获得子时段 PLS 模型 $\boldsymbol{B}_c(J_c\times 1)$(其中 J_c 是该关键时段内所保留的关键变量个数):

$$\boldsymbol{B}_c=\boldsymbol{W}_c(\boldsymbol{P}_c\boldsymbol{W}_c)^{-1}q_c=\boldsymbol{R}_cq_c \tag{10-20}$$

其中,$\boldsymbol{W}_c(J\times L_c)$和 $\boldsymbol{P}_c(J\times L_c)$分别是对应该时段过程数据的权重矩阵 $\boldsymbol{X}_c(K_cI\times J_c)$和负载矩阵;$\boldsymbol{q}_c(L_c\times 1)$是对应该时段质量数据 $\boldsymbol{y}_c$ 的负载向量。模型中保留的潜变量的个数 L_c 通过交叉检验的方法获得[23]。

利用该子时段 PLS 模型 $\boldsymbol{B}_c(J_c\times 1)$可以很方便地在每个采样时刻实时进行质量预测而无需预估数据。通过实时的质量预测,我们可以获悉质量指标在该关键时段内时间方向上的发展变化,这种变化是由测量误差以及过程变量在时间方向上的随机系统波动引起的,它们实际上揭示了该时段各个时刻的过程行为对质量的实时影响作用。

10.4.3.2 基于时段平均轨迹的时段模型

之前我们分析过，对于“时段型质量指标”，虽然它们仅仅取决于某一个或几个特定的关键时段，而且在时段内部过程变量与质量变量之间的作用关系是类似的，但并不表示产品质量是由时段内各个采样时刻的独立行为所决定的。实际上，质量特性往往取决于整个时段的整体运行水平，单个时间点上的偶然性行为并不能对最终的产品质量起决定性作用。从整个时段的角度，每个采样时刻上的过程行为都对质量具有一定的影响作用与解释能力，同一时段内部具有时间上的累积作用。而我们在第一层面建模分析中获得的时段模型虽然是从整个时段波动的角度出发建立的，但从本质上讲它们提取的仅仅是各个时间点上的过程变量与质量之间的回归关系；在线应用时的实时预测值虽然可以反映质量预测的时变趋势，但并不能给出一个足够稳定可靠的预测结果。由此产生的问题是：如何将整个时段对质量指标的整体影响作用体现在回归模型中？

数据预处理时我们已经针对各个数据时间片进行了标准化，各个时刻的数据均值代表了该时刻所有间歇操作批次运行行为的平均水平。因此，标准化后的过程数据反映了在各个时刻每个批次偏离平均水平的运行能力，是处于平均水平之上还是之下，抑或恰好在平均水平上。从整个时段来看，如果将该批次在该时段内各个时刻的运行能力取平均，得到的平均轨迹反映了该批次在该时段中的平均运行水平。为此，我们提出了“时段平均轨迹”的概念，用于表征各个时段的平均运行水平。此外，前面已经分析过，各时段内部过程变量与质量变量之间具有类似的预测关系，体现在回归模型上就是具有相似的回归系数。因此我们可以利用时段平均轨迹建立时段平均运行水平与质量指标之间的回归模型，相较于之前的实时质量预测模型，这种预测关系更为稳定可靠。例如，对于某个间歇过程，在某个关键时段，开始时过程可能会短期在一个比较低的水平上运行，而后上升到一个较高的水平以此弥补先前过程运行对质量影响作用的不足。虽然过程行为经历了这样两个高低不同的运行水平，但都在正常波动范围内。从整个时段来看，它们的平均运行水平基本保持不变，即该时段过程行为对质量的影响力并没有发生明显的变化，也不会使得产品质量脱离预定的正常水平范围。但是，也应该指出，利用时段平均轨迹进行质量预测回归分析虽然可以从整体上把握整个时段对于质量的累积作用，但是由于它采用了取平均的算法，掩盖了各时间点上的时变动特性。而第一层面上建立的子时段 PLS 实时预测模型在线应用时可以在各采样时刻进行实时的质量预测，这些预测结果显示了实时的过程运行行为对质量的影响效果，恰恰弥补了基于时段平均轨迹进行建模分析所欠缺的那一方面。因此这两个层面上的回归模型结合起来能够提供更为全面的信息。

将属于某一关键时段的所有关键变量的测量数据取平均可以很容易获得该时

段的平均轨迹。

$$\bar{\boldsymbol{X}}_c(I \times J_c) = \frac{1}{K_c} \sum_{k \in c} \boldsymbol{X}_k(I \times J_c) \tag{10-21}$$

在每个时段中，利用计算得到的时段平均轨迹可以构成建模数据对$\{\bar{\boldsymbol{X}}_c(I \times J_c), \boldsymbol{y}(I \times 1)\}$，如图 10.16 所示，利用 PLS 算法提取回归模型 $\boldsymbol{\Theta}_c(J_c \times 1)$，它从时段平均运行水平的角度揭示了该时段内过程变量与质量变量之间的回归预测关系：

$$\hat{\boldsymbol{y}}_c = \bar{\boldsymbol{X}}_c \boldsymbol{\Theta}_c \tag{10-22}$$

其中，$\hat{\boldsymbol{y}}(I \times 1)$是在该时段结束时刻基于时段平均轨迹得到的产品质量预测结果。

预测模型中回归系数的绝对值大小代表了过程变量对质量预测的贡献及解释能力的强弱。此外，值的正负揭示了过程变量对质量指标的正负作用关系。仿真试验中我们将对比分析在两个不同层面上获得的子时段 PLS 回归模型 $\boldsymbol{B}_c(J_c \times 1)$ 与 $\boldsymbol{\Theta}_c(J_c \times 1)$。

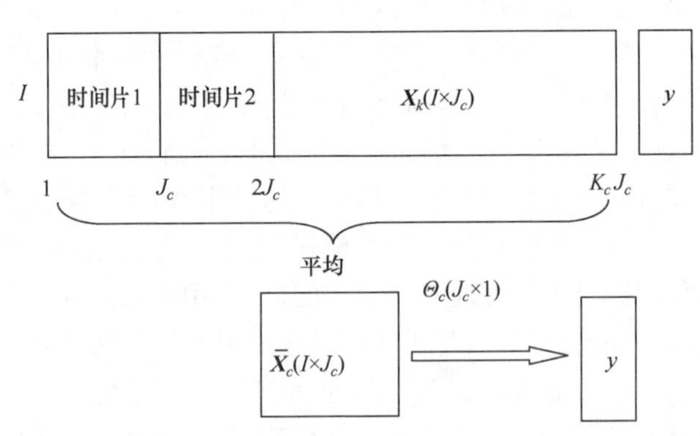

图 10.16　基于时段平均轨迹的 PLS 回归建模

10.4.4　在线质量预测

根据之前分析，关键时段具有较高的质量预测精度，并能够给出一个比较可靠的质量预测结果，而非关键时段则由于与质量指标之间的关联度不是很高，无法给出一个满意的预测结果。因此，在线实施时我们首先根据过程时间的指示判断当前是否属于关键时段，仅仅在关键时段进行质量预测，而没有必要在非关键时段花费精力和时间。此外，前面我们分别建立了两个层面上的回归预测模型，因此在线质量预测时也分别在两个不同的层面上进行。不失一般性，假设有两个关键时段：时段 1 与时段 2，它们的时段开始时刻分别为 K_{1s} 和 K_{2s}，结束时刻分别为 K_{1o} 和 K_{2o}，各自保留的关键变量依次为 J_1 和 J_2。

首先利用第一层面的 PLS 回归模型 $\boldsymbol{B}_c(J_c \times 1)$ 可以很容易在各个采样时刻进行实时的质量预测：

$$\hat{y}_k=\begin{cases}\dfrac{1}{k-K_{1s}+1}\sum\limits_{i=K_{1s}}^{k}(\boldsymbol{x}_i(J_1\times 1)^{\mathrm{T}}\cdot\boldsymbol{B}_1(J_1\times 1)), & k\in \text{关键时段 } 1\\ w_1\cdot\hat{y}^1+w_2\cdot\dfrac{1}{k-K_{2s}+1}\sum\limits_{i=K_{2s}}^{k}(\boldsymbol{x}_i(J_2\times 1)^{\mathrm{T}}\cdot\boldsymbol{B}_2(J_2\times 1)), & k\in \text{关键时段 } 2\\ \text{不进行预测}, & \text{其他}\end{cases}\tag{10-23}$$

其中，$\hat{y}^1$ 是第一个关键时段结束时刻获得的质量预测结果；w_1 与 w_2 分别是赋予两个关键时段的权重系数，它们利用判断关键时段时计算的 CP_c^2 指标经过简单的比率运算获得 $w_c=\dfrac{\mathrm{CP}_c^2}{\mathrm{CP}_1^2+\mathrm{CP}_2^2}$。

根据公式(10-23)，在每个采样时刻，我们都可以获得相应的实时质量预测值。例如，在第一个关键时段，第 k 采样时刻，我们得到的预测结果 $\hat{y}_k$ 实际上是从 K_{1s}时刻到 k 时刻所有质量预测结果的平均值。

根据第二层面的 PLS 回归分析，在每一个关键时段结束时，都可以得到该时段的平均轨迹 $\bar{\boldsymbol{X}}_c(J_c\times 1)$，它代表了该时段内的平均运行水平，相应的质量预测结果计算为

$$\hat{y}^c=\begin{cases}\bar{\boldsymbol{x}}_c\boldsymbol{\Theta}_c, & k \text{ 为 } K_{1o} \text{ 或 } K_{2o}\\ \text{不进行预测}, & \text{其他}\end{cases}\tag{10-24}$$

最终的质量预测结果可以通过将各个时段结束时刻获得的质量预测值加权求和得到

$$\hat{y}=w_1\cdot\hat{y}^1+w_2\cdot\hat{y}^2\tag{10-25}$$

其中，$\hat{y}^1$ 与 $\hat{y}^2$ 分别是两个关键时段结束时利用时段平均轨迹获得的质量预测结果；权重 w_1，w_2 的计算方式与公式(10-23)中的相同。

10.5　案例研究

10.5.1　实验设计与建模数据

实验对象仍旧采用多时段注塑过程，所用材料为高密度聚乙烯(HDPE)。为了更好地证明变量选择对于回归建模的作用，这里，我们选择了 12 个过程变量用于质量回归建模及分析，参见表 10.4，本试验中我们分析的质量指标是注塑产品长度，其真实值可以通过仪器直接测量得到。实验的操作条件见表 10.5。在此操作条件下，利用 DOE 方法[30]总共获得 33 个正常批次。与之前类似，仍采用螺杆行程作为指示变量，采用数据插值方法将建模数据的注射段长度统一成 240 个数据点。同时，保压和冷却段的操作时间被严格控制在 6 秒和 15 秒。得到数据集为

$\underline{\boldsymbol{X}}(33\times12\times1300)$和 $\boldsymbol{y}(33\times1)$，包含 33 个间歇操作批次、1300 个采样点、12 个过程变量及 1 个质量变量，其中，前 25 个批次用于回归建模与过程分析，而后 8 个批次则用于模型校验。

表 10.4　注塑过程质量分析的过程变量及质量变量

序号	过程变量	单位
1	模腔温度 (C. T.)	℃
2	喷嘴压力 (N. P.)	bar
3	螺杆行程 (S)	mm
4	注射速度 (I. V.)	mm/s
5	油缸压力 (H. P.)	bar
6	塑化压力 (P. P.)	bar
7	模腔压力 (C. P.)	bar
8	螺杆旋转速度 (S. R. S)	r/min
9	SV1 阀开度 (SV1)	%
10	SV2 阀开度 (SV2)	%
11	机桶温度 (B. T.)	℃
12	模具温度 (M. T.)	℃
序号	**质量变量**	**单位**
1	长度	mm

表 10.5　注塑过程操作条件设定

操作参数	设定值
加工材料	高密度聚乙烯(HDPE)
注射速度	22～26 mm/s
保压压力	150，300，450bar
机桶温度	180，200，220℃
模具温度	15，35，55℃
保压时间	6 s
冷却时间	15 s

10.5.2　基于时段的质量分析与讨论

首先针对各时间片数据对$\{\boldsymbol{X}_k(25\times12),\boldsymbol{y}(25\times1)\}$进行 PLS 分析，将获得的

加权时间片负载矩阵输入到聚类算法中。聚类结果如图 10.17(a)所示，其清楚地表明了无需任何过程先验知识，就可以将注塑轨迹自动划分成六个时段，其中四个较长的时段(阴影圆圈标注)与注塑过程中的四个主要实际物理运行时段相符，即注射、保压、塑化以及冷却段，另外还有一些较短的时间段。这些短暂的临时时间区域对应于不稳定的动态过渡区域，形成了独立的子时段，但是它们对质量指标并没有多大的影响能力。在时段划分基础之上，对关键时段的识别结果如表 10.6 所示，其中，时段 2 和 3 的 CP^2 指标值高于临界水平，表明这两个时段是质量预测的关键时段。此外，为了加深对上述分析结果的可靠性的认识，计算各子时段回归模型在各采样时刻对质量波动的拟合度[32-34]

$$R_k^2 = 1 - \frac{\sum_{i=1}^{I} (y_i - \hat{y}_{k,i})^2}{\sum_{i=1}^{I} (y_i - \bar{y})^2} \tag{10-26}$$

其中，$\hat{y}_{k,i}$表示第 i 个批次在第 k 时刻获得的质量预测结果；R_k^2 其实就是各采样时刻质量预测模型的复相关系数，可用于评估模型对于该时刻质量波动的拟合能力，如图 10.17(b)所示。其中，较大的 R_k^2 值表示该时段模型对质量波动的拟合能力较高，即该时段是质量预测的关键时段。从图中我们可以看出，第 2 和第 3 时段的 R_k^2 值较大且比较稳定，从而辅助验证了我们利用 CP^2 指标判断关键时段的合理性。

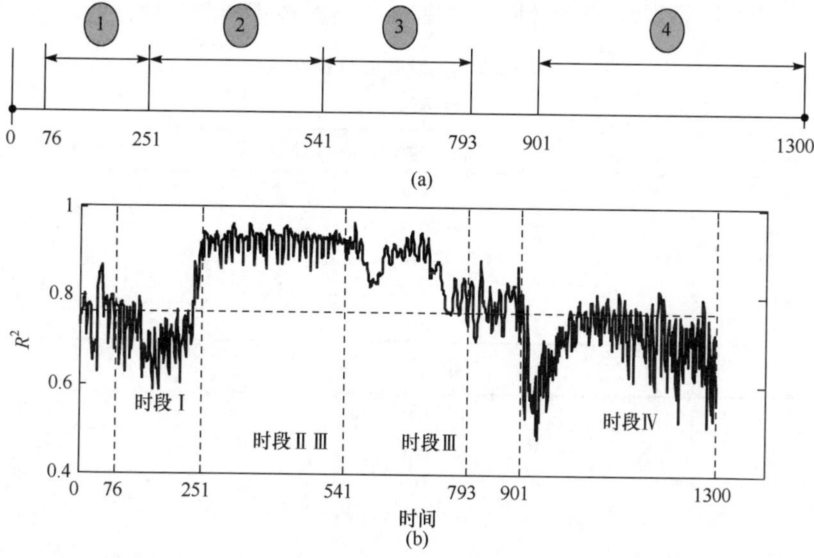

图 10.17　(a)注塑过程的时段划分结果(b)回归模型的拟和度

(实线：R^2 指标；虚线：99%置信限)

表 10.6　基于 CP^2 指标的关键时段识别结果

时段序号	时段长度	X_{metric}	临界水平(CP^2)	识别结果
1	77～251	0.2557	0.5052	非关键时段
2	252～541	0.6147	0.5052	关键时段
3	542～793	0.5349	0.5052	关键时段
4	902～1300	0.3983	0.5052	非关键时段

在这两个关键时段中，变量选择的 CV 指标值分别如图 10.18(a)与(b)所示。在第 2 时段(即保压段)中，如图 10.18(a)所示，CV 值初步表明压力变量(喷嘴压力、油缸压力和模腔压力)，位置变量(螺杆行程)和调节变量(SV1 阀开度)对质量预测比较关键。最终的变量选择结果如表 10.7(a)所示，除了变量 SBS，SV2 之外，所有的过程变量都应该保留在回归模型中。以第 3 时段(即塑化段)为例，如图 10.18(b)所示，我们对变量选择做进一步解释。根据两条水平临界线$\pm\sqrt{1/J}$的指示，在此临界水平之上的变量包括压力变量(喷嘴压力、模腔压力)以及位置变量(螺杆行程)，它们可以初步认为是质量预测的关键变量。此外，它们都与质量正相关。利用这三个变量我们建立了一个初步的 PLS 回归模型，并根据公式(10-19)计算对应的 MSE 指标值。接下来，我们继续搜索剩余的过程变量，找到其中具有最大 CV 绝对值的变量(机桶温度)，将整个区间划分成 10 等份，在每个等分小区间中我们利用之前介绍的选择策略继续分析哪些过程变量应该保留在回归建模变量中。如表 10.7(b)所示，变量选择结果表明最终应该保留变量 1,2,3,6,7,9,11 和 12 这 8 个过程变量用于回归建模。无需借助任何过程先验知识，上述分析结果与注塑过程实际情况相符，有利于对过程的了解及改善质量预测性能。

表 10.7　关键变量选择结果

(a) 第 2 时段

序号	回归建模变量	MSE 指标
1	2, 3, 5, 7, 9	0.038287
2	1, 2, 3, 5, 7, 9, 11, 12	0.0059491
3	1, 2, 3, 5, 6, 7, 9, 11, 12	0.0045318
4	1, 2, 3, 4, 5, 6, 7, 9, 11, 12	**0.0038673**
5	所有	0.0038756

(b) 第 3 时段

序号	回归建模变量	MSE 指标
1	2, 3, 7	0.084991
2	2, 3, 6, 7, 11, 12	0.035243
3	2, 3, 6, 7, 9, 11, 12	0.034587
4	1, 2, 3, 6, 7, 9, 11, 12	**0.033589**
5	所有	0.037243

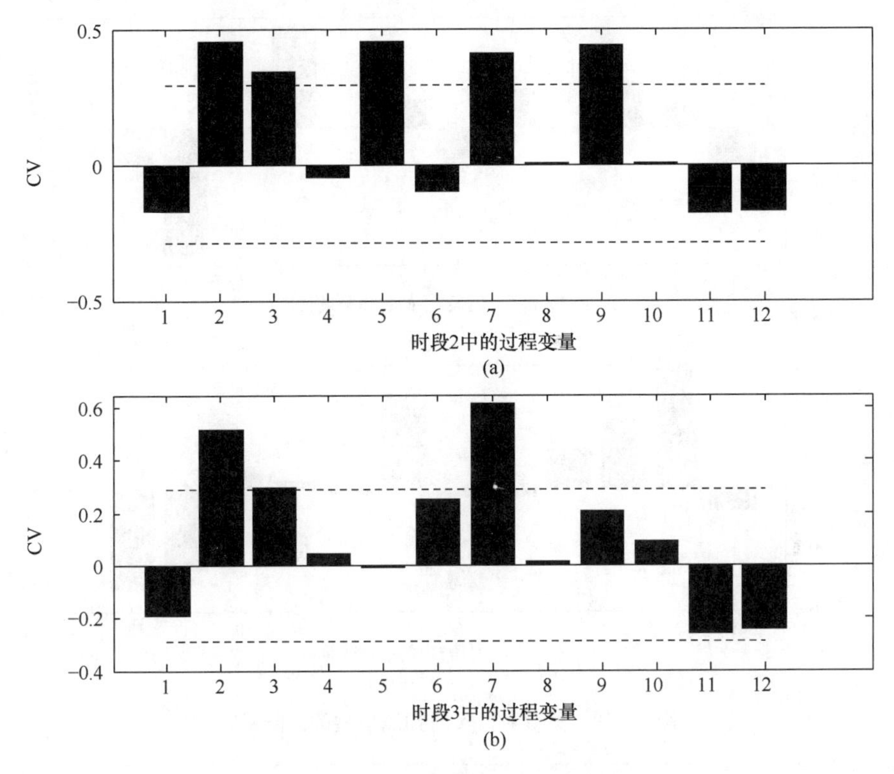

图 10.18　关键变量选择的 CV 指标：

（虚线：$\pm\sqrt{1/J}$，CV 指标的中间水平）

接下来，为了比较实时的 PLS 质量预测模型与基于时段平均轨迹的 PLS 质量预测模型的不同，人为保留所有过程变量，在两个层面上分别进行 PLS 分析，得到的回归系数分别如图 10.19 及图 10.20 所示。对比两图中所显示的结果，总的看来，利用时段平均轨迹建立的 PLS 预测模型回归系数更趋平稳。此外，虽然这两个模型中的回归系数的大小并不尽然相同，但都揭示了压力变量对注塑制品长度具有正的作用效果，而温度变量则对质量具有相反的负影响效果。也就是说，压力越大，温度越低，产品长度将越长。此外，螺杆行程越长则将导致更多的材料被压入模腔中，也会导致更长的产品长度。以基于时段平均轨迹获得的回归系数为例，在第二时段（保压子时段），压力变量（喷嘴压力、油缸压力以及模腔压力）和行程变量（螺杆行程），具有比较大的正回归系数，表明它们与产品质量指标（注塑制品长度）正相关，而温度变量（模腔温度、机桶温度、模具温度）与质量负相关。

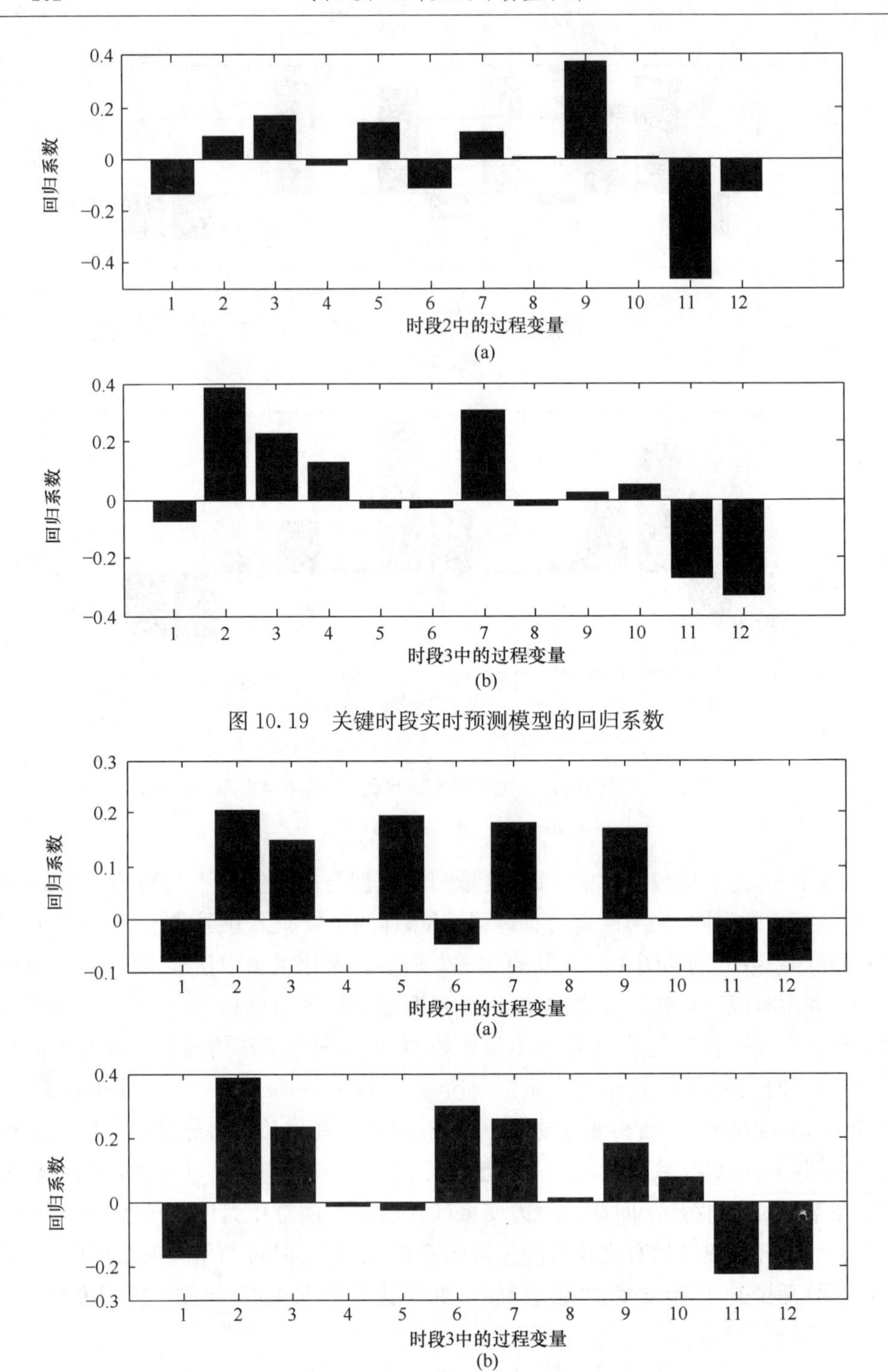

图 10.19　关键时段实时预测模型的回归系数

图 10.20　基于时段平均轨迹的预测模型回归系数

对于测试数据，在两个关键时段的在线实时质量预测结果如图 10.21(a)所示。从图中可以很清楚地看到，随着过程运行，该质量预测值始终围绕产品的实际长度正常波动，其中最大的在线预测误差在第二时段低于 0.06%，而在第三时段低于 0.065%，如图 10.21(b)所示，这在实际工业中都是可以接受的预测精度。

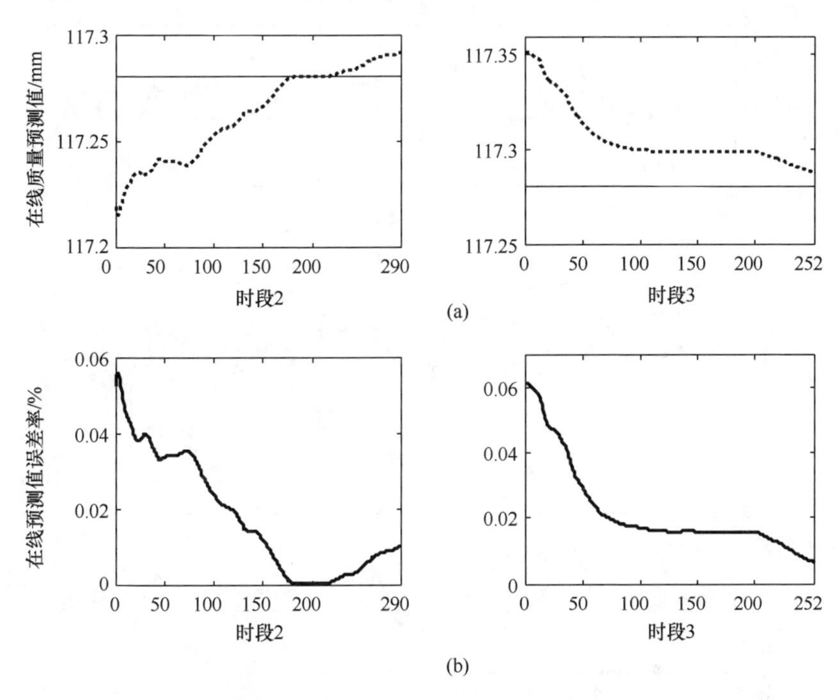

图 10.21　第 2、3 时段的在线质量预测结果

(a)在线质量预测值(实线：质量实测值；虚线：质量预测值)　(b) 在线预测误差率(%)

分别利用本书提出的基于时段平均轨迹的建模方法、sub-PLS 建模方法[20]以及传统的 MPLS 建模方法[18]对建模数据以及测试数据进行了预测结果比较，如图 10.22 及 10.23 所示。这里我们利用复测定系数 R^2 定量地评估质量预测性能的优劣。对于训练数据来说，三种方法的 R^2 值分别为 0.8566、0.8041 及 0.9969，相比之下，MPLS 模型具有最好的拟和能力。而测试数据的 R^2 数值分别为 0.8420、0.7210 及−8.8993，其中 MPLS 的 R^2 值已经超出了正常的范围，表明它的泛化能力最差。综合分析对应训练数据与测试数据的质量预测结果，我们可以看出本书所提出的基于时段平均轨迹的方法由于分析了各个时段的平均运行水平对于质量的累积作用，因而具有较高的拟和能力与泛化的预测能力。而利用 MPLS 建模方法由于无法足够准确地从如此众多的泛化展开变量中区分与质量相关的重要信息和扰动信息，容易造成过拟和问题。而 sub-PLS 方法由于只考虑了各时间片过程变量与质量变量之间的关系，没有考虑到时段内部的累积效应，质量预测性能也相

应打了折扣。相比较之下,本书所提出的方法的优越性便突显了出来:首先在各采样时刻都能够在线获得一个较为可信的实时质量预测值而无需数据预估;在此基础上计算的时段平均轨迹代表了该时段的平均运行水平,回归模型结构简单而且获得的回归关系更趋稳定,并最终可以获得更为可靠的质量预测结果。

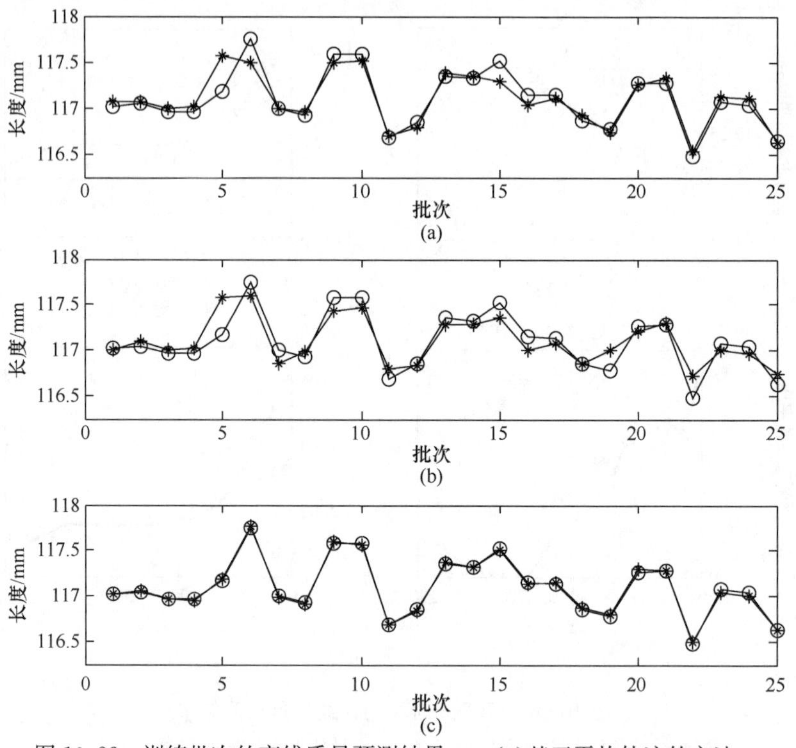

图 10.22　训练批次的离线质量预测结果——(a)基于平均轨迹的方法
(b)sub-PLS 方法　(c)MPLS 方法(“—○—”:质量实测值;“—*—”:质量预测值)

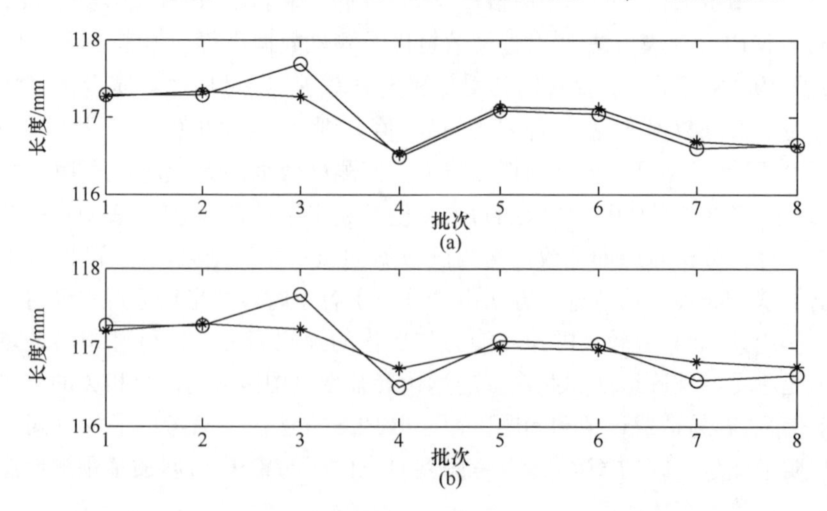

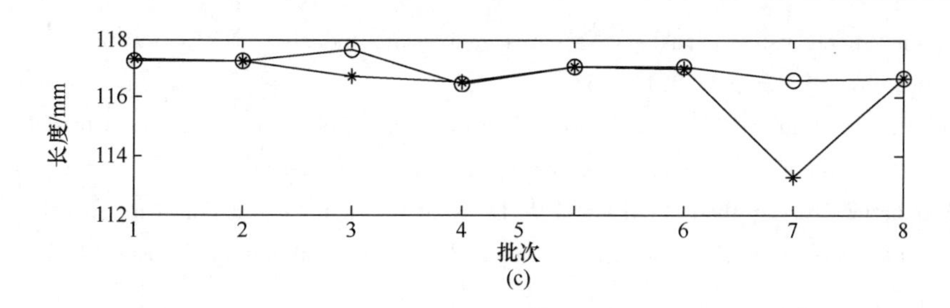

图 10.23　测试批次的离线质量预测结果

(a)基于平均轨迹的方法　(b)sub-PLS 方法　(c)MPLS 方法("—○—":质量实测值;"—*—":质量预测值)

10.6 结 束 语

本章针对多时段间歇过程"时段型质量指标"进行了深入分析与研究。一方面,建立了基本的子时段划分、建模及质量预测算法,可以有效实现在线质量预测。另一方面,考虑到子时段内部的累积作用,基于时段划分结果,针对质量相关的时段行为进行了深入分析。不仅通过关键时段识别、关键变量选择等预处理手段,有效地精简了模型结构;而且分别针对各采样时刻的过程行为与各子时段的过程平均运行水平,建立了不同层面的质量预测模型,详细分析了它们各自与质量指标的相关性以及对质量预测的作用。本书提出的基于子时段的 PLS 建模方法不仅模型结构简单实用,而且精度可靠,并成功应用到注塑过程中,相应的实验分析结果符合实际,有效地增强了对过程的分析与理解并改进了质量预测性能。

参 考 文 献

[1] Lu N Y, Gao F R, Wang F L. A sub-PCA modeling and on-line monitoring strategy for batch processes. AIChE Journal, 2004, 50(1): 255-259

[2] Zhao C H, Sun Y X. Step-wisesequential phase partition (SSPP) algorithm based statistical modeling and online process monitoring. Chemometrics and Intelligent Laboratory Systems, 2013, 125: 109-120

[3] Joseph B, Brosliw C. Inferential control of processes: Part I, II, III. AIChE Journal, 1978, 24(3): 485-509

[4] Gulandoust M T, Morris A J, Tham M T. An adaptive estimation algorithm for inferential control. Industrial & Engineering Chemistry Research, 1988, 27(9): 1658-1664

[5] Tham M T, Montague G A, Morris A J, et al. Soft-sensors for process estimation and inferential control. Journal of Process Control, 1991, 1(1): 3-14

[6] Mejdell T, Skogestad S. Estimation of distillation compositions from multiple temperature

measurements using partial-least-squares regression. Industrial & Engineering Chemistry Research, 1991,30(12):2543-2555

[7] Kresta J V, Marlin T E, MacGregor J F. Development of inferential process models using PLS. Computers and Chemical Engineering,1994,18(7):597-611

[8] Hartnett M K,Lightbody G,Irwin G W. Dynamic inferential estimation using principal components regression (PCR). Chemometrics and intelligent laboratory systems,1998,40(2):215-224

[9] Zhang J. Inferential feedback control of distillation composition based on PCR and PLS models. Proceedings of American Control Conference,2001:1196-1201

[10] Martens H,Naes T. Multivariate calibration. Second Edition. Chichester:Wiley,1994

[11] Brereton R G. Introduction to multivariate calibration in analytical chemistry. The Analyst, 2000,125(11):2125-2154

[12] Li B,Hassel P A,Martin E B,et al. A non-linear nested PLS algorithm. Computational Statistics & Data Analysis,2003,48(1):87-101

[13] Westad F. Independent component analysis and regression applied on sensory data. Journal of Chemometrics,2005,19(3):171-179

[14] Trygg J. Prediction and spectral profile estimation in multivariate calibration. Journal of Chemometrics,2004,18(3-4):166-172

[15] Li B,Morris A J,Martin E B. Generalized partial least squares regression based on the penalized minimum norm projection. Chemometrics and Intelligent Laboratory Systems,2004, 72(1):21-26

[16] Ergon R. Reduced PCR/PLSR models by subspace projections. Chemometrics and Intelligent Laboratory Systems,2006,81(1):68-73

[17] Jönsson S,Eriksson L A,van Bavel B. Multivariate characterisation and quantitative structure-property relationship modeling of nitroaromatic compounds. Analytica Chimica Acta, 2008,621(2):155-162

[18] Nomikos P,MacGregor J F. Multi-way partial least squares in monitoring batch processes. Chemometrics and Intelligent Laboratory Systems,1995,30(1):97-108

[19] Nomikos P, MacGregor J F. Monitoring batch processes using multiway principal components analysis. AICHE Journal,1994,40(8):1361-1375

[20] Lu N Y,Gao F G. Stage based process analysis and quality prediction for batch process. Industrial & Engineering Chemistry Research,2005,44(10):3547-3555

[21] Zhao C H. A Quality-relevant sequential phase partition approach for regression modeling and quality prediction analysis in manufacturing processes. IEEE Transactions on Automation Science and Engineering. DOI:10. 1109/TASE. 2013. 2287347

[22] Zhao C H. Concurrent phase partition between-mode statistical analysis for multimode and multiphase batch process monitoring. AIChE Journal,2014,60(2):559-573

[23] Wold S. Cross-validatory estimation of the number of components in factor and principal

components models. Technometrics, 1978, 20(4): 397-405

[24] Johnson R A. and Wichern D W. Applied multivariate statistical analysis. New Jersey: Prentice Hall, 2002

[25] 陈曦 . 基于质量的注塑过程建模方法研究, 杭州: 浙江大学博士学位论文, 2002

[26] 刘朝福. 注塑成型实用手册. 北京: 化学工业出版社, 2013

[27] Rubin I I. Injection molding theory and practice. New York: Wiley, 1972

[28] Harper A. Modern Plastics Handbook. New York: McGraw-Hill, 2000

[29] Yang Y. Injection molding: From process to quality control. Hong Kong: The Hong Kong University of Science & Technology, 2004

[30] Montgomery D C. Design and Analysis of Experiments. 5th Edition. England: John Wiley & Sons, Inc. , 2001

[31] Wold S, Kettaneg N, Friden H, et al. Modeling and diagnostics of batch processes and analogous kinetic experiments. 5th Scandinavian Symposium on Chemometrics, 1997, 44(12): 331-340

[32] 王惠文. 偏最小二乘回归方法及其应用, 北京: 国防工业出版社, 1999

[33] Kleinbaum D G, Kupper L L, Muller K E, et al. Applied Regression Analysis and Other Multivariable Methods. 3rd Edition. Beijing: China Machine Press, 2003

[34] Kutner M H, Nachtsheim C J, Neter J. Applied Linear Regression Models. 4th Edition. Beijing: Higher Education Press, 2005

[35] Pudil P, Novovičová J, Kittler J. Floating search methods in feature selection. Pattern Recognition Letters, 1994, 15(11): 1119-1125

[36] Höskuldsson A. Variable and subset selection in PLS regression. Chemometrics and Intelligent Laboratory Systems, 2001, 55(1): 23-38

[37] Eklöv T, Lundström I. Selection of variables for interpreting multivariate gas sensor data. Analytica Chimica Acta, 1999, 381(2-3): 221-232

[38] Walmsley A D. Improved variable selection procedure for multivariate linear regression. Analytica Chimica Acta, 1997, 354(1-3): 225-232

[39] Xu L, Zhang W J. Comparison of different methods for variable selection. Analytica Chimica Acta, 2001, 446(1-2): 477-483

[40] Abrahamsson C, Johansson J, Sparén A, et al. Comparison of different variable selection methods conducted on NIR transmission measurements on intact tablets. Chemometrics and Intelligent Laboratory Systems, 2003, 69(1-2): 3-12

[41] Gusnanto A, Pawitan Y, Huang J, et al. Variable selection in random calibration of near-infrared instruments: ridge regression and partial least squares regression settings. Journal of Chemometrics, 2003, 17(3): 174-185

[42] Galvão R K H, Araújo M C U, Fragoso W D, et al. A variable elimination method to improve the parsimony of MLR models using the successive projections algorithm. Chemometrics

and Intelligent Laboratory Systems,2008,92(1):83-91

[43] Ye S F,Wang D,Min S G. Successive projections algorithm combined with uninformative variable elimination for spectral variable selection. Chemometrics and Intelligent Laboratory Systems,2008,91(2):194-199

第 11 章　基于时段局部及累积作用的质量分析

在第 10 章我们已将多时段间歇过程产品的质量指标分成两类，并已经针对“时段型质量指标”进行了相应的分析，建立了基于时段的 PLS 质量预测模型。而“过程型质量指标”受整个间歇操作周期内过程行为的影响，所有时段累加起来才能完整地描述刻画产品质量性能，本章的研究工作便是针对该类质量指标展开。我们将继续面向多时段间歇过程，以时段为单位深入探究各时段对“过程型质量指标”的作用效果及解释能力。因此，这种质量分析重点不在于在线实时获取产品质量的预测结果，而在于针对过程的多时段进行质量相关的深入分析。因此，所提出的解决方法与之前的在线质量预测方法的研究也会有所不同。

11.1　引　　言

对于“过程型质量指标”，既然其取决于间歇操作所有时段，选用将间歇操作周期内所有过程数据作为预测变量的 MPLS[1] 建模方法是很好的选择。但是，正是由于 MPLS 将所有的过程测量数据都囊括进来与质量变量进行回归分析，很难揭示该操作周期内过程行为对质量影响作用的变化，并不适用于多时段间歇过程。此外，前一章我们从变量选择的角度已经分析了过程原始测量数据所包含的系统信息并非全部与质量相关，而往往只有其中一部分能够阐述质量波动情况。因此在利用传统的 MPLS 回归方法建模时人们经常会发现，提取的前几个潜变量虽然包含了大量的过程波动信息，但却与质量波动关联不大，即相应的质量解释能力很低。为了更好地拟和质量波动，往往需要在回归模型中增加更多的预测信息，即需要更多的潜变量成分。这种做法不仅增加了模型的复杂程度、降低了模型的可解释性，而且很容易将与质量无关的系统噪声引入到模型中来，在增强模型对于训练数据拟和能力的同时却大大降低了其对新数据的泛化预测能力及解释能力。为了增强预测变量与质量变量之间的因果关系，势必需要在回归建模前对过程数据进行一定的信息预处理，去除那些无关扰动的不利影响，将关注焦点投到那些与质量波动密切相关或是对质量指标的解释能力更强的关键过程信息上。

基于多时段间歇过程，我们对于过程型质量指标进一步研究后发现，虽然它是由过程整体行为决定的，但是各个时段对其施加的影响和作用是不同的。这里我们将时段对于质量的影响方式分为“局部”作用与“累积”作用两种，具体解释如下。

(1) 对于单独每个时段来说，它仅仅解释了质量性能的一部分，该部分质量波动的大小直接表明了该时段对于质量指标的贡献或作用。同样，质量指标也仅仅受该时段内的部分过程波动影响，该部分过程波动是质量分析、改进与预测的关键部分，这里将其称为过程波动的“信息部分”；相比之下，该时段内与质量无关的其他过程波动可以称为“噪声部分”，“信噪比”可以定量地揭示该时段对于质量解释及预测的“含金量”。需要指出的是，并不是说该时段过程波动的“信息部分”越多对质量的解释能力就越强。

(2) 从整个过程来看，每个时段各自独立地对质量性能作出了一定的解释，其中可能会有重复叠加的部分；虽然各个时段单独无法完整解释全部质量信息，但是将各个时段过程波动的“信息部分”合起来就能够充分阐述质量性能指标。此外，需要指出的是，尽管各个时段对于质量的作用效果或是解释能力有大小之分，但是每个时段都是不可或缺的一部分，即使该时段仅仅能够解释较少的一部分质量，它所发挥的作用亦不能忽略，有可能是进一步改进质量预测性能的关键因素。

基于上述分析及认识，本章仍旧以多时段间歇过程为研究对象，针对过程型质量指标提出了基于时段的质量分析策略。本章研究内容的创新之处在于，我们详细分析了各个时段对于质量解释的局部作用及累积作用，不仅针对过程波动识别出了质量相关的“信息部分”，也筛选出被各个局部时段单独所解释的质量波动的“信息部分”，并将上述各部分作用能力通过一定的统计指标定量化地表述出来，从而深入理解了过程变量与质量变量之间的因果关系在间歇操作的各个时段间的发展变化。具体说来，本书的工作着重对以下几方面加以论述并进行了分析理解：

(1) 时段中哪些是参与质量解释的过程波动“信息部分”；

(2) 时段分别独立解释了多少质量波动信息；

(3) 时段对质量解释能力的交叉重叠；

(4) 质量预测的角度各时段的重要性等级；

(5) 各时段如何共同描述最终的产品质量。

11.2　质量分析的相关技术

过程测量数据中往往包含了很多与质量无关的冗余信息，它们不参与质量解释或预测，反而会降低质量回归建模的性能。为了更好地关注真正有用的质量相关信息，有必要采取适当的手段对过程测量数据预先进行处理，剔除这些冗余信息的干扰。针对这一问题，变量选择技术[2-10]以及垂直信号纠正(OSC)技术[11-17]是发展比较成熟并常用的两种预处理手段。它们分别从变量滤波以及特征滤波两个不同角度去除非质量相关信息，最终都是为了增强回归建模时过程变量与质量变量之间的因果关系。

第10章已经针对变量选择技术做了一定的介绍，该方法通过从众多的过程变量中抽取出与质量最相关的一部分作为建模预测变量，可以直接降低回归模型的维数。在各种各样的变量选择方法中，UVE(uninformative variables elimination)[10,18]是其中一种发展比较成熟的技术，它直接针对 PLS 回归模型的回归系数进行分析。关于该方法的详细介绍，感兴趣的读者可以查阅参考文献[10,18]，这里不再赘述。尽管该技术已经获得了比较成功的应用，但是在其计算过程中涉及稳定性指标及其阈值这两个关键参数的选择，它们直接影响并决定了哪些过程变量应该保留而哪些应该去除。然而这两个关键参数的取值却缺乏足够可靠的理论支撑，可以说很大程度上依据人为主观选取。

与变量选择技术不同的是，OSC 是从过程波动信息中提取并去除与质量垂直(即完全不相关)的特征成分，同时要求提取的成分应尽可能大地携带过程波动信息，其数学表达式为

$$\begin{aligned}&\text{目标函数}:\max((\boldsymbol{Xw})^{\mathrm{T}}(\boldsymbol{Xw}))\\&\text{约束条件}:(\boldsymbol{Xw})^{\mathrm{T}}\boldsymbol{Y}=0\\&\boldsymbol{w}^{\mathrm{T}}\boldsymbol{w}=1\end{aligned}\tag{11-1}$$

其中，$\boldsymbol{w}$ 是权重向量，即 OSC 主元的投影方向。

从上式中我们可以看出，经过 OSC 处理后，预测变量总数不变，对质量总的解释能力不变，但是纠正后的预测变量由于提前剔除了与质量不相关的干扰部分，与质量之间的相关性将会显著增强，在回归分析的时候只需提取少量几个潜变量，从而间接地简化了回归模型的结构。OSC 技术首先由 Wold 等[11]提出并由 Sjöblom 等[12]首次应用于回归建模分析中。此后，OSC 技术作为一种应用广泛的预处理工具，通过适当的信息滤波，在降低模型复杂度、改善模型预测能力以及解释能力方面为回归建模提供了一个优化的数据分析平台。

近来，Trygg 等在普通 PLS 算法基础上作了进一步改进，发展了一种新的回归建模分析方法，称为垂直 PLS 算法(orthogonal PLS, OPLS)[19-22]，将 OSC 算法与 PLS 算法巧妙地融合到一起：

$$\begin{aligned}&\text{目标函数}:\max((\boldsymbol{t}^{\mathrm{T}}(\boldsymbol{Xw}))\\&\text{约束条件}:(\boldsymbol{Xw})^{\mathrm{T}}\boldsymbol{Y}=0\\&\boldsymbol{w}^{\mathrm{T}}\boldsymbol{w}=1\end{aligned}\tag{11-2}$$

其中，$\boldsymbol{t}$ 是 PLS 潜成分向量；$\boldsymbol{w}$ 是 OSC 主元的投影方向。

从上式中我们可以看出，相较于普通的 OSC 算法，该算法仅仅针对 PLS 潜变量进行分析，去除其中与质量无关的系统噪声部分，因此可以更直接有效地增强 PLS 潜变量与质量之间的因果关系。但是普通的 OSC 以及 OPLS 算法均为单向分析方法，它假定所有的质量波动信息均有效可靠，将其作为参考标准，借助垂直作用关系，仅仅对过程波动信息进行识别区分。进一步，Trygg 等在 OPLS 算法基础上提出并发展了 O2-PLS 算法[23,24]。与 OPLS 算法相比，O2-PLS 算法具有双重 OSC 滤波的作用。它同时针对过程测量数据 $\boldsymbol{X}$ 和质量数据 $\boldsymbol{Y}$ 进行分析，去除二者中互不相关的系统波动“噪声部分”：

$$\boldsymbol{X}=\sum_{i=1}^{A}\boldsymbol{t}_i\boldsymbol{w}_i^{\mathrm{T}}+\sum_{i=1}^{A_{\mathrm{Yosc}}}\boldsymbol{t}_{\mathrm{Yosc},i}\,\boldsymbol{p}_{\mathrm{Yosc},i}^{\mathrm{T}}+\boldsymbol{E}_{XY}$$
$$\boldsymbol{Y}=\sum_{i=1}^{A}\boldsymbol{u}_i\,\boldsymbol{c}_i^{\mathrm{T}}+\sum_{i=1}^{A_{\mathrm{Xosc}}}\boldsymbol{u}_{\mathrm{Xosc},i}\,\boldsymbol{p}_{\mathrm{Xosc},i}^{\mathrm{T}}+\boldsymbol{F}_{XY} \tag{11-3}$$

具体说来，它将过程数据 $\boldsymbol{X}$ 和质量指标 $\boldsymbol{Y}$ 中的系统波动信息细分为三部分(如图 11.1 所示)：$\boldsymbol{X}$ 中与质量无关的波动部分，$\sum_{i=1}^{A_{\mathrm{Yosc}}}\boldsymbol{t}_{\mathrm{Yosc},i}\boldsymbol{p}_{\mathrm{Yosc},i}^{\mathrm{T}}$，这部分过程波动没有能力解释或预测任何质量特征，是所谓的过程波动“噪声部分”；$\boldsymbol{Y}$ 中与过程波动无关的部分，$\sum_{i=1}^{A_{\mathrm{Xosc}}}\boldsymbol{u}_{\mathrm{Xosc},i}\,\boldsymbol{p}_{\mathrm{Xosc},i}^{\mathrm{T}}$，这部分质量指标无法由过程波动信息所解释，即所谓的质量波动“噪声部分”；以及二者相互作用相互关联的协变部分，$\sum_{i=1}^{A}\boldsymbol{t}_i\boldsymbol{w}_i^{\mathrm{T}}$ 与 $\sum_{i=1}^{A}\boldsymbol{u}_i\boldsymbol{c}_i^{\mathrm{T}}$，它们即是本书定义的系统波动的“信息部分”，将被用于质量解释与预测分析。可见，与传统的PLS算法以及OPLS算法相比，O2-PLS将过程变量以及质量变量中互不相关的系统噪声部分均提取了出来，放松了对于质量数据的严格限制，更合理也更巧妙地增强了过程变量与质量变量之间的因果关系，在一定程度上避免了回归建模时的过拟和问题，为质量解释及预测性能的改进提供了可能。

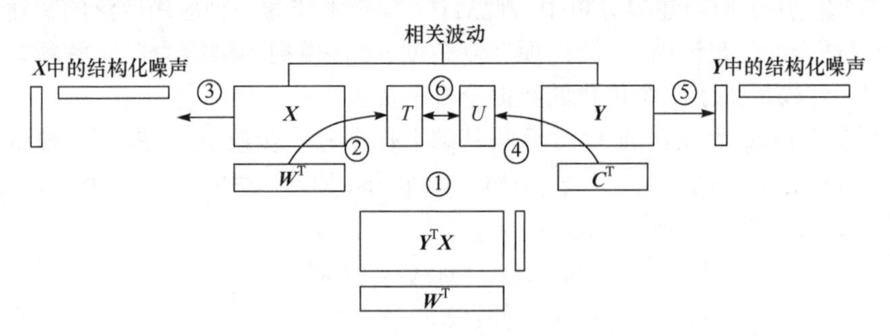

图 11.1　O2-PLS 算法示意图[23]

11.3　基于时段局部及累积作用的质量分析

11.3.1　基本思想

考虑一个间歇过程，其建模数据为三维数组 $\underline{\boldsymbol{X}}(I\times J_x\times K)$，三个维数分别表示间歇操作次数($i=1,\cdots,I$)、过程变量个数($j=1,\cdots,J_x$)以及每一次间歇操作中的采样时刻数($k=1,\cdots,K$)。此外最终的产品质量测量数据为 $\boldsymbol{Y}(I\times J_y)$。将各个过程数据时间片 $\boldsymbol{X}_k(I\times J_x)$ 及质量矩阵 $\boldsymbol{Y}(I\times J_y)$ 均预处理为 0 均值 1 标准差。

这里我们分析的对象是相互关联的多元质量变量,如果质量变量之间互不相关,则更好的选择是针对每一个质量指标分别进行相应的分析。

引言中我们已经提到过,对于受整个间歇操作过程影响的“过程型质量指标”,较适合采用 MPLS 回归算法。它将过程数据 $\underline{\boldsymbol{X}}(I\times J_x\times K)$ 展开成二维数据单元 $\boldsymbol{X}(I\times KJ_x)$,与 $\boldsymbol{Y}(I\times J_y)$ 一起进行回归分析。这样的数据组织形式同时将所有的时变过程数据都作为影响因素输入到回归模型中,考虑到了各采样时刻过程波动对于质量影响的累积作用,并揭示了最终产品质量是由整个过程运行轨迹共同决定的这一理念。但是正如前面所分析的,对于多时段间歇过程,该算法无法区分各个不同时段对质量性能的不同影响作用;此外,由于没有事先区分过程测量数据中的有用信息与冗余噪声,从如此海量数据中提取有用特征无疑是一严峻考验。

本章工作以多时段间歇过程为背景,鉴于过程变量和质量变量之间的预测关系确实呈现明显的分时段性,这里所提出的质量解释及预测算法是基于时段划分进行的,从时段的角度进行了质量相关的统计分析。仍采用第 10 章中给出的聚类算法,从整个过程中识别出 C 个子时段,它们分别与质量指标之间具有不同的相互作用关系,利用 MPLS 算法可以建立各时段过程行为与质量之间的回归关系模型。每个时段的展开变量为 K_cJ_x,作为分析对象,相较于基于整个过程的 KJ_x 个展开变量已大为减少,但是对于特征提取来说其中仍旧包含了与质量无关的“噪声部分”。因此,首先我们将采用一些信息预处理手段对这些展开变量进行分析,去除其中与质量无关的“系统噪声信息”,初步地挑选出其中与质量相关的“信息部分”。经过时段划分以及信息预处理,可以更好地理解质量相关的时段特性,并将显著增强各时段过程波动与质量之间的因果关系。接下来我们将从两个方面进行回归建模,用于揭示各时段对质量波动的局部解释能力以及它们共同的作用效果。

为了实现上述目的,本章提出的算法分别采用基于时段的 O2-PLS 与传统的 PLS 算法按照两个层面进行分析。在第一层面上我们侧重于局部时段进行分析:首先,按照批次展开方式形成基于时段的建模分析单元 $\boldsymbol{X}_c(I\times K_cJ_x)$,该展开方式强调时段内时变的过程波动信息。在每一局部时段内由于意识到本时段仅能够解释一部分质量波动特征,建模时不再苛求质量预测精度,而将侧重点放在将该时段与质量相关的“信息部分”提取出来,并分析本时段能够确切解释及预测的那一部分质量特性。这样可以避免对质量指标的过度拟和,缓解质量预测的压力。其中,变量选择策略用于去除那些无关预测变量,O2-PLS 算法用于提取出本时段内过程变量与质量变量协变的系统波动信息并依此建立回归模型,获得相应的潜成分特征。此外,bootstrapping 技术[25,26]用于增强分析结果和回归模型的鲁棒性。在第二层面上我们针对多个时段进行累积作用分析:随着过程运行的结束,质量特性逐一被各个时段做了相应的解释,我们将侧重点放在如何将它们对质量的解释及预测能力累积起来从而对最终产品质量做一个全面的描述。通过第一层面的分析,我们已经获得了各个时段中与质量密切相关的过程波动的潜成分,它们表征了该时段真正可用于质量预测的过程特征，利用传统的 PLS 算法将所有时段的潜成分特征与最终质量建立回归关系，从而获取各时段的累积作用。

11.3.2　基于时段局部作用的统计分析和回归建模

下面的分析是基于各个局部时段进行的。

Centner 等[18]指出，多元统计回归模型的性能很大程度上取决于所选取的预测变量以及建模样本。一方面，为了改善回归模型对于质量的解释能力，我们需要确定哪一部分预测变量或是波动信息应该涵盖在回归模型中，而将那些对解释质量特性无关紧要的过程变量和过程波动信息识别出来并去除。另一方面，针对给定的参考建模数据组进行统计分析与回归建模时，很容易导致有偏的分析结果，产生过拟和问题，即如果我们选择不同的建模样本可能会得到不同的分析结果。鉴于此，对于一组给定的参考数据，数据可能足够充分或是不够完备，如何尽可能地充分利用现有的数据样本避免过拟和问题而从中获取尽可能鲁棒的分析结果？Zhang 等[27-30]针对非充分建模数据提出了一种增强建模精度与鲁棒性的方法。在他们的方法中，训练数据利用 bootstrap[25,26]重新采样技术产生了多个 bootstrap 训练数据组，基于这些 bootstrap 数据组分别建立了多个神经网络模型，并将这些单独看来可能并不完美的多个子模型集合起来建立最终的混合模型。正如他们在文中所介绍的那样，bootstrap 作为一种泛化方法可以获得更真实稳固的参数估计结果。bootstrap 技术的基本思想方法为，通过有放回采样获得多个 bootstrap 数据组；针对这些 bootstrap 数据组分别进行独立的统计分析得到对应的参数估计；将所有的参数估计结果合起来，从中我们可以获知参数的分布信息，将其中出现频率最大的那个参数取值作为最终的参数估计值。

鉴于上述两点，我们利用变量选择与 OSC 技术精简模型结构，而利用 bootstrap技术增强模型的鲁棒性。

11.3.2.1　基于 Bootstrap 的变量选择

这里我们采用基于 bootstrap 技术的 UVE 方法进行变量选择。首先，针对充分数据与有限数据两种不同的情况，分别确立了对应的 bootstrap 重采样策略：对于有限数据，采用有放回的重新采样技术用于弥补数据不足的缺陷；而当数据充分时，采用无放回的重采样方式来放松对 bootstrap 技术的限制，这样每个 bootstrap 数据组中的数据样本都没有重复。在获得多个 bootstrap 数据组后，针对每个 bootstrap 数据组进行变量选择。可以想象针对多个建模数据组进行分析得到的结果综合起来比单独针对一个数据组进行分析得到的结果要更具泛化能力，也能提供更多的统计信息。

这里将本书所提出的变量选择步骤简单描述如下。

(1) 首先对于一个给定的数据组$\{\boldsymbol{X}_c(I\times K_cJ_x),\boldsymbol{Y}(I\times J_y)\}$，对样本进行随机

排序 N_b 次，获得 N_b 个对应的数据组$\{\boldsymbol{X}_c,\boldsymbol{Y}\}_i(i=1,2,\cdots,N_b)$，每个数据组中的样本完全相同，均为 I 个间歇操作批次，只是排列顺序不一样。

(2) 在各个数据组中，均按照其现有的样本顺序分割成两部分，I_{tr}个训练批次与 I_{te}个测批次(其中 $I=I_{\text{tr}}+I_{\text{te}}$)，因此产生了 N_b 个训练数据组$\{\widetilde{\boldsymbol{X}}_c(I_{\text{tr}}\times K_cJ_x),\widetilde{\boldsymbol{Y}}(I_{\text{tr}}\times 1)\}_i(i=1,2,\cdots,N_b)$，它们包含了不同的数据样本，从而代表了不同的输入输出空间。

(3) 针对这些建模数据组，分别利用传统的 PLS 算法得到对应的回归系数矩阵 $\boldsymbol{B}^i(K_cJ_x\times J_y)(i=1,2,\cdots,N_b)$。对于每一个质量指标 $\boldsymbol{Y}_{j_y}$，得到其相应的 PLS 回归系数矩阵 $\boldsymbol{B}_{j_y}(K_cJ_x\times N_b)$。

(4) 每个过程变量在解释每个质量变量 $\boldsymbol{Y}_{j_y}$ 时的稳定性能指标(均为正数)计算如下：$\boldsymbol{s}_{j_y,j_x}=\left|\dfrac{\bar{b}_{j_y,j_x}}{\text{std\_b}_{j_y,j_x}}\right|(j_x=1,2,\cdots,K_cJ_x,j_y=1,2,\cdots,J_y)$，其中 $\bar{b}_{j_y,j_x}$ 是 $\boldsymbol{B}_{j_y}(K_cJ_x\times N_b)$的第 j_x 个行向量的均值，而$\text{std_b}_{j_y,j_x}$ 则是对应该行向量的标准差。

(5) 针对每个过程变量，将对应于所有 J_y 个质量变量的稳定性能指标大小 s_{j_y,j_x} 加起来得到综合的稳定性指标$\boldsymbol{s}_{j_x}$为$\boldsymbol{s}_{j_x}=\sum\limits_{j_y=1}^{J_y}\boldsymbol{s}_{j_y,j_x}$。这个综合的 s_{j_x} 用于描述每一个过程预测变量对于质量预测综合的稳定性能。

(6) 将所有过程变量的稳定性指标值由大到小排序，并均分为多个小等分区间，优先等级依次下降。

(7) 按照优先等级依次分别分析不同的小等分区间，相应地，更多的过程变量将加入到回归模型中。针对每个 bootstrap 训练数据组提取新的回归模型，这里可以简单地统一保留 2 个潜变量，并利用对应的 bootstrap 测试数据组计算其对应的 MSE 指标，$\text{MSE}^i=\dfrac{1}{I_{\text{te}}J_y}\sum\limits_{m=1}^{I_{\text{te}}}\sum\limits_{j=1}^{J_y}(y_{m,j}-\hat{y}_{m,j})^2(i=1,2,\cdots,N_b$，$I_{\text{te}}$ 为各个测试数据组中的批次数，下角标 m 和 j 分别代表了批次与质量变量)。

(8) 将对应 N_b 个 bootstrap 测试数据组计算的 MSE^i 值$(i=1,2,\cdots,N_b)$累加起来获得综合的 MSE 指标，并将其与前一次迭代步骤中的 MSE 指标进行对比，当 MSE 指标不再降低时则选定了对应的小区间，保留对应的过程变量作为回归建模之用。

经过上述分析，我们在每个时段可以获得 $J_{c,v}$个输入变量组成该时段的建模数据$\breve{\boldsymbol{X}}_c(I\times J_{c,v})$，它们代表了与多元质量变量$\boldsymbol{Y}(I\times J_y)$较为相关的那部分过程变量。与最初的建模过程变量相比，处理后的输入变量已经大为减少，直接简化了回归模型的结构。此外，从该变量选择步骤中可以看出，bootstrap 作为一种建模样本的泛化技术，通过重新采样产生不同的 bootstrap 数据组，为之后的统计分析提供了更多的数据单元，从而降低了建模性能对单个模型的依赖，增强了变量选择的鲁棒性与可靠性。

11.3.2.2 基于 Bootstrap 的 O2-PLS 建模

前面我们已经介绍过，O2-PLS[23,24]技术作为一种双向回归分析策略，能够提取并描述 **X-Y** 中互相关联的协变部分，即它将 **X** 与 **Y** 中能够互相解释的那一部分提取出来用于回归建模分析，而将二者互不关联的那一部分排除在建模信息之外，从而增强了过程与质量二者之间的因果关系。考虑到本书的多时段间歇过程的应用背景，O2-PLS 无疑更适合于分析各个时段与质量变量之间的相互作用及关系。此外，O2-PLS 算法提供了更多有意义的定量统计分析指标，有助于人们定量化分析各时段与质量相随而动的因果关系。这些都是基于传统的 PLS 算法所无法实现的。

但是，在 O2-PLS 算法中，那些系统波动"噪声部分"本质上是通过 OSC 技术来提取的，即它们通过严格的垂直关系作为衡量手段。尽管从理论上来说，垂直即代表不相关，那些垂直因子因而可以认为与质量解释及预测完全无关而去除，但是也正是由于利用严格垂直关系作为衡量标准，获得的 OSC 模型往往过于依赖建模数据，容易造成过拟和的问题。由此出现了岭估计的 OSC 算法[31]，该算法通过在 OSC 模型训练时引入一个岭惩罚参数来放松严格垂直的约束条件，在一定程度上能够防止对系统波动信息的过度剔除。但是在该算法中，岭惩罚参数的选择无法给出确定的参考依据，很大程度上依赖于人为选择，从而引入了主观因素。根据前面的分析，bootstrap 技术可以有效地避免统计分析结果对于参考数据的过度依赖，增强模型的鲁棒性。因此，我们在这里同样利用 bootstrap 技术形成了一个简单却有效的鲁棒 O2-PLS 模型。

(1) 首先利用 bootstrap 重采样技术产生 N_t 个 bootstrap 数据组，并分别提炼出训练数据与测试数据。

(2) 利用 bootstrap 训练数据组，在不同的输入空间中训练得到 N_t 个不同的 O2-PLS 模型。

(3) 将这 N_t 个不同的 O2-PLS 模型进行简单的平均运算来获取一个综合的模型作为最终的子时段 O2-PLS 回归模型。其中的潜变量成分以及 OSC 成分的个数利用 bootstrap 测试数据采用交叉检验的方法进行确定。

通过上述方法获得的 O2-PLS 模型中 OSC 滤波关系已经去除了那种严格垂直约束，从而增强了分析结果的鲁棒性。此外，借助于 bootstrap 技术巧妙地避免了过拟和问题，改善了回归模型的泛化能力。

需要说明的是，这里我们仅仅利用了简单的平均运算来获得一个综合模型，其实就是对每个 O2-PLS bootstrap 子模型赋予相同的权重系数。当然也可以给它们赋予不同的权重，权重系数的选择有许多方法可以确定，Zhang 等[27-30]总结了一些简单可行的权值选择策略，可以根据不同的分析目的选择适合的方法。

将$\{\boldsymbol{X}_c(I\times J_{c,v}),\boldsymbol{Y}(I\times J_y)\}$向最终的子时段 O2-PLS 回归模型上投影，得到质量解释及预测分析关系表述如下：

$$
\begin{aligned}
&\breve{\boldsymbol{X}}_c=\boldsymbol{T}_c\boldsymbol{W}_c{}^{\mathrm{T}}+\boldsymbol{T}_{c,\mathrm{Yosc}}\boldsymbol{P}_{c,\mathrm{Yosc}}{}^{\mathrm{T}}+\boldsymbol{E}_c\\
&\boldsymbol{Y}=\boldsymbol{U}_c\boldsymbol{C}_c{}^{\mathrm{T}}+\boldsymbol{U}_{c,\mathrm{Xosc}}\boldsymbol{P}_{c,\mathrm{Xosc}}{}^{\mathrm{T}}+\boldsymbol{F}_c\\
&\hat{\boldsymbol{Y}}_c=\boldsymbol{T}_c\boldsymbol{B}_c\boldsymbol{C}_c{}^{\mathrm{T}}=\hat{\boldsymbol{U}}_c\boldsymbol{C}_c{}^{\mathrm{T}}\\
&\boldsymbol{T}_c=(\breve{\boldsymbol{X}}-\boldsymbol{T}_{c,\mathrm{Yosc}}\boldsymbol{P}_{c,\mathrm{Yosc}}{}^{\mathrm{T}})\boldsymbol{W}_c\\
&\boldsymbol{T}_{c,\mathrm{Yosc}}=\breve{\boldsymbol{X}}\mathbf{R}_{c,\mathrm{Yosc}}\\
&\boldsymbol{U}_c=(\boldsymbol{Y}-\boldsymbol{U}_{c,\mathrm{Xosc}}\boldsymbol{P}_{c,\mathrm{Xosc}}{}^{\mathrm{T}})\boldsymbol{C}_c\\
&\boldsymbol{U}_{c,\mathrm{Xosc}}=\boldsymbol{Y}\boldsymbol{R}_{c,\mathrm{Xosc}}
\end{aligned}
\tag{11-4}
$$

其中，下角标 c 代表了时段；$\boldsymbol{T}_c(I\times A_c)$和 $\boldsymbol{U}_c(I\times A_c)$分别是$\breve{\boldsymbol{X}}_c$ 与 $\boldsymbol{Y}$ 中对应二者协变部分的潜成分特征；$\boldsymbol{W}_c(J_{c,v}\times A_c)$和 $\boldsymbol{C}_c(J_y\times A_c)$则分别是对应该协变部分的$\breve{\boldsymbol{X}}_c$ 与 $\boldsymbol{Y}$ 的权重矩阵；$\boldsymbol{T}_{c,\mathrm{Yosc}}(I\times A_{c,\mathrm{Yosc}})$和 $\boldsymbol{U}_{c,\mathrm{Xosc}}(I\times A_{c,\mathrm{Xosc}})$分别是$\breve{\boldsymbol{X}}_c$ 与 $\boldsymbol{Y}$ 互不相关的 OSC 主成分；$\boldsymbol{R}_{c,\mathrm{Yosc}}(J_{c,v}\times A_{c,\mathrm{Yosc}})$和 $\boldsymbol{R}_{c,\mathrm{Xosc}}(J_y\times A_{c,\mathrm{Xosc}})$是对应该部分的$\breve{\boldsymbol{X}}_c$ 与 $\boldsymbol{Y}$ 的权重矩阵；$\boldsymbol{P}_{c,\mathrm{Yosc}}(J_{c,v}\times A_{c,\mathrm{Yosc}})$和 $\boldsymbol{P}_{c,\mathrm{Xosc}}(J_y\times A_{c,\mathrm{Xosc}})$是对应的负载矩阵；$\boldsymbol{B}_c$ 代表了 $\boldsymbol{T}_c(I\times A_c)$与 $\boldsymbol{U}_c(I\times A_c)$之间的回归关系。这里与传统的 PLS 算法不同的是，O2-PLS算法中质量预测值 $\hat{\boldsymbol{Y}}_c$ 是由$\breve{\boldsymbol{X}}_c$ 中与质量协变的过程波动“信息部分”预测得来的。$\boldsymbol{E}_c(I\times J_{c,v})$和 $\boldsymbol{F}_c(I\times J_y)$分别是该 O2-PLS 模型无法解释的$\breve{\boldsymbol{X}}_c$ 与 $\boldsymbol{Y}$ 中的残差部分，它们尽管对于质量解释来说没有什么价值，但是可以为时段局部及累积作用的分析提供一些有意义的信息。其中残差部分越大，说明该子时段 O2-PLS 模型所无法解释的噪声干扰越多。后面的仿真部分将对此作进一步的阐述。

在各个时段中，将过程变量以及质量变量中的波动信息分别拆分开来之后，可以借助于 7 个 O2-PLS 统计指标[23]更形象地定量化分析这些波动的不同含义。

(1) O2-PLS 模型所能够解释的系统波动，$R^2\boldsymbol{X}_c$ 和 $R^2\boldsymbol{Y}_c$：

$$
\begin{aligned}
R^2\boldsymbol{X}_c&=1-\frac{\sum\boldsymbol{E}_c{}^2}{\sum\breve{\boldsymbol{X}}_c{}^2}\\
R^2\boldsymbol{Y}_c&=1-\frac{\sum\boldsymbol{F}_c^2}{\sum\boldsymbol{Y}^2}
\end{aligned}
\tag{11-5}
$$

(2) ***X-Y*** 协变部分，即过程波动与质量波动的“信息部分”，$R^2\boldsymbol{X}_{c,\mathrm{corr}}$和 $R^2\boldsymbol{Y}_{c,\mathrm{corr}}$：

$$
\begin{aligned}
R^2\boldsymbol{X}_{c,\mathrm{corr}}&=\frac{\sum(\boldsymbol{T}_c\boldsymbol{W}_c{}^{\mathrm{T}})^2}{\sum\breve{\boldsymbol{X}}_c{}^2}\\
R^2\boldsymbol{Y}_{c,\mathrm{corr}}&=\frac{\sum(\boldsymbol{U}_c\boldsymbol{C}_c^{\mathrm{T}})^2}{\sum\boldsymbol{Y}^2}
\end{aligned}
\tag{11-6}
$$

(3) OSC 子模型所解释的系统波动“噪声部分”,$R^2\boldsymbol{X}_{c,\mathrm{Yosc}}$ 和 $R^2\boldsymbol{Y}_{c,\mathrm{Xosc}}$:

$$R^2\boldsymbol{X}_{c,\mathrm{Yosc}}=\frac{\sum(\boldsymbol{T}_{c,\mathrm{Yosc}}\boldsymbol{P}_{c,\mathrm{Yosc}}{}^{\mathrm{T}})^2}{\sum\breve{\boldsymbol{X}}_c^2}$$

$$R^2\boldsymbol{Y}_{c,\mathrm{Xosc}}=\frac{\sum(\boldsymbol{U}_{c,\mathrm{Xosc}}\boldsymbol{P}_{c,\mathrm{Xosc}}{}^{\mathrm{T}})^2}{\sum\boldsymbol{Y}^2} \tag{11-7}$$

(4) 该时段过程波动所能够预测的质量波动信息,$R^2\hat{\boldsymbol{Y}}_c$:

$$R^2\hat{\boldsymbol{Y}}_c=1-\frac{\sum(\boldsymbol{T}_c\boldsymbol{B}_c\boldsymbol{C}_c{}^{\mathrm{T}}-\boldsymbol{Y})^2}{\sum\boldsymbol{Y}^2} \tag{11-8}$$

从上述计算公式中不难看出,其中 O2-PLS 模型所能够解释的系统波动(如公式(11-5)所示)包括了两部分:$\boldsymbol{X}$-$\boldsymbol{Y}$ 协变的系统波动“信息部分”(如公式(11-6)所示)及 OSC 子模型所解释的系统波动“噪声部分”(如公式(11-7)所示)。

11.3.3 基于时段累积作用的统计分析和回归建模

前面的变量选择以及 O2-PLS 回归建模分析了各个独立时段对于质量预测的局部影响作用,获得了各个时段内与质量相关的各部分信息,它们为进一步分析质量解释与预测的累积效应奠定了基础。下面我们将在该分析结果的基础上,从过程整体的角度,针对所有时段研究它们对于质量解释及预测的综合作用效果。非关键时段虽然包含的质量相关的有用信息较少,但是它们仍旧对质量性能的解释起着一定的作用。也就是说,只有全部时段合在一起时我们才能够对质量性能作一个全面的描述。因此,这里的关键问题就是如何将各时段对质量解释及预测的局部作用累积起来。

从第一层面的时段局部作用分析中我们已经获得了各个子时段与质量协变的那部分过程波动信息,并将其潜变量 $\boldsymbol{T}_c$ 提取了出来,它们表征了各时段中与质量相关的过程波动“信息部分”,并且各时段中的 $\boldsymbol{T}_c$ 可能有重叠的部分。利用 PLS 算法,将所有时段的 $\boldsymbol{T}_c$ 作为建模输入变量进行累积作用分析。

首先,将来自于所有 C 个子时段的 $\boldsymbol{T}_c$ 联合起来构建一个综合的新的输入空间:$\hat{\boldsymbol{X}}(I\times\sum_{c=1}^{C}A_c)=[\boldsymbol{T}_1,\boldsymbol{T}_2,\cdots,\boldsymbol{T}_c,\cdots,\boldsymbol{T}_C]$。该输入空间涵盖了各个时段与质量相关的特征信息,最终的质量是由这些时段的“信息部分”共同决定的。因此利用 PLS 算法将该综合的回归关系提取如下:

$$\hat{\boldsymbol{Y}}=\hat{\boldsymbol{X}}\boldsymbol{\Theta} \tag{11-9}$$

这里回归模型 $\boldsymbol{\Theta}$ 的维数为 $((\sum_{c=1}^{C}A_c)\times J_y)$,回归系数则表征了各个时段的重要性。

如图 11.2 所示，整个基于时段局部及累积作用分析的建模算法总结如下。

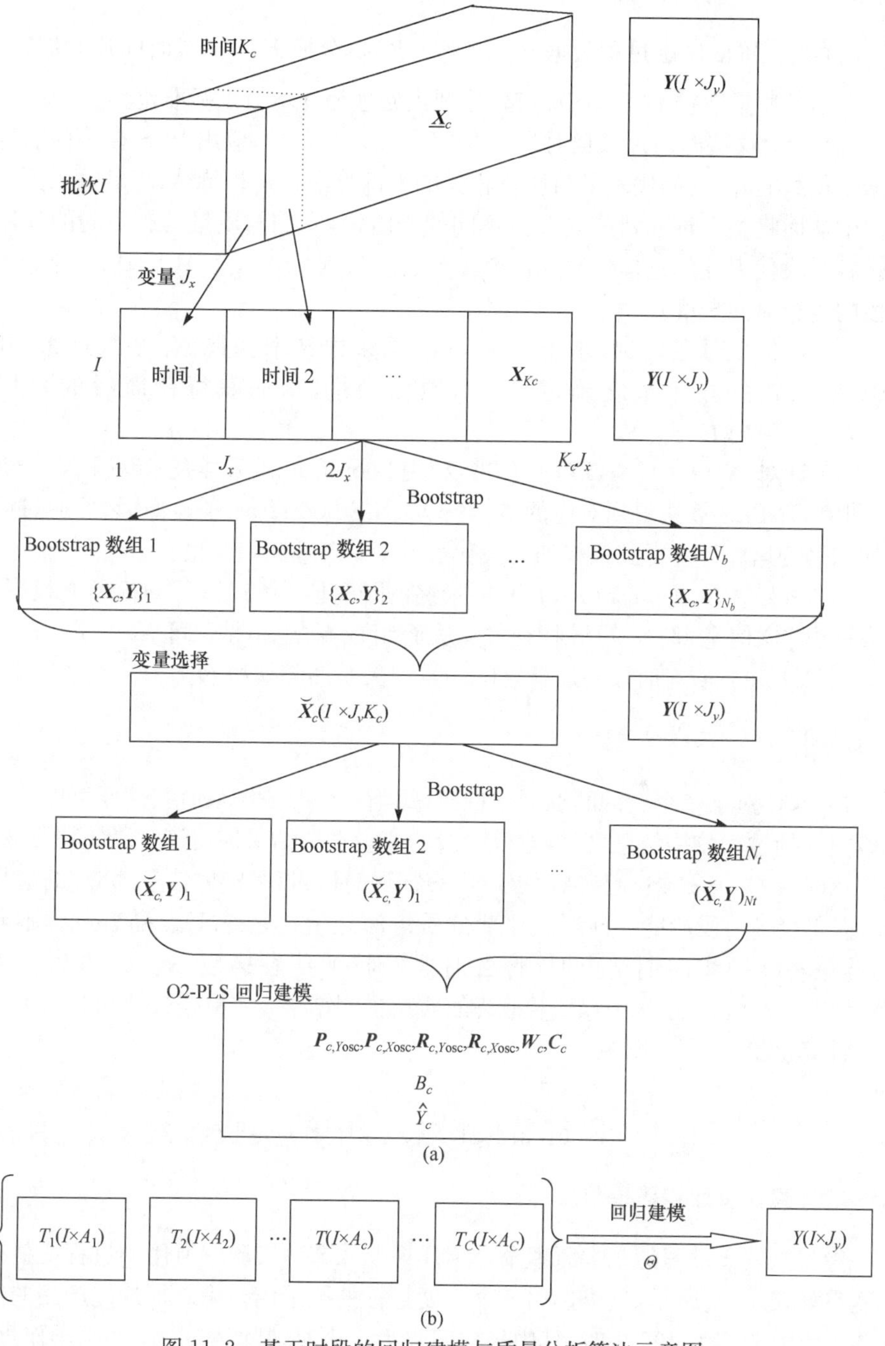

图 11.2　基于时段的回归建模与质量分析算法示意图
(a) 时段局部作用分析　(b) 时段累积作用分析

11.3.3.1 建模步骤

(1) 将三维的间歇过程数据 $\underline{\boldsymbol{X}}(I\times J_x\times K)$拆分成 K 个二维时间片数据阵，与最终产品的质量数据 $\boldsymbol{Y}(I\times J_y)$一起，分别预处理为 0 均值 1 标准差。

(2) 针对这些时间片数据对$\{\boldsymbol{X}_k(I\times J_x),\boldsymbol{Y}(I\times J_y)\}$，应用 PLS 算法提取过程数据的负载矩阵，它们代表了与质量相关的那部分潜在过程特性，将其输入到聚类算法中从而将整个过程划分成 C 个不同的子时段，它们与质量具有不同的作用关系。各时段代表性的过程数据分析单元可表示为 $\boldsymbol{X}_c(I\times K_cJ_x)$(其中 K_c 是第 c 个时段的运行时间长度)。

(3) 在各个时段内部，基于 bootstrap 重采样技术获得 N_b 个数据组，利用 UVE 变量选择技术最终确定 $J_{c,v}$ 个预测变量，从而获得精简后的数据对$\{\boldsymbol{X}_c(I\times J_{c,v}),\boldsymbol{Y}(I\times J_y)\}$。

(4) 针对$\{\boldsymbol{X}_c(I\times J_{c,v}),\boldsymbol{Y}(I\times J_y)\}$，利用 bootstrap 重采样技术获得 N_t 个数据组，利用 O2-PLS 算法得到对应的 N_t 个 O2-PLS bootstrap 子模型，然后通过简单的加和平均运算计算得到最终的时段代表性 O2-PLS 回归模型。

(5) 将$\{\boldsymbol{X}_c(I\times J_{c,v}),\boldsymbol{Y}(I\times J_y)\}$向最终的子时段 O2-PLS 回归模型上投影，提取表征过程“信息部分”的潜特征 $\boldsymbol{T}_c$，从而组成新的输入空间 $\hat{\boldsymbol{X}}=[\boldsymbol{T}_1,\boldsymbol{T}_2,\cdots,\boldsymbol{T}_c,\cdots,\boldsymbol{T}_C]$，建立所有时段与质量之间的累积关系回归模型 $\boldsymbol{\Theta}$。

11.3.3.2 在线应用

在线时，对于一个新的间歇操作批次，每当一个时段结束时我们便可以利用该时段完整的过程数据信息，根据建模阶段的变量选择结果保留该时段的预测变量，调用该时段的 O2-PLS 模型从而提取出表征该时段过程波动“信息部分”的潜特征 $\boldsymbol{t}_c^{\text{new}}$，获得当前时段所能够预测的那部分质量信息 $\hat{\boldsymbol{y}}_c^{\text{new}}(J_y\times 1)$。随着过程不断运行，当该间歇操作周期结束时，将各时段的特征信息构成一个新的输入空间 $\hat{\boldsymbol{x}}^{\text{new}}=[\boldsymbol{t}_1^{\text{new}},\boldsymbol{t}_2^{\text{new}},\cdots,\boldsymbol{t}_c^{\text{new}},\cdots,\boldsymbol{t}_C^{\text{new}}]$，最终的质量预测结果 $\hat{\boldsymbol{y}}^{\text{new}}$ 根据公式(11-9)可以很容易计算得出。

11.4 青霉素发酵过程中的实验研究

11.4.1 实验设计和建模数据

青霉素发酵过程的基本原理及介绍详见 5.4 节。实验中所用的过程变量及质量变量如表 11.1 所示，这里选用三个浓度指标的测量结果来表征最终产品的质量性能。发酵周期为 400 小时，其中采样间隔为 1 小时，共产生 40 个间歇操作批次，得到三维过程数据 $\underline{\boldsymbol{X}}(40\times 11\times 400)$。而质量变量仅仅在过程结束时获得，得到二

维质量数据阵为 $\boldsymbol{Y}(40\times3)$。

表 11.1　回归建模所使用的过程变量与质量变量

序号	过程变量
1	通风率/(L/h)
2	搅拌功率/W
3	基质补料速度/(L/h)
4	基质补料温度/K
5	溶解氧浓度/(g/L)
6	培养基容量/L
7	二氧化碳浓度/(g/L)
8	pH
9	发酵罐温度/K
10	产生热量/kcal
11	冷却水流量/(L/h)
12	
序号	**质量变量**
1	基质最终浓度/(g/L)
2	生物量最终浓度/(g/L)
3	青霉素最终浓度/(g/L)

11.4.2　基于时段的质量解释与预测分析

首先利用 400 个标准化后的时间片过程数据单元 $\boldsymbol{X}_k(I\times J_x)$ 与标准化后的质量数据 $\boldsymbol{Y}(40\times3)$ 构成 400 个数据对 $\{\boldsymbol{X}_k, Y\}$，利用 PLS 算法可以获取 400 个过程数据的时间片负载矩阵。通过聚类算法[32-34] 将整个过程划分成 5 个时段，如表 11.2 所示。需要说明的是，这里的时段划分结果与第 3 章中的时段划分结果不尽相同，前者侧重于过程潜在特性本身的变化，而这里关注的是质量相关的过程特性的变化。

表 11.2　基于时段的变量选择结果

时段	时段运行周期	原始的过程变量个数	保留的预测变量数($J_{c,v}$)	所占的百分比率/%
I	1～77	847	592	70
II	78～110	363	290	80
III	111～288	1958	979	50
IV	289～360	792	396	50
V	361～400	440	176	40

时段划分后，首先进行时段局部作用效果分析。在各个时段内，利用 bootstrap 技术产生了 30 组 bootstrap 训练数据组$\{\boldsymbol{X}_c(30\times J_xK_c),\boldsymbol{Y}(30\times J_y)\}_i$ $(i=1,2,\cdots,30)$与 30 组 bootstrap 测试数据组$\{\boldsymbol{X}_c(10\times J_xK_c),\boldsymbol{Y}(10\times J_y)\}_i$，在此基础上进行变量选择。以前 4 个子时段为例，各时段的综合稳定性指标的分布情况如图 11.3 所示，显示了其在同一时段内时间方向上的发展变化。各时段最终的变量选择结果如表 11.2 所示。经过变量选择，只有那些与质量解释及预测相关的过程变量作为预测输入变量保留了下来，它们仅仅是原始过程输入变量的一部分，这在很大程度上简化了回归模型。例如，在第 5 子时段，保留的预测变量仅仅是原始展开变量的 40%。经过变量选择，各时段的建模输入数据对简化为$\{\breve{\boldsymbol{X}}_c(40\times J_{c,v}),\boldsymbol{Y}(40\times J_y)\}$。

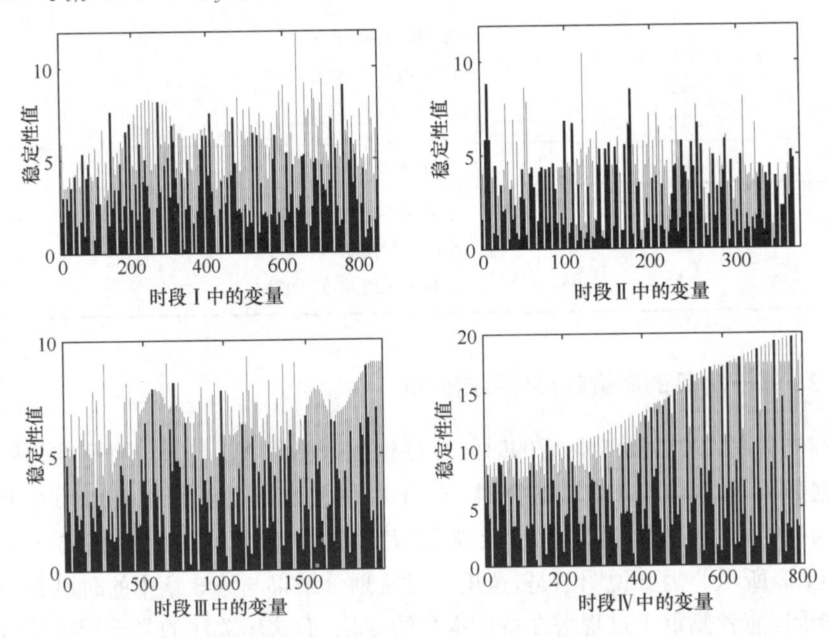

图 11.3　各局部时段的稳定性指标分布

在各个时段内建立 O2-PLS 模型，并分析各时段对于质量解释及预测的局部作用，建模及分析结果如表 11.3 所示。根据交叉检验方法[35]，对于过程数据来说，每个时段仅需要保留 3 个潜变量以及不同个数的 OSC 成分用于分别描述过程波动的“信息部分”和“噪声部分”。一般来说，由于过程波动更为复杂并且更易于被系统噪声污染，因此相比于质量波动来说，需要更多的 $\boldsymbol{X}$-OSC 主成分来剔除这些干扰因素。此外，借助于公式(11-5)～(11-8)中所定义的 7 个 O2-PLS 统计指标来定量化评估各种波动信息，可以进一步理解 O2-PLS 模型的作用与意义。从表 11.3 中的计算结果来看，存在以下关系：$R^2\boldsymbol{X}=R^2\boldsymbol{X}_{\mathrm{Yosc}}+R^2\boldsymbol{X}_{\mathrm{corr}}$ 和

$R^2\boldsymbol{Y}=R^2\boldsymbol{Y}_{X\mathrm{osc}}+R^2\boldsymbol{Y}_{\mathrm{corr}}$。这说明了在每个局部时段,O2-PLS 首先分别将 $\boldsymbol{X}$ 与 $\boldsymbol{Y}$ 中的系统波动分成两部分,$\boldsymbol{X}$-$\boldsymbol{Y}$ 协变部分以及 $\boldsymbol{X}$-$\boldsymbol{Y}$ 垂直部分(更确切地讲,是二者互不相关部分)。只有二者协变的那部分系统信息参与质量预测关系的提取,而那部分垂直系统信息则由 OSC 模型提取并表征。$R^2\hat{\boldsymbol{Y}}$ 的大小描述了当前时段对于质量波动的预测能力。在第 2 时段显示了较小的 $R^2\hat{\boldsymbol{Y}}$ 值,表明该时段对产品质量指标的预测能力较弱。但是该时段的 $R^2\hat{\boldsymbol{Y}}$ 却较大,其中大部分的质量波动信息是由 OSC 模型所解释的。另一方面,从公式(11-4)中我们可以看出,在每个时段,有部分的 $\boldsymbol{U}_c$ 特征不能被 $\boldsymbol{T}_c$ 所描述。因此质量波动中的"信息部分"即 $\boldsymbol{X}$-$\boldsymbol{Y}$ 协变部分($R^2\boldsymbol{Y}_{\mathrm{corr}}$)要大于由 $\boldsymbol{T}_c$ 所能够预测的那部分质量波动信息($R^2\hat{\boldsymbol{Y}}$)。比较各时段的分析结果,第 4 时段的 $R^2\hat{\boldsymbol{Y}}$ 值最大,说明该时段具有最高的质量预测能力,但是这并不意味着该时段的过程波动"信息部分"最多。对比各时段的 $R^2\boldsymbol{Y}_{\mathrm{corr}}$,可以看出,第 5 时段的过程波动"信息部分"所占的比例最大。此外,将各个时段的 $R^2\hat{\boldsymbol{Y}}$ 直接累加起来和为 203.4806%,这也恰恰证明了我们之前所说的各时段对于质量预测能力有重叠的部分。这些统计指标定量地揭示了各个子时段对于质量预测与解释的局部效应,它们告诉我们,各个时段在质量解释与预测方面各自扮演了什么角色,各时段内哪部分过程波动信息用于质量解释及预测,而又有多少质量信息可以被当前时段所解释或预测,从而揭示了各个时段的重要性等级。

表 11.3　基于时段的 O2-PLS 建模结果

(a)

$\boldsymbol{X}$ 模型	潜成分个数	OSC 主成分个数	$R^2\boldsymbol{X}$/%	$R^2\boldsymbol{X}_{\mathrm{corr}}$/%	$R^2\boldsymbol{X}_{Y\mathrm{osc}}$/%
第 1 时段	3	3	38.2961	13.5700	24.7261
第 2 时段	3	2	43.8444	17.4200	26.4245
第 3 时段	3	3	45.7518	14.8523	30.8996
第 4 时段	3	2	63.7875	39.5282	24.2593
第 5 时段	3	2	80.2951	63.4336	16.8615

(b)

$\boldsymbol{Y}$ 模型	潜成分个数	OSC 主成分个数	$R^2\boldsymbol{Y}$/%	$R^2\boldsymbol{Y}_{\mathrm{corr}}$/%	$R^2\boldsymbol{Y}_{X\mathrm{osc}}$/%	$E^2\hat{\boldsymbol{Y}}$/%
第 1 时段	2	1	96.2447	70.0285	26.2162	48.1659
第 2 时段	2	1	97.4439	37.1174	60.3265	14.7962
第 3 时段	2	1	96.6668	63.0659	33.6009	46.9264
第 4 时段	2	1	97.1384	65.6615	31.4769	58.0796
第 5 时段	2	1	97.4602	38.5934	58.8668	35.5125

由于各个子时段分别保留了 3 个潜成分,相应地,对应 5 个子时段便有 15 个

潜成分用于累积回归建模。对于每一个质量指标,图 11.4 分别显示了 5 个子时段的累积回归系数分布。从图中我们可以看出,对于各个质量指标,基本上这 5 个时段的累积回归系数大小分布情况类似。尤其是对于质量指标 1 和 2,各时段的累积回归系数大小幅度很相似,所不同的只是它们对质量影响的正负。此外,尽管某些局部子时段的质量预测精度比较低,但它们也在质量描述中起着一定的作用。每当一个过程结束我们就可以对产品质量指标进行更为全面的描述,并获得一个更为精确的质量预测结果。

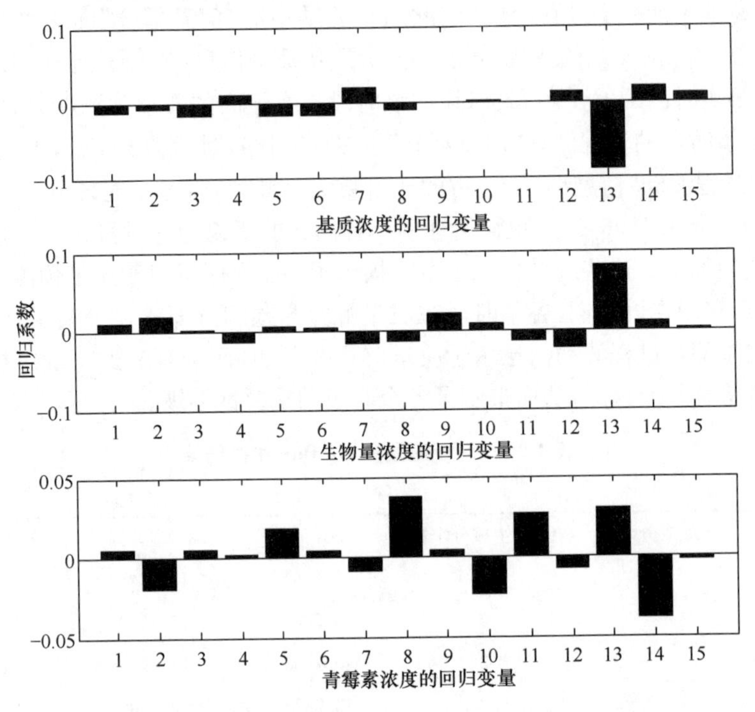

图 11.4　基于时段累积作用分析的 PLS 回归系数

采用与参考批次相同的操作条件,产生 20 个批次作为测试数据用于验证该模型的泛化预测能力。图 11.5 和 11.6 分别显示了针对训练数据以及测试数据的质量预测结果,并与 Lu 等提出的基于时段的 sub-PLS 方法[32]、传统的 MPLS 算法[1]进行对比,其质量预测结果的 MSE 指标亦显示在图中。总的看来,传统的 MPLS 算法对于训练数据具有较好的拟和能力,但是却往往容易产生过拟和问题,对于测试数据的泛化预测能力较差。而 Lu 等的 sub-PLS 方法由于其子时段 PLS 模型是将各采样时间点的 PLS 模型取平均获得的,仅仅考虑了各个独立时间点上的回归关系,却忽视了时段内部时间方向上以及各时段间的联系,因此其拟和效果与预测性能均不如本书所提出的方法。相对而言,本书所提出的算法对于训练数据的拟和以及测试数据的预测都取得了比较满意的结果。

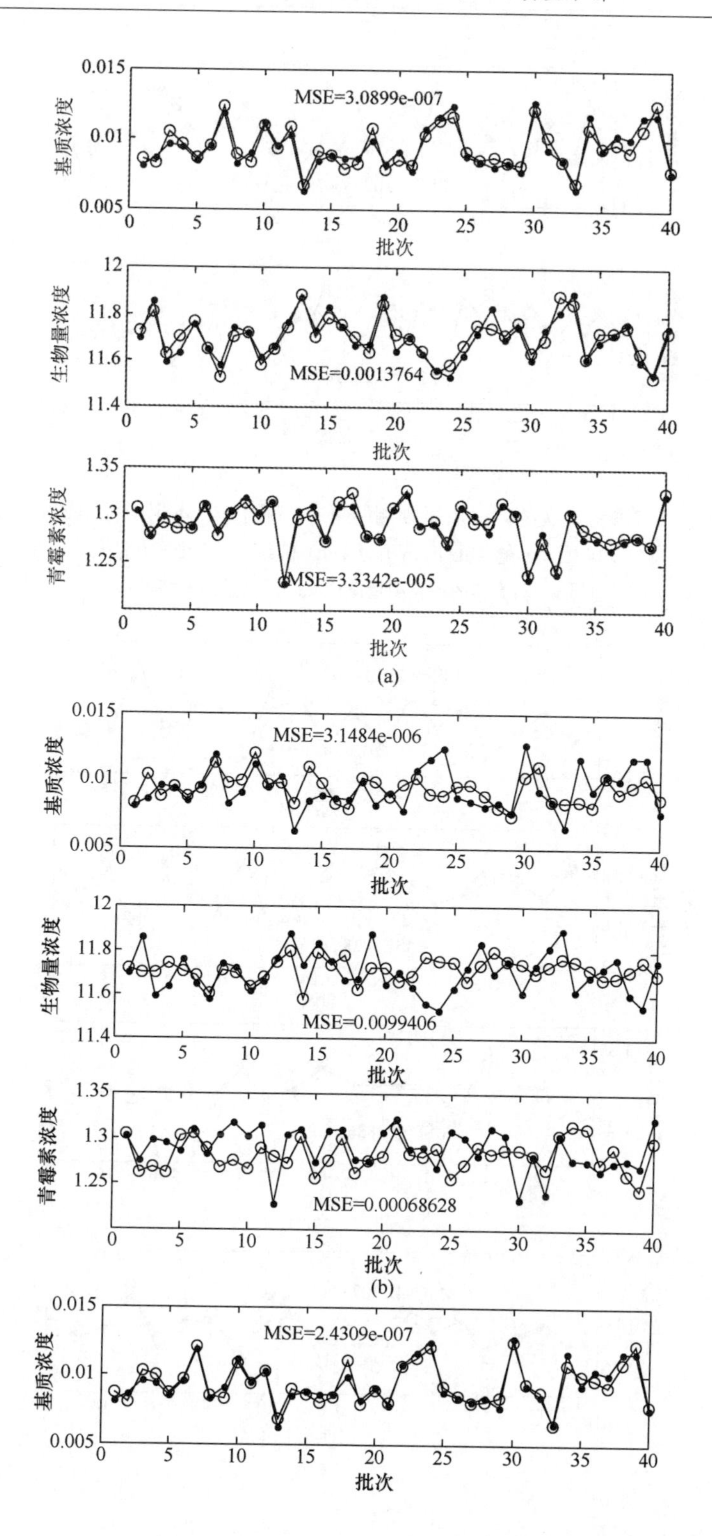

0.015
0.01
0.005
基质浓度
MSE=3.0899e-007
批次
12
11.8
11.6
11.4
生物量浓度
MSE=0.0013764
批次
1.35
1.3
1.25
青霉素浓度
MSE=3.3342e-005
批次
(a)
基质浓度
MSE=3.1484e-006
批次
生物量浓度
MSE=0.0099406
批次
青霉素浓度
MSE=0.00068628
批次
(b)
基质浓度
MSE=2.4309e-007
批次
0
5
10
15
20
25
30
35
40

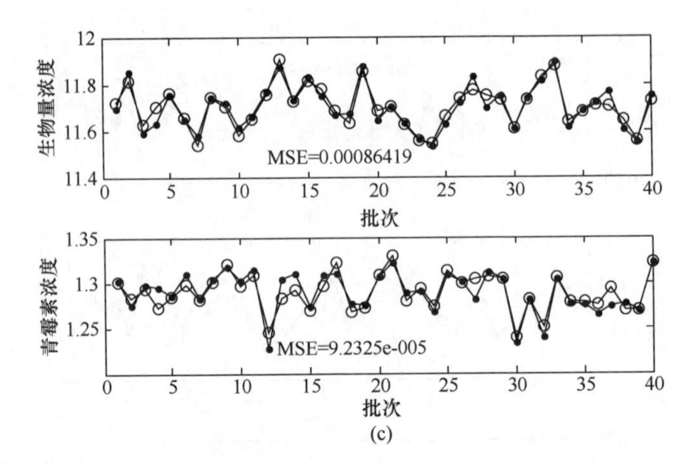

(c)

图 11.5　参考批次的离线质量预测结果——基于(a) 本书所提出的方法；(b) Lu 等的 sub-PLS 方法；(c) 传统的 MPLS 方法
（"—●—"：真实的质量测量值；"—○—"：质量预测结果）

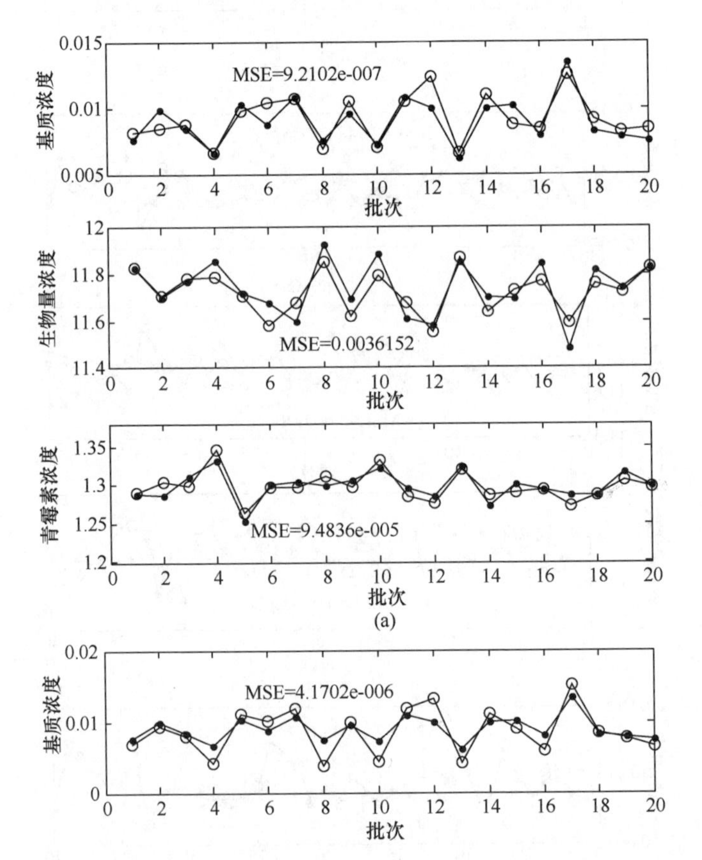

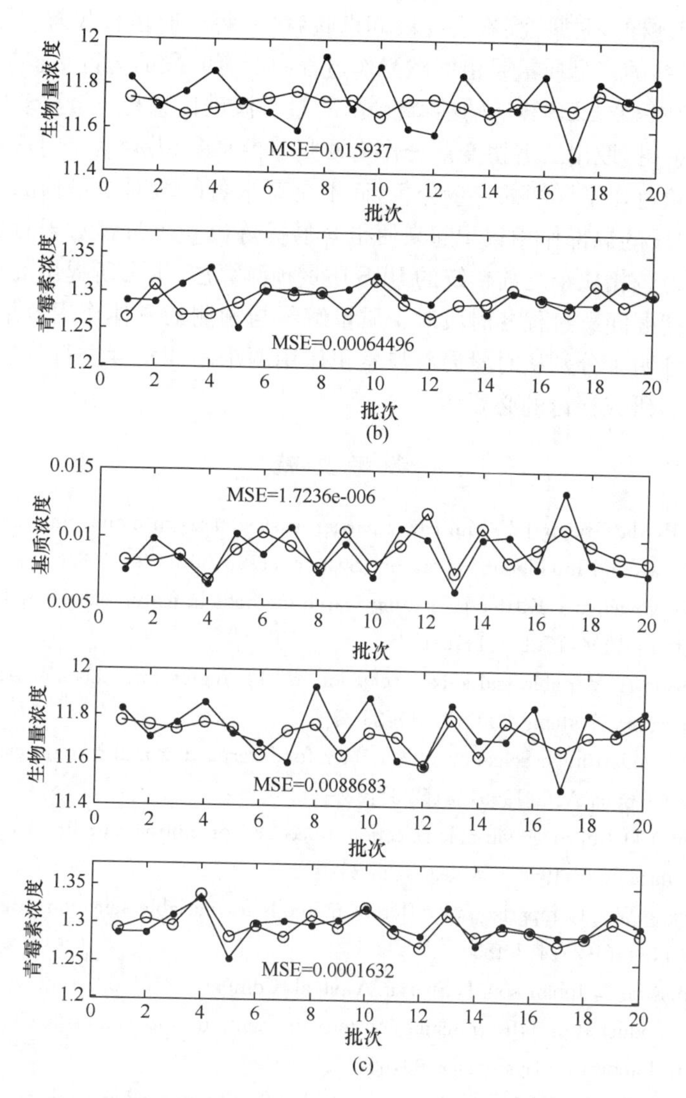

图11.6 测试批次的离线质量预测结果——基于(a) 所提出的方法；(b) Lu等的sub-PLS方法；(c) 传统的MPLS方法

(“—●—”:真实的质量测量值;“—○—”:质量预测结果)

11.5 结 束 语

本书以多时段间歇过程为背景，针对过程型质量指标进行了质量相关的统计分析与回归建模。该方法将各时段对于质量指标的作用分为“局部”与“累积”两类,它强调了这样一种理念:在多时段间歇过程中,每个时段仅仅解释了质量波动的一部分,最终的产品质量是由间歇操作过程中所有时段的运行状态共同决定的。为此,本书利用 O2-PLS 算法的独特性能,对过程波动信息与质量波动信息都进行了详细的分解,提取出二者协变部分作为回归建模平台,并对各个时段在质量解释中所扮演的角色作了详细的定量分析,而不是苛求各时段对质量预测的精度。此外,将各个时段的局部作用累积起来便很容易提炼出整个过程对于质量完整的预测与解释能力。相比于之前传统的 PLS 质量预测算法,本书所提出的算法可以更好地理解与把握间歇过程各时段对于质量解释与预测的具体作用效果与影响力。仿真实验也证明了分别从时段局部与累积作用两个不同角度进行分析的意义,并暗示了进一步研究探讨的必要性。

参考文献

[1] Nomikos P, MacGregor J F. Multi-way partial least squares in monitoring batch processes. Chemometrics and Intelligent Laboratory Systems, 1995, 30(1): 97-108.

[2] Pudil P, Novovičová J, Kittler J. Floating search methods in feature selection. Pattern Recognition Letters, 1994, 15(11): 1119-1125

[3] Höskuldsson A. Variable and subset selection in PLS regression. Chemometrics and Intelligent Laboratory Systems, 2001, 55(1): 23-38

[4] Eklöv T, Lundström I. Selection of variables for interpreting multivariate gas sensor data. Analytica Chimica Acta, 1999, 381(2-3): 221-232

[5] Walmsley A D. Improved variable selection procedure for multivariate linear regression. Analytica Chimica Acta, 1997, 354(1-3): 225-232

[6] Xu L, Zhang W J. Comparison of different methods for variable selection. Analytica Chimica Acta, 2001, 446(1-2): 477-483

[7] Abrahamsson C, Johansson J, Sparén A, et al. Comparison of different variable selection methods conducted on NIR transmission measurements on intact tablets. Chemometrics and Intelligent Laboratory Systems, 2003, 69(1-2): 3-12

[8] Gusnanto A, Pawitan Y, Huang J, et al. Variable selection in random calibration of near-infrared instruments: Ridge regression and partial least squares regression settings. Journal of Chemometrics, 2003, 17(3): 174-185

[9] Galvão R K H, Araújo M C U, Fragoso W D, et al. A variable elimination method to improve the parsimony of MLR models using the successive projections algorithm. Chemometrics and Intelligent Laboratory Systems, 2008, 92(1): 83-91

[10] Ye S F, Wang D, Min S G. Successive projections algorithm combined with uninformative variable elimination forspectral variable selection. Chemometrics and Intelligent Laboratory Systems, 2008, 91(2): 194-199

[11] Wold S, Antti H, Lindgren F, et al. Orthogonal signal correction of near-infrared spectra.

Chemometrics and Intelligent Laboratory Systems,1998,44(1-2):175-185
[12] Sjöblom J,Svensson O,Josefson M,et al. An evaluation of orthogonal signal correction applied to calibration transfer of near infraredspectra. Chemometrics and Intelligent Laboratory Systems,1998,44(1-2):229-244
[13] Fearn T. On orthogonal signal correction. Chemometrics and Intelligent Laboratory Systems,2000,50(1):47-52
[14] Zarei K, Atabati M, Malekshabani Z. Simultaneous spectrophotometric determination of iron,nickel and cobalt in micellar media by using direct orthogonal signal correction-partial least squares method. Analytica Chimica Acta,2006,556(1):247-254
[15] Ghorbani R,Ghasemi J,Abdollahi B. Conductometric simultaneous determination of acetic acid,monochloroacetic acid and trichloroacetic acid using orthogonal signal correction-partial least squares. Journal of Hazardous Materials,2006,131(1-3):13-18
[16] Nizai A,Yazdanipour A. spectrophotometric simultaneous determination of nitrophenol isomers by orthogonal signal correction and partial least squares. Journal of Hazardous materials,2007,146(1-2):421-427
[17] Boulet J C,Doco T,Roger J M. Improvement of calibration models using two successive orthogonal projection methods. Application to quantification of wine mannoproteins. Chemometrics and Intelligent Laboratory Systems,2007,87(2):295-302
[18] Centner V,Massart D L,Noord O E D,et al. Elimination of uninformative variables for multivariate calibration. Analytical Chemistry,1996,68(21):3851-3858
[19] Trygg J,Wold S. Orthogonal projections to latent structures(O-PLS). Journal of Chemometrics,2002,16(3):119-128
[20] Gabrielsson J,Jonsson H,Airiau C,et al. OPLS methodology for analysis of pre-processing effects onspectroscopic data. Chemometrics and Intelligent Laboratory Systems,2006,84(1-2):153-158
[21] Eriksson L,Toft M,Johansson E,et al. Separating Y-predictive and Y-orthogonal variation in multi-blockspectral data. Journal of Chemometrics,2006,20(8-10):352-361
[22] Gabrielsson J,Jonsson H,Airiau C,et al. The OPLS methodology for analysis of multi-block batch process data. Journal of Chemometrics,2006,20(8-10):362-369
[23] Trygg J,Wold S. O2-PLS,a two-block(X-Y) latent variable regression (LVR) method with an integral OSC filter. Journal of Chemometrics,2003,17(1):53-64
[24] Trygg J. O2-PLS for qualitative and quantitative analysis in multivariate calibration. Journal of Chemometrics,2002,16(6):283-293
[25] Efron B, Tibshirani R J. An Introduction to the Bootstrap. New York: Chapman & Hall,1993
[26] Wehrens R,Putter H,Buydens L M C. The bootstrap:A tutorial. Chemometrics and Intelligent Laboratory Systems,2000,54(1):35-52
[27] Zhang J,Martin E B,Morris A J,et al. Inferential estimation of polymer quality using

stacked neural networks. Computers & Chemical Engineering, 1997, 21: 1025-1030

[28] Zhang J. Inferential estimation of polymer quality using bootstrap aggregated neural networks. Neural Networks, 1999, 12(6): 927-928

[29] Zhang J. Developing robust non-linear models through bootstrap aggregated neural networks. Neurocomputing, 1999, 25(1): 93-113

[30] Zhang J, Morris A J, Martin E B, et al. Prediction of polymer quality in batch polymerization reactors using robust neural networks. Chemical Engineering Journal, 1998, 69(2): 135-143

[31] Shen Q, Jiang J H, Shen G L, et al. Ridge estimated orthogonal signal correction for data preprocessing prior to PLS modeling: QSAR studies of cyclooxygenase-2 inhibitors. Chemometrics and Intelligent Laboratory Systems, 2006, 82(1-2): 44-49

[32] Lu N Y, Gao F R. Stage based process analysis and quality prediction for batch process. Industrial & Engineering Chemistry Research, 2005, 44(10): 3547-3555

[33] Zhao C H, Wang F L, Mao Z Z, et al. Quality prediction based on phase-specific average trajectory for batch processes. AIChE Journal, 2008, 54(3): 693-705

[34] Zhao C H, Wang F L, Mao Z Z, et al. Improved knowledge extraction and phase-based quality prediction for batch processes. Industrial & Engineering Chemistry Research, 2008, 47(3): 825-834

[35] Wold S. Cross-validatory estimation of the number of components in factor and principal components models. Technometrics, 1978, 20(4): 397-405

第 12 章　基于子时段的间歇过程在线质量控制

前两章我们已经针对两类质量指标进行了区分并分别建立了不同的质量分析与预测方法，实现了在线质量预测算法与时段累积作用分析。但是前面的工作主要侧重于通过研究过程变量的变化来分析并在线预测最终产品的质量情况，即使发现质量问题，也没有采取相应的纠正措施来防止产品不合格问题重复发生。尽管已有大量先进的过程控制策略在实际过程中广泛运用，但由于过程故障、操作条件的漂移、原材料的改变和一些未知的扰动，产品质量的波动依然存在。本章承接之前针对质量预测的研究工作，将致力于充分利用间歇过程的多时段特性建立一种在线质量控制策略，这是对之前基于时段的质量分析与预测方法的进一步发展和延伸。为了更合理地解决间歇过程的质量控制问题，结合间歇过程多时段特性，应该深入分析质量控制的多时段特性，一旦发现质量问题应及时通过在适当的时段调节适当变量的设定值，恢复受控状态，把产品质量的波动控制在允许的范围内。

12.1　引　　言

高品质的产品质量是间歇过程工业追求的重要目标，随着现代社会的进步和过程工业的飞速发展，人们对于追求稳定的产品质量、降低生产成本，加强环境保护、提高生存效率的需求正在不断迅速提高，大大促进了对间歇过程质量控制的研究。间歇过程的质量控制通常运行在开环模式下，通过控制关键过程变量以期获得不同批次一致的运行状态来保证最终产品质量的一致性。尽管已有大量先进的过程控制策略在实际过程中广泛运用，由于过程故障、操作条件的漂移、原材料的改变和一些未知的扰动，产品质量的波动依然存在。通常，可以应用批次间的反馈控制策略减少质量波动，但该策略无法补偿批次内的质量损失。因此，为了保证一致、合格的产品质量，采用合适的在线质量控制策略对于工业界进行质量控制来说是非常必要的。

尽管如此，由于间歇过程具有复杂的动态和非线性过程特性、缺乏在线质量实时测量值以及高维相关变量无法独立调节，在线质量控制往往难以取得满意的效果。针对间歇过程在线质量控制前人已经开展了大量的研究工作，其中多元统计分析方法[1-4]已经获得了广泛的应用，如主成分分析(PCA)[1]、偏最小二乘(PLS)[2]、多向主成分分析[3]和多向偏最小二乘[4]等几种最流行的方法。上述方法能够直接处理高维高耦合数据而几乎不需要过程的先验知识。基于多元统计分析的在线质量预测方法[5,6]已在前面两章中进行了详细介绍，本章将集中于在线质量控制的研究工作。

目前，大多数的基于多元统计分析方法的在线质量控制是针对连续生产过程而提出来的[7-10]。针对批次或者半间歇过程，Yabuki 和 MacGregor[11]提出了一种所谓的中段控制策略(midcourse control policy)，该方法借助运行中间过程中获取的在线和离线的质量测量值用于控制最终的产品质量。但该方法严重依赖过程机理和经验知识且在每个批次内只实施一次产品质量调节。为了能在批次内实施更多的调节动作，Kesavan 等[12]以及 Flores Cerrillo 和 MacGregor[13,14]通过调节操作变量的轨迹提出了基于 PLS 的质量控制方法。该轨迹被人为地分成了若干时间段，每个时间段内都有若干控制决策点。在某一个控制决策点上，如果预测的产品质量超出了期望的质量规格，余下各段将会对操作变量的轨迹进行相应的调整。然而，在该方法中控制决策点的选取依然取决于对相关的具体过程机理的深入了解和认识。Russel 等[15]提出了一个更为一般的基于数据驱动的方法，该方法可以在任一过程时刻通过递归方式对产品质量进行在线预测和控制。Pan 和 Lee[16]将上述方法在甲基丙烯酸甲酯聚合过程中成功加以应用获得了较好的质量控制效果；Kaistha 等[17]将提出了一种基于处方的质量改进策略，并将该方法成功应用于一个尼龙－6,6 过程，减少了最终产品质量的波动。

对于间歇过程，一般来说，某些产品质量可能只受某些特定时段内某些特定变量的影响。这是实际过程中非常普遍的现象。因此，在这些特定时段外进行批次调节往往不能带来产品质量的改善，反而可能增大控制的难度并导致系统的不稳定。上面提到的质量控制方法都没有考虑到过程变量对产品质量影响的特定时间特性。本章承接之前针对质量预测的研究工作，将致力于充分利用间歇过程的时间特性建立一种在线质量控制策略。这是对之前基于时段的建模、监测和过程分析方法的进一步发展和延伸，从而用于基于时段的质量分析与控制。本章的质量控制策略将解决如下问题：

(1) 探讨了过程变量轨迹和最终产品质量之间特定的时间关系，以确定对最终质量具有重要影响的过程变量和时间段；

(2) 提供了最终产品质量的精确在线估计以确定是否需要进行批次内的在线调整；

(3) 在必要情况下，定义了何时以及如何实施在线调整以补偿质量偏差以达到所期望的最终产品质量。

通过上述问题的解决，所提出的基于时段的质量控制器通过在适当的时段调节适当变量的设定值以维持最终的产品质量。这里我们引入了“质量控制的关键时段”这一概念，并提供了如何确定关键执行参数的指导准则。

12.2　基于时段的质量控制策略

12.2.1　基本思想

在阐述方法之前，先对间歇过程数据的特点进行简要的描述。图 12.1 大体展示了间歇过程数据的流向，其中 y_{sp}是最终产品的期望质量指标，x_{sp}^*是被控过程变量 x^* 的设定值，d 为过程干扰，$x(k)$是可测量变量的在线过程测量值，y 是间歇操作结束时的最终产品质量测量值，k 代表批次内的各采样点。

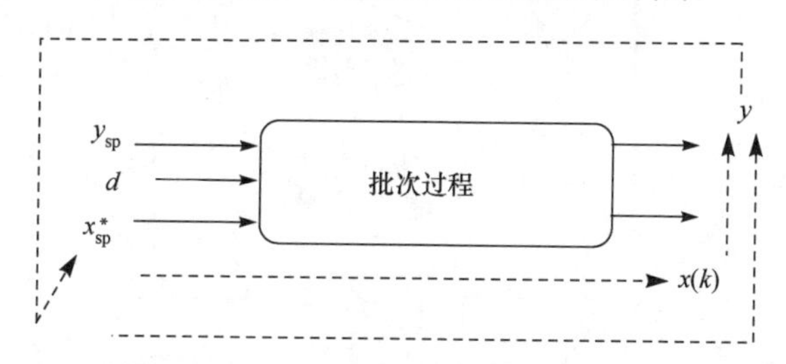

图 12.1　间歇过程数据流向之间的关系

图 12.1 中的虚线描绘了间歇过程数据的信息流向。过程控制器初始设定值 x_{sp}^*可根据产品质量的期望 y_{sp}通过明确或者暗示的方法决定，而最终产品的质量特性 y 可以根据被控变量的设定值确定或从过程轨迹中估计得到。相比于基于在线过程测量值的质量预测方法，基于设定值的质量预测具有简单方便的特点，但其预测精度不高，因为终端产品质量会因为受不可控变量或过程干扰而变化。这里研究工作的目的是开发一个最终产品质量的闭环控制策略，依据在线质量预测值 $y(k)$调整过程控制器设定值 x_{sp}^*。

图 12.2 展示了所提出的基于时段的在线质量控制策略。在线实施质量控制时，会首先确定当前运行过程所处的时段以及判断该时段是否是质量相关的关键时段。根据时段信息的判断和分析，如果该时段为关键时段，则调用相应的子时段 PLS 模型用于在线质量预测。如果预测的质量偏离了期望区域，通过调用预先建立的在线批次调整算法用于计算过程控制器的新设定值。

12.2.2　离线建模与分析

在建立具体控制策略前，需要进行必要的离线处理步骤，包括数据准备、基于时段的质量预测和控制建模，以及其他一些离线分析，如质量关键时段的定义、可调整过程变量以及不控制作用区域的确定等)。下面具体介绍下离线建模步骤。

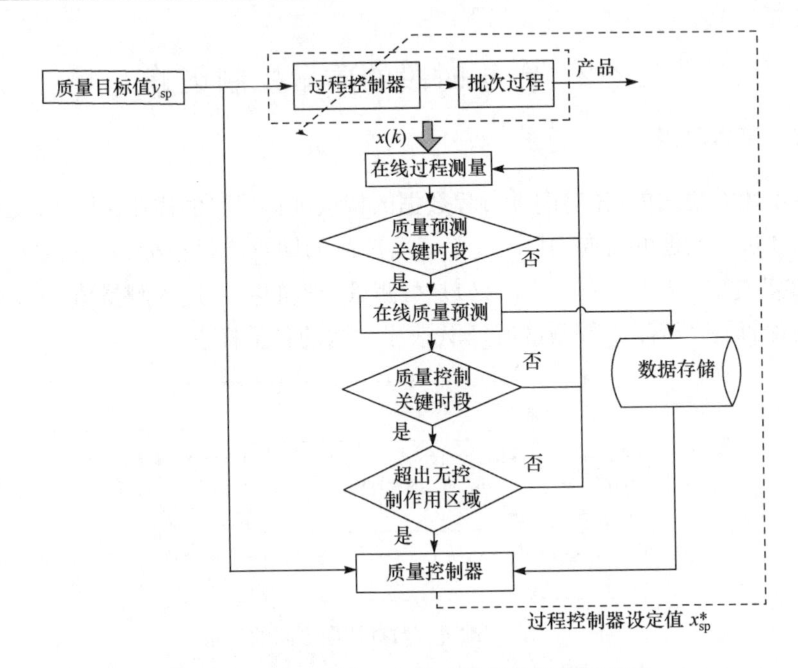

图 12.2　基于时段 PLS 的在线质量控制流程图

12.2.2.1　数据准备

基于数据的质量控制系统的一个关键问题是合理的参考数据集的建立。其中包括数据选择以包括尽可能大的操作区域,针对不等长间歇过程的数据校准和一些数据预处理(如中心化和归一化)。

基于数据的建模方法一般来说,只有在建模参考数据覆盖的范围内具有较好的有效性;因此,为了获得良好的模型性能,希望参考数据集应尽可能在正常的操作范围内并涵盖充足的正常过程特性信息,并且历史数据应能反映一个广泛的操作条件范围。此外,设计的实验应能够在正常的操作条件下产生一个比较宽泛的过程轨迹变化范围[18]。对于不等长的间歇过程,现有很多方法用于处理不等长数据[19-24]。如果现有的过程机理知识能够确定一个合适的指示变量,可以使用简单的指示变量方法[20]对不等长批次进行相关处理,将其整理成等长的过程数据。在合适的数据选择和数据预处理之后,收集的间歇过程参考数据集由一个三维过程轨迹 $\boldsymbol{X}(I\times J_x\times K)$和一个二维质量测量值 $\boldsymbol{Y}(I\times J_y)$构成。其中 I 是参考数据集中的批次数量,K 是每个批次内的采样长度,J_x 和 J_y 分别是过程变量以及产品质量变量的数目。在 MPLS 建模方法中,$\boldsymbol{X}$ 是经过标准正交化后的,也就是说通过在批次方向上的中心化和归一化进行数据预处理来关注批次方向上的波动。两维质量数据 $\boldsymbol{Y}$ 也被标准化为具有 0 均值、单位方差。

12.2.2.2　模型建立

基于时段的建模方法[5,6]的提出基于以下认识：①一个间歇过程能够根据其潜在过程特性的变化划分为若干建模时段；②尽管过程轨迹可能是时变的，但是变量间的相关关系在时段内部基本保持不变，而在不同时段间具有显著的差异，因此变量相关关系的变化可以用来反应过程时段的变化。基于时段 PLS 的主要建模步骤总结如下。

沿着时间方向，三维过程数据 $\underline{\boldsymbol{X}}(I\times J_x\times K)$ 被切割成 K 个时间片矩阵 $\boldsymbol{X}_k(I\times J_x)(k=1,2,\cdots,K)$。用 PLS 方法提取每个时间片矩阵 $\boldsymbol{X}_k$ 和最终产品的质量数据 $\boldsymbol{Y}$ 之间存在的预测关系，可得到 K 个时间片 PLS 回归模型，$\boldsymbol{Y}_k=\boldsymbol{X}_k\widetilde{\boldsymbol{\Theta}}_k$。回归系数矩阵 $\widetilde{\boldsymbol{\Theta}}_k$ 包含了 k 时刻的质量相关信息，而且该质量相关信息应该在相同的时段内具有相似性，在不同的时段内具有显著的差异。通过改进的 k-means 聚类方法[5]根据质量相关过程特性的变化将 K 个 $\widetilde{\boldsymbol{\Theta}}_k$ 分成不同的子时段。假设一个间歇过程被分成了 C 个子时段，子时段 PLS 建模方法可以能够产生 C 个独立的 PLS 模型。子时段代表性的 PLS 模型可以通过计算该时段内所有时间片模型 $\widetilde{\boldsymbol{\Theta}}_k$ 的平均来获得

$$\widetilde{\boldsymbol{\Theta}}_c^* = \frac{1}{n_{\text{stage}\_c}}\sum_k \widetilde{\boldsymbol{\Theta}}_k \quad (c=1,\cdots,C;k=1,\cdots,n_{\text{stage}\_c}) \tag{12-1}$$

其中，n_{stage_c}是第 C 时段内的所有采样点数目。详细的时段划分和时段 PLS 建模方法可以参见第 10 章。

12.2.2.3　离线分析

子时段 PLS 建模方法通过确定质量分析的关键时段，提供了一个能够有效分析过程变量对最终产品质量影响的时间特性的平台。质量分析的关键时段定义为与最终产品质量具有显著相关关系的过程时段，它一般是通过衡量子时段 PLS 预测模型的拟合精度来确定的。值得注意的是，在之前的章节中，质量分析的关键时段实际上为质量预测的关键时段。在本章中，进一步引入了质量控制的关键时段的概念。在质量预测的关键时段内如果能够找到可操作过程变量对最终产品质量施加相关影响，那么这个质量预测的关键时段可以进一步定义为质量控制的关键时段。显而易见，对这两个概念进行区分是很有必要的。例如，在注塑成型过程中，塑化早期阶段的模腔压力能够较好的预测最终产品质量，但该时段却不是产品重量控制的关键时段。这是因为模腔压力在该时段不是一个被控变量，而且在该时段内其他被控变量的调节几乎对产品重量没有任何影响。质量控制的关键时段的概念对于提升质量控制的有效性和系统稳定性是非常重要的，正如之前所提到的，关键时段之外进行过程调节可能会导致质量控制性能差，甚至会引起稳定性的

问题。

这里需要指出的是，操作变量的确定需要一定的过程先验知识，但是这些知识在实际工业过程中通常是非常容易得到的。在质量控制的关键时段，选择操作变量 x_a 的准则为：

(1) 该变量应该并且能够被操作用以影响相关的最终产品质量；

(2) 变量能够被方便加以操作从而不会增加底层过程控制系统的负荷；

(3) 这些变量在特定时段进行调节，且对后续时段的影响较小(也就是说调节变量对质量的影响具有时间特性)。

在以上三条准则中，第一条显而易见是最重要的。总之，我们在设计控制系统时需要选择合适的操作变量来达到较高的性能和较低的代价。在选择这些可调节变量的过程中，需要有一定的过程控制的基础知识。例如，具有快速动态特性的调节变量要优于响应慢的调节变量，因为前者更容易被操作，并且能更快的影响过程行为。

在每个质量控制的关键时段还需要确定不控制区域。该区域的引入基于以下几方面的原因。

首先，随着先进的批次处理和控制系统的发展，许多间歇过程能够取得令人满意的运行效果而无需频繁的设定值调整。调整行为只在预测质量真正偏离目标规格时才需要。

其次，考虑到预测模型的不确定性也不需要频繁进行质量调整。

最后，频繁的质量调整可能会降低批次操作的效率[25]。

不控制区域应该根据产品的规格来确定，例如，可以设定一个围绕期望产品规格上下波动的区域；或是通过分析历史数据库中的正常质量波动，例如，可以围绕目标质量加减标准方差来确定。在本章中，通过产品规格确定了一个简单的不控制区域。

12.2.3 在线质量控制

12.2.3.1 在线质量预测

在所提出的基于时段的质量控制系统中，质量预测器和质量控制器只在一些关键时段中起作用。在线质量控制的第一步是确定当前批次运行时刻所在的时段，这可通过检测当前采样点落入的过程时段来确定。如果当前时段是一个质量预测的关键时段，根据前面建立的子时段 PLS 回归模型进行在线质量预测。

对于只受当前关键时段(如时段 c)影响的质量指标，可直接调用当前的子时段 PLS 模型用于在线预测

$$\hat{\boldsymbol{y}}_c(k)=\boldsymbol{x}(k)\cdot\boldsymbol{\Theta}_c^* \tag{12-2}$$

其中,$\boldsymbol{x}(k)$代表在第 k 采样时刻测得的在线过程测量值;$\boldsymbol{y}_c$ 代表时段 c 中所关注的质量指标($\boldsymbol{y}_c=[y_1,\cdots,y_{q_c}]^{\mathrm{T}}$);$\hat{\boldsymbol{y}}_c(k)$是 y_c 的在线质量预测值;$\boldsymbol{\Theta}_c^*$ 是子时段 PLS 模型的回归系数矩阵;q_c 是在 c 时段中所关注的质量指标的总数;$\hat{\boldsymbol{y}}_c^*$ 为时段末的质量预测值,是 $\hat{\boldsymbol{y}}_c(k)$在整个时段 c 内的平均值。

如果质量指标受多个时段的影响,不失一般性,假设当前时段 c 和将来时段 f 共同决定这些质量指标 $\boldsymbol{y}_c=y_f=[y_1,\cdots,y_{qc}]^{\mathrm{T}}$,$c$ 时段内的在线质量预测可以表述为

$$\hat{\boldsymbol{y}}_c(k)=w_c\cdot x(k)\cdot\boldsymbol{\Theta}_c^*+w_f\cdot\hat{\boldsymbol{y}}_f^* \tag{12-3}$$

其中,该预测结果由两部分组成:当前时段的贡献 $x(k)\cdot\boldsymbol{\Theta}_c^*$ 和将来时段的贡献 $\hat{\boldsymbol{y}}_f^*$。由于在 c 时段的 k 采样时刻无法获得将来时刻的过程测量值,这里我们假设将来的时段保持正常的操作条件,从而获得名义上的时段末质量预测结果 $\hat{\boldsymbol{y}}_f^*$ 用于在线质量预测。时段权重参数 w_c 和 w_f 通过 stacked 回归方法计算而来[5]。

时段 f 内的产品质量在线预测表达为

$$\hat{\boldsymbol{y}}_f(k)=w_c\cdot\hat{\boldsymbol{y}}_c^*+w_f\cdot x(k)\cdot\boldsymbol{\Theta}_f^* \tag{12-4}$$

其中,$\hat{\boldsymbol{y}}_c^*$ 是时段 c 内的最终产品质量预测值,在 f 时段已知。

12.2.3.2　在线批次调节

假设在线过程测量的采样周期为 $T_{\mathrm{s}}(T_{\mathrm{s}}=1)$,通常质量控制间隔 T_q 是 T_{s} 的整数倍。为了更容易解释所提出的方法,这里我们将在质量控制的关键时段内的在线过程测量 $x(k)$采用双下标形式标记为 $x(k_c,k_i)$,如图 12.3 所示。其中 k_c 是质量控制决策点的指示符号($k_c=1,\ \cdots,\ K_c$),k_i 是时段内采样点的指示符号($k_i=1,\ \cdots,\ N_c$)。K_c 和 N_c 分别是时段 c 内控制决策点和采样点的总数,很明显,$N_c=T_qK_c$。

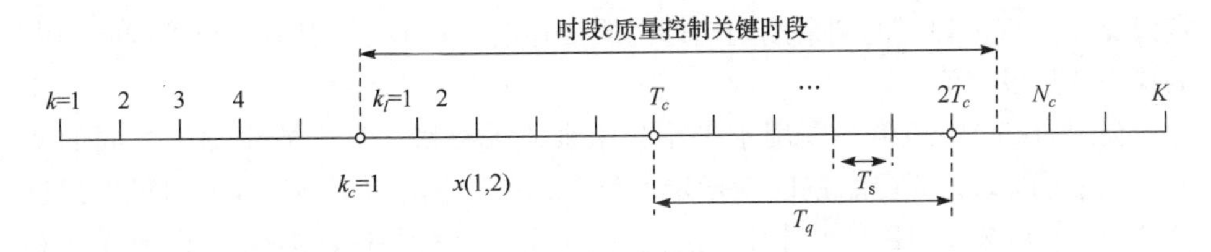

图 12.3　质量控制系统的双速率特性

在质量控制的关键时段 c 内的每一个关键决策点 k_c 上,采用以下的评判标准用来检查最终产品质量是否处于不控制区域:

$$(\hat{\boldsymbol{y}}_c(k_c)-\boldsymbol{y}_{c,\mathrm{sp}})^{\mathrm{T}}\boldsymbol{W}_1(\hat{\boldsymbol{y}}_c(k_c)-\boldsymbol{y}_{c,\mathrm{sp}})>\delta\boldsymbol{y}_{c,\mathrm{sp}}{}^{\mathrm{T}}\boldsymbol{W}_1\boldsymbol{y}_{c,\mathrm{sp}} \tag{12-5}$$

其中,$\hat{\boldsymbol{y}}_c(k_c)$是在质量控制间隔内所有 $\hat{\boldsymbol{y}}_c(k_c,k_i)$的平均值;$\hat{\boldsymbol{y}}_c(k_c,k_i)$是 $\boldsymbol{y}_c$ 的在线

质量预测值(通过公式(12-3)、公式(12-4)计算获得);$\boldsymbol{W}_1$ 是对角型权重调节矩阵(其权重系数反映了产品质量指标的相对重要程度);δ 是根据用户需要选定的一个很小的数(如0.1%),它的大小与所确定的不控制区域的大小直接相关。

在公式(12-5)中使用 $\hat{\boldsymbol{y}}_c(k_c)$ 的原因有两点。

首先,所提出的质量控制系统从本质上来说是一个双速率系统,有必要同步其在线质量预测和在线质量控制的速度。

其次,在线质量预测因为测量噪声和模型的不确定性会随时间发生实时变化。因此,针对同一个质量控制间隔内的质量预测结果取平均值可以为后续在线批次调节的实施提供一个比较平滑的质量预测。

当公式(12-5)中的条件满足时,表明产品质量已偏离了期望范围。因此,需要在当前时段剩余时间内通过改变操作变量的设定值来补偿质量偏差。这可以通过求解下述目标函数来进行:

$$\begin{gathered}J=\min_{\Delta x_{a,\mathrm{sp}}^*}\{Q_{\mathrm{comp}}-Q_{\mathrm{loss}}\}^2+Q_{\mathrm{cost}}\\ \Delta\boldsymbol{x}_{a,\mathrm{sp}}^*=\boldsymbol{x}_{a,\mathrm{sp,new}}^*-\boldsymbol{x}_{a,\mathrm{sp,old}}^*\\ \Delta\boldsymbol{x}_{a,\mathrm{sp,min}}^*\leqslant\Delta\boldsymbol{x}_{a,\mathrm{sp}}^*\leqslant\Delta\boldsymbol{x}_{a,\mathrm{sp,max}}^*\end{gathered}\tag{12-6}$$

其中

$$Q_{\mathrm{loss}}=\sum_{k_i=1}^{k_cT_q}(\hat{\boldsymbol{y}}_c(k_i)-\boldsymbol{y}_{c,\mathrm{sp}})^{\mathrm{T}}\boldsymbol{W}_1(\hat{\boldsymbol{y}}_c(k_i)-\boldsymbol{y}_{c,\mathrm{sp}})\tag{12-7}$$

$$Q_{\mathrm{comp}}=\sum_{k_i=1}^{(k_c+1)T_q}(\hat{\boldsymbol{y}}_c(k_i)-\boldsymbol{y}_{c,\mathrm{sp}})^{\mathrm{T}}\boldsymbol{W}_1(\hat{\boldsymbol{y}}_c(k_i)-\boldsymbol{y}_{c,\mathrm{sp}})\tag{12-8}$$

$$Q_{\mathrm{cost}}=(\Delta\boldsymbol{x}_{\mathrm{sp}}^*)^{\mathrm{T}}\boldsymbol{W}_2(\Delta\boldsymbol{x}_{\mathrm{sp}}^*)\tag{12-9}$$

Q_{loss}是由于扰动或是受其他因素影响,截止到控制决策点 k_c 的累积质量损失,它可以由在线过程测量值和质量预测模型估计出。Q_{comp}是基于操作变量的新设定值 $\boldsymbol{x}_{a,\mathrm{new,sp}}^*$在时段 c 的剩余期间期望的质量补偿。$\boldsymbol{x}_{a,\mathrm{old,sp}}^*$代表上一个控制间隔内的操作变量设定值。

公式(12-6)中的第一项用于最小化未来质量补偿与过去质量损失之间的偏差。Q_{loss}可以看成是Q_{comp}的时变设定。公式(12-7)中的质量预测 $\hat{\boldsymbol{y}}_c(k_i)$可以通过公式(12-3)或公式(12-4)来计算。然而,由于未来过程测量数据在 k_c 时刻无法获得,无法用公式(12-3)或公式(12-4)来计算公式(12-8)中的 $\hat{\boldsymbol{y}}_c(k_i)$。针对这种问题,有两种解决方案,一是分析新设定值 $\boldsymbol{x}_{a,\mathrm{new,sp}}^*$带来的变化进而预测未来的过程测量,然后利用公式(12-3)或公式(12-4)计算最终的产品质量;另一种是在建模阶段采用适当的回归建模方法直接建立关于 $\boldsymbol{x}_{a,\mathrm{sp}}^*$和 $\boldsymbol{y}$ 的回归模型($\boldsymbol{y}=f(\boldsymbol{x}_{a,\mathrm{sp}}^*)$),从而直接通过 $\hat{\boldsymbol{y}}_c(k_i)=f(\boldsymbol{x}_{a,\mathrm{sp}}^*)$获取未来的质量预测结果。由于第二种方法直观且易于理解,这里我们采用第二种方法。尽管仅仅根据设定点的质量预测精度可能不高，但是通过案例分析中的例子可以看出，它不会显著影响所提出的在线质量调整算法的性能。

公式(12-6)中的第二项考虑了质量控制的代价。权重矩阵 $\boldsymbol{W}_2$ 可以通过考虑操作变量的一个合适的响应指标来决定，如误差平方积分准则（the integral of square error, ISE）、绝对误差积分准则（the integral of absolute error, IAE）或是按时间乘绝对误差积分准则（the integral of time multiplied by the absolute error, ITAE）等。一般来说，具有小响应尺度的变量比较容易调节。因此，W_2 中的权重系数可以设置成与不同调整变量的响应指标值成比例。另外，公式(12-6)中引入了设定点调整的硬约束，$\Delta\boldsymbol{x}_{a,\mathrm{sp,min}}^{*}\leqslant\Delta\boldsymbol{x}_{a,\mathrm{sp}}^{*}\leqslant\Delta\boldsymbol{x}_{a,\mathrm{sp,max}}^{*}$，用于限制调节幅度以保证控制的平滑性。

以上批次调节过程在每一个质量控制决策点上重复进行直到本时段结束。在其他质量控制的关键时段我们也采用类似的实施步骤来控制相应的产品质量指标。

12.2.4　小结

本章所提出的基于时段的在线质量控制算法总结如下。

建模阶段：

(1) 从历史批次中收集过程数据和最终产品质量形成训练数据集。

(2) 划分间歇过程的建模时段并基于过程变量和最终产品质量建立子时段 PLS 模型。

(3) 确定每个质量指标的质量预测关键时段和质量控制关键时段。

(4) 在每个质量控制的关键时段，确定不控制区域。

(5) 在每个质量控制的关键时段，为质量指标选择该时段内的操作变量。

(6) 在每个质量控制的关键时段，建立操作变量设定值与质量指标之间的回归模型。

在线质量控制阶段：

(7) 收集在线过程测量值。

(8) 确定当前所在时段和所关注的产品质量指标。

(9) 调用相应的子时段 PLS 模型计算最终产品质量的当前预测值。

(10) 在每个控制决策点，如果当前质量预测值超出了不控制区域，依据公式(12-6)计算操作变量的新设定值；否则，返回步骤(7)。

12.3　注塑过程中的应用研究

注塑过程是应用和验证所提出的基于时段的在线质量控制策略的一个非常理想的实验平台。关于该生产过程的特性在前面章节中已有详细描述。这里,选取产品重量和长度作为在线质量控制的对象,这主要是基于以下几方面的考虑:第一,产品重量和长度是高度相关的;第二,产品重量和长度很容易在每个批次结束时及时检测出来;第三,产品重量和长度是过程稳定性的典型代表,且具有重要的商业利益。现有的关于注塑产品重量控制的相关研究工作大部分涉及批次间的闭环质量控制策略[26-29]。本节中提出的质量控制策略是一个多变量方法,能够同时针对产品重量与长度进行在线批次内调节。

12.3.1　离线分析

在给定的运行条件下,注射成型过程按照过程特性被划分为 5 个主要时段:注射阶段,保压阶段,塑化阶段 I,塑化阶段 II 和冷却阶段。如图 12.4 所示,保压阶段和塑化阶段 I 是质量预测的关键时段。在保压阶段,压力(喷嘴压力、液压压力和模腔压力)越大,温度(料筒温度和模具温度)越低,注塑产品重量越重。尽管塑化阶段 I 中的模腔压力和喷嘴压力能够较好的预测产品重量和长度,但由于该时段内没有相关的操纵变量能用来调节以影响相关的质量指标,这一时段不能作为质量控制的关键时段。因此,只有保压阶段被选择作为质量控制的关键时段来进行在线的质量(重量/长度)预测与控制。

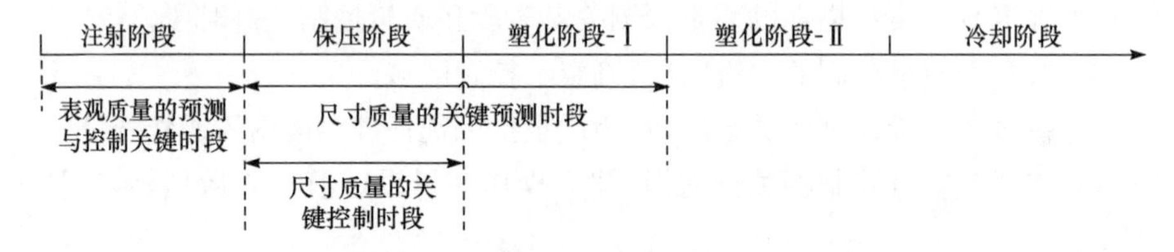

图 12.4　注射成型过程时段划分结果和关键的质量分析时段

如上所述,保压阶段内,若干压力与温度变量都与最终产品的重量和长度密切相关,其中喷嘴压力、料筒温度和模具温度由于能够被闭环控制,可作为调节变量。与其他的两个温度变量相比,喷嘴压力因为具有较快的动态响应[30-32]而作为调节变量的首选。此外,两个温度变量对后续的塑化和冷却阶段来说也是十分关键的。因此,在保压阶段并不适合对这两个温度变量实施调节。综上分析,在保压阶段内,喷嘴压力被选为在线重量和长度控制的操作变量。

所有批次数据都是通过注塑过程的动态仿真包产生的,在正常运行条件下涵盖了一个宽泛的波动范围。在实验过程中，因为其他时段与产品重量和长度没有显著相关性，故只考虑注射和保压阶段。表 12.1 和表 12.2 中列举了用于产生训练数据的操作条件和相关过程设定。8 个关键过程变量可以实时测量，包括注射速度、螺杆位移、喷嘴压力、塑化压力、模腔压力、模腔温度、喷嘴温度和模具温度。过程变量的采样间隔为 0.02s，质量控制的间隔为 0.1s。公式(12-5)中用于确定不控制区域的参数 δ 设定为 0.1%。图 12.5 显示了在保压段末基于时段 PLS 模型的产品重量、长度的预测值。从图中可以看出，其预测精度足以用于下面的在线质量控制。

表 12.1　基于 DOE 方法的训练数据操作条件设定

Data set	喷嘴压力 /bar	料筒温度/℃	模具温度/℃
1	150	180	15
2	450	180	15
3	150	180	35
4	450	180	35
5	150	180	55
6	450	180	55
7	300	200	15
8	300	200	35
9	300	200	55
10	150	220	15
11	450	220	15
12	150	220	35
13	450	220	35
14	150	220	55

表 12.2　注射成型过程的其他设定条件

参数	设定
实验材料	高密度聚乙烯(HDPE)
注射速度	24mm/s
注射行程	38.5mm
保压时间	6 s
塑化背压压力	5 bar
螺杆旋转速度	80r/min
冷却时间	15 s

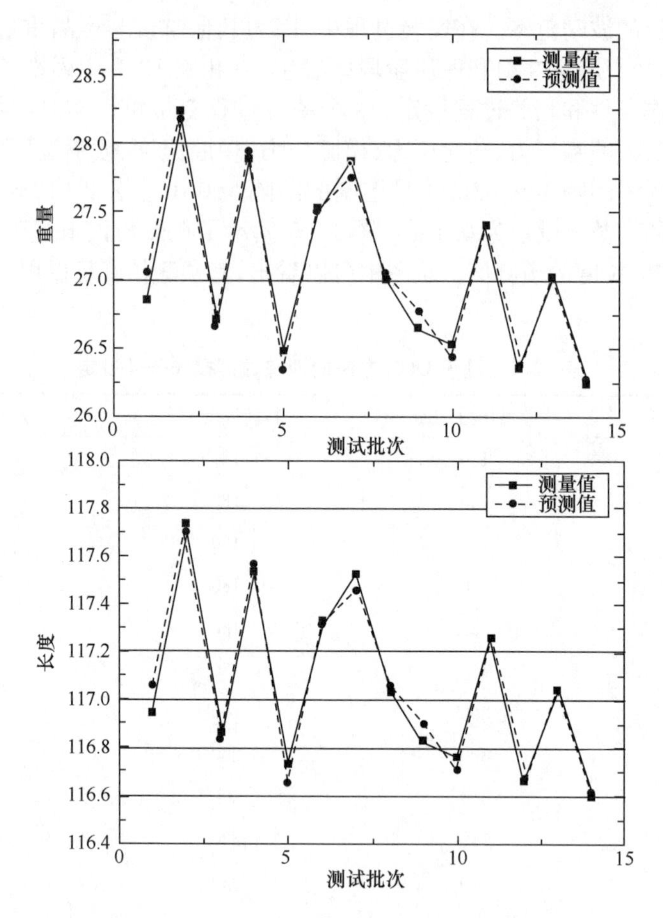

图 12.5　基于 PLS 模型的保压段末产品质量预测

12.3.2　在线质量控制结果

为了验证所提出的基于时段的在线质量控制策略，这里模拟了三种间歇过程的典型异常情况：①不合理的操作设定条件；②止逆环失效问题；③喷嘴压力的扰动。实验结果以及相关讨论如下。

12.3.2.1　案例一：不合理的操作条件设定

实际工业过程通常是在一个大的波动范围内运行以此生产具有大量不同规格的各种产品。为保证产品质量，过程工艺工程师应尽可能地找到合适的操作条件以使生产过程高效可靠运行，生产的产品质量能满足客户需求。然而，实际的工业生产过程极有可能初始运行在不合理的操作设定条件下，如果不实施质量控制，生产过程往往不能获得期望的产品质量。如果采用批次间质量控制策略，批次调节实际上是延迟到下一个批次才加以实施，而不是在当前批次内进行在线调节。很明显，前几个生产批次的产品将被浪费掉。这里提出的在线质量控制策略能够在批次内解决不合理的操作条件设定这一问题。它能够自动调节正在运行的间歇过程，使其具有合理的操作条件，从而显著减小产品质量偏差。

图 12.6 和图 12.7 显示了运行于不合理的操作条件下的两组测试批次的重量和长度控制结果。在图 12.6 中，产品质量目标为(27g，117.05mm)，以五角星标记。最初的过程设定如下：喷嘴压力，150bar；料筒温度，220℃；模具温度，35℃。如果不实施任何控制动作，在这组设定条件下的产品质量为(26.36g，116.67mm)，产品重量和长度均低于目标值。根据前面的分析，喷嘴压力越高，产品重量越重；因此，为了获得期望产品重量和长度，需要在保压阶段增加喷嘴压力的设定值，该设定值最终稳定在 423bar，如图 12.6(a)所示。图 12.6(b)中展示了在保压阶段基于子时段 PLS 模型获得的重量与长度的在线质量预测结果。由图 12.6(b)可知，在保压初始阶段，受初始不合理的操作条件影响，在线重量和长度预测结果远远偏离目标值。随着喷嘴温度的持续升高，产品重量和长度的在线预测结果逐渐接近目标值。批次操作周期结束后，最终的产品质量为(26.983g，117.049mm)，已经非常接近目标值。

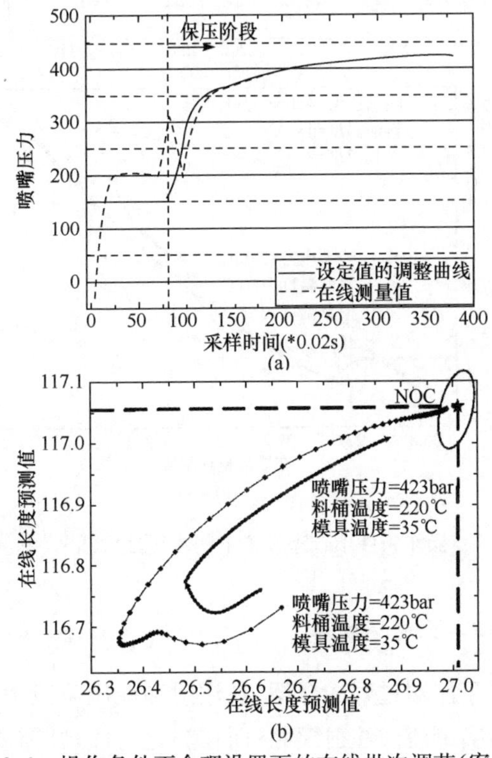

图 12.6　操作条件不合理设置下的在线批次调节(案例一)

在图 12.7 中，原始设定值为：喷嘴压力，450bar；料筒温度，180℃；模具温度，35℃。如五角星标示，期望的产品质量为(27g，117.05mm)。如果不实施任何控制动作，在这组设定条件下的产品质量为(27.9g，117.59mm)，均高于目标值。基于提出的在线质量控制策略，在此种情况下需要减小喷嘴压力的温度，如图 12.7(a)所示。在图 12.7(b)中，在线产品重量与长度预测值逐渐接近目标值。实施调整策略后，最终的过程设定如下：喷嘴压力，245bar；料筒温度，180℃；模具温度，35℃。最终的产品质量为(27.00g，117.067mm)，其中产品重量达到目标值，而产品长度也已非常接近目标值。

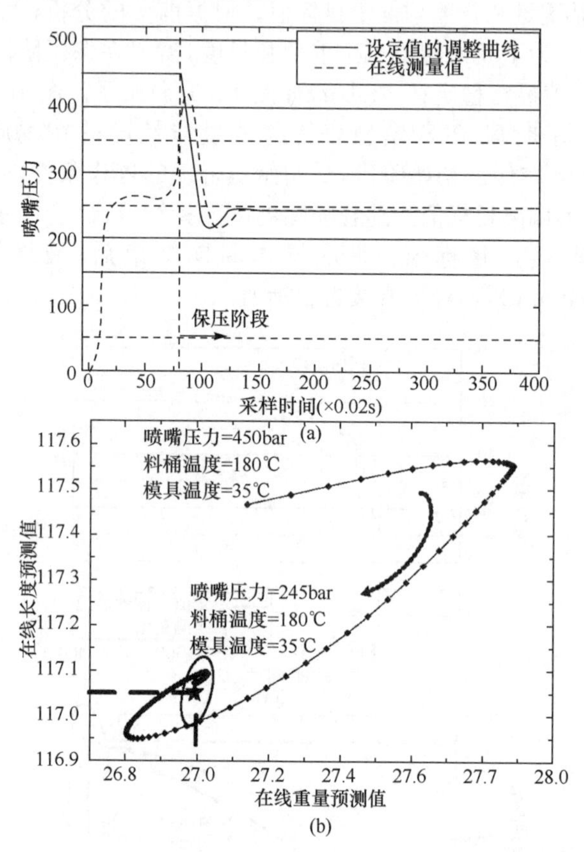

图 12.7　操作条件不合理设置下的在线批次调节(案例二)

12.3.2.2　案例二：止逆环故障

根据第 4 章中关于注塑过程的介绍，在注射和保压阶段中，需要闭合止逆环，防止塑料黏流体从喷嘴倒流回注射模腔；而在塑化阶段，则需要打开止逆环，允许塑料黏流体继续被高压挤进模腔中，以补偿塑料黏流体在冷却和塑化时造成的体积收缩。由于种种原因，止逆环可能发生闭合不严或者被卡住无法闭合的故障。如果止逆环发生故障，注射阶段将有少量的塑料熔流体倒流回注射模腔；尽管在保压段可以补偿注入量的不足，发生止逆环故障的生产批次得到的产品与正常批次下的产品相比，往往较轻、较短。图 12.8 展示了发生止逆环故障情况下某批次的在线重量和长度控制结果。该批次的操作条件如下：喷嘴压力，450bar；料筒温度，180℃；模具温度，35℃。期望的产品质量为(27.9g，117.59mm)。如前所述，喷嘴压力和与其相关变量，如液压压力、塑化压力、模腔压力等，均略低于正常情况。为了补偿注射段的质量损失，喷嘴压力的新设定值将会略高正常情况。如图 12.8(a)所示，实线表明了设定值的轨迹；虚线展示了喷嘴压力的在线测量值。没有发生止逆环故障的情况下，正常的喷嘴压力曲线在图 12.8(a)中用点虚线表示。对比后发现，喷嘴压力调节后的值会比正常情况下略高。通过在线质量控制，最终的产品质量能够精确地达到(27.90g，117.59mm)。

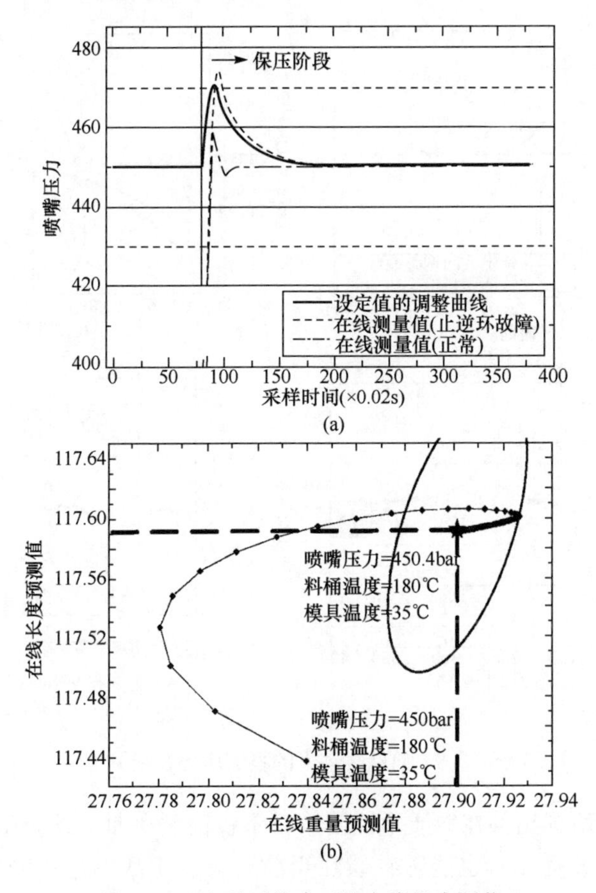

图 12.8　止逆环故障下的在线批次调节

12.3.2.3 案例三：喷嘴压力扰动

在这个案例中，于保压阶段的中段对喷嘴压力加入一个阶跃响应来检验在线质量控制算法如何在剩余的时间段内实施调节动作来保持期望的产品质量。该测试批次的操作条件如下：喷嘴压力，450bar；料筒温度，180℃；模具温度，35℃。期望的产品质量目标为(27.9g，117.59mm)。喷嘴压力发生阶跃变化，从150到225采样点(即3～4.5s)内由450bar降到430bar。如果不施加任何纠正措施，喷嘴压力的下降将导致相应的质量损失，约为(0.012g，0.05mm)。根据提出的质量控制算法，这里将通过增加喷嘴压力的设定来补偿造成的质量损失。喷嘴压力的设定值调节曲线和相应的实际测量值如图12.9(a)所示。图12.9(b)、(c)和(d)则显示了在线的质量预测结果。经过质量控制策略纠正后，最终的产品质量为(27.901g，117.591mm)，与期望的产品质量目标非常接近。

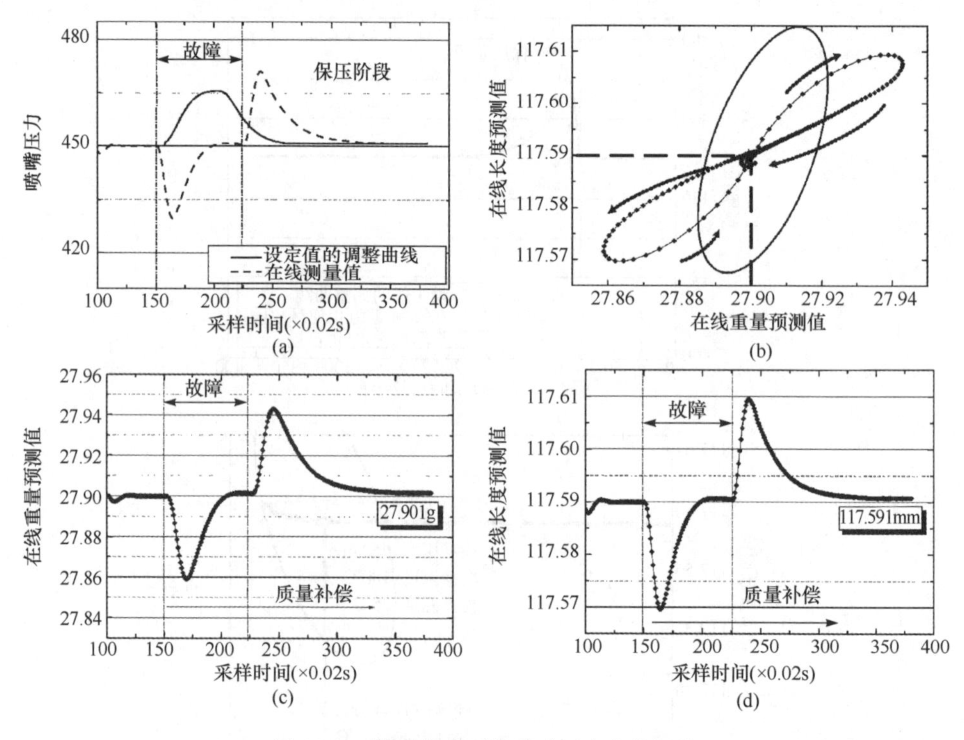

图12.9 阶跃扰动下的喷嘴压力在线调节

综上所述，所提出的在线质量控制策略不仅能够弥补在之前时段造成的质量损失(案例一和案例二)，也能够补偿在当前时段发生故障造成的质量损失(案例三)。上述实验结果表明了所提出的间歇过程在线质量控制策略的有效性和可行性。

12.4 结束语

本章通过整合基于时段 PLS 模型的在线批次调节算法和质量相关分析方法，给出了一种基于时段的间歇过程在线质量控制策略。在提出的质量控制策略中，质量预测器和质量控制器都是基于时段的。时段 PLS 模型可以作为一种软测量器用以获得在线质量预测结果。质量控制器通过在关键时段调节操作变量用来确保批次结束时的产品质量维持在目标值附近。此外，本书工作也给出了选择操作变量和设定不控制区域的指导准则。在注射成型过程上的实验结果证明了所提出方法的高可行性。

参考文献

[1] Jackson J E. A User's Guide to Principal Components. New York: Wiley, 1991

[2] Gelad P, Kowalshi B. Partial least squares regression: A tutorial. Analytica Chimica Acta, 1986, 185(1): 1-17

[3] Nomikos P, MacGregor J F. Monitoring batch processes using multiway principal component analysis. AIChE Journal, 1994, 40(8): 1361-1375

[4] Nomikos P, MacGregor J F. Multi-way partial least squares in monitoring batch processes. Chemometrics and Intelligent Laboratory Systems, 1995, 30(1): 97-108

[5] Lu N Y, Gao F R. Stage-based process analysis and quality prediction for batch processes. Industrial & Engineering Chemistry Research, 2005, 44(10): 3547-3555

[6] Budman H, Webb C, Holcomb T, et al. Robust inferential control for a packed-Bed reactor. Industrial & Engineering Chemistry Research, 1992, 31(7): 575-580

[7] Kaspar M H, Ray W H. Chemometric methods for process monitoring and high-performance controller design. AIChE Journal, 1992, 38(10): 1593-1608

[8] Kaspar M H, Ray W H. Dynamic PLS modeling for process control. Chemical Engineering Science, 1993, 48(20): 3447-3461

[9] Chen G, McAvoy T. Process control utilizing data based multivariate statistical models. The Canadian Journal of Chemcial Engineering, 1996, 74: 1010-1024

[10] Yabuki Y, MacGregor J F. Product quality control in semibatch reactors using midcourse correction policies. Industrial & Engineering Chemistry Research, 1997, 36(4): 1268-1275

[11] Kesavan P, Lee J H, Saucedo V, et al. Partial least squares (PLS) based monitoring and control of batch digesters. Journal of Process Control, 2000, 10(2-3): 229-236

[12] Flores C J, MacGregor J F. Within-batch and batch-to-batch inferential-adaptive control of semibatch reactors: A partial least squares approach. Industrial & Engineering Chemistry Research, 2003, 42(14): 3334-3345

[13] Flores C J, MacGregor J F. Control of batch product quality by trajectory manipulation

using latent variable models. Journal of Process Control,2004,14(5):539-553

[14] Russell S A,Kesavan P,Lee J H. Recursive data-based prediction and control of batch product quality. AIChE Journal,1998,44(11):2442-2458

[15] Pan Y,Lee J H. Recursive databased prediction and control of product quality for a PMMA batch process. Chemical Engineering Science,2003,58(14):3215-3221

[16] Kaistha N,Johnson M S,Moore C F,et al. Online batch recipe adjustments for product quality control using empirical models:application to a nylon-6,6 process. ISA Trans,2003,42(2):305-315

[17] Lu N Y,Gao F R. Sub-PCA modeling and online monitoring strategy for batch processes. AIChE Journal,2004,50(1),255-259

[18] Duchesne C,MacGregor J F. Multivariate analysis and optimization of process variable trajectories for batch processes. Chemom. Intell. Lab. Syst. ,2000,51(1):125-137

[19] Lu N Y,Gao F,Yang Y,et al. A PCA-based modeling and online monitoring strategy for uneven-length batch processes. Industrial & Engineering Chemistry Research, 2004, 43(13):3343-3352

[20] Kaistha N,Moore C F. Extraction of event times in batch profiles for time synchronization and quality predictions. Industrial & Engineering Chemistry Research,2001,40(1):252-260

[21] Giorgio T,Frans V D B,Claus A. Correlation optimized warping and dynamic time warping as preprocessing methods for chromatographic data. Journal of chemometrics,2004,18(5):231-241

[22] Pravdova V,Walczak B,Massart D L. A comparison of two algorithms for warping of analytical signals. Analytica Chimica Acta,2002,456 (1):77-92

[23] Wise B M,Gallagher N B,Martin E B. Application of PARAFAC2 to fault detection and diagnosis in semiconductor etch. Journal of Chemometrics,2001,15 (4):285-298

[24] Zhao C H,Mo S Y,Gao F R,et al. Statistical analysis and online monitoring for handling multiphase batch processes with varying durations. Journal of Process Control, 2011, 21(6):817-829

[25] Box G E P,Luceño A. Statistical Control by Monitoring and Feedback Adjustment. New York:Wiley,1997

[26] Srinivasan K,Srinivasan T,Maul G P. Part weight control in thermoplastic injection molding operations. The Proceedings of Annual Technical Conference,1992:2204-2248

[27] Woll S L B,Cooper D J. Pattern-based closed-loop quality control for the injection molding process. Polymer Engineering & Science,1997,37(5):801-812

[28] Kamal M R,Varela A E,Patterson W I. Control of part weight in injection molding of amorphous thermoplastics. Polymer Engineering & Science,1999,39(5):940-952

[29] Yang Y,Gao F R. Injection-molding product-weight online prediction and control based on principal component regression model. Polymer Engineering & Science, 2006, 46 (4):540-548

[30] Gao F, Patterson W I, Kamal M R. Dynamics and control of surface and mold temperatures in injection molding. International Polymer Processing, 1993, 8(2): 147-157

[31] Yang Y, Gao F. Cycle-to-cycle and within-cycle adaptive control of nozzle pressure during packing holding for thermoplastic injection molding. Polymer Engineering & Science, 1999, 39(10): 2042-2063

[32] Yao K, Gao F. Adaptive GPC control of barrel temperatures in injection molding. The Proceedings of Annual Technical Conference, 2005: 378-382

索　　引